学习资源展示

课堂案例 • 课堂练习 • 课后习题 • 综合案例

课堂案例：制作电商商品主图
所在页码：60页
学习目标：掌握选区运算的方法

课堂练习：制作电商直通车主图
所在页码：64页
学习目标：掌握使用“主体”命令和“选择并遮住”工作区抠图的方法

课堂案例：制作水果促销广告
所在页码：80页
学习目标：掌握使用“渐变工具”和“画笔工具”绘制背景的方法

课堂练习：制作开学季胶囊Banner
所在页码：106页
学习目标：掌握使用形状类工具绘制图形的方法

课后习题：绘制渐变图标
所在页码：108页
学习目标：掌握使用钢笔类工具和形状类工具绘制图标的方法

课后习题：制作功能型引导页
所在页码：108页
学习目标：掌握使用形状类工具制作引导页的方法

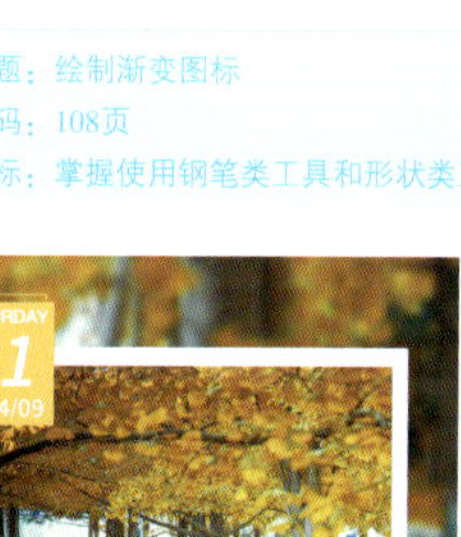

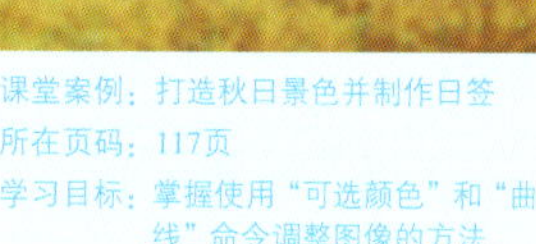

课堂案例：打造秋日景色并制作日签
所在页码：117页
学习目标：掌握使用“可选颜色”和“曲线”命令调整图像的方法

原图

效果图

课堂案例：打造夏日清爽感
所在页码：125页
学习目标：掌握使用Camera Raw滤镜调整图像的方法

U0722490

课堂案例：制作新学期公众号首图
所在页码：139页
学习目标：掌握图层样式的使用方法

85%

课堂案例：制作轻拟物图标
所在页码：141页
学习目标：掌握图层样式的使用方法

课堂练习：制作霓虹灯
所在页码：143页
学习目标：掌握“内发光”“外发光”“投影”样式的使用方法

课堂案例：制作恐龙走出手机效果
所在页码：148页
学习目标：掌握使用图层蒙版修改图像的方法

课堂练习：制作线上促销海报
所在页码：153页
学习目标：掌握使用图层蒙版和剪贴蒙版修改图像的方法

课后习题：制作多重曝光效果
所在页码：162页
学习目标：掌握使用图层蒙版修改图像的方法

课后习题：制作剪纸效果
所在页码：162页
学习目标：掌握使用矢量蒙版修改图像的方法

课堂案例：制作画册内页
所在页码：171页
学习目标：掌握文字类工具和样机的使用方法

课堂案例：制作踏青出游公众号首图
所在页码：168页
学习目标：掌握图层样式的使用方法

课堂练习：制作画册封面
所在页码：173页
学习目标：掌握文字类工具和样机的使用方法

课后习题：制作名片
所在页码：180页
学习目标：掌握文字类工具的使用方法

课堂案例：制作水墨画效果
所在页码：183页
学习目标：掌握使用滤镜库添加滤镜的方法

课堂案例：制作背景凸出效果
所在页码：194页
学习目标：掌握“凸出”滤镜的使用方法

课后习题：制作年中促销Banner
所在页码：180页
学习目标：掌握文字类工具的使用方法

课堂练习：制作运动健身手机海报
所在页码：190页
学习目标：掌握“液化”滤镜的使用方法

课堂案例：制作立体星球
所在页码：202页
学习目标：掌握“切变”滤镜和“极坐标”滤镜的使用方法

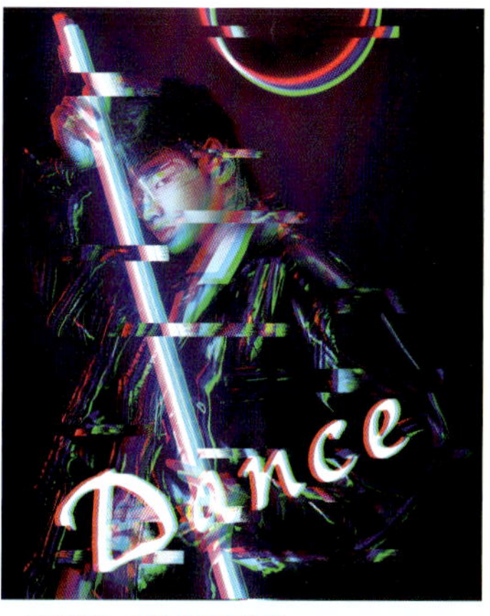

课堂案例：制作故障风效果
所在页码：192页
学习目标：掌握“风”滤镜的使用方法

课堂案例：制作科技海报
所在页码：216页
学习目标：掌握使用AI辅助设计海报的方法

课堂练习：制作艺术日签
所在页码：219页
学习目标：掌握使用AI辅助设计日签的方法

课后习题：制作美食Banner
所在页码：221页
学习目标：掌握使用AI辅助设计Banner的方法

12.2 海报设计：制作美食海报
所在页码：226页
学习目标：掌握使用AI辅助设计海报的方法

12.3 包装设计：制作粽子礼盒包装
所在页码：230页
学习目标：掌握包装的制作方法

课后习题：制作艺术展海报
所在页码：222页
学习目标：掌握使用AI辅助设计海报的方法

12.4 电商设计：制作春季上新Banner
所在页码：235页
学习目标：掌握Banner的制作方法

12.5 UI设计：制作旅游App首页
所在页码：237页
学习目标：掌握App首页的制作方法

12.6 H5设计：制作营销页面
所在页码：240页
学习目标：掌握营销页面的制作方法

12.7 创意合成：制作空中小镇
所在页码：244页
学习目标：掌握合成的方法

Photoshop 2024 实用教程

王依洪 编著

人 民 邮 电 出 版 社
北 京

图书在版编目（CIP）数据

Photoshop 2024 实用教程 / 王依洪编著. -- 北京 : 人民邮电出版社, 2025. -- ISBN 978-7-115-66225-5

Ⅰ. TP391.413

中国国家版本馆 CIP 数据核字第 2025CP9679 号

内 容 提 要

本书全面地介绍 Photoshop 2024 的基本功能和实际应用，主要讲解 Photoshop 操作基础、图像编辑基础、选区的运用、绘画与图像修饰、路径与矢量工具、调整色调与颜色、混合模式与图层样式、蒙版与通道的运用、文字与批处理、滤镜的运用、AI 辅助设计等。除此之外，还介绍文字特效、平面设计、电商设计、UI 设计和创意合成的基础知识，Firefly 和文心一格的主要功能和操作方法，以及利用人工智能工具辅助设计的方法。

本书配套资源包括所有课堂案例、课堂练习、课后习题和综合案例的素材文件、实例文件和在线教学视频，还包括 PPT 教学课件。

本书适合作为院校和培训机构艺术专业相关课程的教材，也可以作为 Photoshop 零基础读者的自学参考书。

◆ 编　　著　王依洪
责任编辑　杨　璐
责任印制　陈　犇

◆ 人民邮电出版社出版发行　　北京市丰台区成寿寺路 11 号
邮编　100164　　电子邮件　315@ptpress.com.cn
网址　https://www.ptpress.com.cn
涿州市京南印刷厂印刷

◆ 开本：787×1092　1/16　　彩插：2
印张：15.75　　2025 年 8 月第 1 版
字数：570 千字　　2025 年 8 月河北第 1 次印刷

定价：59.90 元

读者服务热线：(010)81055410　印装质量热线：(010)81055316
反盗版热线：(010)81055315

PREFACE 前言

Photoshop是Adobe公司开发的图像处理软件，主要用来处理由像素构成的数字图像。使用其工具和命令，可以有效地对图像进行编辑。Photoshop是目前使用较广的平面图像处理软件，其功能十分强大，可以应用于平面设计、电商设计、UI设计、创意合成和绘画等多个领域。

为了使读者更快地掌握Photoshop的操作与应用，我们精心编写了本书，并对本书的体系进行了优化，按照“功能介绍→重要参数讲解→课堂案例→课堂练习→课后习题→综合案例”这一思路进行编排，力求通过功能介绍和重要参数讲解使读者快速掌握软件功能；通过课堂案例和课堂练习使读者快速上手并具备一定的动手能力；通过课后习题提升读者的实际操作能力，巩固所学知识；通过综合案例提高读者的实战水平。本书不仅通俗易懂、细致全面、重点突出，还强调案例的针对性和实用性。

本书配套学习资源包含书中所有案例的素材文件和实例文件，以及超清教学视频。这些视频会详细讲解每一个操作步骤，便于读者学习。此外，为便于教师教学，本书还配有PPT课件等丰富的教学资源供任课教师使用。

本书的参考学时为64学时，其中讲授环节为42学时，实训环节为22学时，各章的参考学时参见下面的学时分配表。

章	课程内容	学时分配	
		讲授	实训
第1章	Photoshop操作基础	2	0
第2章	图像编辑基础	4	2
第3章	选区的运用	2	2
第4章	绘画与图像修饰	4	2
第5章	路径与矢量工具	4	2
第6章	调整色调与颜色	4	2
第7章	混合模式与图层样式	4	2
第8章	蒙版与通道的运用	4	2
第9章	文字与批处理	4	2
第10章	滤镜的运用	2	2
第11章	AI辅助设计	4	2
第12章	综合项目实训	4	2
学时总计		**42**	**22**

由于编者水平有限，书中难免存在不足之处，恳请广大读者批评、指正。

编者

2025年3月

目录 CONTENTS

第 1 章

Photoshop 操作基础

本章主要介绍Photoshop操作基础。在学习与运用Photoshop之前，需要认识Photoshop的工作界面，掌握图像文件的基本操作以及相关的辅助设置。

课堂学习目标

- ◇ 了解Photoshop的基础功能
- ◇ 了解Photoshop的应用领域
- ◇ 了解Photoshop的工作界面
- ◇ 掌握快捷键的使用与自定义
- ◇ 了解自定义工作区的方法
- ◇ 掌握文件的基本操作
- ◇ 掌握查看图像的方法
- ◇ 掌握撤销与恢复的操作方法
- ◇ 了解Photoshop的辅助设置

1.1 探索Photoshop的世界

Photoshop简称PS，是Adobe公司旗下一款知名的图像处理软件。Photoshop有很多功能，并且操作起来非常容易。下面介绍其基础功能和应用领域。

1.1.1 Photoshop的基础功能

从功能上看，Photoshop有图像处理和绘图两大功能。图像处理功能主要包括图像的编辑、合成、校色、调色及特效制作等。绘图是指使用Photoshop绘制全新的图像，这要求用户有一定的绘画基础。

1.1.2 Photoshop的应用领域

Photoshop是目前用户群体庞大的平面图像处理软件，功能非常强大，应用领域十分广泛。下面介绍其常见的应用领域。

1.图像处理

Photoshop拥有十分强大的图像处理功能，利用该功能不仅可以快速去除图像中的瑕疵，还可以调整图像的色调和光影，并为图像添加各种元素等，如图1-1所示。

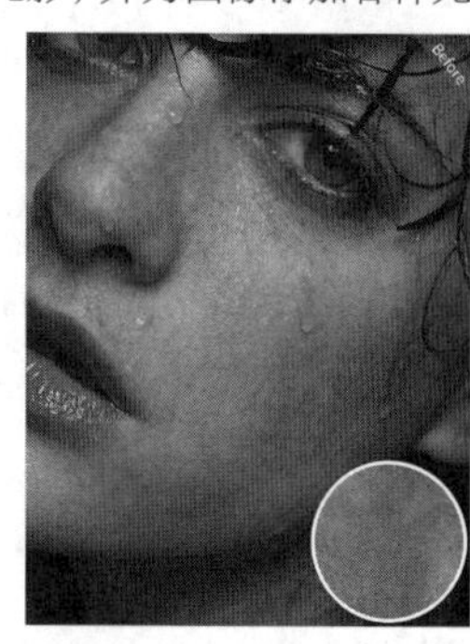

图1-1

2.平面设计

Photoshop在平面设计中的应用范围十分广泛，无论是图书封面、海报和传单等印刷制品，还是品牌Logo等图形元素，都可以使用Photoshop进行制作，如图1-2所示。

图1-2

3.网页设计

如今，网络已经成为人们获取信息的主要途径之一，信息的呈现离不开网页，网页设计也随着人们审美水平的提高而变得越来越重要。使用Photoshop可以美化网页，如图1-3所示。

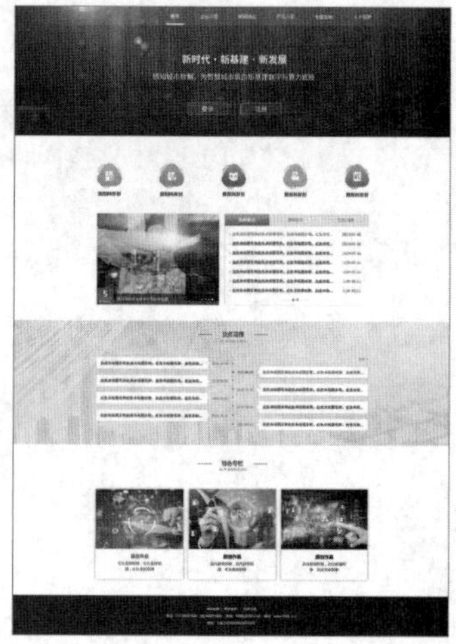

图1-3

4.UI设计

UI设计（也称界面设计）是指对软件的人机交互、操作逻辑和界面视觉效果的整体设计。在进行UI设计时，很多设计师会使用Photoshop，如图1-4所示。

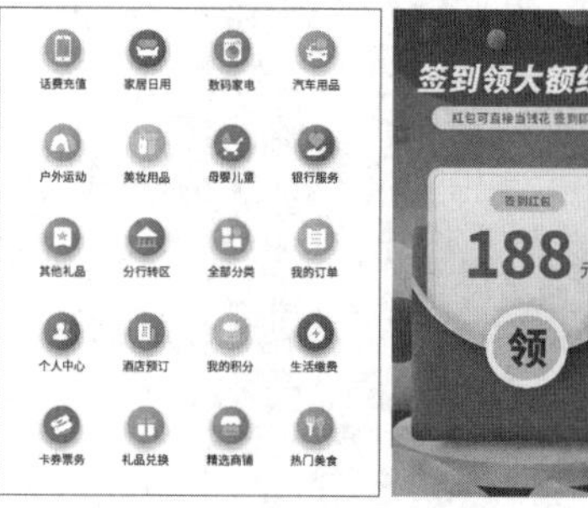

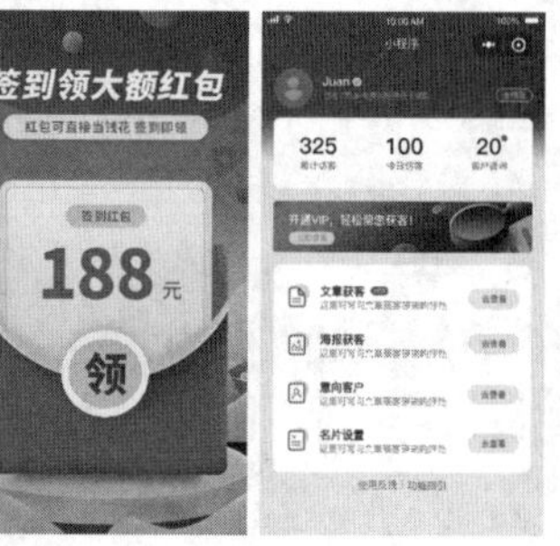

图1-4

5.文字设计

使用Photoshop可以制作出各种形态和质感的特效文字，如图1-5所示。

图1-5

6.插画设计

Photoshop中绘画工具的功能十分全面，可以利用这些工具绘制出各种题材和风格的插画，如图1-6所示。

图1-6

7.视觉创意

视觉创意指的是运用不同的视觉语言来传递企业或产品的信息，从而进行广告宣传，如图1-7所示。

图1-7

1.2 Photoshop 2024工作界面

Photoshop 2024工作界面设计得十分人性化，主要包括菜单栏、工具箱、工具选项栏、上下文任务栏、文档窗口、状态栏以及面板，如图1-8所示。

图1-8

1.2.1 菜单栏

Photoshop 2024的菜单栏包含12个菜单，分别是“文件”“编辑”“图像”“图层”“文字”“选择”“滤镜”“3D”“视图”“增效工具”“窗口”“帮助”，如图1-9所示。

单击相应的菜单名，即可打开该菜单。如果菜单命令后面有▶图标，则表示该菜单含有子菜单，菜单命令后面的单词组表示该命令的快捷键，如图1-10所示。

文件(F) 编辑(E) 图像(I) 图层(L) 文字(Y) 选择(S) 滤镜(T) 3D(D) 视图(V) 增效工具 窗口(W) 帮助(H)

图1-9

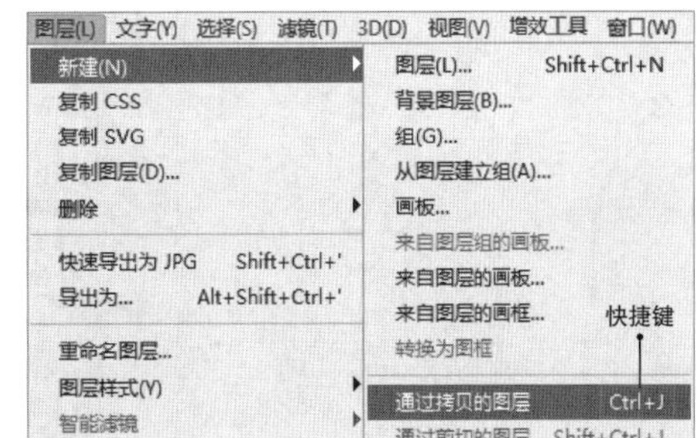

图1-10

知识点：快捷键的使用与自定义

Photoshop中的快捷键有很多，工具的快捷键基本上是单键，如“缩放工具”的快捷键为Z，在英文输入法状态下按Z键便可切换到该工具。大多数工具以工具组的形式存在，如画笔工具组，如图1-11所示，当按B键时，选择的是该组当前显示的工具，即“画笔工具”。如果想要切换成组内的其他工具，需配合Shift键进行操作。具体的操作方法是，按住Shift键，再按B键，即可在该工具组的4个工具间循环切换。

命令的快捷键一般由两个或两个以上的键组成。例如，新建文件的快捷键为Ctrl+N，使用时先按住Ctrl键，然后按一下N键（N表示New），便可执行“文件”>“新建”菜单命令，如图1-12所示。需要注意的是，在按快捷键选取工具或者执行命令时，需要将输入法切换为英文状态。

图1-11

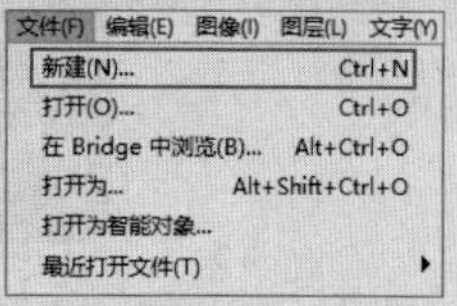

图1-12

实际操作时可根据需求更改默认的快捷键或者为没有快捷键的命令和工具设置快捷键，以提高工作效率。执行“编辑”>“键盘快捷键”菜单命令或者“窗口”>“工作区”>“键盘快捷键和菜单”菜单命令，打开“键盘快捷键和菜单”对话框。在“键盘快捷键”选项卡中设置“快捷键用于”为“应用程序菜单”，然后在“选择”栏中选择“主体”选项，此时其右侧会出现一个用于输入快捷键的文本框，如图1-13所示。

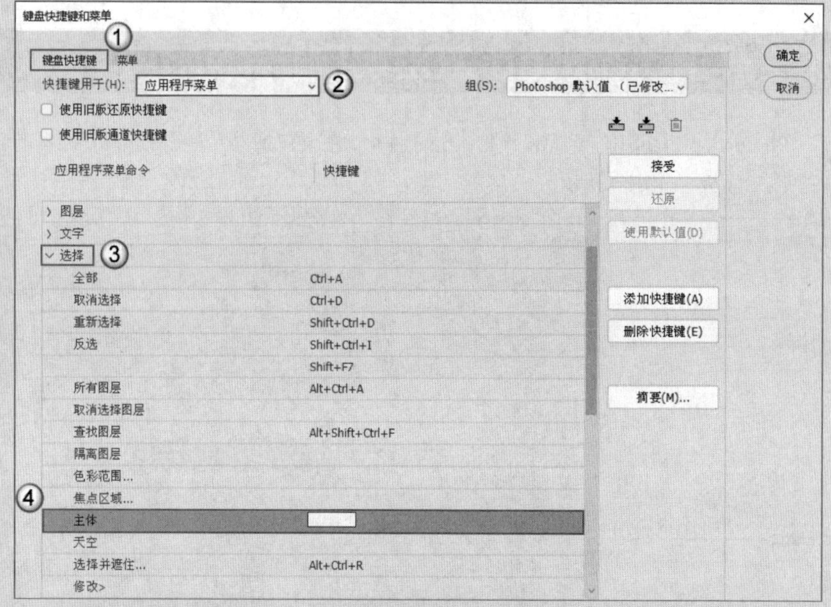

图1-13

将光标定位到文本框中，同时按Ctrl键、Alt键和D键，为“选择”>“主体”菜单命令添加快捷键，单击“接受”按钮和“确定”按钮完成操作，如图1-14所示。设置完成后，按快捷键Ctrl+Alt+D即可执行“选择”>“主体”菜单命令。

图1-14

1.2.2 工具箱

Photoshop中的工具种类非常多，工具箱中集合了大部分工具。单击工具箱顶部的«按钮，即可将其折叠为单排显示，同时«按钮会变成»按钮，单击»按钮可以将工具箱还原为双栏。在默认状态下，工具箱位于工作界面的左侧，拖曳它的顶部，即可将其移至工作界面的任意位置。

单击工具按钮，即可选择相应工具。如果工具的右下角带有◢图标，则表示这是一个工具组。在按钮上单击鼠标右键或者长按鼠标左键，即可显示工具组中的其他工具，如图1-15所示。

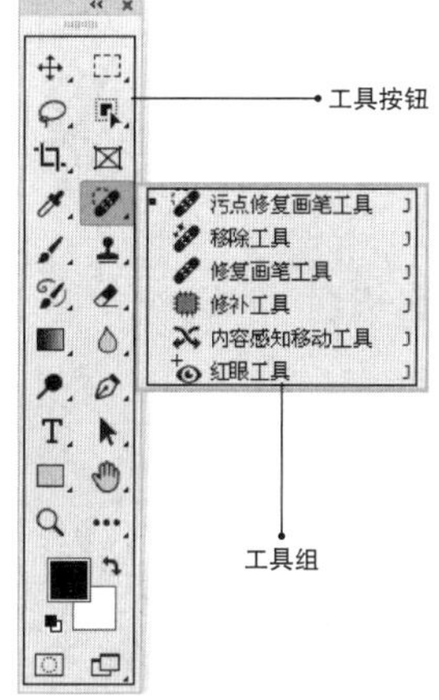

图1-15

技巧与提示

将鼠标指针移到工具箱的工具按钮上稍停留，会显示该工具的名称、快捷键、功能以及使用过程的演示动画，如图1-16所示。

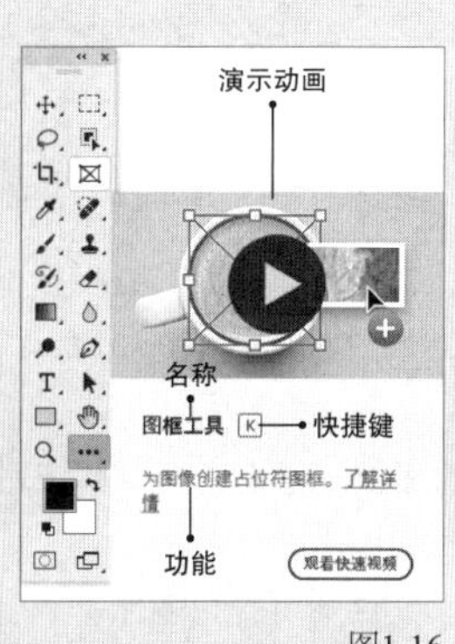

图1-16

1.2.3 工具选项栏

工具选项栏位于菜单栏的下方，当选择工具箱的某个工具时，工具选项栏中会显示相应的参数设置。例如，当选择“移动工具”✥（快捷键为V）时，工具选项栏如图1-17所示。

图1-17

1.2.4 上下文任务栏

上下文任务栏在Photoshop中一直存在，用于在图像处理过程中提供相关的后续步骤选项。当用户在Photoshop中处理图像时，上下文任务栏会根据当前的操作和选择的对象动态变化，以显示相关的操作选项。例如，当创建一个选区后，上下文任务栏会显示在画布上，并根据潜在的下一步操作提供多个选项，其中包括修改选区、反相选区、从选区创建蒙版和填充选区等，如图1-18所示。

图1-18

1.2.5 文档窗口

文档窗口是显示和处理图像的区域。打开图像以后，Photoshop会自动创建一个文档窗口。文档窗口的标题栏上会显示这个图像的名称、格式、视图缩放比例和颜色模式，如图1-19所示。

图1-19

如果同时打开多个文件，文档窗口会以选项卡的形式进行显示，如图1-20所示。单击某文档窗口的标题栏，可以将其切换为当前工作窗口。

图1-20

1.2.6 状态栏

状态栏位于工作界面的左下角，显示当前文档的大小、尺寸、视图比例和分辨率等信息，单击状态栏中的›图标，可以设置显示的具体内容，如图1-21所示。

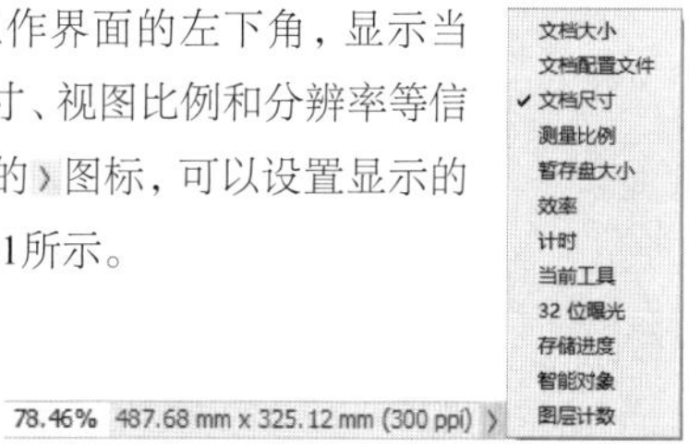

图1-21

1.2.7 面板

Photoshop 2024中有非常多的面板，这些面板用于配合处理图像、控制操作以及设置参数等。执行“窗口”菜单下的命令可以打开不同的面板，当前在工作界面中显示的面板的名称在菜单中处于勾选状态。

执行“窗口”>“工作区”>“复位基本功能”菜单命令，面板被分成几组停靠在工作界面右侧，如图1-22所示。

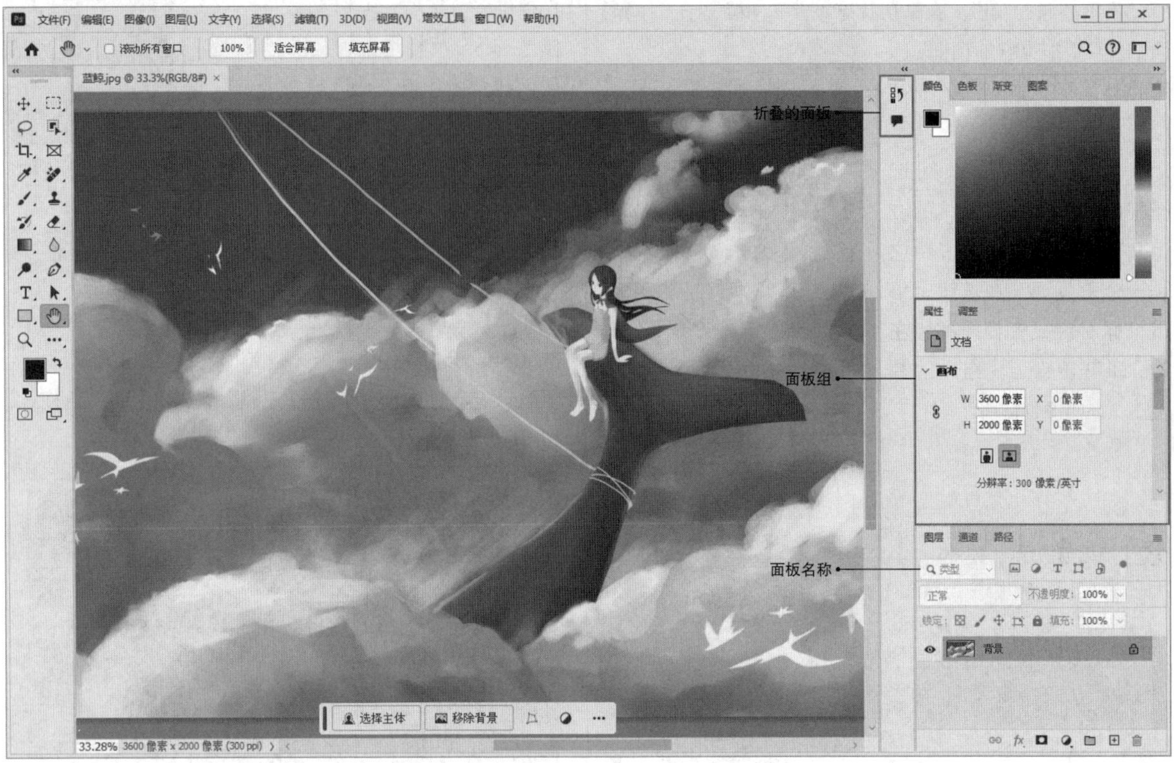

图1-22

面板组中只显示一个面板，单击选项卡标签即可切换显示的面板。拖曳选项卡标签可以调整面板顺序，或者将其移至其他面板组中。

面板是可以拆分和组合的。在选项卡标签上按住鼠标左键，然后将其拖曳至工作界面的空白处，松开鼠标左键，即可拆分面板；再将其拖曳至其他面板上，松开鼠标左键，即可组合面板。拖曳面板边框可以调整面板的大小。

知识点：自定义工作区

在使用Photoshop时，可以根据自己的习惯调整工作区，如将常用的面板放到合适的位置、关闭不常用的面板等。执行“窗口”>“工作区”菜单命令，可以在子菜单中选择系统自带的工作区。除此之外，还可以自定义工作区。

先关闭不常用的面板，然后打开常用的面板，并放到合适的位置。接着执行“窗口”>“工作区”>“新建工作区”菜单命令，在打开的对话框中输入名称，如果修改了快捷键与菜单命令，需要勾选“键盘快捷键”选项和“菜单”选项，单击“存储”按钮(存储)完成新建工作区操作，如图1-23所示。

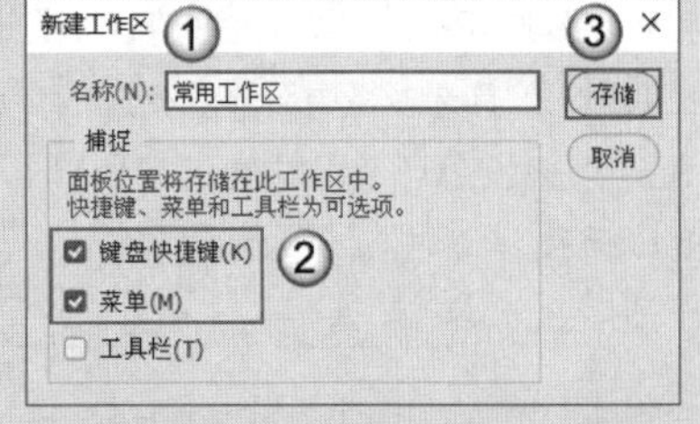

图1-23

如果之后在操作中修改了工作区，可以在“窗口”>“工作区”子菜单中选择已保存的自定义工作区进行恢复。如果要切换为默认状态，可以执行“窗口”>“工作区”>“基本功能（默认）”菜单命令；如果要删除自定义的工作区，可以执行“窗口”>“工作区”>“删除工作区”菜单命令。

1.3 文件操作

在使用Photoshop处理文件前，需要打开已有的文件，或者直接新建一个空白文档。

1.3.1 新建文件

运行Photoshop，单击界面左侧的"新文件"按钮，或者执行"文件">"新建"菜单命令（快捷键为Ctrl+N），打开"新建文档"对话框，该对话框中有软件自带的常用预设，可以根据需求进行选择。例如，想制作一个A4大小的文件，可以打开"打印"选项卡，然后选择A4预设，再单击"创建"按钮，如图1-24所示。除此之外，也可以按照自己的需求自定义参数来新建空白文档。

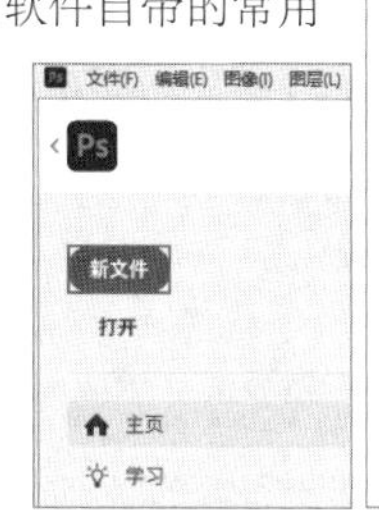

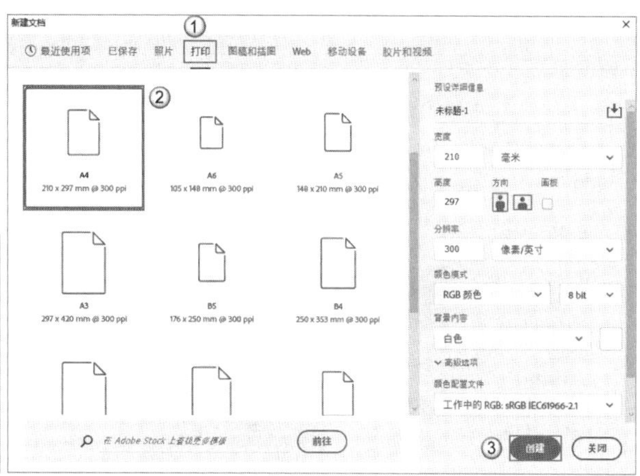

图1-24

重要参数介绍

◇ **预设详细信息：** 用于设置文件的名称（文件创建完成后，其名称会显示在文档窗口的标题栏中）。单击右侧的按钮，可以将设置好的尺寸、分辨率和颜色模式等参数的文件保存为预设。

◇ **宽度/高度：** 用于设置文件的宽度和高度，在其右侧可以选择单位，包括"像素""英尺""厘米""毫米""点""派卡"6种，其中常用的是"像素""厘米""毫米"。

◇ **方向：** 单击或按钮，可以设置文件为纵向或横向。

◇ **画板：** 勾选此选项，可以创建画板。

◇ **分辨率：** 用于设置文件的分辨率，在其右侧可以选择单位，包括"像素/英寸"和"像素/厘米"两个选项，一般保持默认的"像素/英寸"选项。

◇ **颜色模式：** 用于设置文件的颜色模式和位深度。

◇ **背景内容：** 用于设置"背景"图层的颜色，或者将其设置为透明图层。

◇ **高级选项：** 其中的"颜色配置文件"和"像素长宽比"为更专业的设置，一般保持默认即可。

技巧与提示

位深度指的是图像中每个像素可以使用的颜色信息位数，其信息位数越多，可用的颜色就越多，色彩就越丰富。

1.3.2 打开文件

在Photoshop中打开文件的方法有很多种，下面分别予以介绍。

第1种： 选择需要打开的文件，然后将其拖曳至Photoshop的快捷方式图标上，如图1-25所示。

第2种： 先运行Photoshop，然后单击"打开"按钮，或者执行"文件">"打开"菜单命令（快捷键为Ctrl+O），在弹出的"打开"对话框中选择需要打开的文件，再单击"打开"按钮，如图1-26所示。

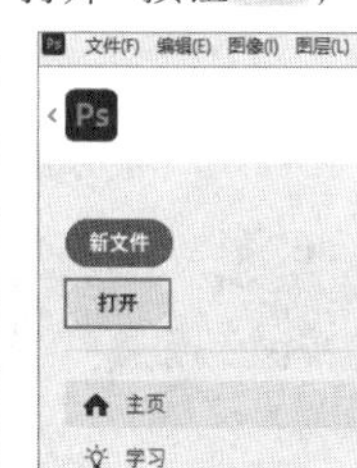

图1-25

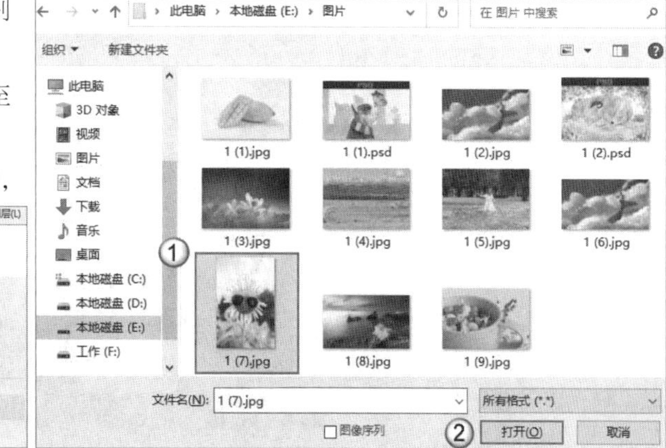

图1-26

技巧与提示

Photoshop支持打开多种格式的文件。如果文件夹中的文件数量多，且有多种格式，那么可以指定格式以缩小查找范围，如图1-27所示。

图1-27

第3种： 先运行Photoshop，然后执行“文件”>“打开为智能对象”菜单命令，在打开的对话框中选择文件，再单击“打开”按钮 打开(O) 。此时打开的文件将自动转换为智能对象，其图层缩览图的右下角带有图标，如图1-28所示。智能对象可以保留图像的原始信息，极大地降低了缩放、旋转和变换等操作带来的对图像质量的影响。

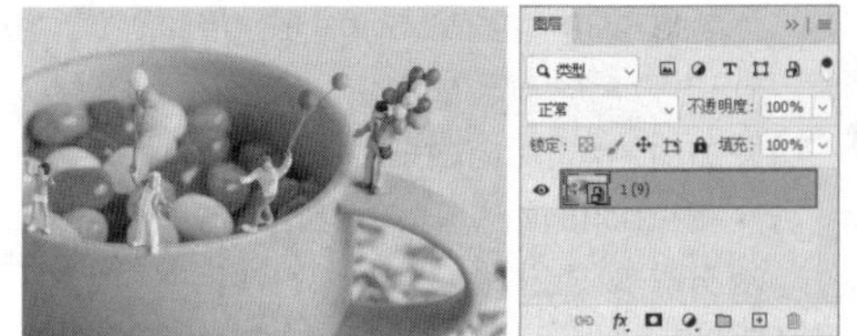

图1-28

1.3.3 置入文件

置入文件指的是将Photoshop支持的格式的文件，以智能对象的形式添加到当前文档窗口中。在工作界面中已有文档窗口的前提下，执行“文件”>“置入嵌入对象”菜单命令，在打开的“置入嵌入的对象”对话框中选择需要置入的图片文件单击“置入”按钮。此时，图片将出现在画布中间，并保持原始长宽比，单击✓按钮即可将图片置入，如图1-29所示。如果置入的文件比当前编辑的画布大，那么该文件将被调整为与画布相同的尺寸。

图1-29

知识点：打开/置入文件的其他方法

当Photoshop中已有文档窗口时，选择想要打开或置入的文件，将其拖曳至文档窗口以外的区域，即可打开文件；将其拖曳至文档窗口中，即可置入文件，如图1-30所示。

图1-30

1.3.4 导入文件

执行“文件”>“导入”子菜单中的命令，可以将变量数据组、视频帧、注释、WIA支持的内容导入Photoshop中进行编辑，如图1-31所示。

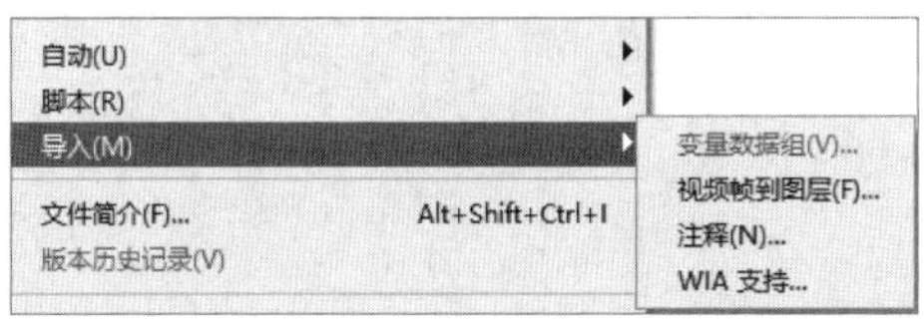

图1-31

1.3.5 导出文件

执行“文件”>“导出”子菜单中的命令，不仅可以将编辑好的文件导出为PNG格式和Web所用格式，还可以导出路径到Illustrator中或者渲染视频，如图1-32所示。

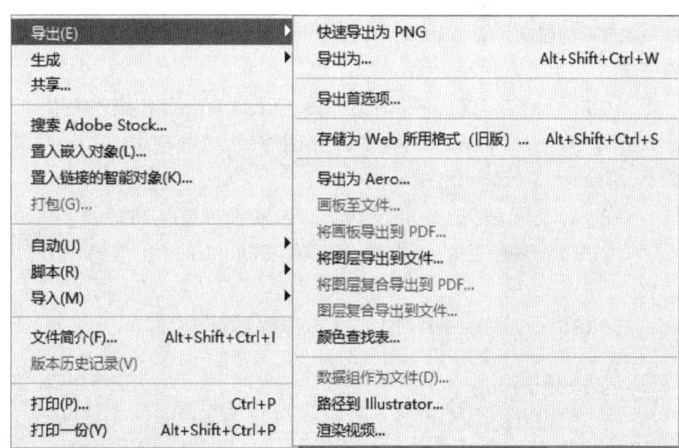

图1-32

重要命令介绍

◇ **快速导出为PNG**：在默认情况下，执行“文件”>“导出”>“快速导出为PNG”菜单命令会将当前文件导出为透明背景的PNG文件，并且每次都需要选择导出位置。

◇ **导出首选项**：执行“文件”>“导出”>“导出首选项”菜单命令或者“编辑”>“首选项”>“导出”菜单命令，将打开“首选项”对话框，在“导出”选项卡中可以设置导出文件的格式、位置和色彩空间等，如图1-33所示。

◇ **导出为**：执行该命令导出文件时将打开“导出为”对话框，在其中可以设置导出文件的格式、品质、图像大小和画布大小等，如图1-34所示。

◇ **存储为Web所用格式（旧版）**：该命令主要用于导出适用于网站的图片文件。

◇ **将图层导出到文件**：可以将每一个图层作为单个图像文件导出，并存储为多种格式，如PSD、JPEG和PNG等。

◇ **路径到Illustrator**：将路径导出为AI格式，之后可以在Illustrator中对其进行编辑。

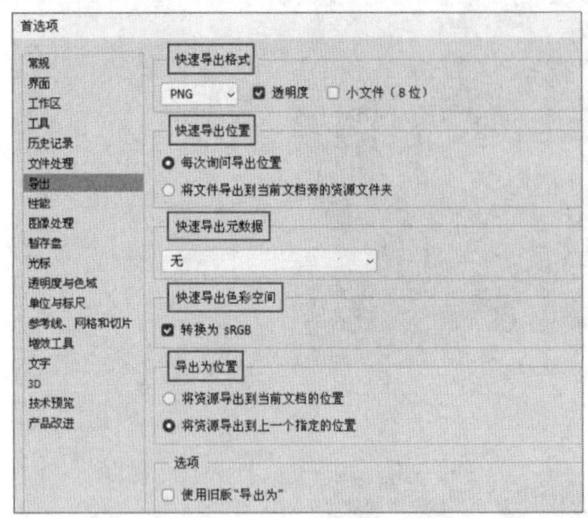

图1-33

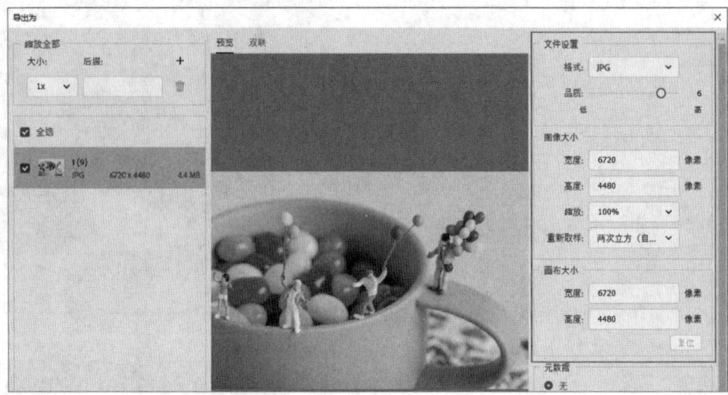

图1-34

1.3.6 保存文件

执行“文件”>“存储”菜单命令（快捷键为Ctrl+S）可以保存文件。如果想另存一份，可以执行“文件”>“存储为”菜单命令（快捷键为Shift+Ctrl+S）。执行“文件”>“存储为”菜单命令，打开“存储为”对话框，在其中可以修改文件的存储路径、名称和格式，如图1-35所示。如果文件中包含多个图层，那么只能将文件存储为PSD、PSB、PDF和TIFF等格式。

常见存储格式介绍

◇ **PSD**：Photoshop的默认存储格式，能够保存图层、蒙版、通道、路径和图层样式等内容。在一般情况下，文件都采用这种格式存储，以便随时进行修改。

◇ **GIF**：一种广泛应用于网络的动画格式，支持透明背景和动画效果。

◇ **JPEG**：一种十分常用的有损压缩图像格式，该格式的文件具有数据量小、易传输和易保存等优点。

◇ **PNG**：支持透明度，常用于网络，该格式的文件数据量较小。

◇ **TIFF**：一种通用的文件格式，可以保留Photoshop的图层和通道等内容。

◇ **PDF**：一种便携的文档格式，支持矢量数据和位图数据。

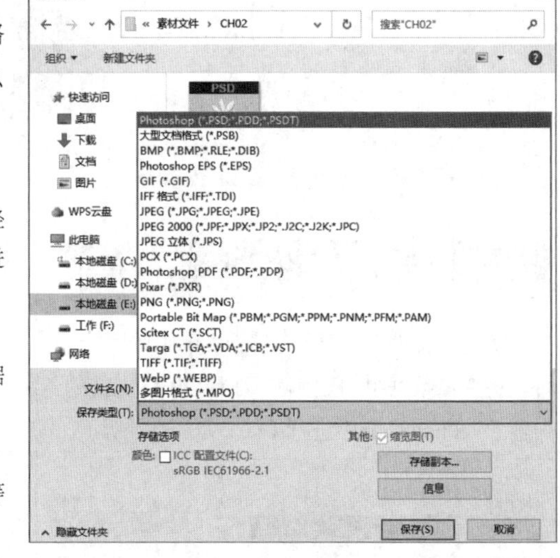

图1-35

> **技巧与提示**
>
> 当计算机或Photoshop出现错误，以及出现断电等情况时，所有的操作可能都会丢失，所以一定要养成经常保存文件的良好习惯。

1.3.7 关闭文件

单击文档窗口标题栏右侧的“关闭”按钮×，或者执行“文件”>“关闭”菜单命令（快捷键为Ctrl+W），可以关闭当前文档窗口。执行“文件”>“关闭全部”菜单命令（快捷键为Alt+Ctrl+W）可以关闭所有文档窗口。单击工作界面右上角的“退出”按钮×，或者执行“文件”>“退出”菜单命令（快捷键为Ctrl+Q），可以退出Photoshop。

1.4 查看图像

在使用Photoshop时，可以通过工具或快捷键平移画面、缩放视图，以便更好地处理图像。

1.4.1 平移画面

在工具箱中选择“抓手工具”（快捷键为H），其选项栏如图1-36所示。此时鼠标指针在文档窗口中会变为形状，按住鼠标左键并拖曳可以平移画面。

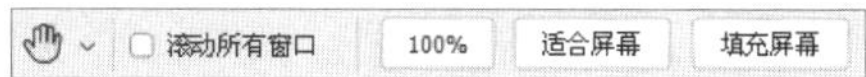

图1-36

重要参数介绍

◇ **滚动所有窗口：** 勾选该选项后，如果工作界面有多个文档窗口，那么可以同时平移画面。

◇ **100%：** 单击该按钮，图像显示的视图比例为100%（快捷键为Ctrl+1）。

◇ **适合屏幕：** 单击该按钮，可以在当前文档窗口中最大化地显示完整图像（快捷键为Ctrl+0）。

◇ **填充屏幕：** 单击该按钮，可以在屏幕范围内最大化地显示完整图像。

技巧与提示

在工作界面中使用其他工具进行操作时，如果按住Space键（空格键），那么鼠标指针会变为状，拖曳图像即可平移画面。

1.4.2 缩放视图

缩放视图指的是改变图像在文档窗口显示的大小，图像本身的尺寸并未被改变。常用的方法有4种，下面分别予以介绍。

1.状态栏修改数值

工作界面底部左下角显示的百分数为当前文档窗口的视图比例，在其中直接输入数值并按Enter键即可进行缩放。例如，在视图比例文本框中输入15%并按Enter键，可以让图像以15%的视图比例进行显示，缩放前后的对比效果如图1-37所示。

图1-37

2.缩放工具

在工具箱中选择“缩放工具”（快捷键为Z），其选项栏如图1-38所示。此时鼠标指针在文档窗口中会变为形状，单击可以放大视图。按住Alt键，或者在其选项栏中单击按钮，鼠标指针在文档窗口中会变为形状，此时单击可以缩小视图，如图1-39所示。

图1-38

图1-39

重要参数介绍

◇ **调整窗口大小以满屏显示：** 对浮动的文档窗口而言，勾选该选项后，对视图进行缩放时将同步调整窗口大小。

◇ **缩放所有窗口：** 勾选该选项后，如果工作界面有多个文档窗口，那么可以同时缩放视图。

◇ **细微缩放：** 以平滑的方式快速缩放视图。勾选此选项，将鼠标指针置于需要放大或缩小的区域，按住鼠标左键向右拖曳可以平滑地放大视图；按住鼠标左键向左拖曳可以平滑地缩小视图。

技巧与提示

取消勾选“细微缩放”选项，在画面中按住鼠标左键并拖曳会出现一个矩形选框。松开鼠标左键后，矩形选框内的图像会放大至整个文档窗口，如图1-40所示。

图1-40

◇ **“100%”、“适合屏幕”和“填充屏幕”：** 这3个按钮的作用与“抓手工具”选项栏中的相同。

3.抓手工具

在工具箱中选择“抓手工具”，按住Alt键并单击，可以缩小视图；按住Ctrl键并单击，可以放大视图。

4.使用命令或快捷键

打开“视图”菜单，可以看到其中有多个用于调整视图的命令，如图1-41所示。例如，需要逐级放大视图时，可以按住Ctrl键，并连续按+键，其效果和使用“缩放工具”🔍是一样的。

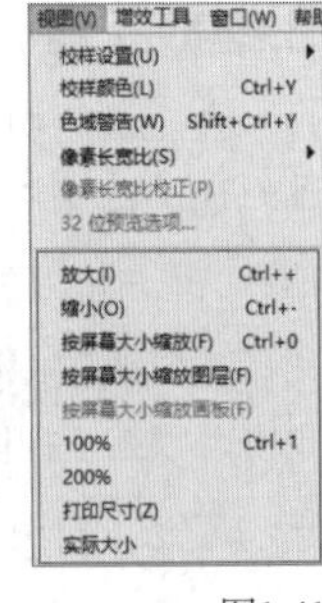

图1-41

技巧与提示

除了使用Ctrl++与Ctrl+-快捷键，还可按住Alt键滚动鼠标滚轮，以平滑的方式快速缩放视图。

1.4.3 多窗口操作

在处理图像局部时，如果想同时看到整体效果，可以执行“窗口”>“排列”>“为(文件名称)新建窗口”菜单命令，然后执行“窗口”>“排列”>“平铺”菜单命令，并排显示两个窗口，如图1-42所示。

图1-42

此时，在一个窗口中进行操作，另一个窗口中会同时显示操作后的效果。例如，使用“自定义形状工具”在左侧窗口中添加一棵树，右侧窗口中也会多一棵树，如图1-43所示。

图1-43

技巧与提示

需要注意的是，新建的窗口只是当前文件的另一个视图，并没有将文件进行复制。

同时打开多个文件或者新建多个窗口后，打开“窗口”>“排列”子菜单，如图1-44所示，可以选择窗口的排列方式，从而对窗口进行布局。

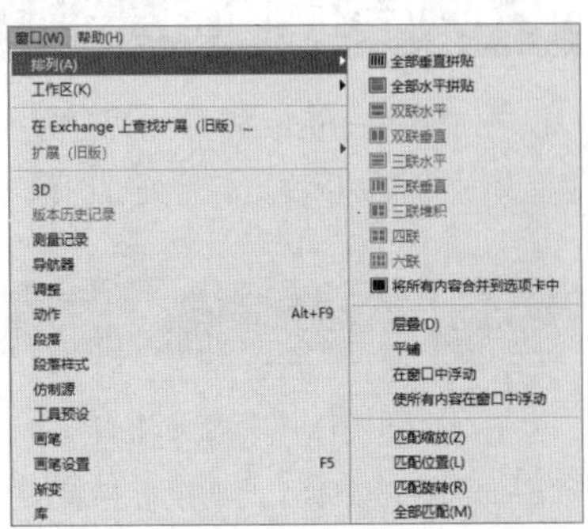

图1-44

1.5 撤销与恢复

在使用Photoshop时，如果操作失误，或者对当前效果不满意，可以撤销操作，使其恢复至原来的效果。

1.5.1 还原/重做/恢复

当操作失误时，可以执行“编辑”>“还原”菜单命令(快捷键为Ctrl+Z)撤销上一步操作。如果想要恢复被撤销的操作，可以执行“编辑”>“重做”菜单命令(快捷键为Shift+Ctrl+Z)。如果想要恢复文件到上一次的保存状态，可以执行“文件”>“恢复”菜单命令。

1.5.2 历史记录

在处理图像时执行的操作会被记录到“历史记录”面板中。执行“窗口”>“历史记录”菜单命令，可打开“历史记录”面板，如图1-45所示。

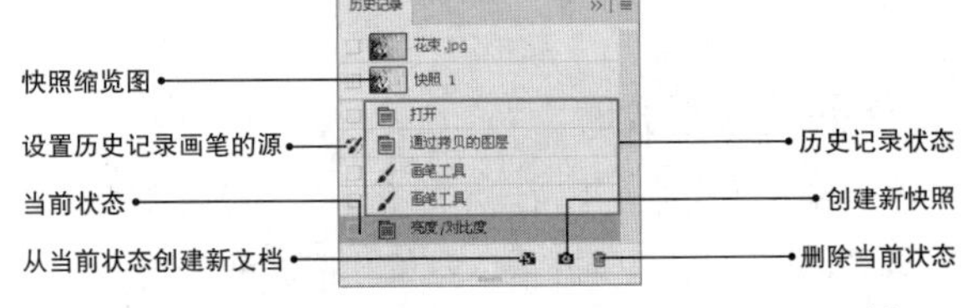

图1-45

重要参数介绍

◇ **设置历史记录画笔的源**：被勾选的记录对应的就是在使用“历史记录画笔工具”时要恢复的源图像。

◇ **快照缩览图**：用于表示被记录为快照的图像的状态。

◇ **历史记录状态**：其中记录了每一步的操作状态。

◇ **当前状态**：当前的图像编辑状态。

◇ **从当前状态创建新文档**：单击该按钮，将基于当前操作步骤中图像的状态创建新文档。

◇ **创建新快照**：单击该按钮，将基于当前操作步骤中图像的状态创建快照。

◇ **删除当前状态**：选择一个历史记录并单击该按钮，可以将该记录及其之后的记录删除。

知识点：使用快照恢复到之前的状态

"历史记录"面板默认可以记录50步操作，虽然可以增加记录的数量，但是可能会影响Photoshop的运行速度。在处理图像时，单击"历史记录"面板底部的"创建新快照"按钮，如图1-46所示，可以将当前状态保存为快照。无论之后操作了多少步，只要单击该快照，就能恢复到记录时的状态。

需要注意的是，历史记录是暂存于内存中的，快照是历史记录的一部分。关闭文件后，历史记录会被删除。

图1-46

1.6 辅助设置

在Photoshop中可以设置标尺、参考线和网格等。此外，还可以更改工作界面的颜色、设置暂存盘和自动保存等。

1.6.1 设置标尺

在处理图像时，标尺可以用来定位图像或某些元素。执行"编辑" > "首选项" > "单位与标尺"菜单命令，在弹出的"首选项"对话框中可以修改标尺的单位，如图1-47所示。

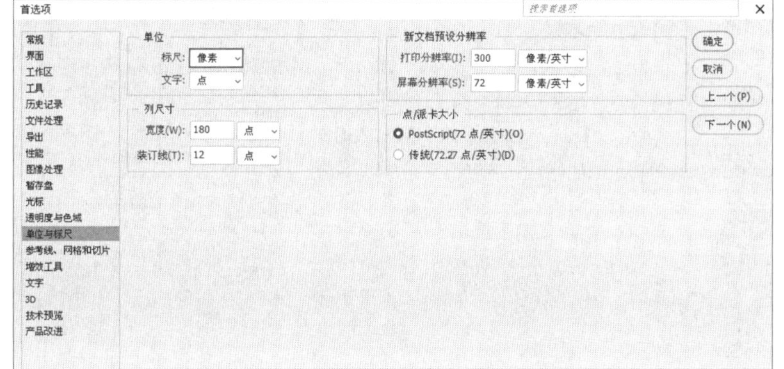

图1-47

技巧与提示

按快捷键Ctrl+R可以控制标尺的显示与隐藏。在标尺的任意位置单击鼠标右键，在弹出的菜单中也可以选择其他标尺的单位，如图1-48所示。

图1-48

1.6.2 设置参考线和网格

参考线和网格都以浮动的状态显示在图像上方，并且在输出和打印图像时不会显示出来。执行"编辑" > "首选项" > "参考线、网格和切片"菜单命令，在弹出的"首选项"对话框中可以修改参考线、网格、切片和路径等的显示颜色，如图1-49所示。

图1-49

在标尺的任意位置按住鼠标左键拖曳，可以拖曳出参考线。按住Shift键并拖曳，参考线会自动吸附到标尺刻度上。执行“视图”>“新建参考线”菜单命令，可以在弹出的“新建参考线”对话框中输入数值，得到位置精确的参考线，如图1-50所示。此外，还可以移动、移除、清除和锁定参考线。

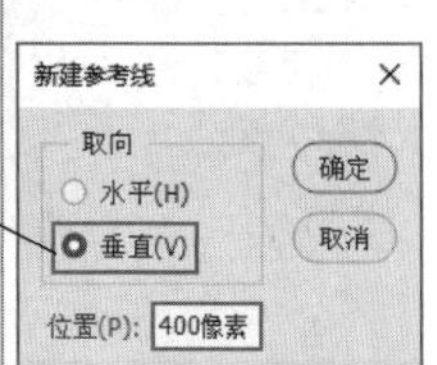

图1-50

执行“视图”>“显示”>“智能参考线”菜单命令，可以启用智能参考线。智能参考线可以帮助对齐形状、切片和选区。启用智能参考线后，绘制、移动形状和创建选区时智能参考线会自动出现在画布中，如图1-51所示。

图1-51

在默认状态下，网格显示为线条，这些线条和参考线一样，不会显示在输出和打印的图像中。执行“视图”>“显示”>“网格”菜单命令，可在画布中显示出网格，如图1-52所示。

图1-52

技巧与提示

执行“视图”>“显示”子菜单中的命令（使命令处于勾选状态），可以在画布中显示网格、参考线、智能参考线和切片等内容，如图1-53所示。

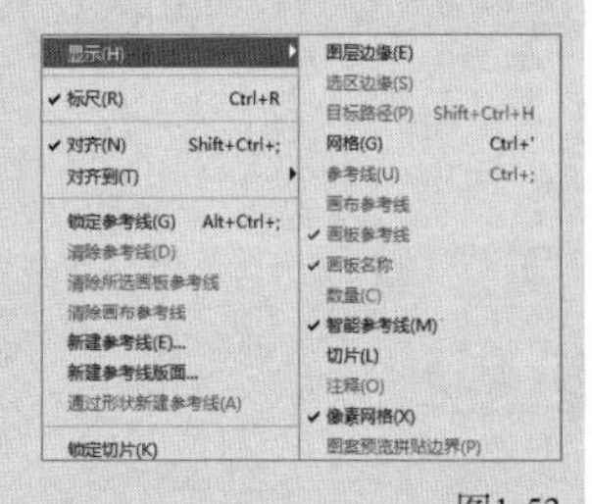

图1-53

1.6.3 设置界面

执行“编辑”>“首选项”>“界面”菜单命令，在弹出的“首选项”对话框中可以修改界面的颜色方案和字体大小等，如图1-54所示。

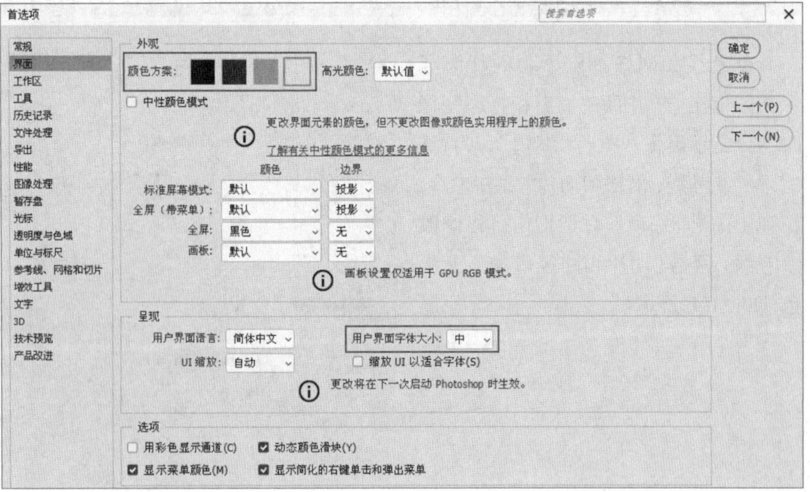

图1-54

1.6.4 设置暂存盘

Photoshop对运行内存的需求很大，为了防止软件崩溃，可以增加暂存盘（一般默认为C盘）。执行“编辑”>“首选项”>“暂存盘”菜单命令，在弹出的“首选项”对话框中勾选一个或多个空闲空间较大的磁盘作为暂存盘，如图1-55所示。

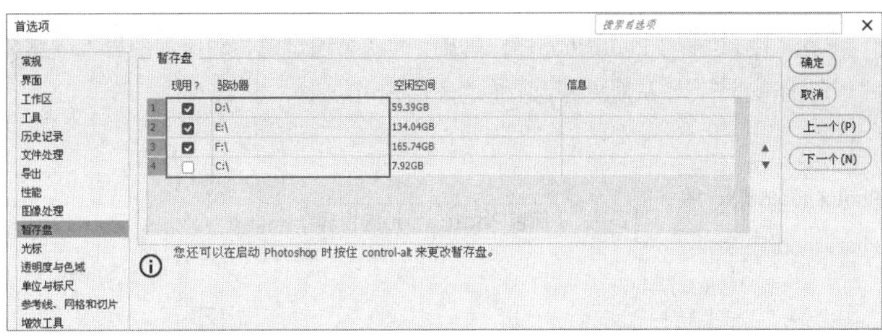

图1-55

1.6.5 设置自动保存

在使用Photoshop时，一些意外情况可能会导致文件损坏或丢失。为了解决这些问题，可以执行“编辑”>“首选项”>“文件处理”菜单命令，打开“首选项”对话框，设置“自动存储恢复信息的间隔”选项的数值，默认为10分钟，如图1-56所示，可以根据需求将其设置得小一些，但不能设置得太小，否则会降低软件的运行性能。

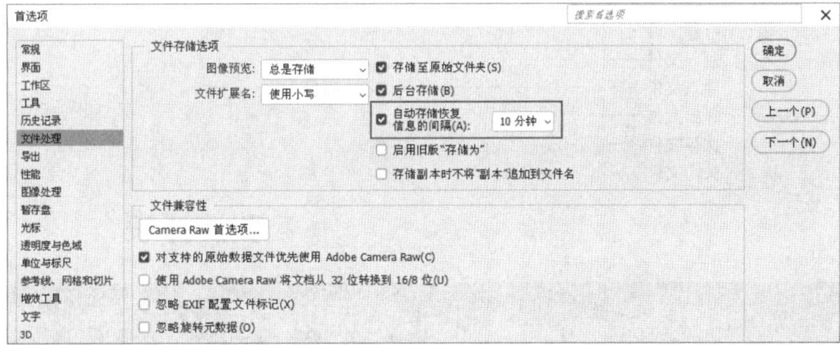

图1-56

1.6.6 设置历史记录

“历史记录”面板默认可以记录50步操作。执行“编辑”>“首选项”>“性能”菜单命令，在打开的“首选项”对话框中可以修改记录的操作步数，即“历史记录状态”选项的数值（该值越大，占用的内存越多），如图1-57所示。对Photoshop新手而言，可以将“历史记录状态”选项的数值设置得大一些。

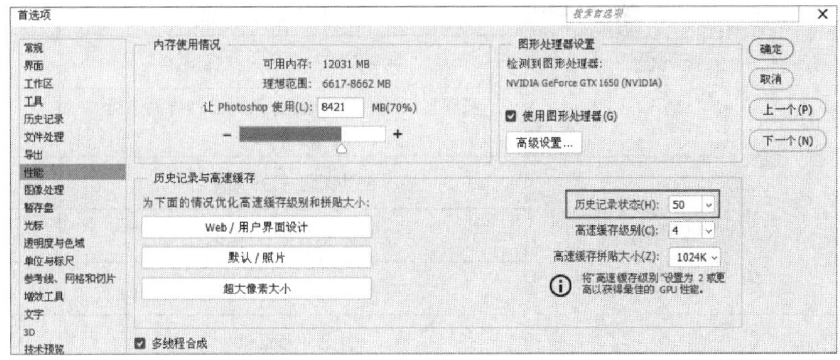

图1-57

1.6.7 清理内存

经过多次操作，Photoshop的运行速度会变慢，此时可以执行“编辑”>“清理”子菜单中的命令来清理剪贴板中的内容和历史记录，其中“全部”命令用于将它们一次性全部清除，如图1-58所示。

图1-58

技巧与提示

需要注意的是，清理内存是一个不可逆转的操作，建议在确保操作无误或者完成操作时再进行清理。

1.7 本章小结与评价

本章主要讲解了Photoshop操作基础，读者可通过图1-59所示的思维导图梳理知识脉络，并结合表1-1进行自测，查找学习的薄弱环节，从而更好地掌握本章的知识点。

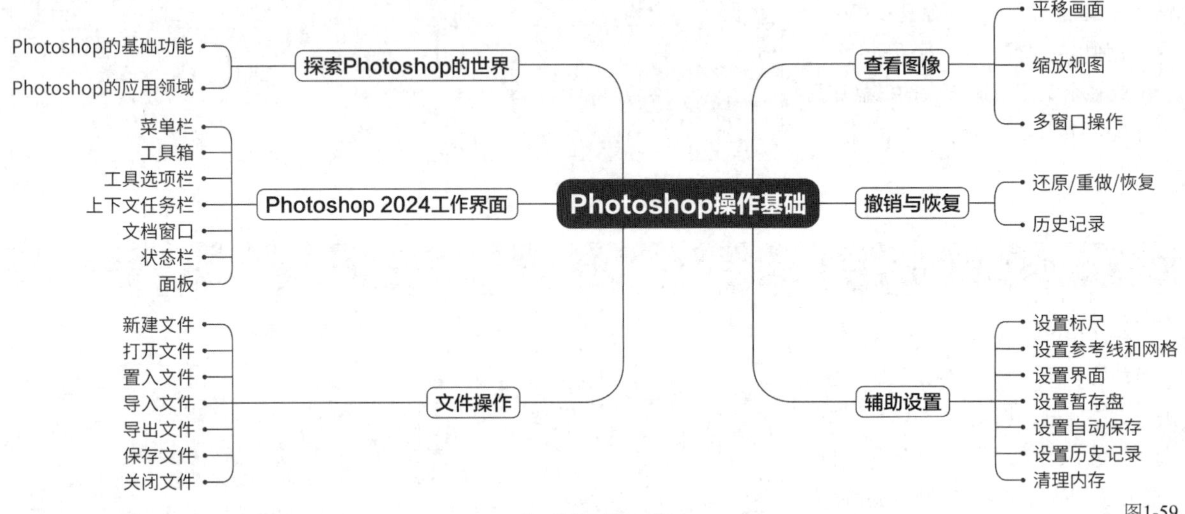

图1-59

自我测评表

表1-1

评价内容	评价标准	掌握程度	自我总结
探索Photoshop的世界	能够总结Photoshop的基础功能		
	能够总结Photoshop的应用领域		
Photoshop 2024工作界面	能够认识Photoshop工作界面中的菜单栏、工具箱、工具选项栏、文档窗口、状态栏、面板，并执行相应命令和选择对应工具		
	能够使用并自定义快捷键		
	能够显示或隐藏面板，以及对工作界面进行排版布局		
文件操作	能够新建/打开文件		
	能够置入/导入/导出文件		
	能够保存/关闭文件		
查看图像	能够平移画面		
	能够缩放视图		
	能够进行多窗口操作		
撤销与恢复	能够进行还原/重做/恢复操作		
	能够使用“历史记录”面板		
辅助设置	能够在“首选项”对话框中设置标尺、参考线和网格、界面、暂存盘、自动保存和历史记录等		
	能够清理内存		

第 2 章

图像编辑基础

本章主要介绍图像编辑基础，内容包括图像的基础知识、图层原理与基础操作、变换与变形，以及画布的修改等。

课堂学习目标

◇ 了解像素与分辨率
◇ 掌握修改图像大小和分辨率的方法
◇ 了解位图和矢量图
◇ 了解颜色模式
◇ 了解图层的原理
◇ 掌握图层的基础操作
◇ 掌握图像变换的操作方法
◇ 掌握自由变换与再次变换的操作方法
◇ 掌握图像变形与操控变形的方法
◇ 掌握内容识别缩放的方法
◇ 掌握画布的修改方法

2.1 图像的基础知识

图像的基础知识包括图像尺寸、位图与矢量图、颜色模式等。通过本章的学习，读者可以更快、更准确地处理图像。

本节重点内容

重点内容	说明
图像大小	调整图像尺寸和分辨率
模式	更改图像的颜色模式

2.1.1 图像尺寸

图像的像素与分辨率可以控制图像尺寸及清晰度。下面讲解像素与分辨率的含义，以及调整图像尺寸和分辨率的方法。

1.像素与分辨率

像素是组成数码影像的基本单位，每个像素就是一个小点，数码影像就是由各种颜色的点汇集而成的。分辨率指的是单位长度包含的像素数，常见单位为像素/英寸（ppi，1英寸=2.54厘米）。将视图比例放大至2000%时，可以看到画面由多个小方块组成，其中的每个方块都是一个像素，如图2-1所示。

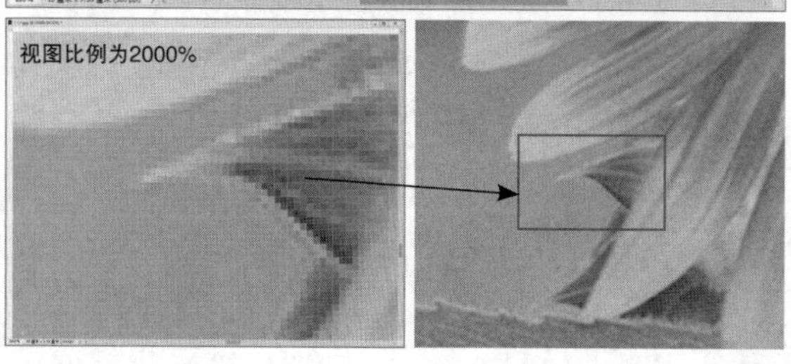

图2-1

图2-2所示为宽度和高度相同，但是分辨率不同的3个图像。可以看出低分辨率的图像有些模糊，而高分辨率的图像含有的像素较多，看起来十分清晰且细节丰富。

图2-2

2.图像大小

图像在计算机中的显示尺寸以像素为单位进行计量，图像的印刷尺寸用长度单位计量，图像尺寸和分辨率会影响图像的输出质量。执行“图像”>“图像大小”菜单命令（快捷键为Ctrl+Alt+I），打开“图像大小”对话框，在其中可以查看图像的尺寸与分辨率，如图2-3所示。

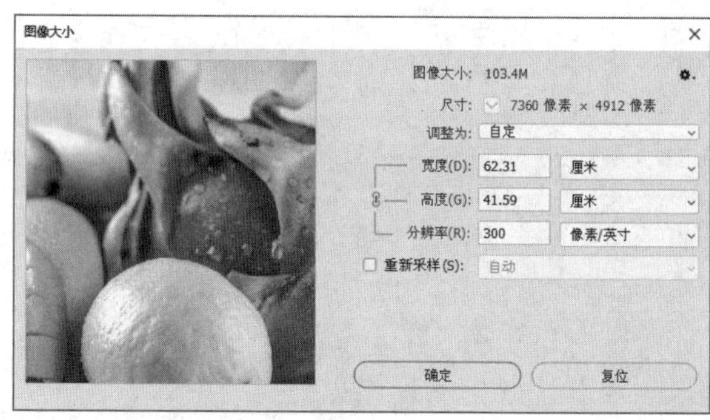

图2-3

重要参数介绍

◇ **图像大小：** 图像所占用的存储空间。

◇ **尺寸：** 图像在宽度和高度方向上的像素数量或长度，单击“尺寸”右侧的按钮可以修改尺寸单位。

◇ **调整为：** 其下拉列表中有系统提供的多种尺寸和分辨率选项，可以通过这些选项修改图像尺寸及分辨率。

◇ **宽度/高度：** 以厘米、像素等为单位设置图像的宽度和高度，可以直接输入数值来改变图像尺寸。

◇ **分辨率：** 图像的分辨率，可以直接输入数值来改变图像的分辨率。

◇ **重新采样：** 勾选此选项并更改图像尺寸后系统会自动生成或丢弃部分像素。

知识点：深入了解重新采样

取消勾选“重新采样”选项，修改图像的分辨率会影响图像的印刷尺寸（即“宽度”和“高度”）。降低图像的分辨率，图像的印刷尺寸会变大；提高图像的分辨率，图像的印刷尺寸会变小。不过，图像的显示尺寸和占用的存储空间是始终不变的，即图像含有的像素数量没有变化，这样图像的清晰度就不会受分辨率变化的影响，如图2-4所示。

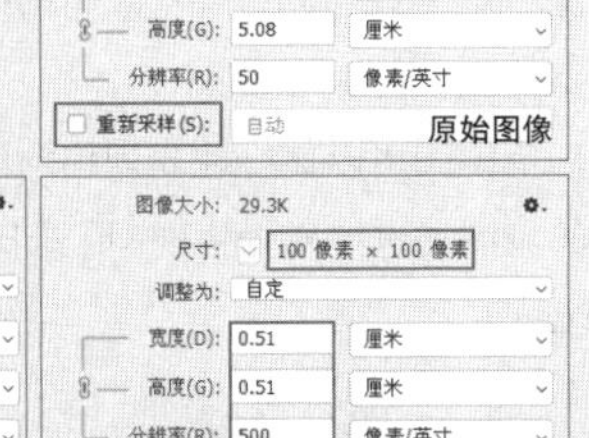

降低分辨率

提高分辨率

图2-4

勾选“重新采样”选项，修改图像的分辨率会影响图像的显示尺寸和占用的存储空间。降低图像的分辨率，图像的显示尺寸和占用的存储空间会减小；提高图像的分辨率，图像的显示尺寸和占用的存储空间会增加。不过，图像的印刷尺寸是始终不变的，如图2-5所示。

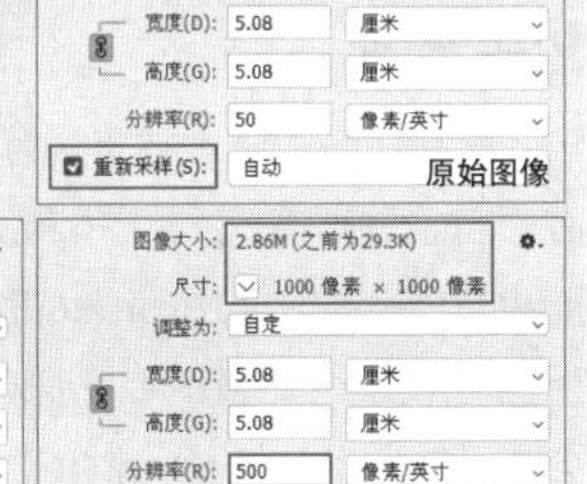

降低分辨率

提高分辨率

图2-5

勾选“重新采样”选项，降低图像的分辨率，系统会自动丢弃部分像素；而提高图像的分辨率，系统会自动生成新的像素，生成的像素并非原始像素。因此，无论是提高还是降低图像的分辨率，图像的清晰度都会降低，如图2-6所示。

图2-6

课堂案例

调整图像尺寸和分辨率

素材文件	素材文件>CH02>素材01.jpg
实例文件	无
视频名称	调整图像尺寸和分辨率.mp4
学习目标	掌握调整图像尺寸和分辨率的方法

在编辑图像时，一般需要根据用途调整图像的**尺寸**和**分辨率**。本例将使用“**图像大小**”菜单命令调整图像**尺寸**和**分辨率**，效果如图2-7所示。

图2-7

01 按快捷键**Ctrl+O**，在“**打开**”对话框中选择学习资源文件夹中的“**素材文件**”>“**CH02**”>“**素材01.jpg**”文件，单击“**打开**”按钮 打开(O) ，如图2-8所示。打开的文件如图2-9所示。

图2-8

图2-9

02 执行“**图像**”>“**图像大小**”菜单命令，打开“**图像大小**”对话框，如图2-10所示。

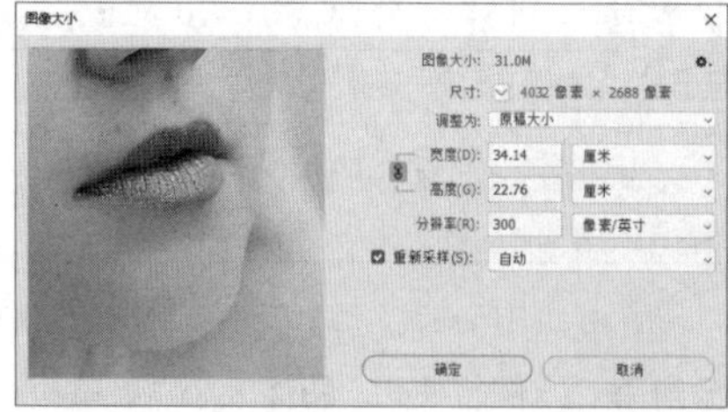

图2-10

03 先**取消勾选**“**重新采样**”选项，然后设置“**宽度**”为**9英寸**，这时“**高度**”会**自动**匹配为**6英寸**，同时**分辨率**也随之**变大**，如图2-11所示。

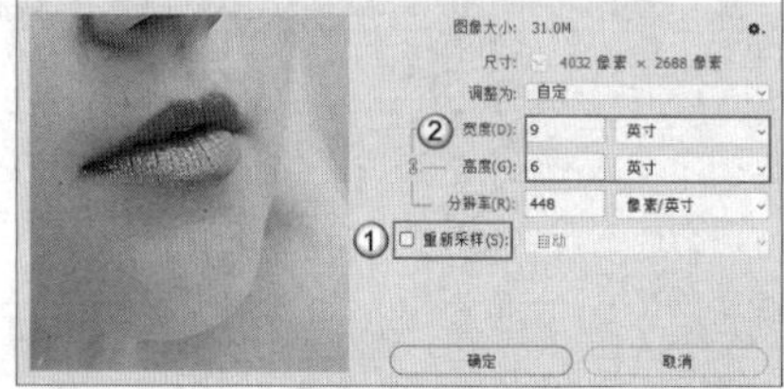

图2-11

04 目前的分辨率已经远超**印刷的分辨率**（**300像素/英寸**），**降低分辨率**可以**减小**图像所占的**存储空间**。勾选“**重新采样**”选项，然后设置“**分辨率**”为**300像素/英寸**，此时文件减小到了**13.9MB**，如图2-12所示。单击“**确定**”按钮，效果如图2-13所示。

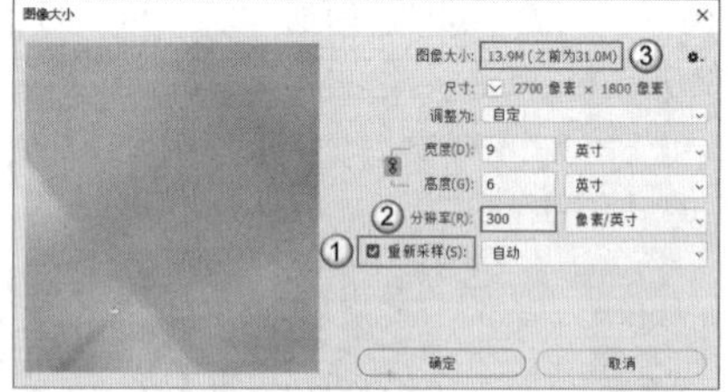

图2-12

图2-13

技巧与提示

“宽度”和“高度”之间有一个按钮，该按钮处于按下状态时，修改两个选项中的任何一个选项的数值时，另一个选项的数值会自动按比例修改，即图像是按比例进行缩放的。该按钮未处于按下状态时，可以分别修改“宽度”和“高度”的数值，图像不再按比例进行缩放。

2.1.2 位图与矢量图

计算机中的图像分为位图和矢量图两大类。下面对这两种类型的图像进行介绍。

1.位图

位图又称点阵图像或栅格图像，是由像素组成的。每个像素都被分配了颜色和位置，由此形成了色调连续的图像。电子设备的截图、数码相机拍摄的照片和扫描仪扫描出的稿件都属于位图。

位图可以更好地表现出画面中的细节，过渡更自然，而矢量图的过渡较为生硬，更具卡通效果，如图2-14所示。

图2-14

2.矢量图

矢量图在数学中被定义为一系列由线连接的点，它具有颜色、形状、轮廓、大小和屏幕位置等属性。矢量图只能靠软件生成，如Illustrator和CorelDRAW等，其文件占用内存较小。矢量图以几何图形居多，被无限放大后不会变色，也不会模糊，常用于图案、标志、视觉识别系统（Visual Identity，VI）和文字等的设计。

矢量图不受分辨率的影响，将视图放大至800%，图像依然很清晰，如图2-15所示。因此矢量图在印刷时，可以任意放大或缩小而不会影响输出的清晰度（可以按最高分辨率将图像显示到输出设备上）。

图2-15

2.1.3 颜色模式

颜色模式指的是以数字为模型记录颜色的方式。在Photoshop中，颜色模式有位图模式、灰度模式、双色调模式、索引颜色模式、RGB颜色模式、CMYK颜色模式、Lab颜色模式和多通道模式。执行“图像”>“模式”子菜单中的命令即可更改图像的颜色模式，如图2-16所示。

图2-16

常见颜色模式介绍

◇ **位图模式：** 只使用黑色或白色表示图像中的像素，其效果很特别，如图2-17左图所示。

◇ **灰度模式：** 可以得到有亮度效果的高品质黑白图像。

◇ **索引颜色模式：** GIF文件默认的颜色模式，生成的颜色为Web安全颜色，常用于Web页面和多媒体动画。

◇ **RGB颜色模式：** 一种发光模式。通过红色（Red）、绿色（Green）、蓝色（Blue）3个颜色通道的变化以及将它们相互叠加来得到多种颜色，常用于手机和显示器等，其效果如图2-17右图所示。

图2-17

◇ **CMYK颜色模式：** 一种印刷模式。通过青色（Cyan）、洋红色（Magenta）、黄色（Yellow）、黑色（Black）4种油墨叠加来产生多种颜色，常用于印刷品。CMYK颜色模式包含的颜色总数比RGB颜色模式少很多，所以在显示器上观察到的图像要比印刷出来的图像亮丽一些。

◇ **Lab颜色模式：** 理论上是包括人眼可以看见的所有色彩的颜色模式。L表示亮度，a表示从红色到绿色的色相，b表示从黄色到蓝色的色相。

知识点：设计中分辨率和颜色模式的选择

在设计电子显示屏上的图像（如图标、UI、网页、Banner和详情页等）时，通常情况下新建文件采用的单位是像素、颜色模式为RGB、分辨率为72像素/英寸。在设计印刷制品（如海报、传单、图书和名片等）时，通常情况下新建文件采用的单位是厘米或毫米、颜色模式为CMYK、分辨率一般为300像素/英寸。印刷是有尺寸限制的，当印刷无法满足广告宣传需求时，可采用喷绘的方式，其中易拉宝和X展架的分辨率一般为150~200像素/英寸，户外喷绘（如地铁广告、围挡等）的分辨率一般为20~60像素/英寸。

2.2 图层原理与基础操作

图层是Photoshop的核心功能，在Photoshop中，对图像的操作几乎都是基于图层进行的，通过图层的堆叠与混合可以制作出多种效果。下面讲解图层原理与基础操作。

本节重点内容

重点内容	说明
链接图层	链接图层
取消图层链接	取消图层链接
图层编组	图层编组
向下合并	向下合并图层
栅格化	栅格化图层
对齐	对齐图层
分布	分布图层

2.2.1 图层的原理

图层就像是一块块透明的玻璃，每块玻璃上承载着图像和文字等信息，按照一定的顺序将它们堆叠在一起，就可以形成完整的图像，如图2-18所示。

图层的堆叠顺序

“图层”面板　图像效果

图2-18

图层中的内容是可以移动和单独调整的，且操作不会影响其他图层中的内容，例如移动文字，不会对其他图层造成影响，如图2-19所示。

图2-19

图层的顺序是可以调整的。上层图层的显示内容会盖住下层图层的显示内容，因此图层中某些内容可能会因为图层顺序的调整而被遮挡，如图2-20所示。

图2-20

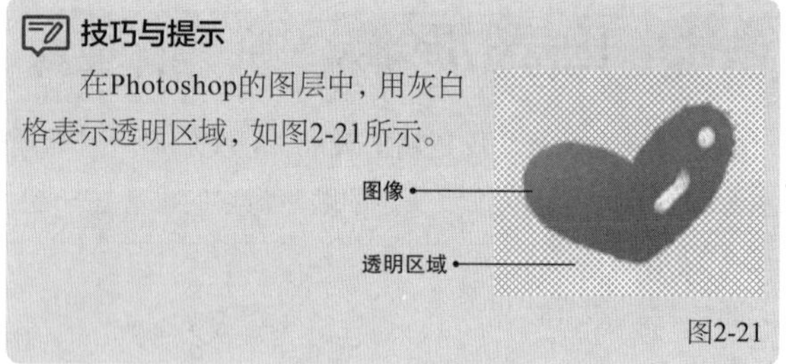

技巧与提示

在Photoshop的图层中，用灰白格表示透明区域，如图2-21所示。

图2-21

2.2.2 “图层”面板

“图层”面板是Photoshop中的常用面板，如图2-22所示，在其中可以新建图层、删除图层、锁定图层、添加图层蒙版和图层样式，以及修改图层的不透明度等。

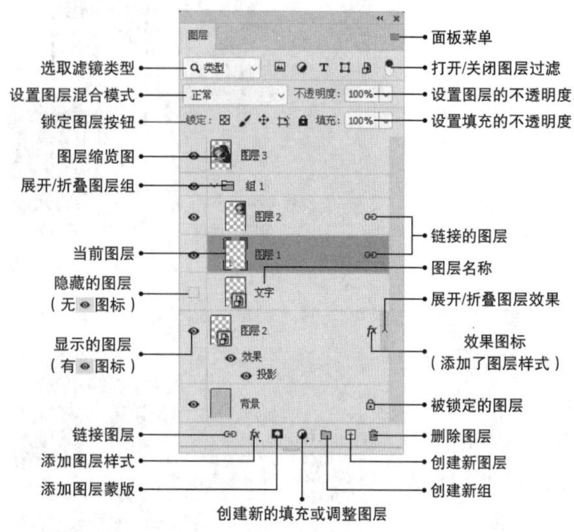

图2-22

重要参数介绍

◇ **面板菜单**：单击该按钮，可打开“图层”面板的面板菜单。

◇ **选取滤镜类型**：当有较多图层时，可以在该下拉列表中选择一种图层类型（包括“名称”“效果”“模式”“属性”“颜色”“智能对象”等），使“图层”面板中只显示此类图层。此外，其右侧还有5个按钮，分别用于过滤像素图层、调整图层、文字图层、形状图层和智能对象图层。

技巧与提示

需要注意的是，“选取滤镜类型”下拉列表中的“滤镜”并不是指菜单栏中的“滤镜”菜单命令，而是指对某一种图层类型进行过滤。

◇ **打开/关闭图层过滤**：单击该按钮，可以开启或关闭图层的过滤功能。

◇ **设置图层混合模式**：设置当前图层的混合模式，以指定其与下方图层的混合方式。

◇ **锁定图层按钮**：这一排按钮用于锁定当前图层的某种属性，使其不可编辑。

◇ **设置图层的不透明度**：设置当前图层的不透明度，可使其呈透明状态。

◇ **设置填充的不透明度**：设置当前图层中填充的不透明度。“填充”选项与“不透明度”选项类似，但是不会影响图层的样式效果。

◇ **图层缩览图**：显示图层中的图像。其中，灰白格区域表示图像的透明区域，非灰白格区域表示有图像的区域。

◇ **当前图层**：当前处于选中或编辑状态的图层，所有操作只对当前图层有效。

◇ **图层名称**：双击图层名称，可以对图层进行重命名。

◇ **展开/折叠图层组**：单击该图标，可以展开或折叠图层组。

◇ **展开/折叠图层效果**：单击该图标，可以展开或折叠图层效果。

◇ **效果图标**：显示该图标，表示图层添加了图层样式。

◇ **指示图层可见性**：单击该图标，可以隐藏或显示图层。有图标表示显示的图层，无图标表示隐藏的图层。

◇ **链接的图层**：显示该图标的两个及以上图层为相互链接的图层，可以同时对它们进行移动或变换等操作。

◇ **被锁定的图层**：显示该图标，表示图层处于锁定状态。

◇ **链接图层**：选择多个图层后，单击该按钮，可以对它们进行链接。

◇ **添加图层样式**：单击该按钮，可以在弹出的菜单中为当前图层添加图层样式。

◇ **添加图层蒙版**：单击该按钮，可以为当前图层添加一个蒙版。

◇ **创建新的填充或调整图层**：单击该按钮，在弹出的菜单中选择相应的命令即可创建填充图层或调整图层。

◇ **创建新组**：单击该按钮，可以新建一个图层组。

◇ **创建新图层**：单击该按钮，可以新建一个图层。

◇ **删除图层**：选择图层或图层组，单击该按钮即可将其删除。

2.2.3 选择图层

在对某个图层进行操作前，需要选择此图层。在Photoshop中，可以选择一个图层，也可以选择多个连续或不连续的图层。

选择一个图层：在“图层”面板中单击要选择的图层，即可将其选中，同时该图层将成为当前图层。

选择多个连续图层：先选择第1个图层，然后按住Shift键单击最后一个图层，即可同时选中这两个图层及它们中间的所有图层，如图2-23所示。

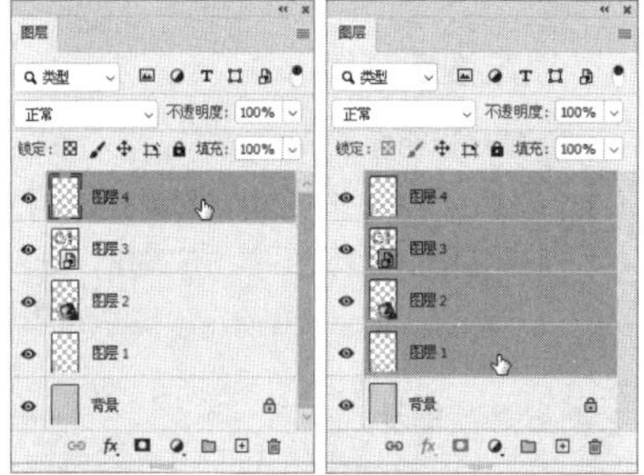

图2-23

选择多个不连续的图层：先选择一个图层，然后按住Ctrl键单击其他图层，即可同时选中这些图层，如图2-24所示。

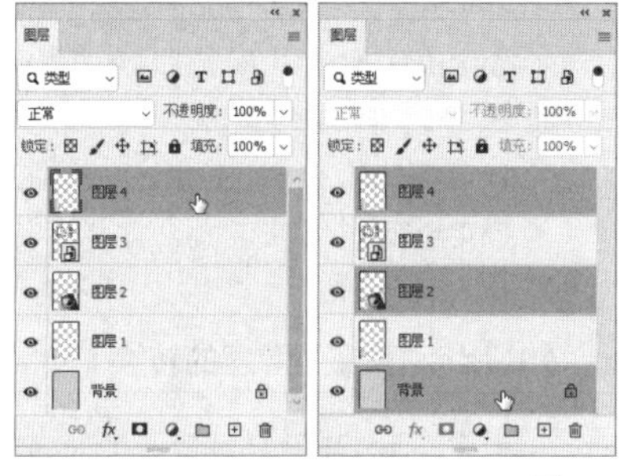

图2-24

选择所有图层：执行“选择”>“所有图层”菜单命令（快捷键为Alt+Ctrl+A），可以选中除“背景”图层之外的所有图层。

选择链接图层：在“图层”面板中，单击一个图层，如果其右侧出现了🔗图标，表示它与其他图层建立了链接。此时，执行“图层”>“选择链接图层”菜单命令，即可将它们同时选中。

取消选择图层：执行“选择”>“取消选择图层”菜单命令，或者在“图层”面板中图层列表下方的空白处单击，即可取消选择所有图层。

知识点：自动选择图层/图层组

在“移动工具”✥选项栏中有一个“自动选择”选项，在其右侧的下拉列表中可以设置自动选择图层或图层组，如图2-25所示。勾选“自动选择”选项并设置自动选择类型为“图层”后，使用“移动工具”✥在画布中单击图像，即可选择对应的图层。

图2-25

2.2.4 新建图层

新建图层指的是创建一个空白图层。单击“图层”面板底部的“创建新图层”按钮⊞，可以在当前图层上方新建一个空白图层。按住Ctrl键并单击“创建新图层”按钮⊞，可以在当前图层下方新建一个空白图层，如图2-26所示。

图2-26

在创建图层时，如果想要设置图层的名称、颜色、模式和不透明度等属性，可以执行“图层”>“新建”>“图层”菜单命令（快捷键为Shift+Ctrl+N），在弹出的“新建图层”对话框中进行设置，如图2-27所示。按住Alt键并单击“创建新图层”按钮⊞，也可以打开“新建图层”对话框。

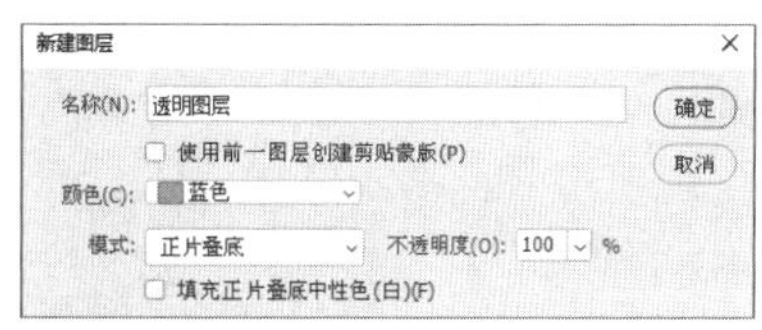

图2-27

2.2.5 复制图层

所有图层都可以通过复制来保留原始信息，以防原始信息丢失。复制图层的方法有多种，下面分别进行介绍。

第1种：选择要复制的图层，执行“图层”>“新建”>“通过拷贝的图层”菜单命令（快捷键为Ctrl+J），可以将所选图层复制一份，如图2-28所示。

图2-28

第2种：选择要复制的图层，执行“图层”>“复制图层”菜单命令，打开“复制图层”对话框，然后单击“确定”按钮 确定 复制图层，如图2-29所示。

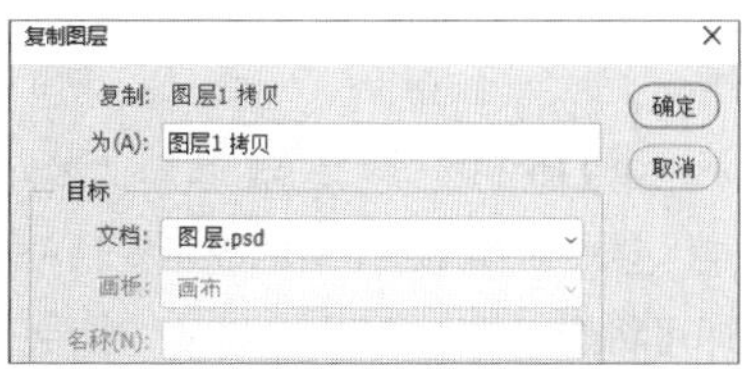

图2-29

技巧与提示

选择要复制的图层，在其名称上单击鼠标右键，在弹出的菜单中选择“复制图层”命令，如图2-30所示，也可以打开“复制图层”对话框。

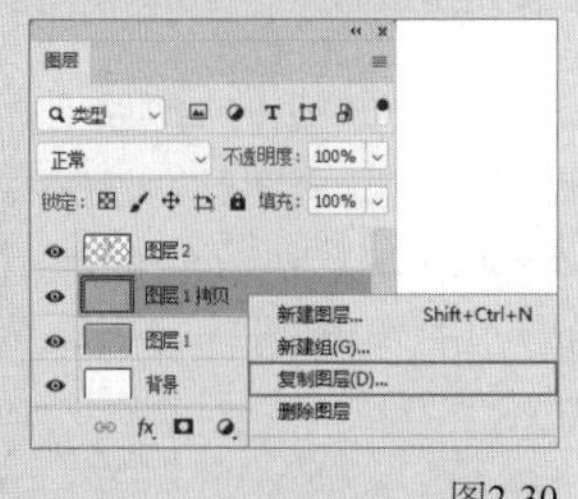

图2-30

第3种：将要复制的图层拖曳至“创建新图层”按钮上，可以复制该图层，如图2-31所示。

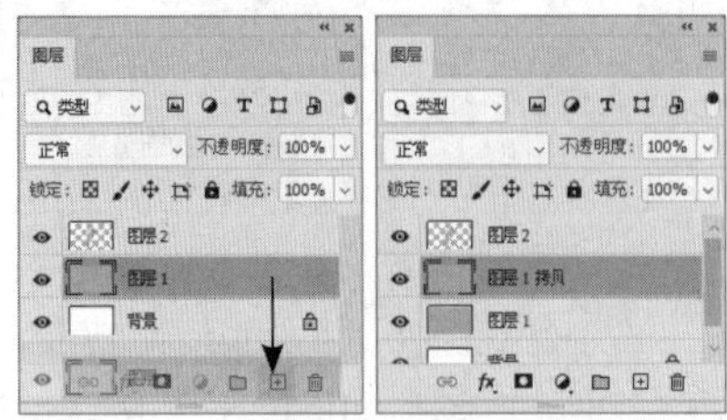

图2-31

第4种：选择要复制的图层，按住Alt键将其拖曳至目标位置后松开鼠标左键即可复制图层，如图2-32所示。

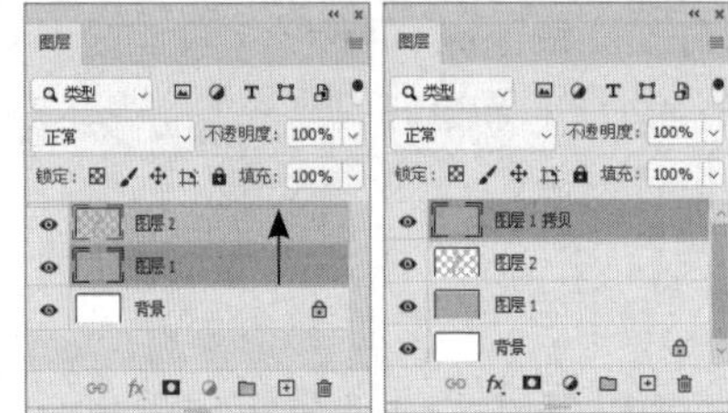

图2-32

第5种：对于含有图像内容的图层，可以使用“移动工具”进行复制。将鼠标指针放在要复制的图像上，然后按住Alt键拖曳图像，复制的图像将位于新的图层中，效果如图2-33所示。

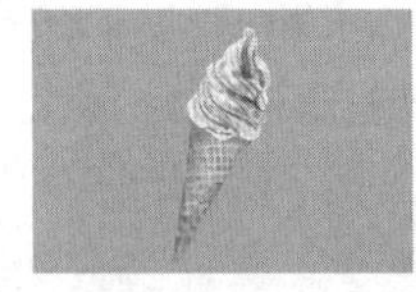

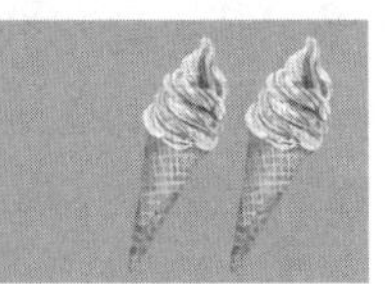

图2-33

2.2.6 删除图层

如果要删除一个或多个图层，可以先将其选中，然后通过以下两种方法来完成操作。

第1种：选定图层后，单击“删除图层”按钮（快捷键为Delete），或者将选定的图层拖曳到“删除图层”按钮上，即可将其删除。

第2种：选定图层后，执行“图层”>“删除”>“图层”菜单命令，在弹出的提示对话框中单击“是”按钮，即可将选定的图层删除。执行“图层”>“删除”>“隐藏图层”菜单命令可以删除所有隐藏的图层。

2.2.7 锁定图层

在“图层”面板中，图层列表上方有5个锁定按钮，如图2-34所示，分别用于锁定图层的透明像素、图像像素、位置、画板等属性。选择图层，单击对应按钮，可以将图层相应属性锁定。

图2-34

锁定按钮介绍

◇ **锁定透明像素**：单击该按钮，可以将编辑范围限定在图层的不透明区域中，图层的透明区域将会受到保护。

◇ **锁定图像像素**：单击该按钮，只能对图层进行移动或变换操作，不能在图层上进行绘画、擦除内容或应用滤镜等操作。

技巧与提示

文字图层和形状图层是无法锁定透明像素和图像像素的。只有将图层栅格化后，才能对其进行锁定。

◇ **锁定位置**：单击该按钮，图层将无法移动，这对设置了精确位置的图像非常有用。

◇ **锁定画板**：单击该按钮，可以防止画板内外自动嵌套。

◇ **锁定全部**：单击该按钮，可以锁定以上全部属性，不能对图层进行任何操作。

知识点：“背景”图层的转换

“背景”图层默认处于锁定状态，位于“图层”面板的底部。可以在“背景”图层上绘画、填色或应用滤镜等，但是“背景”图层无法移动或者调整混合模式等。用“移动工具”拖曳“背景”图层时会出现提示对话框，单击“转换到正常图层”按钮转换到正常图层可以对其进行转换，如图2-35所示。

Adobe Photoshop

当前所选的图层为背景图层。无法移动背景图层，或者更改其堆叠顺序、混合模式或不透明度。

但是，您可以将其转换到正常图层，然后更改其中的任何属性。

转换到正常图层　取消

图2-35

此外，单击“背景”图层右侧的图标也可以将其转换为普通图层，如图2-36所示。

图2-36

如果要将普通图层转换为“背景”图层，可以执行“图层”>“新建”>“图层背景”菜单命令。但是如果已经有“背景”图层，则必须先将“背景”图层转换为普通图层，才能将其他图层转换为“背景”图层。

2.2.8 链接图层

如果要同时处理多个图层中的内容(如进行移动或变换等),可以将这些图层链接在一起。选择两个或多个图层,执行“图层”>“链接图层”菜单命令,或者单击“图层”面板下方的“链接图层”按钮,即可将所选图层链接在一起,如图2-37所示。链接图层后,对其中任何一个图层进行移动或变换等操作,其他链接图层也会随之变化。

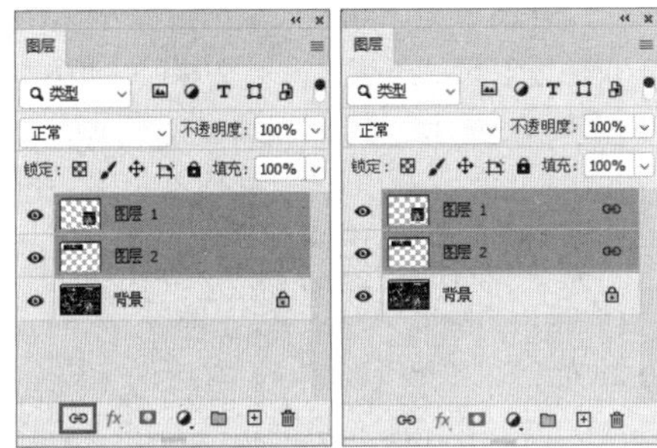

图2-37

如果要取消图层的链接,可以执行“图层”>“取消图层链接”菜单命令;或者选中一个链接图层,并单击“图层”面板下方的“链接图层”按钮。

2.2.9 管理图层

图像的效果越丰富,用到的图层就越多。为了方便管理图层,下面讲解图层的实用管理技巧。

1.修改图层名称

图层默认以“图层1”“图层2”“图层3”的形式命名,当图层较多时不便于查找需要的图层,因此可以修改图层名称以便管理。执行“图层”>“重命名图层”菜单命令,或者双击图层名称,在显示的文本框中输入名称后按Enter键确认即可修改图层名称。

2.图层编组与取消编组

单击“图层”面板下方的“创建新组”按钮,可以创建一个空白图层组,之后可以将目标图层拖曳至该组中,如图2-38所示。

图2-38

技巧与提示

同时拖曳多个图层或图层组到另一个图层组的名称上,就可以将其移入该图层组中,如图2-39所示。

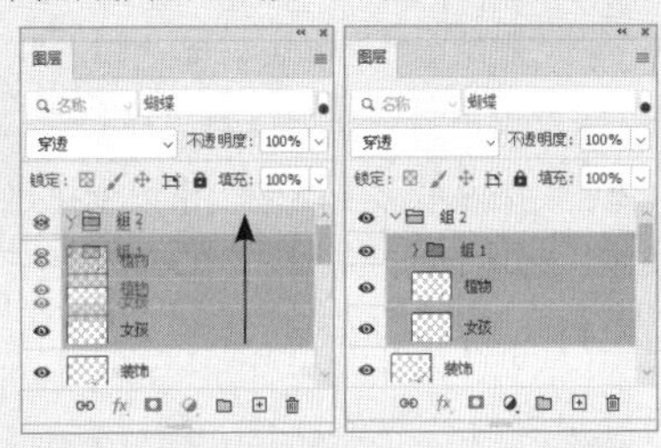

图2-39

将图层组中的图层或图层组拖曳至组外,就可以将其从图层组中移出,如图2-40所示。

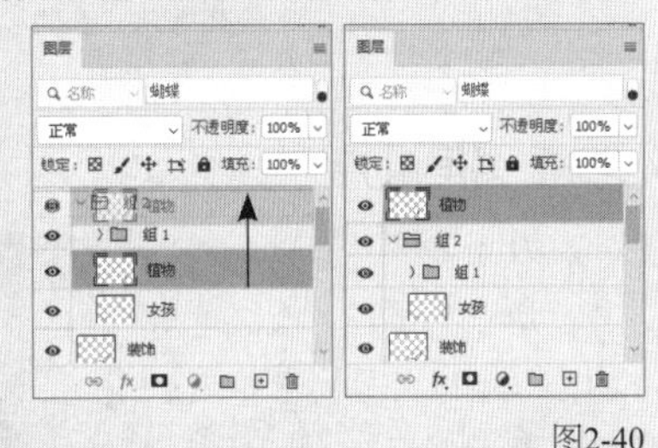

图2-40

在创建图层组时,还可以设置它的名称、颜色和模式等属性。执行“图层”>“新建”>“组”菜单命令,在弹出的“新建组”对话框内设置相关属性,单击“确定”按钮,即可新建图层组,如图2-41所示。之后可以将目标图层拖曳至该组中。

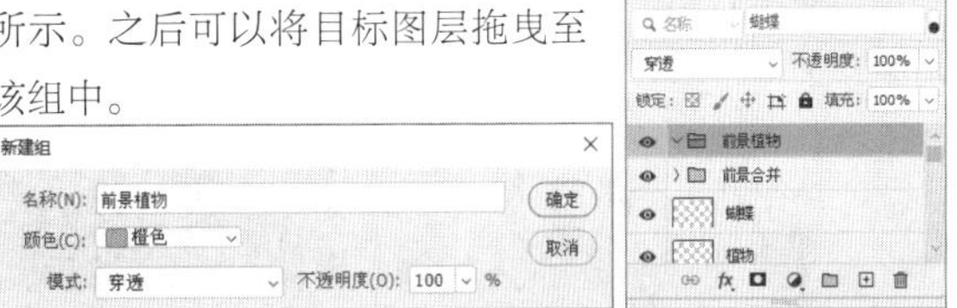

图2-41

选择一个或多个图层(也可以是图层组),执行“图层”>“图层编组”菜单命令(快捷键为Ctrl+G),可以将选定的图层(或图层组)创建为一个组,如图2-42所示。

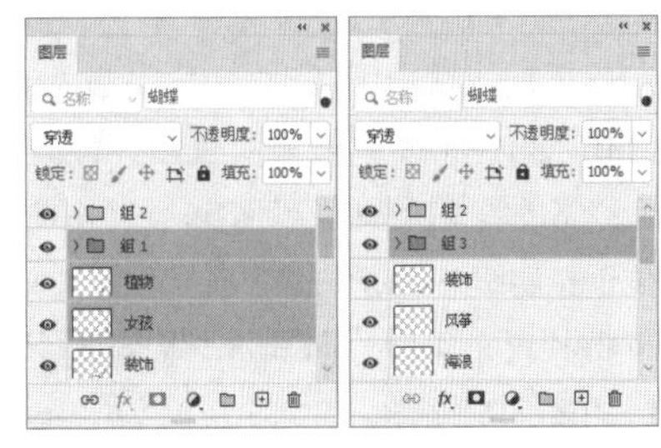

图2-42

如果要删除图层组,可以选择图层组,然后执行“图层”>“删除”>“组”菜单命令,或者直接按Delete键。此外,将图层组拖曳至“图层”面板下方的“删除图层”按钮上,也可以删除图层组。如果要解散图层组,可以选择图层组,然后执行“图层”>“取消图层编组”菜单命令(快捷键为Shift+Ctrl+G)。

3.查找图层

通过图层的名称可以快速查找到目标图层。执行“选择”>“查找图层”菜单命令，或者单击“图层”面板顶部的按钮，在弹出的下拉列表中选择“名称”选项，在右侧的文本框中输入图层的名称，可以查找目标图层，如图2-43所示。单击面板右上角的按钮，可以重新显示隐藏的图层。

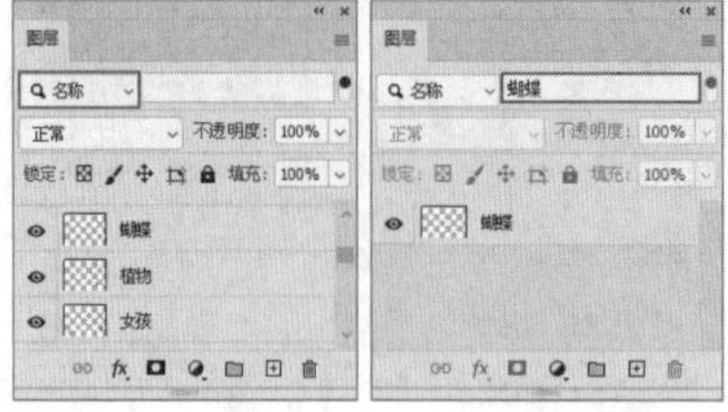

图2-43

4.调整图层顺序

因为上方图层会“遮住”下方图层，所以经常需要调整图层顺序。在“图层”面板中，可以将图层拖曳到另一个图层的上方或下方，如图2-44所示。

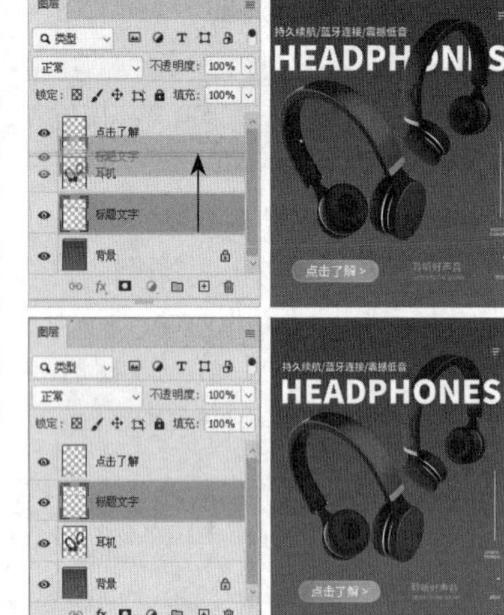

图2-44

执行“图层”>“排列”子菜单中的命令，如图2-45所示，可以调整图层顺序。“前移一层”（快捷键为Ctrl+]）命令与“后移一层”（快捷键为Ctrl+[）命令指的是将所选图层向上或向下移动一层。“置为顶层”（快捷键为Shift+Ctrl+]）命令与“置为底层”（快捷键为Shift+Ctrl+[）命令指的是将所选图层调整到最上层或最下层。如果图层位于图层组中，执行“置为顶层”命令或“置为底层”命令可将其置于图层组的最上层或最下层。

图2-45

5.显示与隐藏图层/图层组

图层缩览图左侧的图标用于控制图层的可见性，单击该图标可以切换图层的显示或隐藏状态，用同样的方法也可以控制图层组的显示或隐藏。执行“图层”>“隐藏图层”菜单命令，可以将选定的一个或多个图层隐藏起来。

如果想要隐藏多个相邻的图层，可以将鼠标指针置于一个图层的图标上，并向下或向上拖曳。显示图层的方法同理。

如果只想显示一个图层，可以按住Alt键并单击该图层的图标。用同样的操作可以显示其他图层。

2.2.10 合并图层

合并图层指的是将几个图层合并为一个图层，这样不仅便于管理，还可以减小文件所占用的内存。选择一个图层，执行“图层”>“向下合并”菜单命令（快捷键为Ctrl+E），可以将其与下方图层合并，合并后的图层名称为下方图层的名称，如图2-46所示。

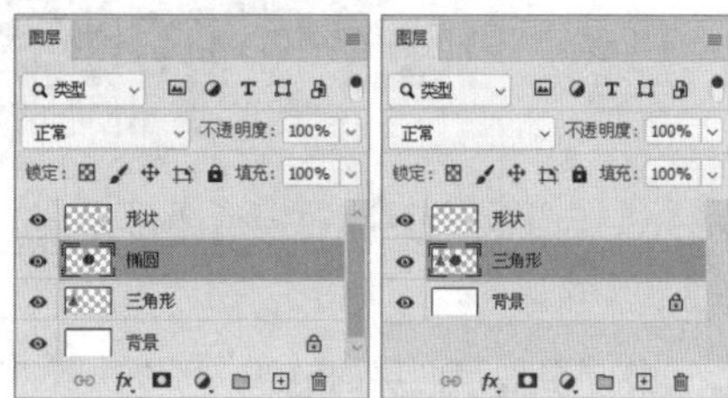

图2-46

如果要合并多个图层，可以先将它们选中，然后执行“图层”>“合并图层”菜单命令（快捷键为Ctrl+E），合并后的图层名称为上方图层的名称，如图2-47所示。

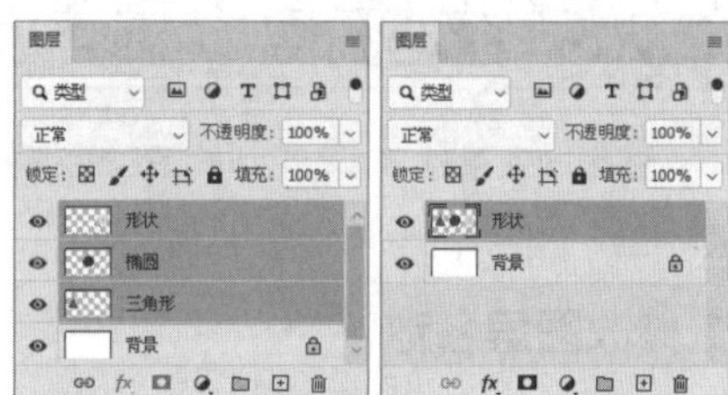

图2-47

如果要合并所有可见图层，可以执行“图层”>“合并可见图层”菜单命令（快捷键为Shift+Ctrl+E）。如果合并前“背景”图层处于显示状态，那么所有可见图层会合并到“背景”图层中，如图2-48所示。

图2-48

如果要拼合所有图层，可以执行“图层”>“拼合图像”菜单命令，原图中的透明区域会被白色填充。此时，如果有隐藏的图层，则会出现提示对话框，询问是否将其删除，如图2-49所示。

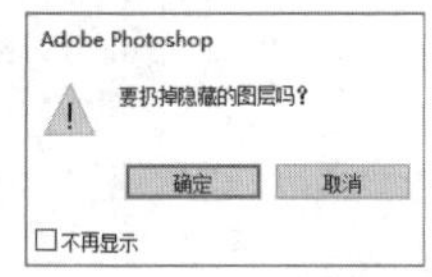

图2-49

2.2.11 盖印图层

盖印图层是指将多个图层的内容合并到一个新的图层中，同时其他图层保持不变。

1.向下盖印图层

选择一个图层，然后按快捷键Ctrl+Alt+E，可以将该图层中的内容盖印到它的下方图层中，原图层保持不变，如图2-50所示。

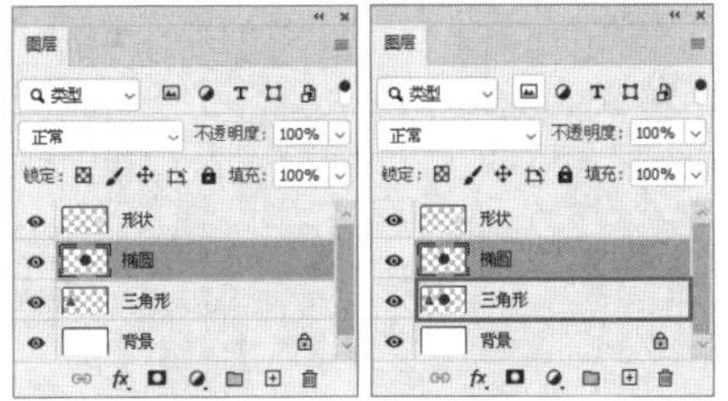

图2-50

2.盖印多个图层

同时选择多个图层，然后按快捷键Ctrl+Alt+E，可以将所选图层中的内容盖印到一个新的图层中，原图层保持不变，如图2-51所示。

图2-51

3.盖印可见图层

按快捷键Shift+Ctrl+Alt+E，可以将所有可见图层的内容盖印到一个新的图层中，原图层保持不变，如图2-52所示。

图2-52

4.盖印图层组

选择需要盖印的图层组，按快捷键Ctrl+Alt+E，可以将该图层组内所有可见图层的内容盖印到一个新的图层中，原图层组中的图层保持不变，如图2-53所示。

图2-53

2.2.12 栅格化图层

对于文字图层、形状图层、矢量蒙版或智能对象等特殊对象，不能直接进行编辑，需要先将其栅格化，才能进行相应的操作。选择需要栅格化的图层，执行“图层”>“栅格化”子菜单中相应的命令，如图2-54所示，可以栅格化相应的图层。

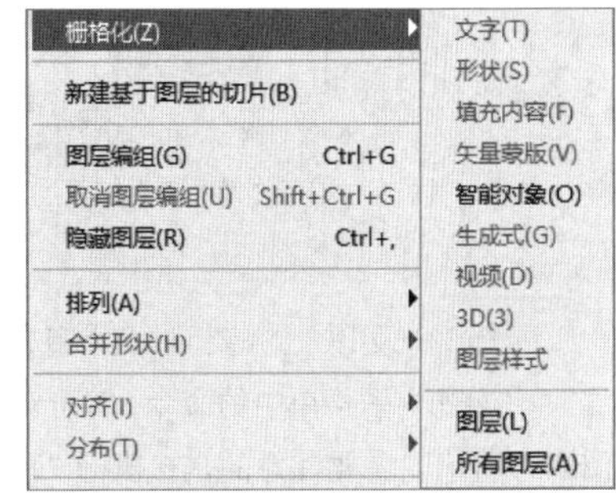

图2-54

2.2.13 对齐与分布图层

对齐图层指的是以某一图层的像素边缘为基准，使其他图层的像素边缘与之对齐。分布图层指的是将3个及以上图层按照一定的间隔进行分布。这两个操作不仅可以用于普通图层，还可以用于矢量图层及文字等对象。

选中需要进行对齐的图层，执行“图层”>“对齐”子菜单中的命令，即可将图层对齐，如图2-55所示。

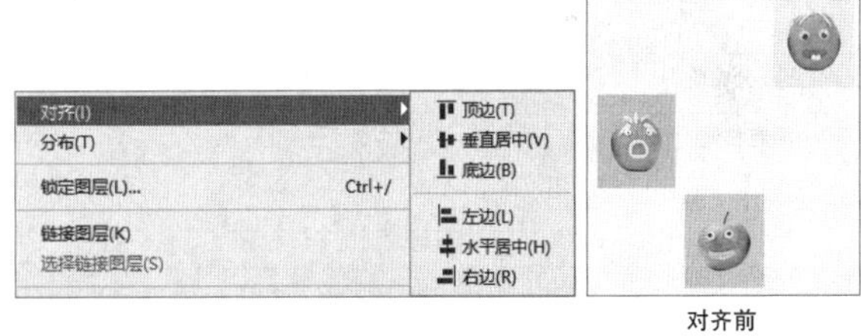

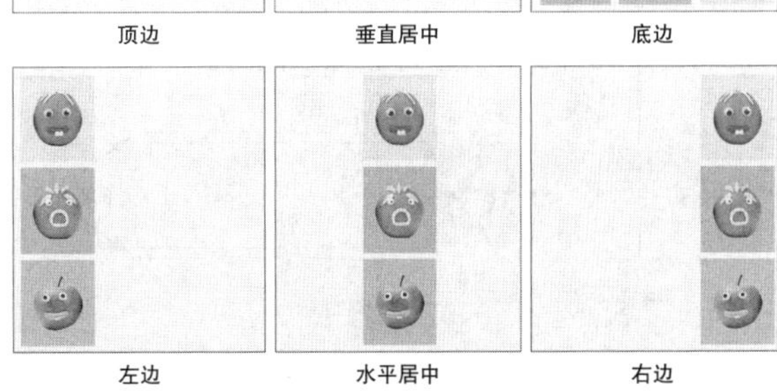

图2-55

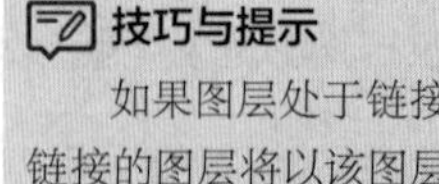

技巧与提示

如果图层处于链接状态，那么选中某一图层，其他与之链接的图层将以该图层为基准进行对齐。例如，选择"图层2"，执行"图层">"对齐">"水平居中"菜单命令，效果如图2-56所示。

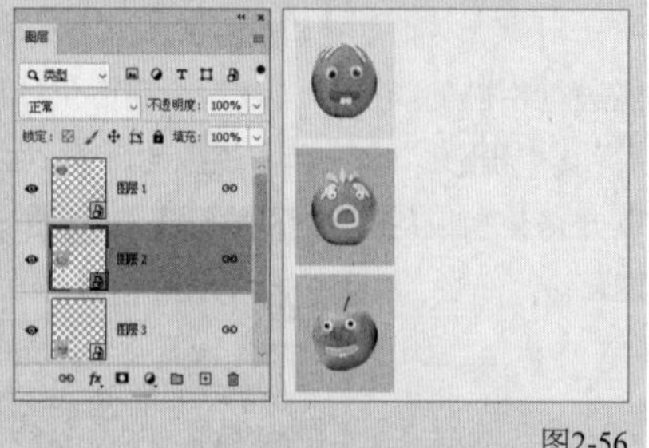

图2-56

选择3个及以上需要进行分布的图层，执行"图层">"分布"子菜单中的命令，即可对图层进行分布，如图2-57所示。需要注意的是：执行"顶边"或"左边"命令，将基于顶部或左侧像素对图层进行分布；执行"垂直居中"和"水平居中"命令，将基于中心像素对图层进行分布；而执行"水平"和"垂直"命令，将基于像素边缘间距对图层进行分布。

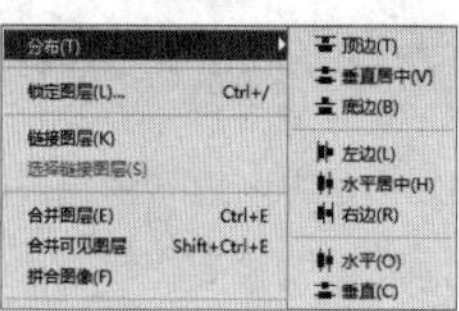

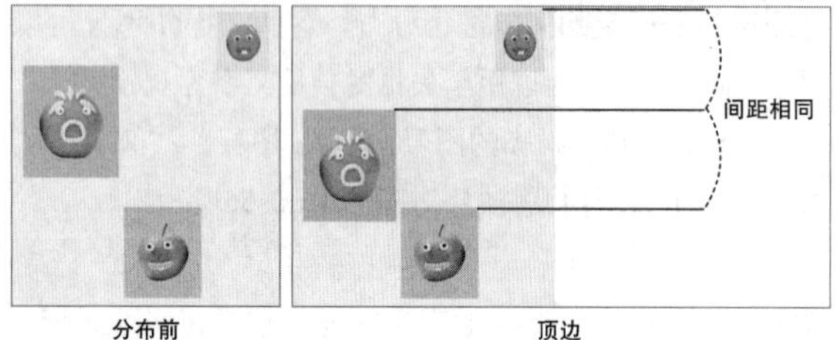

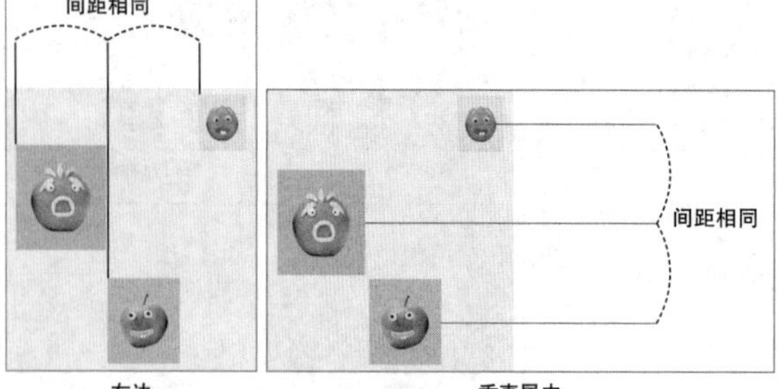

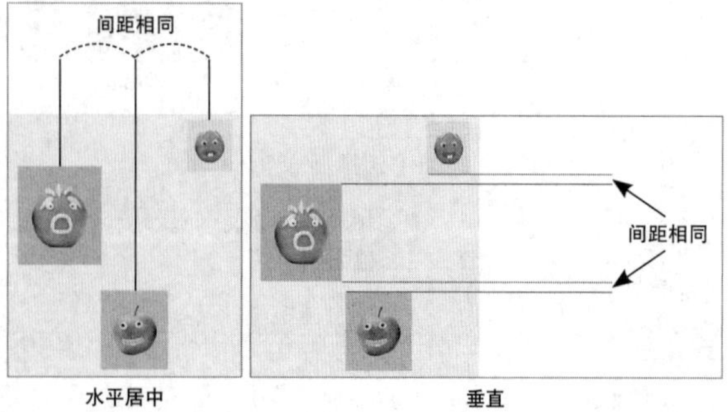

图2-57

技巧与提示

选择需要对齐和分布的图层，并选择"移动工具"✥，在其选项栏中也可以进行对齐和分布操作，如图2-58所示。

图2-58

单击选项栏中的…按钮，将显示全部对齐与分布按钮，还可以选择对齐"选区"或"画布"，如图2-59所示。

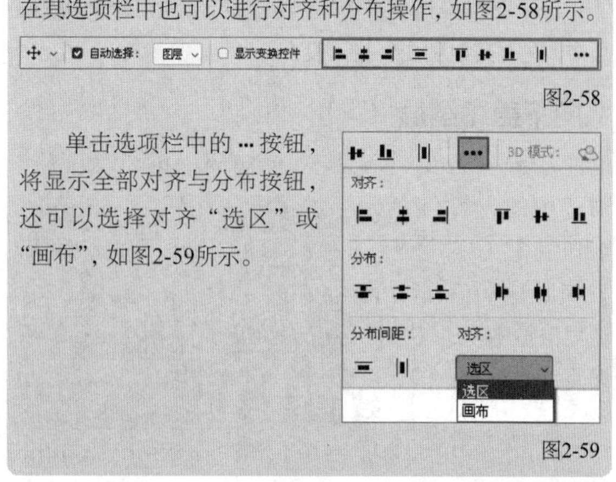

图2-59

2.2.14 图层的"不透明度"与"填充"

"图层"面板中有两个控制图层不透明度效果的选项，即"不透明度"和"填充"选项。这两个选项的取值范围是相同的，即0%~100%。100%代表完全不透明，不会显示下方图像；1%~99%代表半透明，取值越小，下方图像越清晰；0%代表完全透明，该图层将不会显示。不过，"不透明度"选项控制的是图层的整体不透明度，包括图层中的形状、像素和图层样式；而"填充"选项只控制像素区域的不透明度，不会影响图层样式和形状的描边等。

对一个Logo图层（该图层有"描边"样式）分别设置"不透明度"为100%、50%和0%，图层的整体不透明度都会发生改变，如图2-60所示。

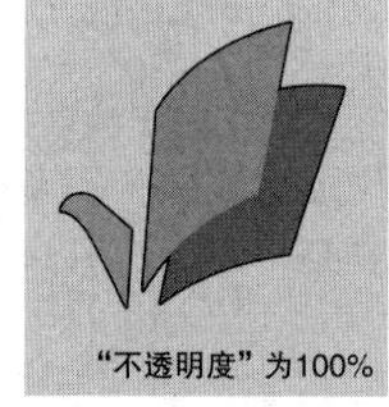

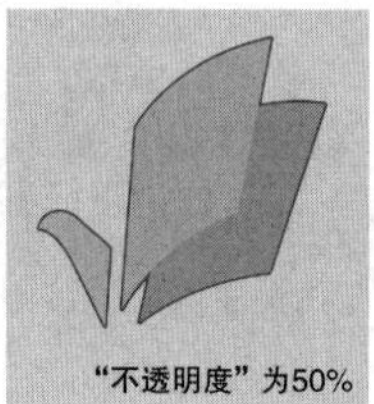

图2-60

图2-61所示为分别设置"填充"为100%、50%和0%的效果，该图层的"描边"样式不会随着"填充"值的变化而变化。

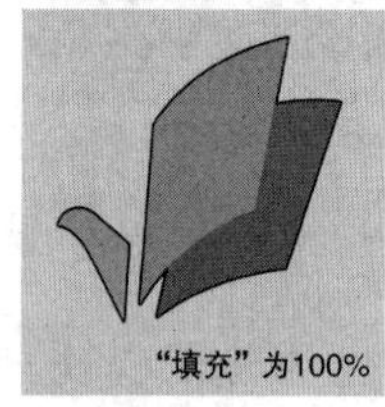

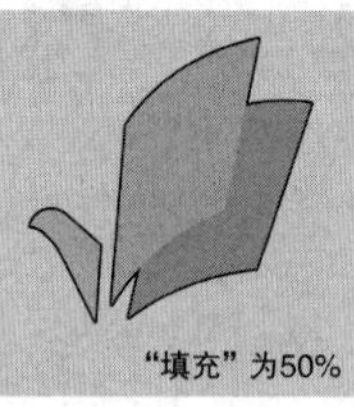

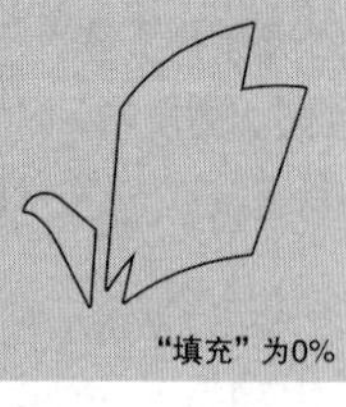

图2-61

2.3 变换与变形

变换与变形是处理图像的常用方法。在Photoshop中，可以对图层、图层蒙版、选区、路径、文字和形状等进行变换和变形操作。

本节重点内容

重点内容	说明
变换	变换图像（缩放、旋转、斜切、扭曲和透视）
自由变换	以5种方式直接变换图像
再次	重复上次变换参数，进行再次变换
变形	扭曲图像
操控变形	扭曲图像的特定区域
内容识别缩放	缩放图像时自动识别并保护图像中的重要内容不被影响

2.3.1 定界框

变换和变形命令位于"编辑">"变换"子菜单中，执行这些命令时所选对象周围会显示定界框（旋转和翻转命令除外），如图2-62所示。拖曳定界框和控制点可以对图像进行相应的处理。

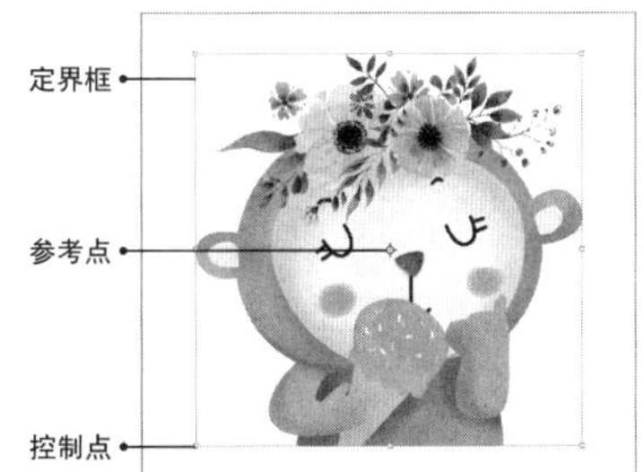

图2-62

参考点默认位于对象中心，可以将其拖曳至其他位置。参考点在不同位置时，旋转的效果是有区别的，如图2-63所示。

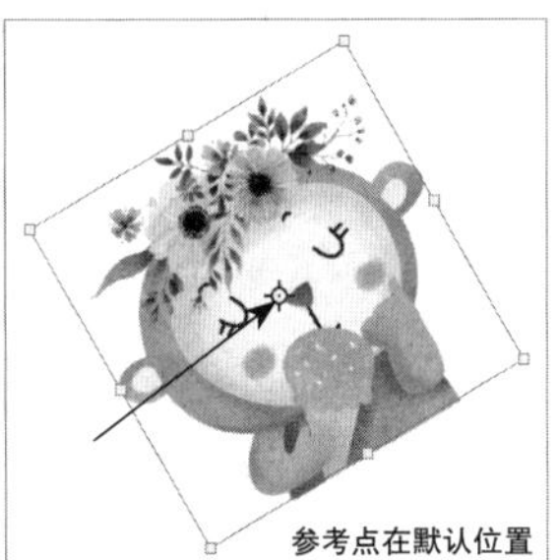

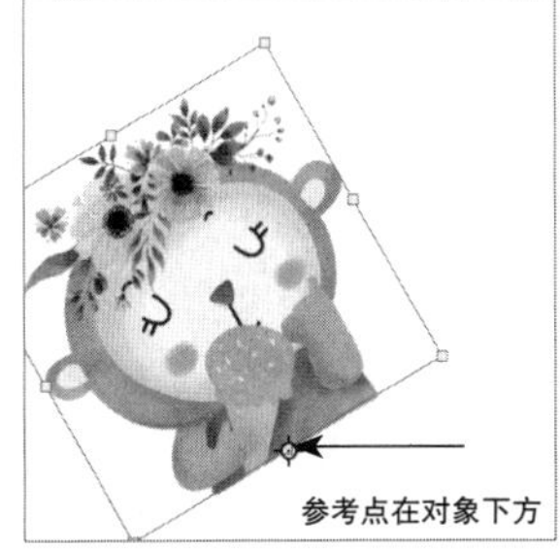

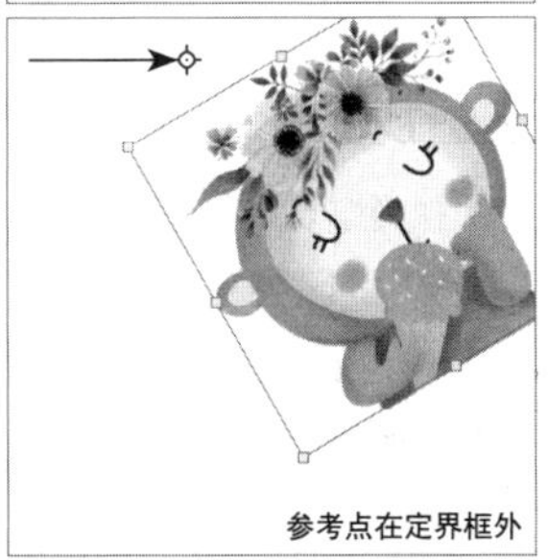

图2-63

技巧与提示

在默认情况下，参考点处于隐藏状态。执行"编辑">"首选项">"工具"菜单命令或者按快捷键Ctrl+K，在"首选项"对话框中勾选"在使用'变换'时显示参考点"选项，如图2-64所示。单击"确定"按钮 关闭"首选项"对话框，变换对象时参考点便会显示。

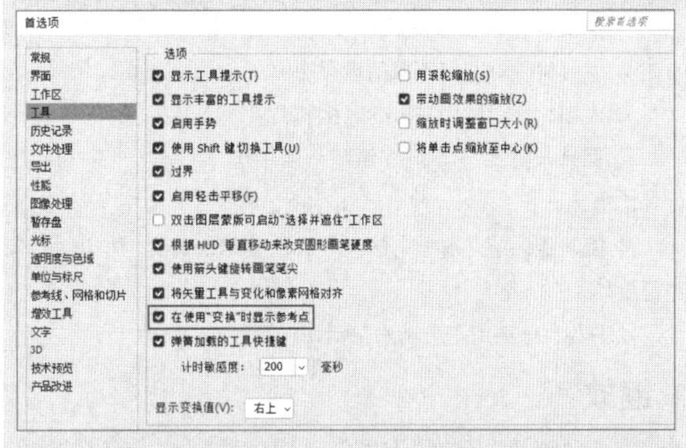

图2-64

在画布中单击鼠标右键，在弹出的菜单中可以选择不同的变换和变形命令，如图2-65所示。

图2-65

操作完成后，按Enter键或者单击选项栏中的✓按钮可以确认操作，按Esc键或者单击选项栏中的⊘按钮可以取消操作。

2.3.2 图像变换

执行"编辑">"变换"子菜单中的命令，如图2-66所示，可以进行变换操作。图像的变换操作包括缩放、旋转、斜切、扭曲和透视。

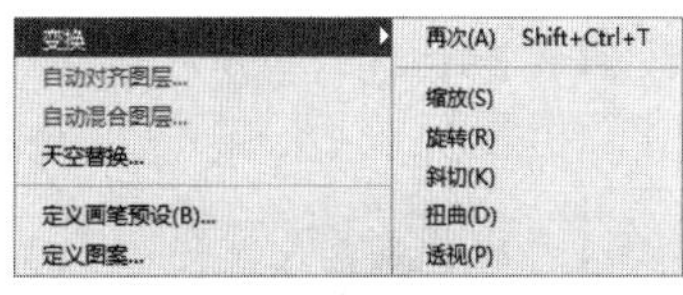

图2-66

执行变换操作后，在选项栏中可以设置变换参数，从而进行精准变换，如图2-67所示。

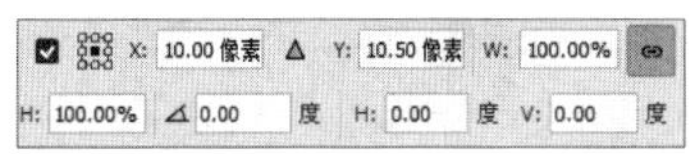

图2-67

重要参数介绍

◇ **参考点位置**：勾选此图标左侧的复选框，参考点会显示。此图标上有9个小方块，黑色小方块代表参考点的位置，其他小方块代表控制点的位置，单击不同的小方块可以重新定位参考点。

◇ **X/Y**：分别代表水平和垂直位置。在文本框中输入数值，并按Enter键，可以使对象沿水平或垂直方向移动。

◇ **使用参考点相关定位**：单击该按钮，X和Y的值将变为0，将以当前参考点的位置重新进行定位。

◇ **W/H**：分别代表对象的宽度和高度。

◇ **保持长宽比**：该按钮默认处于选中状态，此时可以进行等比缩放。

◇ **旋转**：在文本框中输入数值，并按Enter键，可以对对象进行旋转。

◇ **H/V**：分别用于控制水平斜切和垂直斜切的值。

1.缩放

执行“缩放”命令，拖曳定界框或控制点，可以等比例缩放图像；按住Shift键并拖曳定界框或控制点，可以拉伸图像；按住Alt键并拖曳定界框或控制点，可以基于参考点（以参考点为变换中心）等比例缩放图像，如图2-68所示。

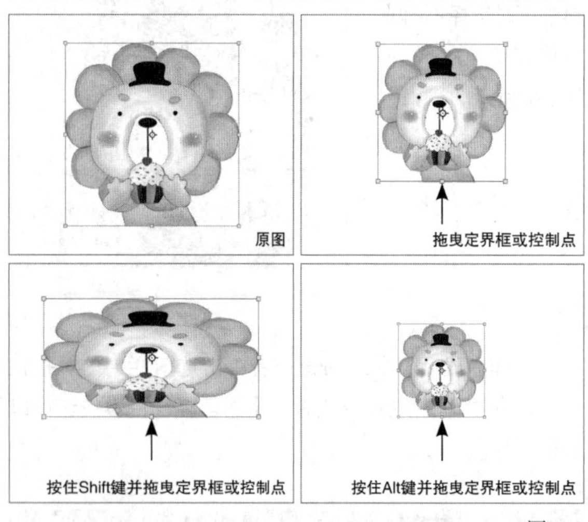

图2-68

2.旋转

执行“旋转”命令，拖曳定界框或控制点，可以参考点为变换中心任意旋转图像；按住Shift键，可以15°为基数旋转图像，如图2-69所示。

图2-69

技巧与提示

“编辑”>“变换”子菜单中的某些命令还可用于直接旋转或翻转图像，如图2-70所示（展示部分效果）。

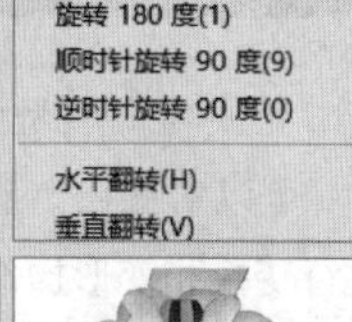

图2-70

3.斜切

执行“斜切”命令，拖曳控制点可以在垂直或水平方向上倾斜图像；按住Alt键并拖曳控制点，可以在垂直或水平方向上进行对称斜切；按住Shift+Alt键并拖曳控制点，可以在垂直或水平方向上进行透视变换，如图2-71所示。

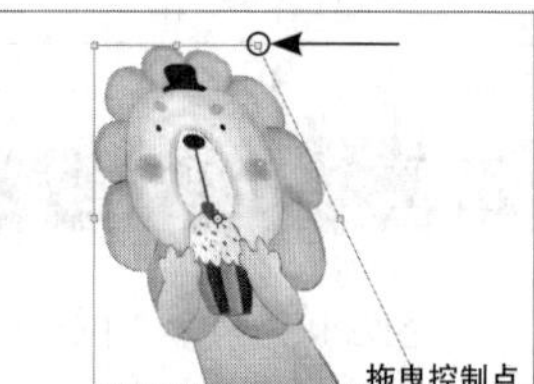

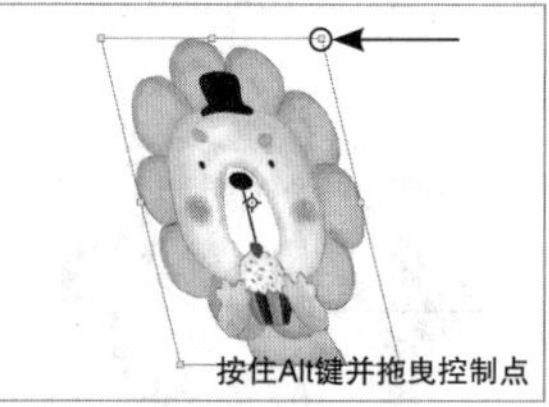

图2-71

4.扭曲

执行“扭曲”命令，拖曳控制点可以在各个方向上伸展变换图像；按住Alt键并拖曳控制点，可以对称扭曲图像，如图2-72所示。

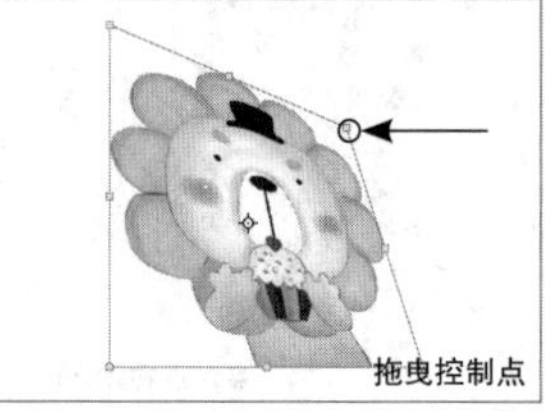

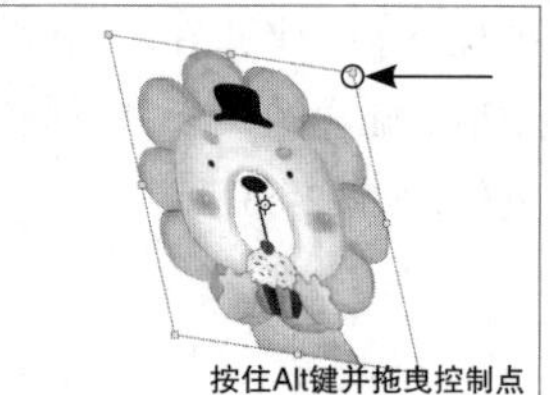

图2-72

5.透视

执行“透视”命令，拖曳定界框上的控制点可以对图像进行透视变换，如图2-73所示。

图2-73

课堂案例

将海报贴入广告牌

素材文件	素材文件>CH02>素材02-1.jpg、素材02-2.jpg
实例文件	实例文件>CH02>将海报贴入广告牌.psd
视频名称	将海报贴入广告牌.mp4
学习目标	掌握图像变换的方法

图像变换是编辑图像时的常用操作，本例将使用**变换**命令将海报贴入广告牌中，效果如图2-74所示。

图2-74

01 按快捷键**Ctrl+O**打开本书学习资源文件夹中的“**素材文件**”>“**CH02**”>“**素材02-1.jpg**”文件，如图2-75所示。

图2-75

02 在学习资源文件夹“**素材文件**”>“**CH02**”中找到“**素材02-2.jpg**”文件，并将其拖曳至文档窗口中，如图2-76所示。

图2-76

03 拖曳**控制点**将海报**缩小**到和广告牌大小相近，如图2-77所示。

图2-77

04 在画布中**单击鼠标右键**，然后在弹出的菜单中选择“**扭曲**”命令，如图2-78所示。分别调整海报**4个角上的控制点**，使**海报的4个角**和**广告牌的4个角贴合**，如图2-79所示。

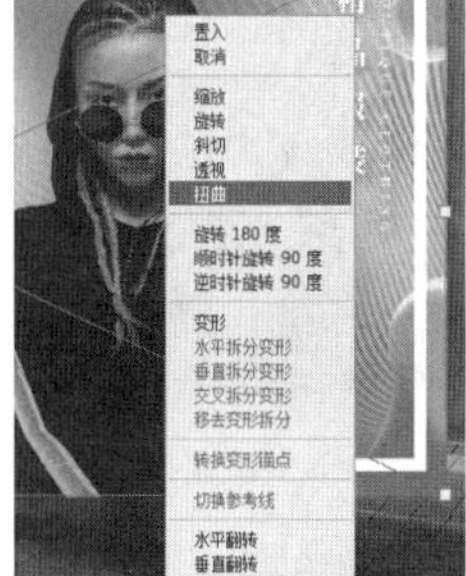

图2-78

图2-79

05 按**Enter**键完成变换操作，如图2-80所示。

图2-80

06 在“**图层**”面板中选择“**素材02-2**”图层，然后设置图层**混合模式**为“**正片叠底**”，如图2-81所示。效果如图2-82所示。

图2-81

图2-82

课堂练习

将户外广告添加到样机上

素材文件	素材文件>CH02>素材03-1.jpg、素材03-2.jpg
实例文件	实例文件>CH02>将户外广告添加到样机上.psd
视频名称	将户外广告添加到样机上.mp4
学习目标	掌握图像变换的方法

设计好作品后，经常需要向客户展示**安装效果**。本练习的目标为将户外广告添加到**样机**上，效果如图2-83所示。

图2-83

2.3.3 自由变换

在实际工作中一般都会通过“自由变换”命令来变换图像，因为这样会省去很多操作步骤，非常便捷。自由变换包含缩放和旋转操作，直接对图像进行缩放和旋转。执行“编辑”>“自由变换”菜单命令（快捷键为Ctrl+T），图像周围将显示定界框。鼠标指针在定界框上会变为↕形状，此时拖曳定界框或控制点即可进行等比缩放，如图2-84所示。按住Shift键并拖曳定界框或控制点，可以拉伸图像；按住Alt键并拖曳定界框或控制点，可以基于参考点（以参考点为变换中心）等比例缩放图像。

鼠标指针在定界框外侧附近会变为↷形状，此时拖曳鼠标即可进行旋转，如图2-85所示。按住Shift键，可以15°为基数旋转图像。

图2-84

图2-85

而对于斜切、扭曲和透视，需要配合按键来操作，按住Ctrl键，鼠标指针位于定界框4个角的控制点上时将变成▷形状，此时拖曳鼠标，可以对图像进行扭曲；按住Shift+Ctrl键并拖曳控制点，可以使图像在垂直或水平方向上倾斜；按住Ctrl+Alt键并拖曳控制点，可以进行对称扭曲；按住Shift+Ctrl+Alt键并拖曳控制点，可以在垂直或水平方向上进行透视变换，如图2-86所示。

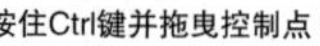

图2-86

按住不同键并拖曳定界框4条边中间的控制点时，将会产生图2-87所示的变化情况。

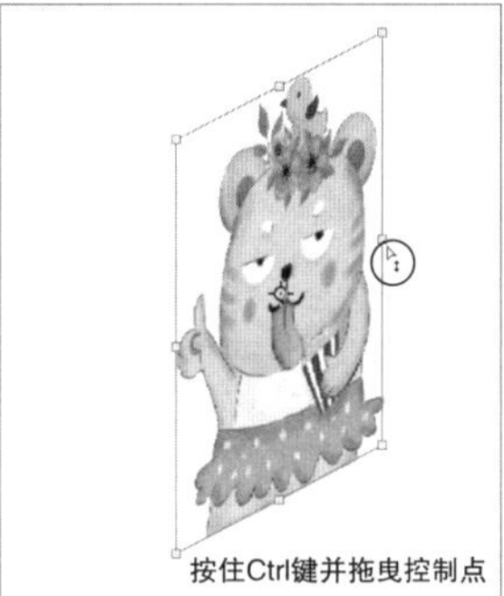
按住Ctrl键并拖曳控制点

按住Shift+Ctrl键并拖曳控制点

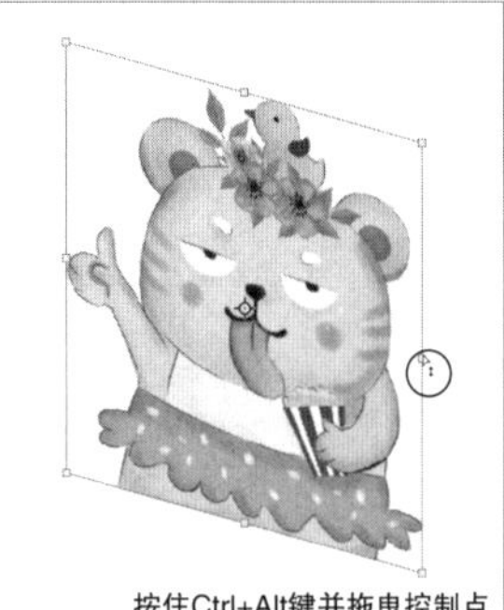
按住Ctrl+Alt键并拖曳控制点

图2-87

> **技巧与提示**
>
> 从以上使用按键的变换操作中可以得出以下几点规律。
>
> **第1点：** 按住Ctrl键可以使变换更加自由。
>
> **第2点：** Shift键可以用来控制方向（水平或垂直）和旋转角度（以15° 为基准）等。
>
> **第3点：** Alt键主要用来控制变换中心。

2.3.4 再次变换

执行“编辑”>“变换”>“再次”菜单命令（快捷键为Shift+ Ctrl+T），可以再次进行相同的变换；而使用快捷键Shift+Ctrl+Alt+T进行再次变换时，可以复制出新对象，如图2-88所示。

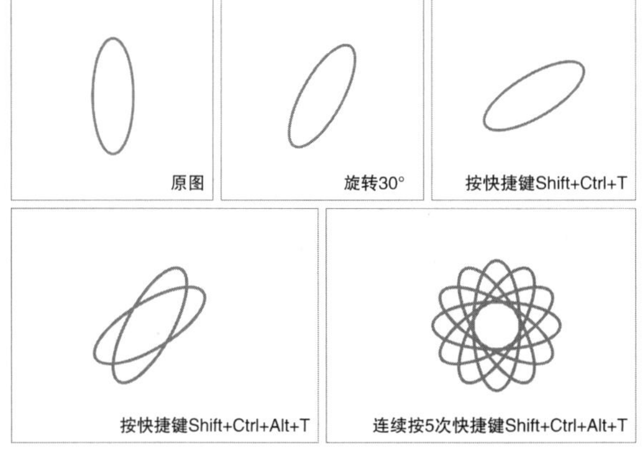
原图　旋转30°　按快捷键Shift+Ctrl+T　按快捷键Shift+Ctrl+Alt+T　连续按5次快捷键Shift+Ctrl+Alt+T

图2-88

课堂案例

制作多次变换效果

素材文件	素材文件>CH02>素材04.psd
实例文件	实例文件>CH02>制作多次变换效果.psd
视频名称	制作多次变换效果.mp4
学习目标	掌握多次变换的方法

本例将通过**再次变换并复制**的操作制作出多次变换效果，如图2-89所示。

图2-89

01 按快捷键**Ctrl+O**打开本书学习资源文件夹中的“**素材文件**”>“**CH02**”>“**素材04.psd**”文件，如图2-90所示。

02 单击**枫叶所在图层**，按快捷键**Ctrl+J**进行复制，如图2-91所示。

图2-90

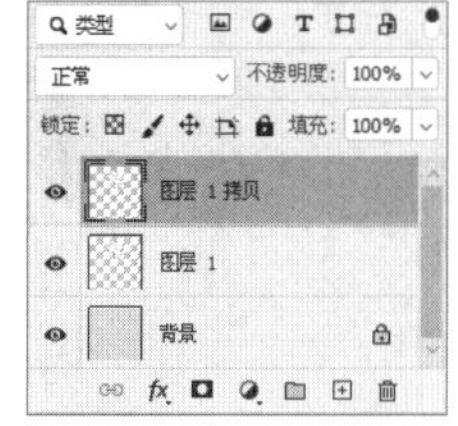

图2-91

03 按快捷键**Ctrl+T**显示定界框，先将**参考点**拖曳至**定界框左下角**，然后在选项栏中设置**W**为**90.00%**，**H**值会随之发生变化，接着设置“**旋转**”为**10.00**，如图2-92所示。旋转后的效果如图2-93所示。

04 按**Enter键**确认变换操作，然后按34次快捷键**Shift+Ctrl+Alt+T**键，效果如图2-94所示。

W: 90.00%　H: 90.00%　10.00 度

图2-92

图2-93

图2-94

> **技巧与提示**
>
> 每按一次快捷键**Shift+Ctrl+Alt+T**，便会旋转、复制出一个较之前小的新图像，新生成的图像在单独的图层中，如图2-95所示。

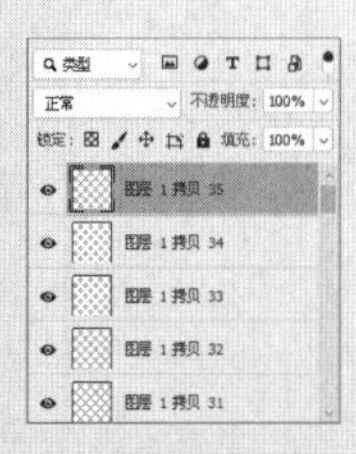

图2-95

2.3.5 图像变形

执行“编辑”>“变换”>“变形”菜单命令，图像上会出现变形网格和锚点，拖曳方向线或锚点可以对图像的局部进行变形操作，如图2-96所示。

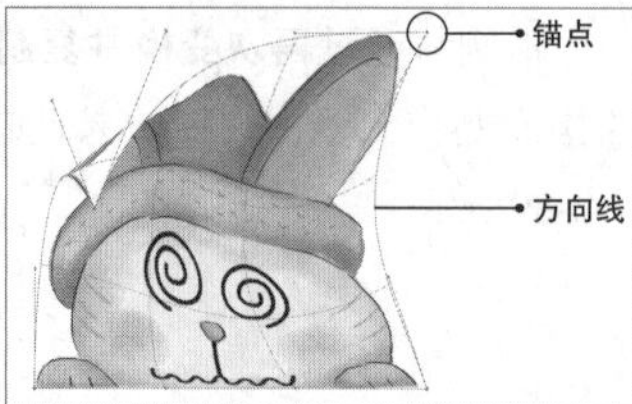

图2-96

在显示变形网格后，执行“编辑”>“变换”子菜单中的命令，如图2-97所示，或者单击选项栏中的拆分按钮（“交叉拆分”按钮、“垂直拆分”按钮、“水平拆分”按钮），然后在图像上单击，便可拆分网格，如图2-98所示。

变换
自动对齐图层...
自动混合图层...
天空替换...
定义画笔预设(B)...
定义图案...
定义自定形状...
清理(R)
Adobe PDF 预设...
预设
再次(A) Shift+Ctrl+T
缩放(S)
旋转(R)
斜切(K)
扭曲(D)
透视(P)
变形(W)
水平拆分变形
垂直拆分变形
交叉拆分变形
移去变形拆分

图2-97

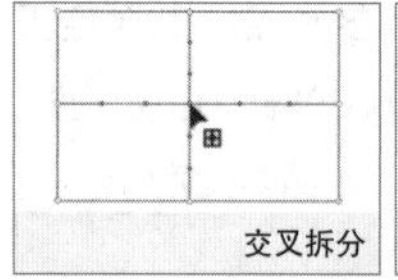

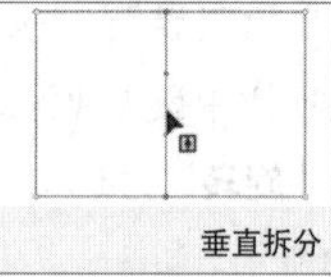

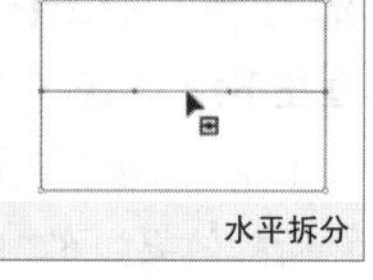

图2-98

“网格”下拉列表中有几种拆分好的预设网格，并且在该下拉列表中选择“自定”选项可以进行网格的自定义，在“变形”下拉列表中可以选择创建不同的变形效果，如图2-99所示。设置“变形”为“膨胀”，效果如图2-100所示。

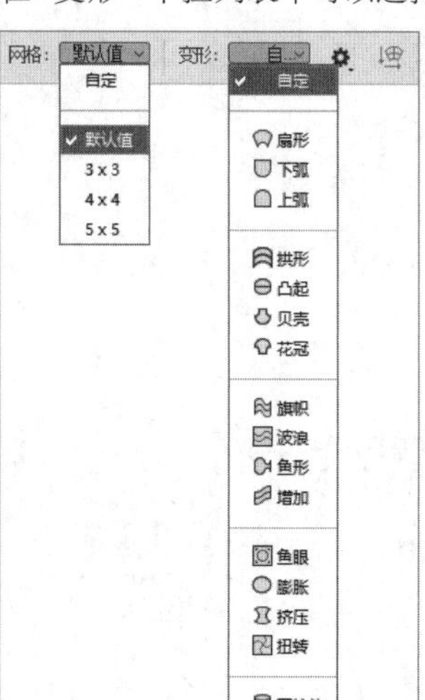

图2-99

图2-100

课堂案例

为玻璃杯贴图

素材文件	素材文件>CH02>素材05-1.jpg、素材05-2.png
实例文件	素材文件>CH02>为玻璃杯贴图.psd
视频名称	为玻璃杯贴图.mp4
学习目标	掌握图像变形的方法

本例将使用“**变形**”命令为玻璃杯贴图，效果如图2-101所示。

图2-101

01 按快捷键**Ctrl+O**打开本书学习资源文件夹中的“**素材文件**”>“**CH02**”>“**素材05-1.jpg**”文件，如图2-102所示。

图2-102

02 在学习资源文件夹“**素材文件**”>“**CH02**”中找到“**素材05-2.png**”文件，并将其**拖曳至文档窗口**中，如图2-103所示。

图2-103

03 拖曳**控制点**将图像**缩小**到和玻璃杯大小相近，如图2-104所示。

图2-104

04 单击选项栏中的按钮，或者在画布中单击鼠标右键，然后在弹出的菜单中选择“**变形**”命令，效果如图2-105所示。

图2-105

05 将图像**4个角**上的锚点拖曳至**玻璃杯的边缘**，使其与**边缘对齐**，如图2-106所示。

06 拖曳**方向线和锚点**，使图像随着玻璃杯**边缘**的形状而**扭曲**，如图2-107所示。

图2-106　　图2-107

07 按**Enter键**确认操作，设置“**不透明度**”为**80%**，使玻璃杯上的文字更加**自然**，效果如图2-108所示。

图2-108

2.3.6 操控变形

执行“操控变形”命令后，显示的是三角形结构的网格，其网格线更多，变形能力更强。借助该网格可以扭曲图像的特定区域，并保持其他区域不变。执行“编辑”>“操控变形”菜单命令，图像上会布满网格，如图2-109所示。

在图像的关键点上添加“图钉”，可以调整长颈鹿脖子、腿、尾巴的角度和长度，如图2-110所示。

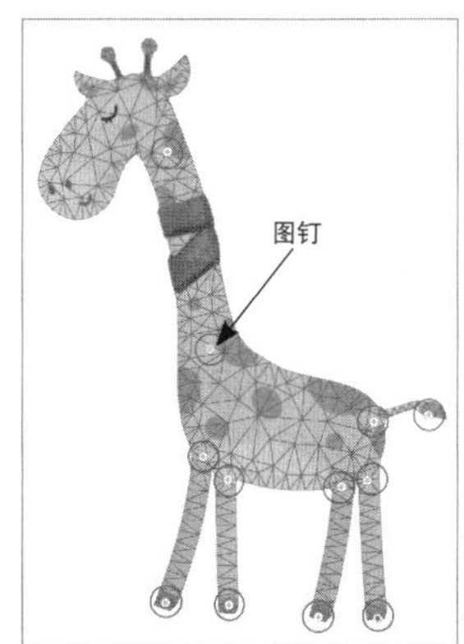

图2-109　　图2-110

2.3.7 内容识别缩放

内容识别缩放是一种智能化的缩放，它可以自动识别图像中的重要内容，如人物、动物和建筑等，并对其进行保护，从而只对其他内容进行缩放操作。在调整图像大小时，常规缩放会影响所有像素，而内容识别缩放主要影响没有重要的可视内容区域中的像素，如图2-111所示。

图2-111

执行“编辑”>“内容识别缩放”菜单命令（快捷键为Alt+Shift+Ctrl+C），会出现图2-112所示的选项栏。

X: 577.00 像素　Y: 498.50 像素　W: 65.12%　H: 100.00%　数量: 100%　保护: 无

图2-112

重要参数介绍

◇ **参考点位置**：单击不同的小方块可以重新定位参考点。

◇ **X/Y**：分别代表水平和垂直位置。

◇ **使用参考点相关定位**：单击该按钮，X和Y的值将变为0，并以当前参考点的位置重新进行定位。

◇ **W/H**：分别代表对象的宽度和高度。

◇ **保持长宽比**：单击该按钮，可以进行等比缩放。

◇ **数量**：用于设置内容识别缩放比例的阈值，从而最大限度地降低扭曲度，一般设置为100%。

◇ **保护**：选择通道以指定要保护的区域。

◇ **保护肤色**：单击该按钮，可以保护包含肤色的图像区域，防止其变形。

课堂案例

保护人物皮肤并放大图像

素材文件	素材文件>CH02>素材06.jpg
实例文件	无
视频名称	保护人物皮肤并放大图像.mp4
学习目标	掌握"内容识别缩放"命令的使用方法

在应用图像时，很可能出现图像尺寸不够大的情况，本例将在**保护人物皮肤**的情况下**放大图像**，效果如图2-113所示。

图2-113

01 按快捷键**Ctrl+O**打开本书学习资源文件夹中的"**素材文件**">"**CH02**">"**素材06.jpg**"文件，如图2-114所示。此时可以在"**图层**"面板中看到一个"**背景**"图层，如图2-115所示。

图2-114

02 按住**Alt键并双击**"**背景**"图层的**缩览图**，将其转换为**可编辑图层**，如图2-116所示。

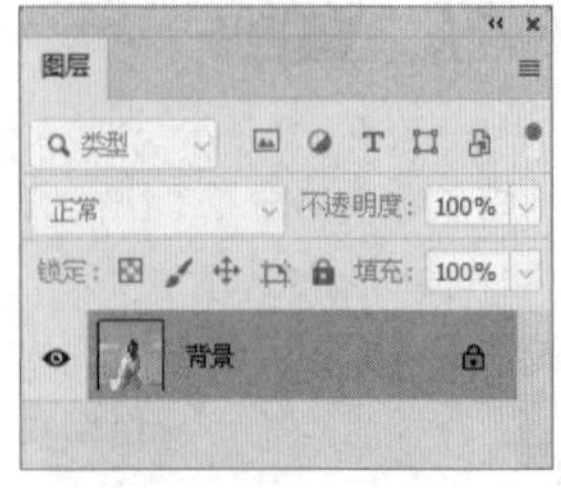

图2-115

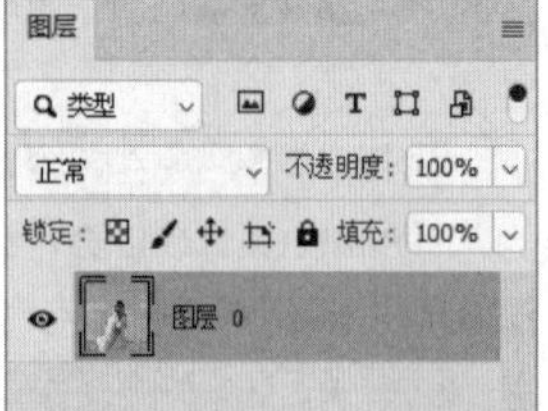

图2-116

技巧与提示

"背景"图层默认处于锁定状态，无法直接对其进行移动和变换等操作，因此需要将其转换为可编辑图层。

03 执行"**图像**">"**画布大小**"菜单命令，在打开的"**画布大小**"对话框中设置"**宽度**"为**2000像素**，单击"**确定**"按钮，如图2-117所示。可以看到画布的**两侧变宽**了，如图2-118所示。

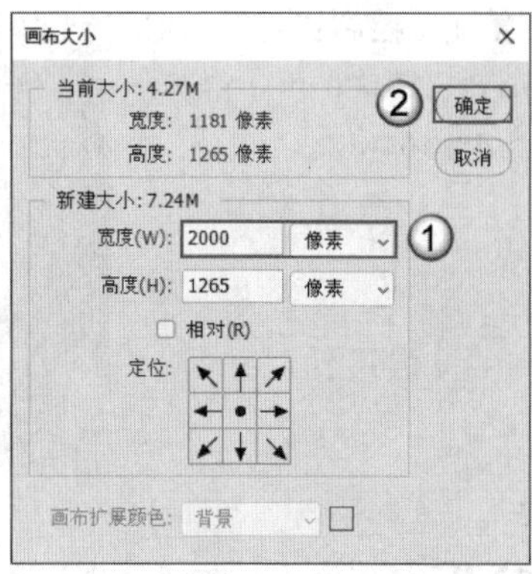

图2-117

图2-118

04 执行"**编辑**">"**内容识别缩放**"菜单命令，单击选项栏中的按钮。同时按住**Shift键**和**Alt键**，然后**向右**拖曳**定界框右侧中间**的控制点，使图像铺满画布，如图2-119所示。

图2-119

05 按**Enter键**确认操作，效果如图2-120所示。在缩放过程中，人物几乎没有发生变形。

图2-120

2.4 画布的修改

画布指的是整个文档的工作区域。在Photoshop中，不仅可以精确修改画布的大小，还可以手动裁剪画布。此外，还可以根据需求旋转画布。

本节重点内容

重点内容	说明
画布大小	修改画布尺寸
裁剪工具	裁剪图像
裁切	基于图像的像素颜色和透明像素裁剪图像
图像旋转	旋转或翻转图像

2.4.1 修改画布

执行“图像”>“画布大小”菜单命令(快捷键为Alt+Ctrl+C)，在打开的“画布大小”对话框中可以查看或修改画布大小。画布尺寸的修改分为绝对修改和相对修改两种。当取消勾选“相对”选项时，画布的修改方式为绝对修改，此时可以通过输入“宽度”和“高度”值直接指定画布的尺寸。例如，设置“宽度”为25厘米、“高度”为15厘米，如图2-121所示，那么画布的尺寸就是25厘米×15厘米。修改后，画布的边缘都被扩展了，如图2-122所示。

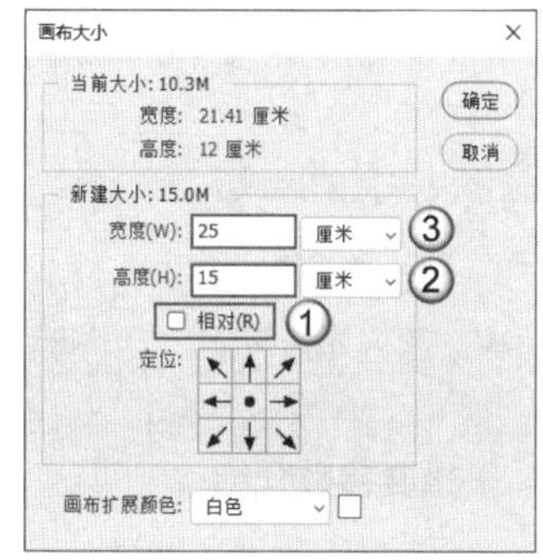

图2-121

图2-122

技巧与提示

在“画布大小”对话框下方的“画布扩展颜色”下拉列表中可以修改画布扩展部分的颜色，如图2-123所示。

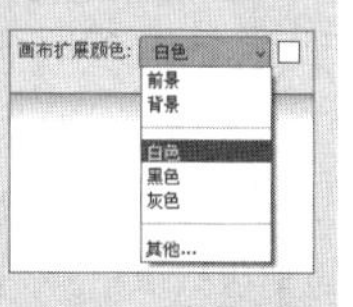

图2-123

如果输入的数值小于当前画布的尺寸，那么将裁掉一部分图像。例如，设置“宽度”为15厘米、“高度”为10厘米，如图2-124所示，那么画布的尺寸就是15厘米×10厘米。修改后，有一部分图像被裁掉了，如图2-125所示。

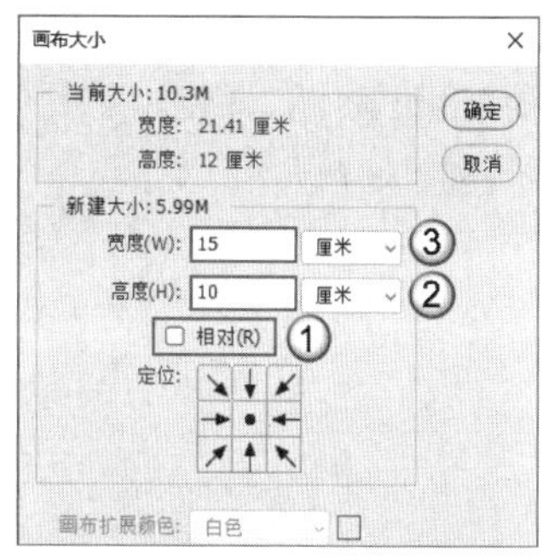

图2-124

图2-125

当勾选“相对”选项时，“画布大小”对话框中的“宽度”和“高度”值会归零，此时可以通过输入数值来修改画布的尺寸。当输入正数时，例如，设置“宽度”和“高度”为3厘米，如图2-126所示，表示在当前画布的基础上宽、高扩展3厘米。修改后，画布的边缘被扩展了1.5厘米，如图2-127所示。

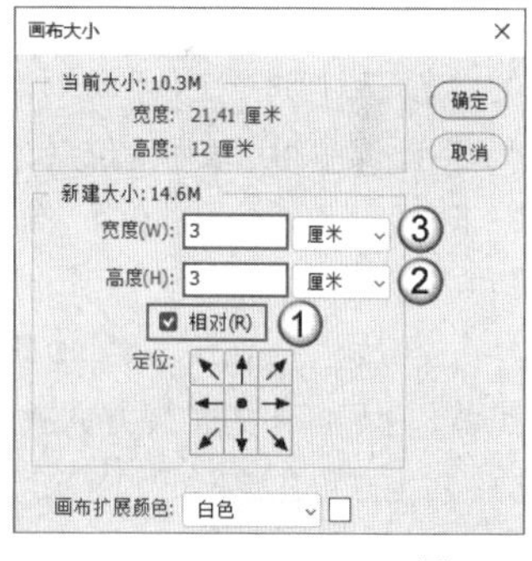

图2-126

图2-127

当输入负数时，例如，设置“宽度”和“高度”为-5厘米，如图2-128所示，表示在当前画布的基础上宽、高裁剪5厘米。修改后，画布的边缘被裁掉了2.5厘米，如图2-129所示。

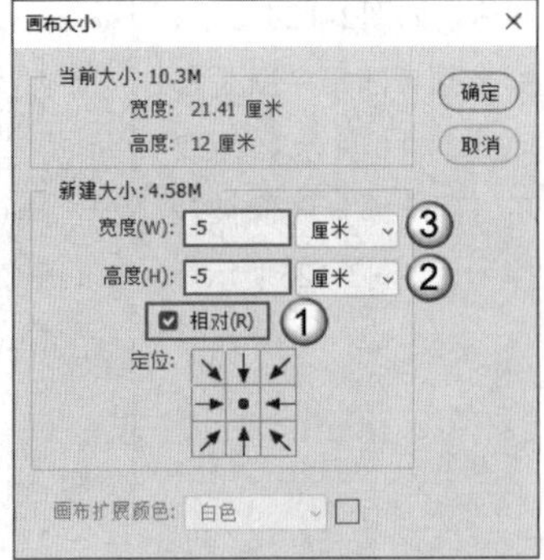

图2-128

图2-129

在上述操作中，无论是扩展画布还是裁剪画布，都是以画布中心为准向四周扩展或者向内收缩。扩展与裁剪的方向可以通过“定位”选项修改，“定位”选项显示为九宫格，其中圆点表示定位点，单击九宫格中的任意一个格子即可修改定位点的位置，箭头方向为画布扩展或收缩的方向。

设置定位点在底部中间，设置“宽度”和“高度”为正值，这样画布的扩展方向就变成了上方、左上方、左方、右上方和右方，如图2-130所示。

图2-130

设置定位点在右上角，设置“宽度”和“高度”值为负值，这样画布的收缩方向就变成了下方、左下方和左方，如图2-131所示。

图2-131

2.4.2 裁剪画布

使用“裁剪工具”（快捷键为C）可以删除画布中多余的内容，使画面的构图富有美感。选择“裁剪工具”，其选项栏如图2-132所示。此时，画布中会出现一个裁剪框，拖曳这个裁剪框上的控制点可以旋转图像或者选择要保留的区域。

图2-132

重要参数介绍

◇ **裁剪预设**：单击图标，在打开的下拉列表中可以看到裁剪的预设选项。选择一个预设选项后，画布中会显示对应的裁剪区域。

◇ **比例**：在该下拉列表中可以选择一个约束选项，以按照一定比例或尺寸对图像进行裁剪。

◇ **拉直**：单击该按钮并在图像上绘制一条线，可以确定裁剪区域与裁剪框的旋转角度。此工具常用于校正水平线。

◇ **设置裁剪工具的叠加选项**：单击该按钮，在打开的下拉列表中可以选择参考线的样式及其叠加方式。

◇ **设置其他裁切选项**：单击该按钮，在打开的下拉列表中可以设置裁剪框内外图像的显示方式。

◇ **删除裁剪的像素**：勾选该选项，将删除被裁剪的图像。如果取消勾选该选项，则被裁剪的图像会被隐藏。

◇ **填充**：有两种填充方式，分别为“透明（默认）”和“内容识别填充”。当选择“透明（默认）”选项时，将使用背景颜色或透明像素填充扩展区域；当选择“内容识别填充”选项时，将从图像的一部分提取样本内容，并将其用于填充扩展区域。

课堂案例

拉直倾斜的照片并重新构图

素材文件 素材文件>CH02>素材07.jpg

实例文件 无

视频名称 拉直倾斜的照片并重新构图.mp4

学习目标 掌握使用“裁剪工具”调整照片的地平线和构图的方法

拍摄一些大场景时，相机稍微倾斜就会使照片倾斜。本例将使用“**裁剪工具**”**校正**照片的**地平线**，并**重新构图**，效果如图2-133所示。

图2-133

01 按快捷键**Ctrl+O**打开本书学习资源文件夹中的“**素材文件**”>“**CH02**”>“**素材07.jpg**”文件，如图2-134所示。

图2-134

02 在工具箱中选择“**裁剪工具**”，然后在其选项栏中设置“**填充**”为“**内容识别填充**”；单击**按钮**，在弹出的下拉列表中选择“**三等分**”参考线，可以看出地平线是倾斜的，如图2-135所示。

图2-135

03 单击“**拉直**”按钮，然后沿地平线拖曳出一条**直线段**，如图2-136所示。**松开鼠标左键**后，图片会自动校准，如图2-137所示。

图2-136

图2-137

04 此时，画面中的船处于画面边缘，构图效果并不是很好。可以拖曳**裁剪框**的**右侧**和**下方**，使船位于网格的交叉点上，如图2-138所示。

图2-138

05 按**Enter键**或者单击✓**按钮**确认操作。由于设置"**填充**"为"**内容识别填充**"，因此Photoshop会**自动**为**空白**区域**填充图像**，且效果很自然，如图2-139所示。

图2-139

2.4.3 裁切画布

使用"裁切"命令可以基于图像的像素颜色和透明像素来裁剪画布。执行"图像">"裁切"菜单命令，打开"裁切"对话框，如图2-140所示。

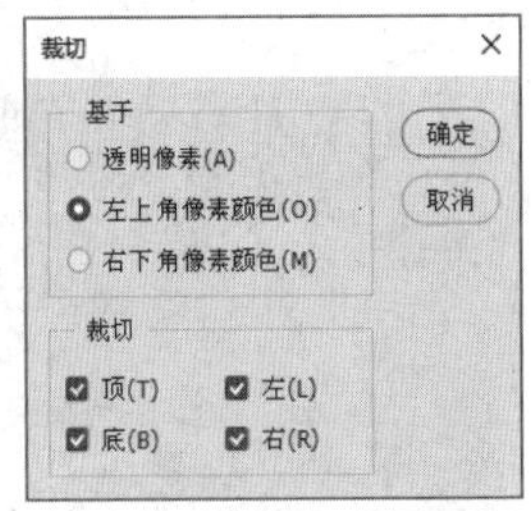

图2-140

重要参数介绍

◇ **透明像素**：裁剪掉图像边缘的透明像素区域，只保留非透明像素区域。

◇ **左上角像素颜色**：裁剪掉图像中与左上角像素颜色相同的区域。

◇ **右下角像素颜色**：裁剪掉图像中与右下角像素颜色相同的区域。

◇ **顶/底/左/右**：设置裁剪图像区域的方向。

2.4.4 旋转画布

"图像">"图像旋转"子菜单中有旋转或翻转画布的命令，如图2-141所示。部分命令的执行效果如图2-142所示。

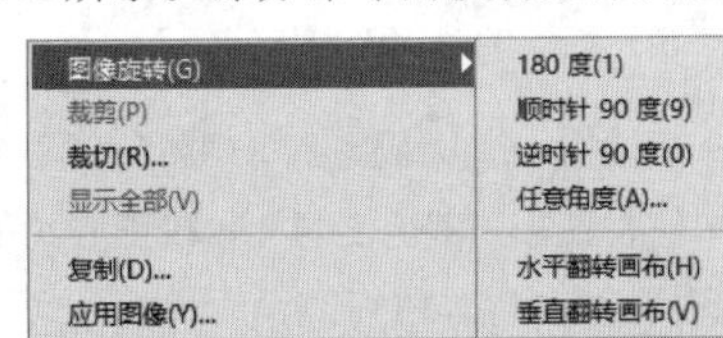

图2-141

图2-142

技巧与提示

执行"图像">"图像旋转">"任意角度"菜单命令，在弹出的"旋转画布"对话框中设置"角度"，并选择旋转方向，可以任意角度旋转画布，如图2-143所示。

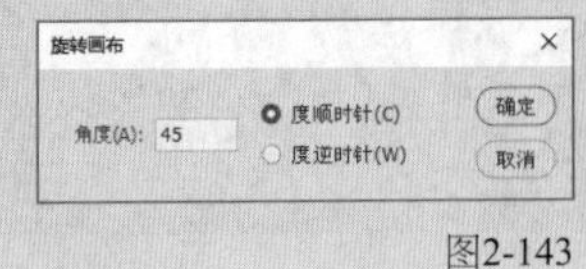

图2-143

2.5 本章小结与评价

本章主要讲解了图像编辑基础，包括图像的基础知识、图层原理与基础操作、变换与变形以及画布的修改等。读者可通过图2-144所示的思维导图梳理知识脉络，并结合表2-1进行自测，查找学习的薄弱环节，从而更好地掌握本章的知识点。

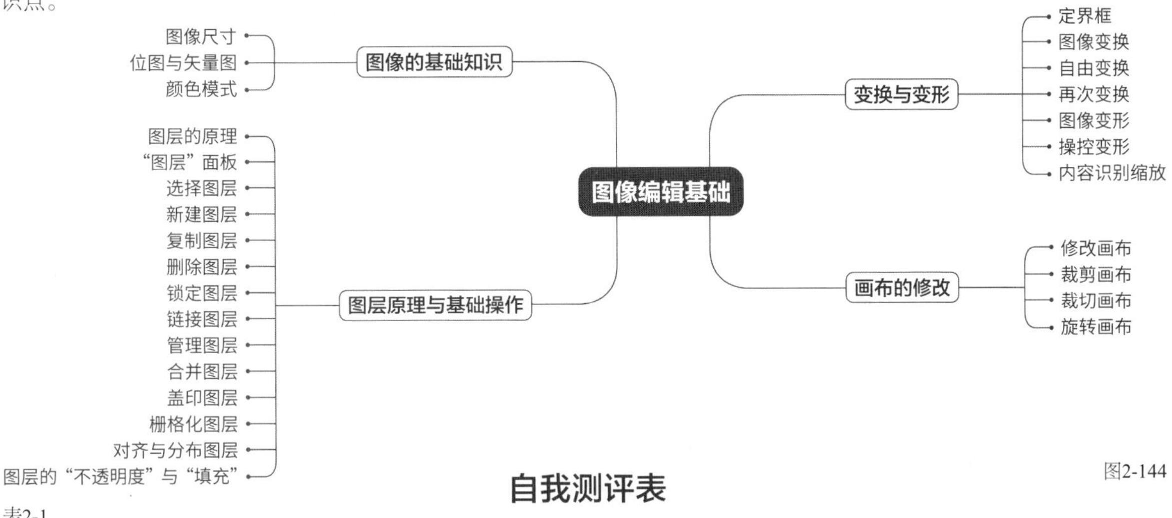

图2-144

表2-1

自我测评表

评价内容	评价标准	掌握程度	自我总结
图像的基础知识	能够叙述像素和分辨率的概念		
	能够使用"图像大小"命令改变图像尺寸，并且知道"重新采样"选项勾选与否的区别		
	能够叙述位图和矢量图的概念		
	能够修改图像的颜色模式，并且知道在设计中如何选择分辨率		
图层原理与基础操作	能够叙述图层的原理		
	能够使用"图层"面板对图层进行设置		
	能够选择/新建/复制/删除图层		
	能够锁定/链接图层		
	能够进行管理图层的相关操作		
	能够合并/盖印图层		
	能够栅格化图层		
	能够对齐与分布图层		
	能够调整图层的"不透明度"与"填充"，并明确它们的区别		
变换与变形	能够使用"变换"子菜单中的命令对图像进行变换操作		
	能够使用"自由变换"命令对图像进行自由变换		
	能够使用"再次"命令对图像进行再次变换		
	能够对图像进行变形和操控变形操作		
	能够使用"内容识别缩放"命令对重要内容进行保护，从而只对其他内容进行缩放操作		
画布的修改	能够使用"画布大小"命令修改画布尺寸		
	能够使用"裁剪工具"裁剪画布		
	能够使用"裁切"命令裁切画布		
	能够使用"图像旋转"子菜单中的命令旋转画布		

2.6 课后习题

根据本章的内容，本节共安排了两个课后习题供读者练习，以帮助读者对本章的知识进行综合运用。

课后习题：保护人物皮肤并缩小图像

素材文件	素材文件>CH02>素材08.jpg
实例文件	无
视频名称	保护人物皮肤并缩小图像.mp4
学习目标	掌握"内容识别缩放"命令和"裁切"命令的使用方法

本习题主要要求读者对"**内容识别缩放**"命令和"**裁切**"命令的使用进行练习，效果如图2-145所示。

原图

效果图

图2-145

课后习题：校正倾斜的照片并裁掉多余部分

素材文件	素材文件>CH02>素材09.jpg
实例文件	无
视频名称	校正倾斜的照片并裁掉多余部分.mp4
学习目标	掌握使用"裁剪工具"裁剪画布和旋转画布的方法

本习题主要要求读者对"**裁剪工具**"的使用进行练习，效果如图2-146所示。

原图

效果图

图2-146

第3章

选区的运用

本章主要介绍选区的运用。在Photoshop中创建选区的方法有很多，可以使用选框类工具、套索类工具、选择类工具和自动识别命令等。通过创建选区，可以只对选定区域内的图像进行编辑。

课堂学习目标

- ◇ 了解选区的基本功能
- ◇ 掌握创建规则选区的方法
- ◇ 掌握创建任意选区的方法
- ◇ 掌握使用选区抠图的方法
- ◇ 掌握移动与变换选区及选区内图像的方法
- ◇ 掌握全选与反选选区的方法
- ◇ 掌握平滑选区或者修改选区边界的方法
- ◇ 掌握扩展与收缩选区的方法
- ◇ 掌握羽化选区的方法
- ◇ 掌握选区运算
- ◇ 掌握使用“选择并遮住”工作区修改选区边缘的方法
- ◇ 掌握对齐选区的方法
- ◇ 掌握根据选区边界裁剪图像的方法
- ◇ 掌握存储与载入选区的方法
- ◇ 掌握用Alpha通道保护图像的方法

3.1 选区的基本功能

选区可以限定操作范围，当没有选区时，Photoshop会默认编辑整个图像。例如，当使用“色彩平衡”命令修改图像颜色时，整个图像都会改变颜色，如图3-1所示。如果只想编辑局部区域，就需要创建选区，选中需要编辑的区域，再进行调色，如图3-2所示。

图3-1

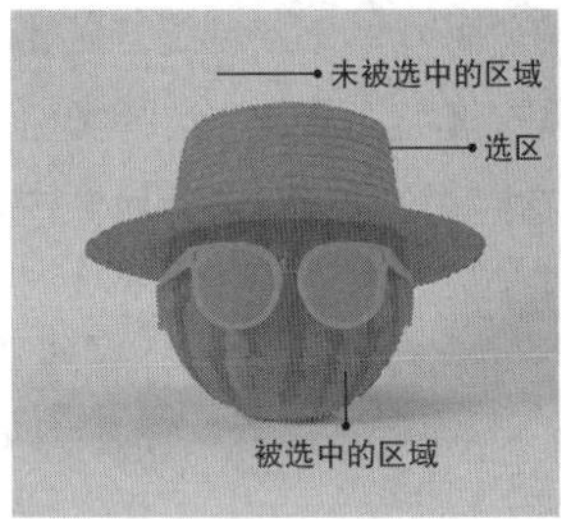

图3-2

此外，利用选区可以抠图。例如，为图中主体创建选区，然后将其分离出来，如图3-3所示。使用“移动工具”将其拖曳至其他背景中，效果如图3-4所示。

图3-3

图3-4

3.2 创建规则选区

使用选框类工具可以创建规则的矩形或椭圆形（圆形）选区。工具箱中有“矩形选框工具”、“椭圆选框工具”、“单行选框工具”和“单列选框工具”这几个选框类工具。

本节重点内容

重点内容	说明
矩形选框工具	创建矩形选区
椭圆选框工具	创建椭圆形或圆形选区

3.2.1 矩形选框工具

选择“矩形选框工具”（快捷键为M），在画布中拖曳鼠标可以创建一个矩形选区，按住Shift键并拖曳鼠标可以创建一个正方形选区，如图3-5所示。

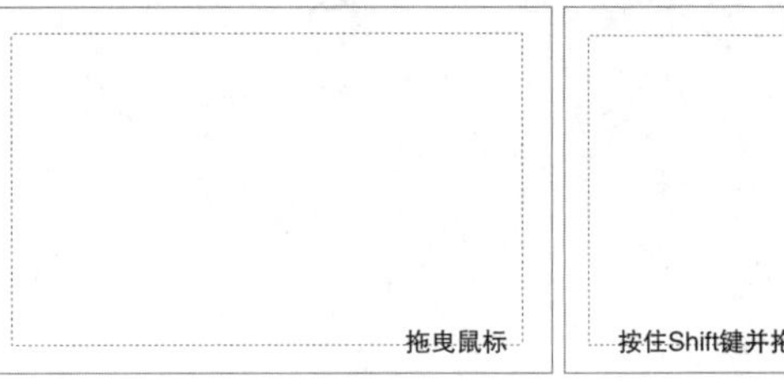

图3-5

选择“矩形选框工具”，其选项栏如图3-6所示。

图3-6

重要参数介绍

◇ **新选区**：单击该按钮，可以创建新选区。

◇ **添加到选区**：单击该按钮，可以在原选区的基础上添加选区。

◇ **从选区减去**：单击该按钮，可以在原选区的基础上减去选区。

◇ **与选区交叉**：单击该按钮，仅保留原选区与新选区的交叉部分。

◇ **羽化**：用于控制选区的羽化范围，“羽化”值越大，选区的边缘越柔和。

◇ **消除锯齿**：勾选此选项，可以消除选区周围的锯齿，使其变平滑。矩形选区周围是平滑的，所以选择“矩形选框工具”时该选项不可用。

◇ **样式**：用于设置创建选区的方法。“正常”选项用于创建任意大小的选区，“固定比例”选项用于创建固定宽高比的矩形选区，“固定大小”选项用于创建固定大小的矩形选区。

◇ **选择并遮住**：单击该按钮，将进入新的工作界面，可以对选区进行羽化、收缩和平滑处理，并能有效识别透明区域。该功能主要用于处理毛发和树枝等边缘复杂的对象。

技巧与提示

执行“选择”>“取消选择”菜单命令（快捷键为Ctrl+D），可以取消当前选区。若因执行“选择”>“取消选择”菜单命令或者操作不当丢失选区，可以执行“选择”>“重新选择”菜单命令（快捷键为Shift+Ctrl+D）进行恢复。

3.2.2 椭圆选框工具

使用“椭圆选框工具”可以创建椭圆形选区和圆形选区，其选项栏和“矩形选框工具”的基本一致。选择“椭圆选框工具”，在画布中拖曳鼠标可以创建一个椭圆形选区，按住Shift键并拖曳鼠标可以创建一个圆形选区，如图3-7所示。

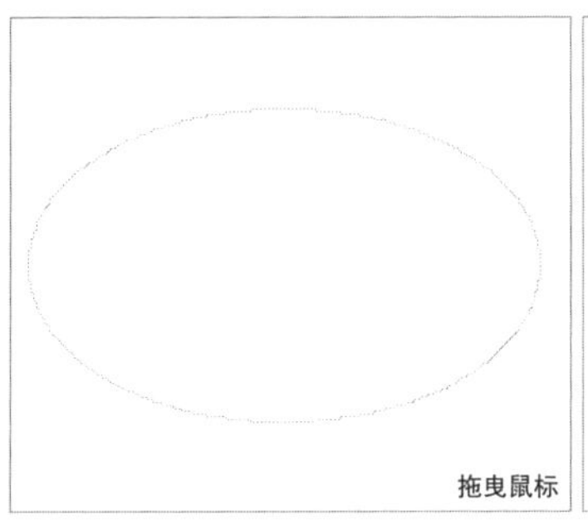

图3-7

技巧与提示

使用“单行选框工具”和“单列选框工具”可以创建高度或宽度为1像素的选区，这两个工具常用于制作网格效果。

3.3 创建任意选区

不规则的选区无法使用选框类工具来创建。Photoshop中有多个创建任意选区的工具，下面分别进行介绍。

本节重点内容

重点内容	说明
套索工具	创建形状不规则的选区
多边形套索工具	创建直边选区
磁性套索工具	自动识别对象的边缘并创建选区
对象选择工具	自动选择对象并生成选区
快速选择工具	通过向外扩展与查找边缘创建选区
魔棒工具	选取图像中和取样处颜色相似的区域
主体	自动识别图像中的主体
天空	自动识别图像中的天空
色彩范围	根据图像的颜色范围创建选区
焦点区域	自动识别焦点区域内的对象

3.3.1 套索工具

使用“套索工具”（快捷键为L）可以绘制出形状不规则的选区。选择“套索工具”，拖曳鼠标可进行绘制，松开鼠标左键，选区将自动闭合，如图3-8所示。

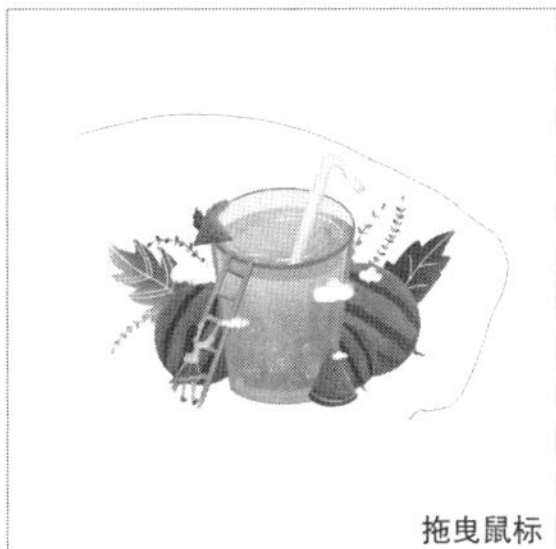

图3-8

3.3.2 多边形套索工具

“多边形套索工具”的使用方法与“套索工具”的使用方法相似，使用该工具可以创建直边选区，常用于绘制棱角分明的选区，如图3-9所示。

图3-9

技巧与提示

在使用“多边形套索工具”绘制选区时，按住Shift键可以在水平方向、垂直方向或45°方向上绘制直线段，按Delete键可以删除最近绘制的直线段。

3.3.3 磁性套索工具

使用“磁性套索工具”可以自动识别对象的边缘并创建选区。如果对象的边缘比较清晰，且对象色调与背景色调对比明显，那么可以使用这个工具快速选取对象。

选择“磁性套索工具”，在图像中单击以确定起点，然后沿着图像边缘移动鼠标指针。当完成选取时，按Enter键或者双击，可以得到闭合的选区，如图3-10所示。如果想在某处添加一个锚点，可以在该处单击。如果锚点的位置不准确，可按Delete键将其删除，连续按Delete键可以依次删除前面添加的锚点。如果想删除添加的所有锚点，可以按Esc键。

图3-10

知识点：套索类工具的相互转换

在使用“套索工具”进行绘制时，按住Alt键并松开鼠标左键（不松开Alt键），将自动切换为“多边形套索工具”。在使用“多边形套索工具”进行绘制时，先按住Alt键，然后按住鼠标左键并拖曳，“多边形套索工具”将切换为“套索工具”。在使用“磁性套索工具”进行绘制时，按住Alt键并单击，将切换为“多边形套索工具”；松开Alt键并单击，将切换为“磁性套索工具”。

3.3.4 对象选择工具

“对象选择工具”（快捷键为W）有“矩形”和“套索”两种模式，适用于选取边缘明确的对象。使用该工具时只要绘制出一个大概的范围，Photoshop就会自动调整并生成选区。在“套索”模式下，如同使用“套索工具”，一般围绕对象创建选区范围，松开鼠标左键后，选区会以对象边缘为准自动收缩，如图3-11所示。

图3-11

“对象选择工具”的选项栏如图3-12所示。

图3-12

重要参数介绍

◇ **对象查找程序：** 勾选此选项，Photoshop会根据鼠标指针悬停位置分析主体区域，主体区域会被叠加颜色，单击可以为其创建选区，如图3-13所示。

图3-13

◇ **刷新：** 单击该按钮，将刷新对象查找程序。

◇ **显示所有对象：** 单击该按钮，可以显示图像中的所有主体对象。

◇ **设置其他选项：** 单击该按钮，可以在打开的下拉列表中设置刷新模式和叠加颜色等。

◇ **模式：** 包含“矩形”和“套索”两种模式，选择其一将以对应的方式绘制选区。

◇ **对所有图层取样：** 勾选此选项，可以针对所有图像选择对象。

◇ **硬化边缘：** 勾选此选项，将形成硬化的选区边缘。

◇ **选择主体** 选择主体 **：** 单击该按钮，将根据图像中突出的对象创建选区。

知识点：复制图像局部

当需要处理图像局部时，可以执行“图层”>“新建”>“通过拷贝的图层”菜单命令（快捷键为Ctrl+J）将其复制到新建的图层中，此时原始图层保持不变，如图3-14所示。

图3-14

课堂案例

抠出图中的皮鞋

素材文件	素材文件>CH03>素材01.jpg
实例文件	实例文件>CH03>抠出图中的皮鞋.psd
视频名称	抠出图中的皮鞋.mp4
学习目标	掌握使用选择类工具抠图的方法

本例将使用“**对象选择工具**”抠出图中的皮鞋，效果如图3-15所示。

图3-15

01 按快捷键**Ctrl+O**打开本书学习资源文件夹中的"**素材文件**">"**CH03**">"**素材01.jpg**"文件，如图3-16所示。

图3-16

02 选择"**对象选择工具**"，勾选选项栏中的"**对象查找程序**"选项，然后将鼠标指针悬停在鞋子上，主体区域会被**叠加颜色**，如图3-17所示。**单击以创建**鞋子选区，如图3-18所示。

图3-17

图3-18

03 **放大图像**可以看到部分选区不够精准，如图3-19所示。单击选项栏中的"**选择并遮住**"按钮 选择并遮住...，进入对应工作区，此时**红色区域**为**选区外**的区域，如图3-20所示。

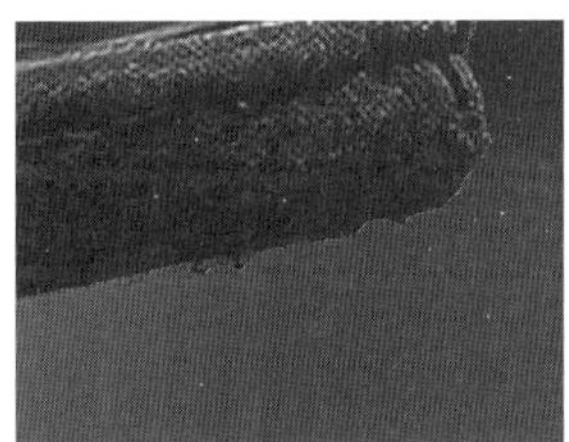

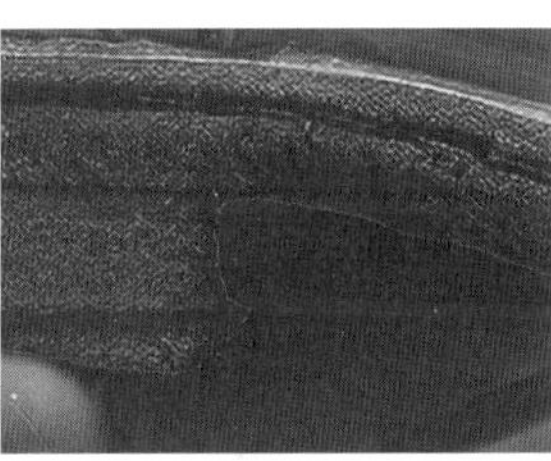

图3-19

图3-20

04 放大图像并选择"**画笔工具**"，设置笔尖"**大小**"为**20像素**、"**硬度**"为**75%**。单击**按钮**，拖曳鼠标以涂抹**遗漏的区域**，将遗漏的区域**添加到选区内**，如图3-21所示。

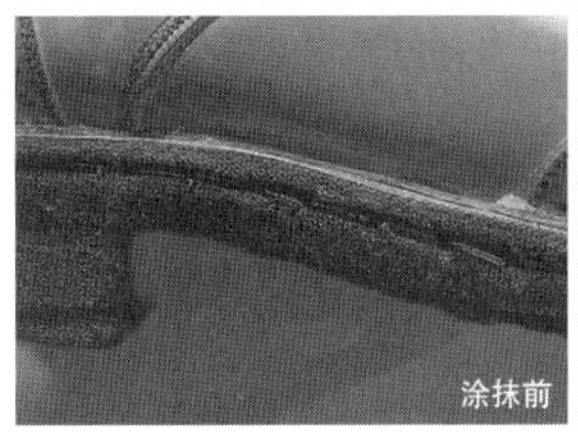

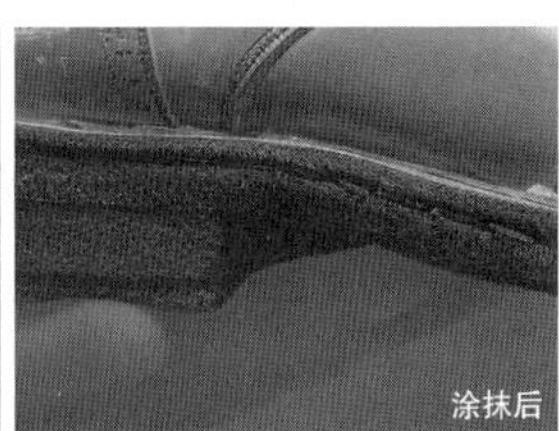

图3-21

05 单击**按钮**，拖曳鼠标以涂抹**多余的背景**，将其从**选区中减去**，如图3-22所示。

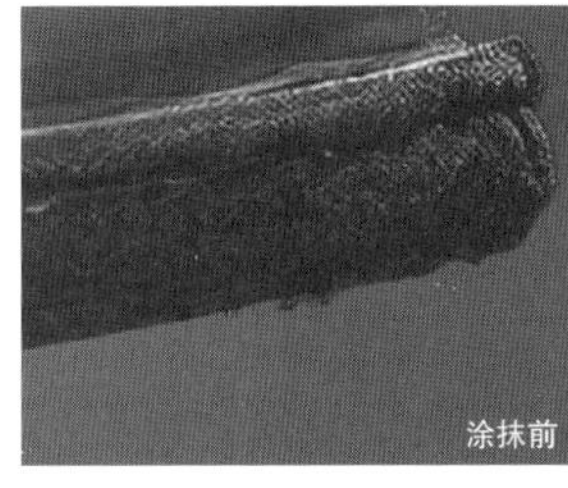

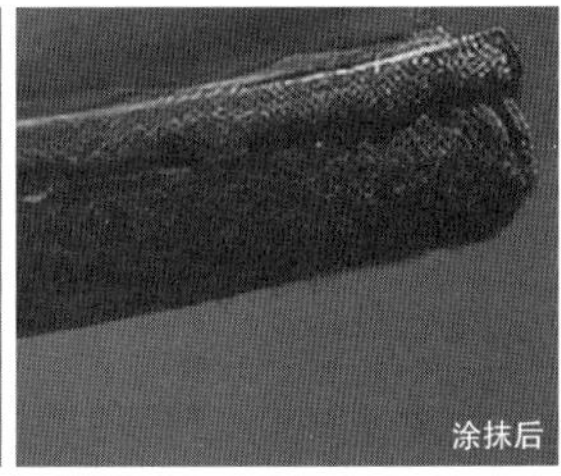

图3-22

06 勾选"**净化颜色**"选项，然后在"**输出到**"下拉列表中选择"**新建带有图层蒙版的图层**"选项，单击"确定"按钮 确定 完成操作，如图3-23所示。接着在抠出来的皮鞋**下方**创建一个**观察图层**，效果如图3-24所示。

图3-23

图3-24

3.3.5 快速选择工具

选择“快速选择工具”，将鼠标指针定位在要选取的对象上，然后拖曳鼠标，选区会自动向外扩展并查找边缘，如图3-25所示。

图3-25

“快速选择工具”的选项栏如图3-26所示。

图3-26

重要参数介绍

◇ **新选区**：单击该按钮，可以创建新选区。

◇ **添加到选区**：单击该按钮，可以在原选区的基础上添加选区。

◇ **从选区减去**：单击该按钮，可以在原选区的基础上减去选区。

◇ **增强边缘**：勾选该选项，可以使选区的边缘更平滑。

◇ **画笔选项**：单击该按钮，可以在打开的下拉列表中设置画笔大小、硬度和间距等。在绘制选区时，按[键或]键可以减小或增大画笔。

◇ **画笔角度**：用于设置画笔的角度。

3.3.6 魔棒工具

使用“魔棒工具”可以选取图像中和取样处颜色相似的区域。选择“魔棒工具”，在所需位置单击即可确定取样点，与其颜色相似的区域将被创建为选区，如图3-27所示。

图3-27

3.3.7 自动识别命令

Photoshop可以根据图像的特点对其进行分析，自动识别出主体、天空、色彩和焦点等，进而创建选区。

1.主体

“选择” > “主体”菜单命令用以自动识别图像中的主体，并创建选区，如图3-28所示。

图3-28

技巧与提示

执行“选择” >“主体”菜单命令创建选区时可能会有漏选的现象，图3-29中鸟儿的脚就没有被选中。此时，可以用“对象选择工具”、“快速选择工具”或“魔棒工具”等添加漏选的区域。

图3-29

2.天空

“选择” > “天空”菜单命令用以自动识别图像中的天空，并创建选区，如图3-30所示。

图3-30

3.色彩范围

使用"色彩范围"命令可以根据图像的颜色范围创建选区。执行"选择" >"色彩范围"菜单命令，打开"色彩范围"对话框，此时鼠标指针将变为✐形状，单击即可拾取颜色，并将所有与之相似的颜色同时选取，如图3-31所示。

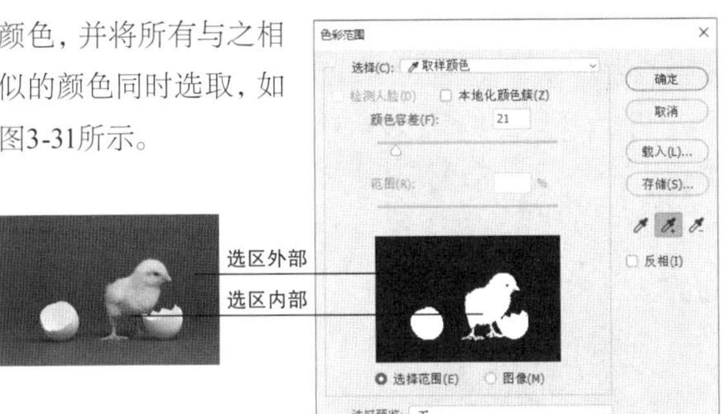

图3-31

在"色彩范围"对话框中，单击✐按钮，可以将颜色添加到取样范围中；单击✐按钮，可以将颜色从取样范围内减去。取样完成后，单击"确定"按钮（确定），即可创建选区。

4.焦点区域

使用"焦点区域"命令可以排除次要的、虚化的内容，自动识别焦点区域内的对象并创建选区。执行"选择" > "焦点区域"菜单命令，打开"焦点区域"对话框，如图3-32所示。调整"焦点对准范围"的值，单击"确定"按钮（确定），可以创建出焦点区域选区，如图3-33所示。

图3-32

图3-33

在"视图"下拉列表中可以设置视图的显示效果。例如，设置"视图"为"叠加"，效果如图3-34所示。

图3-34

3.4 编辑选区

创建选区后，可以根据需求对选区进行编辑，其中包括移动与变换选区、全选与反选选区、扩展与收缩选区和羽化选区等操作。

本节重点内容

重点内容	说明
变换选区	自由变换选区内的图像
全部	选择当前文档窗口中的全部图像
反选	对选区进行反选
平滑	使选区变得平滑
边界	向内收缩和向外扩展以形成新的选区
扩展	将选区向外扩展
收缩	将选区向内收缩
羽化	羽化选区
选择并遮住	编辑选区和修图
将图层与选区对齐	将所选择的图层以某种方式对齐到选区
裁剪	根据选区边界裁剪图像
存储选区	将选区存储到通道中
载入选区	将选区载入图像中

3.4.1 移动与变换

使用"矩形选框工具"⬚在图像中创建选区，将鼠标指针置于选区内，按住鼠标左键并拖曳即可移动选区，如图3-35所示。

图3-35

技巧与提示

在创建选区后，按方向键也可以移动选区。例如，按一次↑键，可以将选区向上移动1像素；按住Shift键并按一次↑键，则可以将选区向上移动10像素。需要注意的是，移动选区时需确保当前选择的工具是选框类工具、套索类工具或"魔棒工具"✐。

执行"选择" >"变换选区"菜单命令（快捷键为Alt+S+T），会出现定界框，此时可以对选区进行移动、旋转和缩放等操作，如图3-36所示。

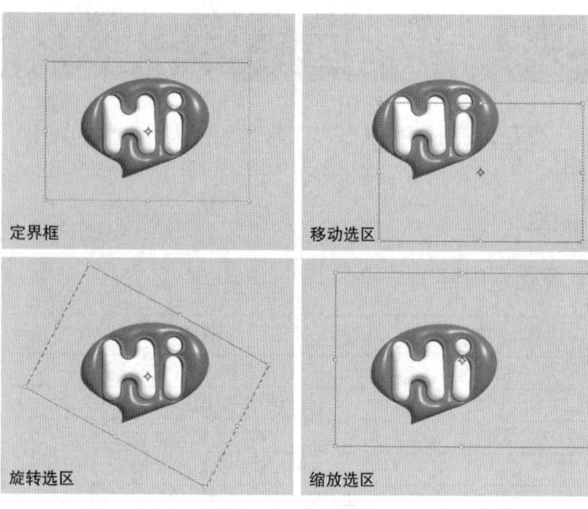

图3-36

知识点：移动与变换选区内的图像

在创建选区后，选择“移动工具”✥，将鼠标指针置于选区内，按住鼠标左键并拖曳，即可移动选区内的图像，如图3-37所示。执行“编辑”>“自由变换”菜单命令，可以自由变换选区内的图像，如图3-38所示。

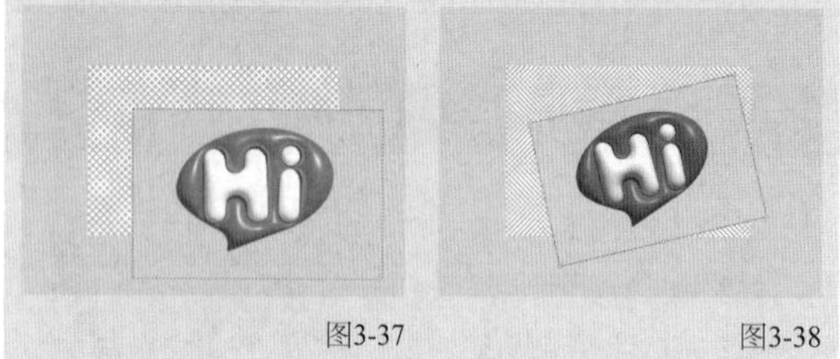

图3-37　图3-38

3.4.2 全选与反选

执行“选择”>“全部”菜单命令（快捷键为Ctrl+A），可以选择当前文档窗口内的全部图像。当需要复制整个图像时，就可以先将其全选，然后按快捷键Ctrl+C进行复制，再根据需求将其粘贴（快捷键为Ctrl+V）到图层、通道或其他文档窗口中。

执行“选择”>“反选”菜单命令（快捷键为Shift+Ctrl+I），可以对选区进行反选，即选中图像中当前未被选择的区域。对于较复杂的主体，先选择背景，如图3-39所示，然后按快捷键Shift+Ctrl+I对选区进行反选，即可选中主体，如图3-40所示。

图3-39

图3-40

3.4.3 平滑与边界

在创建选区时，其边缘时常会出现锯齿。执行“选择”>“修改”>“平滑”菜单命令，在弹出的“平滑选区”对话框中设置合适的“取样半径”值，单击“确定”按钮即可使选区边缘变得平滑，如图3-41所示。

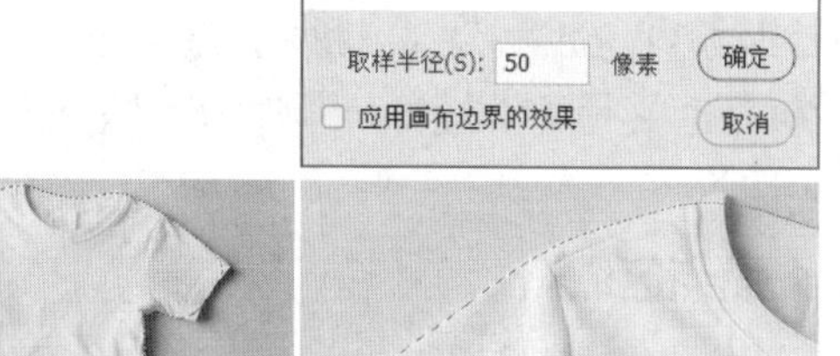

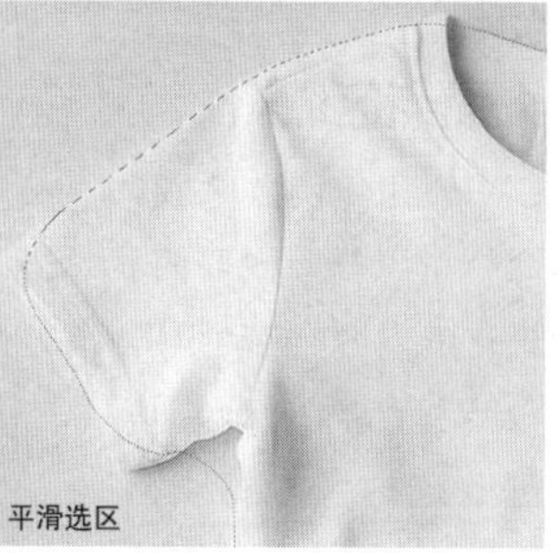

图3-41

在创建选区后，执行“选择”>“修改”>“边界”菜单命令，在弹出的“边界选区”对话框中设置相应的“宽度”值，单击“确定”按钮，原选区将同时向内收缩和向外扩展并形成新的选区，如图3-42所示。

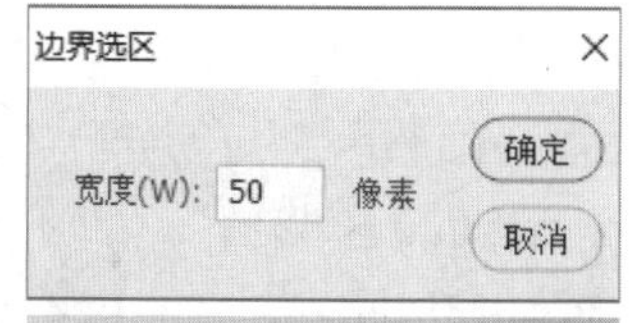

图3-42

3.4.4 扩展与收缩

在创建选区后，执行“选择”>“修改”>“扩展”菜单命令，在弹出的“扩展选区”对话框中设置相应的“扩展量”值，可以将选区向外扩展，如图3-43所示。

图3-43

执行“选择”>“修改”>“收缩”菜单命令，在弹出的“收缩选区”对话框中设置相应的“收缩量”值，可以将选区向内收缩，如图3-44所示。

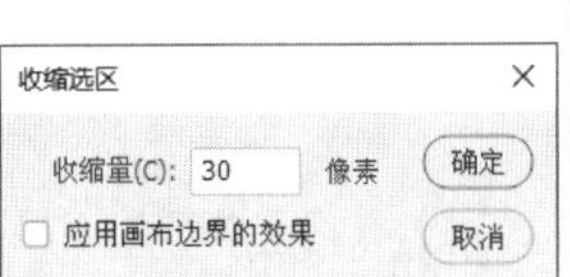

图3-44

3.4.5 羽化选区

羽化可以让图像的边缘变得模糊，呈现出柔和的效果。在使用选框类工具或套索类工具创建选区时，可以在其选项栏中设置“羽化”值，如图3-45所示。这样创建的选区将自带羽化效果，如图3-46所示。

图3-45

图3-46

创建选区后，执行“选择”>“修改”>“羽化”菜单命令（快捷键为Shift+F6），打开“羽化选区”对话框，可以通过设置“羽化半径”的值来调整选区的羽化范围，如图3-47所示。

图3-47

3.4.6 选区运算

在大多数情况下，很难只通过一次操作就将对象完全选中，一般需要分次创建多个选区。在使用选框类工具、套索类工具和选择类工具（“快速选择工具”除外）时，其选项栏中会出现与选区运算相关的按钮，除了直接创建选区的按钮，其他3个按钮都有对应的快捷键，如图3-48所示。

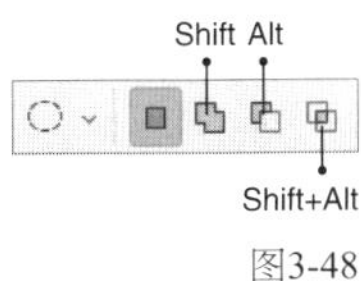

图3-48

选区运算介绍

◇ **新选区**：单击该按钮，可以创建新选区，如图3-49所示。如果已经存在选区，新选区将代替原有选区。

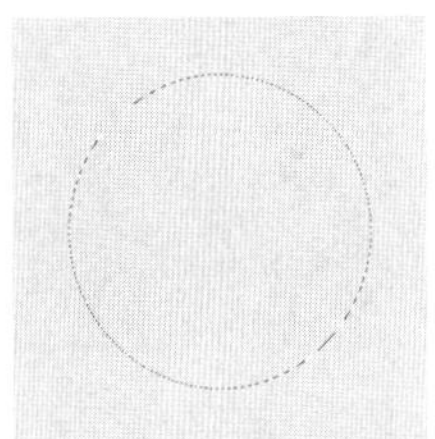

图3-49

◇ **添加到选区**：单击该按钮，可以在原有选区的基础上添加选区（按住Shift键并创建选区，可以实现同样的效果），如图3-50所示。

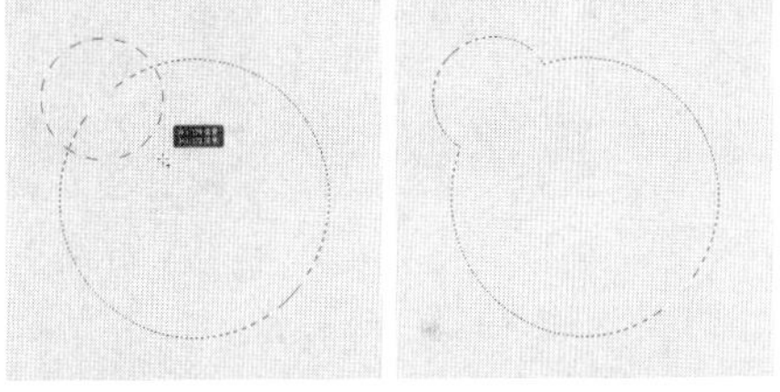

图3-50

◇ **从选区减去**：单击该按钮，可以在原有选区的基础上减去选区（按住Alt键并创建选区，可以实现同样的效果），如图3-51所示。

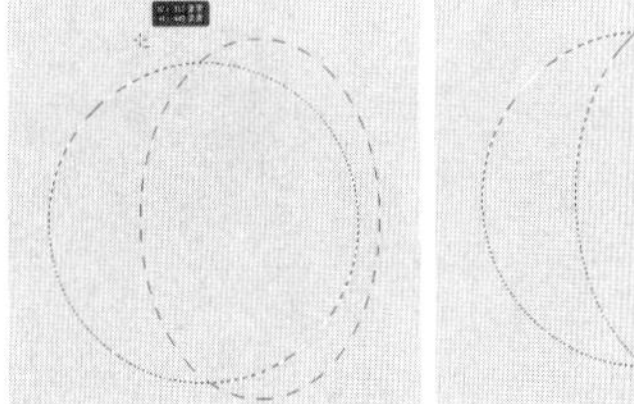

图3-51

◇ **与选区交叉**：单击该按钮，仅保留原有选区与新选区的交叉部分（按住快捷键Shift+Alt并创建选区，可以实现同样的效果），如图3-52所示。

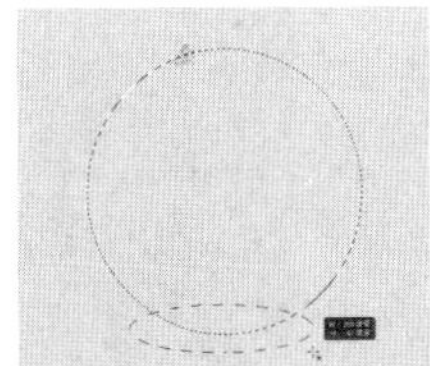

图3-52

课堂案例

制作电商商品主图

素材文件　素材文件>CH03>素材02-1.jpg、素材02-2.psd
实例文件　实例文件>CH03>制作电商商品主图.psd
视频名称　制作电商商品主图.mp4
学习目标　掌握选区运算的方法

本例将通过“**主体**”命令、“**魔棒工具**”以及**选区运算**按钮抠出图中的玩具，并制作**电商商品主图**，效果如图3-53所示。

图3-53

01 按快捷键**Ctrl+O**打开本书学习资源文件夹中的“**素材文件**”>“**CH03**”>“**素材02-1.jpg**”文件，如图3-54所示。

图3-54

02 执行“**选择**”>“**主体**”菜单命令，为图中**主体**创建**选区**，如图3-55所示。

图3-55

03 选区中包含多余的背景图像，需要将其去除。选择“**魔棒工具**”，设置“**容差**”为**30**，**按住Alt键**，**单击**需要去除的区域即可，如图3-56所示。

图3-56

04 打开“**素材02-2.psd**”文件，然后选择“**移动工具**”，将选区中的图像拖曳至“**素材02-2.psd**”文件的文档窗口中，系统会自动生成“**图层1**”图层，如图3-57所示。

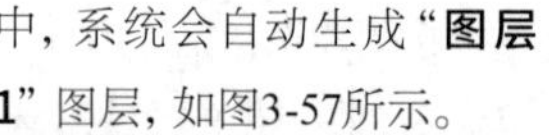

图3-57

05 在“**图层1**”图层上单击**鼠标右键**，在弹出的菜单中选择“**转换为智能对象**”命令，将选区中的图像转换为**智能对象**，如图3-58所示。

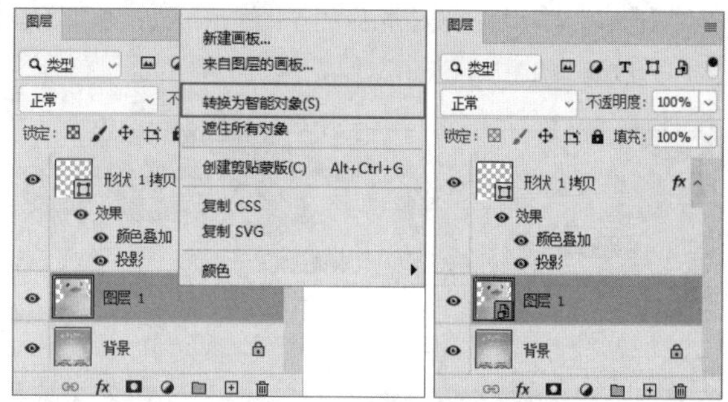

图3-58

技巧与提示

在变换图像时，Photoshop会重新采样并生成新的像素，图像的品质会降低。此时可以将图像转换为智能对象，以保留图像的原始信息。

06 按快捷键**Ctrl+T**显示定界框，将图像缩小到合适的大小，并使用“**移动工具**”将其置于合适的位置，如图3-59所示。

图3-59

07 选择“**图层1**”图层，然后按住**Ctrl键**并单击“图层”面板下方的“**创建新图层**”按钮，在“**图层1**”图层**下方新建**一个“**图层2**”图层，如图3-60所示。选择“**画笔工具**”，单击按钮，在“**画笔预设**”选取器中选择“**柔边圆**”笔尖，设置“**大小**”为**30像素**，如图3-61所示。

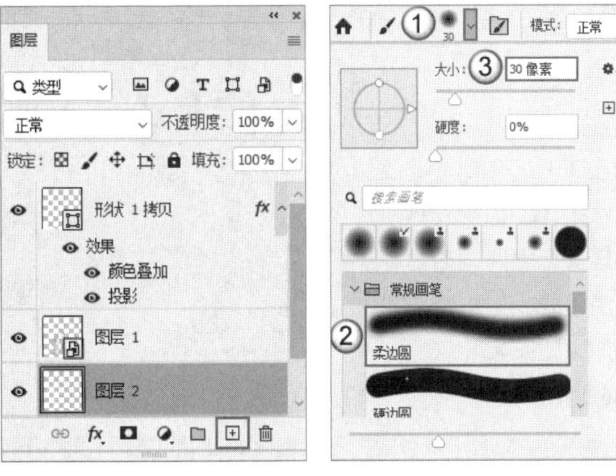

图3-60 图3-61

08 单击工具箱中的前景色图标，打开“**拾色器（前景色）**”对话框，**拖曳颜色滑块**以选取**深蓝色**，如图3-62所示。选择“**图层2**”图层，然后用“**不透明度**”和“**流量**”为**70%**左右的“**画笔工具**”画出玩具的**阴影**，效果如图3-63所示。

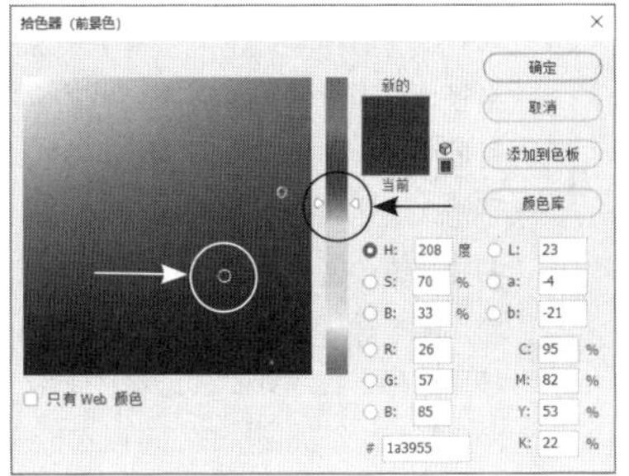

图3-62

图3-63

3.4.7 选择并遮住

“选择并遮住”工作区的功能十分强大，集编辑选区和修图功能于一身，并且能有效识别毛发等细微区域。使用选择类工具或自动识别命令选取目标对象，然后执行“选择”>“选择并遮住”菜单命令（快捷键为Alt+Ctrl+R），或者在选择类工具的选项栏中单击“选择并遮住”按钮 选择并遮住... ，进入该工作区，工作区界面如图3-64所示。

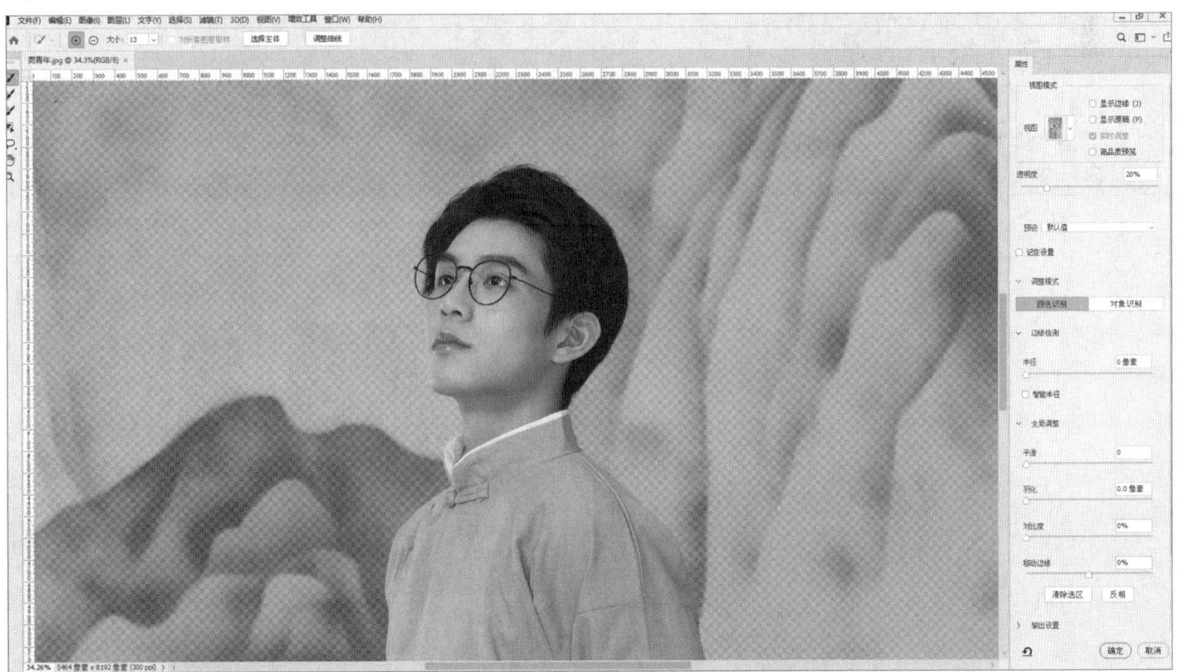

图3-64

重要参数介绍

◇ **半径**：用于设置边缘调整区域的大小。

◇ **智能半径**：勾选该选项，将使“半径”自适应图像边缘。

◇ **平滑**：创建较平滑的轮廓。

◇ **羽化**：使选区边缘呈现透明状态。

◇ **对比度**：锐化选区边缘，并去除不自然的模糊感。

◇ **移动边缘**：收缩或扩展选区的边缘。

◇ **净化颜色**：勾选该选项，可以移除图像中的彩色边缘。

◇ **输出到**：用于设置选区的输出方式。

“选择并遮住”工作区提供画笔类工具、套索类工具和选择类工具等。其中，使用“调整边缘画笔工具”（快捷键为R）可以精确调整选区的边缘区域，如毛发等细微区域；使用“画笔工具”（快捷键为B）可以完善细节，对选区进行微调，按]键可以调大笔尖，按[键可以调小笔尖。在“属性”面板中可以修改视图模式，设置“视图”为“叠加”，如图3-65所示，半透明的红色区域表示没有被选中的区域，正常显示的区域表示被选中的区域，这种视图模式利于观察选区范围，如图3-66所示。

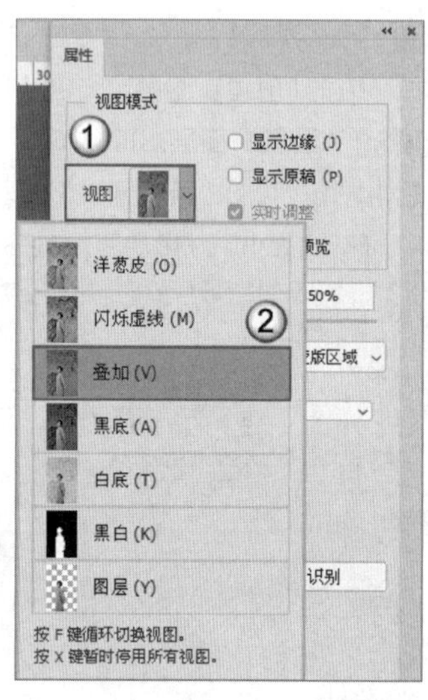

图3-65

图3-66

单击“颜色”选项右侧的色块，可以在打开的“拾色器”对话框中设置叠加的颜色，如图3-67所示。

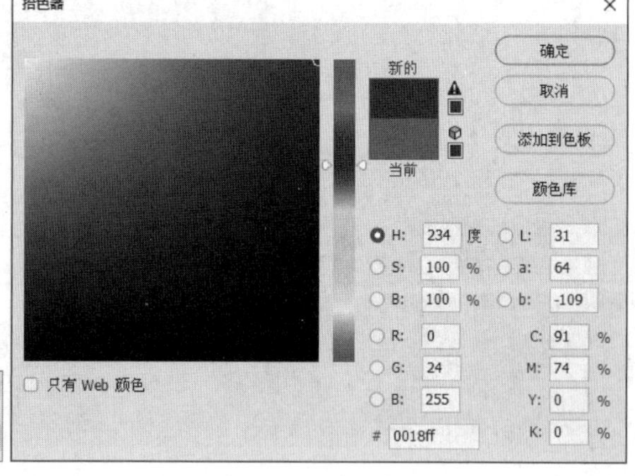

图3-67

课堂案例

抠出图中的电商模特

素材文件	素材文件>CH03>素材03.jpg
实例文件	实例文件>CH03>抠出图中的电商模特.psd
视频名称	抠出图中的电商模特.mp4
学习目标	掌握使用"主体"命令和"选择并遮住"工作区抠图的方法

本例将先用"**主体**"命令创建主体选区，然后进入"**选择并遮住**"工作区处理**人物边缘**，效果如图3-68所示。

原图

效果图

图3-68

01 按快捷键**Ctrl+O**打开本书学习资源文件夹中的"**素材文件**">"**CH03**">"**素材03.jpg**"文件，如图3-69所示。

图3-69

02 执行"**选择**">"**主体**"菜单命令，为图像中的主体**创建选区**，如图3-70所示。

图3-70

03 执行"**选择**">"**选择并遮住**"菜单命令，进入对应工作区，如图3-71所示。为了便于观察，设置"**视图**"为"**叠加**"，"**颜色**"为**绿色**，此时**绿色区域**为**选区外**的区域，如图3-72所示。

图3-71

图3-72

04 放大图像并选择“**快速选择工具**”，设置笔尖“**大小**”为**10像素**。单击⊕按钮，拖曳鼠标以涂抹**遗漏的区域**，将遗漏的区域**添加到选区内**，如图3-73所示。

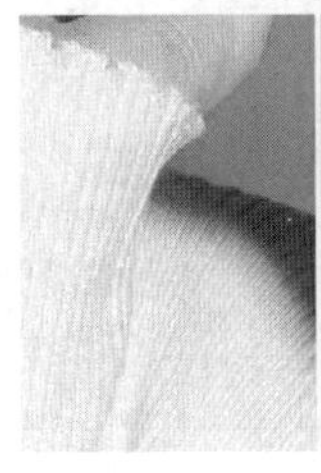

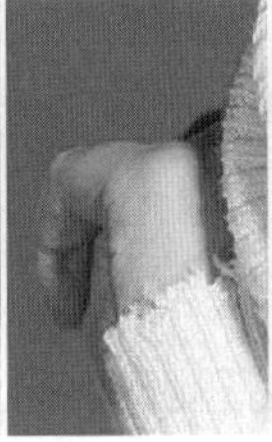

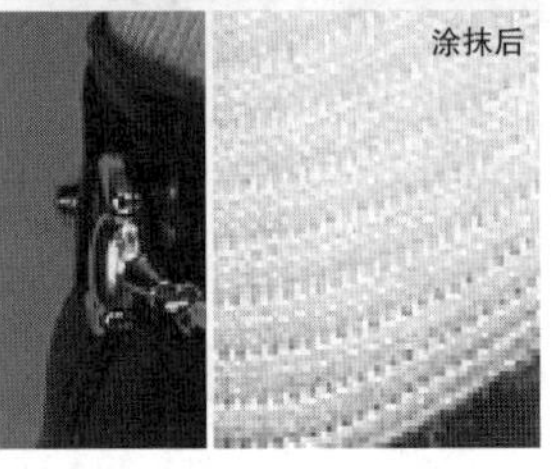

图3-73

05 选择“**画笔工具**”，设置笔尖“**大小**”为**5像素**。单击⊖**按钮**，拖曳鼠标以涂抹**多余的背景**，将其**从选区中减去**，如图3-74所示。

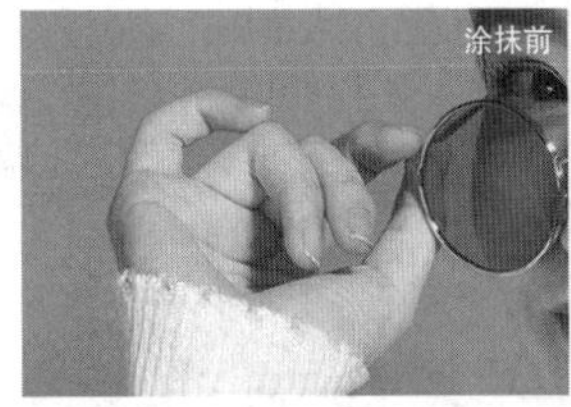

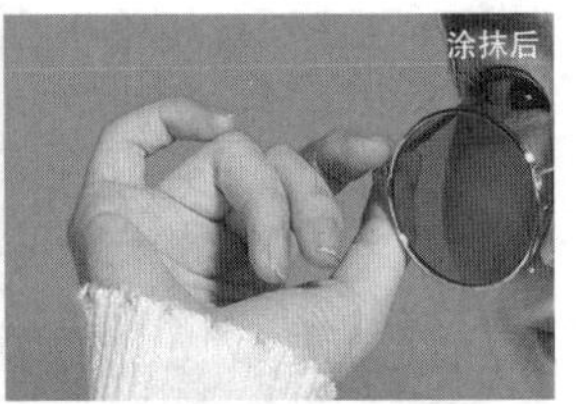

图3-74

06 选择“**调整边缘画笔工具**”，设置笔尖“**大小**”为**10像素**，“**硬度**”为**60%**，拖曳鼠标以涂抹**多余的背景**，将其**从选区中减去**，如图3-75所示。

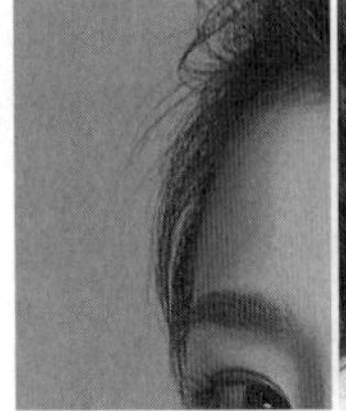

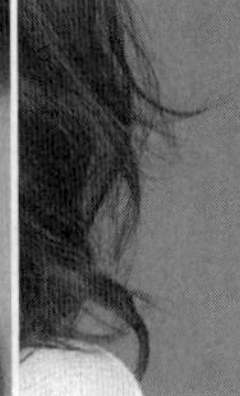

图3-75

技巧与提示

在使用“调整边缘画笔工具”时，可以根据涂抹区域调整笔尖“大小”和“硬度”，“硬度”值越小，涂抹出的边缘越柔和。

07 勾选“**净化颜色**”选项，然后在“**输出到**”下拉列表中选择“**新建带有图层蒙版的图层**”选项，单击“**确定**”按钮完成操作，如图3-76所示。接着在抠出来的人物**下方**创建一个**观察图层**，效果如图3-77所示。

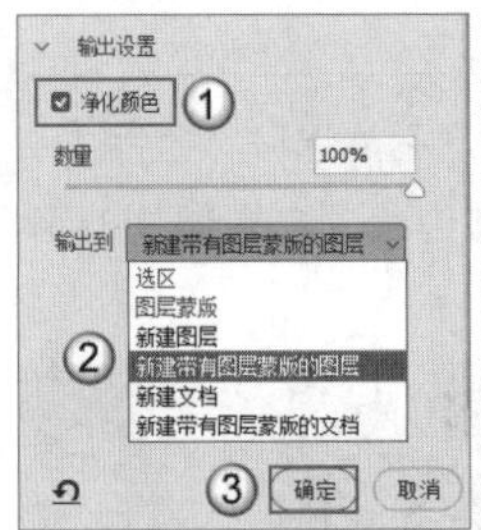

图3-76

图3-77

课堂练习

制作电商直通车主图

素材文件	素材文件>CH03>素材04-1.jpg、素材04-2.psd
实例文件	实例文件>CH03>制作电商直通车主图.psd
视频名称	制作电商直通车主图.mp4
学习目标	掌握使用“主体”命令和“选择并遮住”工作区抠图的方法

本练习的目标是使用“**主体**”命令和“**选择并遮住**”工作区抠出图中的模特，并制作**电商直通车主图**，效果如图3-78所示。

图3-78

3.4.8 对齐选区

在创建选区后，执行“图层”>“将图层与选区对齐”子菜单中的命令，如图3-79所示，可以将所选的图层以某种方式对齐到选区。例如，选择鸟所在图层，执行“图层”>“将图层与选区对齐”>“水平居中”菜单命令，再执行“图层”>“将图层与选区对齐”>“垂直居中”菜单命令，鸟所在图层将以水平、垂直居中的方式与选区对齐，如图3-80所示。

顶边(T)
垂直居中(V)
底边(B)
左边(L)
水平居中(H)
右边(R)

图3-79

图3-80

3.4.9 裁剪选区

在创建选区后，执行“图像”>“裁剪”菜单命令，将根据选区边界裁剪图像，选区依然存在，如图3-81所示。

图3-81

在创建选区后，选择“裁剪工具”，选区将变为裁剪框，按两次Enter键确认裁剪，选区不会保留，如图3-82所示。

图3-82

3.4.10 存储与载入选区

Alpha通道可以用于存储选区。在创建选区后，单击“通道”面板下方的“将选区存储为通道”按钮，可以将选区存储到通道中，如图3-83所示。也可执行“选择”>“存储选区”菜单命令，打开“存储选区”对话框，如图3-84所示，单击“确定”按钮以存储选区。

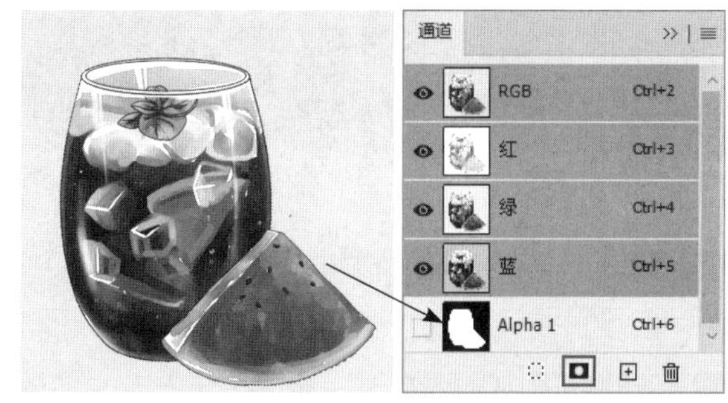

图3-83

图3-84

技巧与提示

按住Ctrl键并单击Alpha1通道缩览图，可以将选区载入图像。

课堂案例

用Alpha通道保护图像

素材文件	素材文件>CH03>素材05.jpg
实例文件	无
视频名称	用Alpha通道保护图像.mp4
学习目标	掌握使用存储选区保护图像的方法

本例将使用存储选区的方法保护图像，并对其进行缩放，效果如图3-85所示。

图3-85

图3-85（续）

01 按快捷键**Ctrl+O**打开本书学习资源文件夹中的“**素材文件**”>“**CH03**”>“**素材05.jpg**”文件，如图3-86所示。

图3-86

02 执行“**选择**”>“**主体**”菜单命令，为图像中的**主体**创建选区。选择“**快速选择工具**”，设置笔尖“大小”为**50像素**（根据选择区域的不同，可随时按[键和]键调整笔尖大小）。**按住Shift键**，将椅子**添加到选区内**；**按住Alt键**，将多余区域**从选区内减去**（不用特别精确），如图3-87所示。

图3-87

03 执行“**选择**”>“**存储选区**”菜单命令，在打开的“存储选区”对话框中设置“**名称**”为“**主体**”，单击“**确定**”按钮，如图3-88所示。

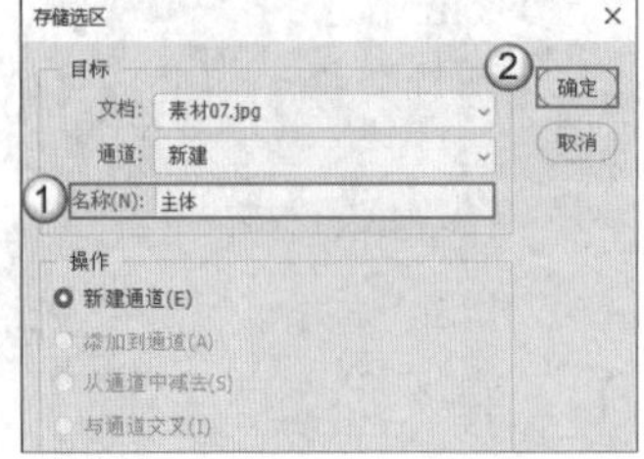

图3-88

04 按快捷键**Ctrl+D**取消选区，按住**Alt键**双击“**背景**”图层**缩览图**，将其转换为**可编辑**图层，如图3-89所示。

图3-89

05 执行“**编辑**”>“**内容识别缩放**”菜单命令，在选项栏中设置“**保护**”为“**主体**”，按住**Shift键并向右**拖曳控制点，如图3-90所示。

图3-90

06 按**Enter键**确认操作，执行“**图像**”>“**裁切**”菜单命令，在打开的“裁切”对话框中选择“**透明像素**”选项，单击“**确定**”按钮，如图3-91所示。将基于透明像素对图像进行裁切，效果如图3-92所示。

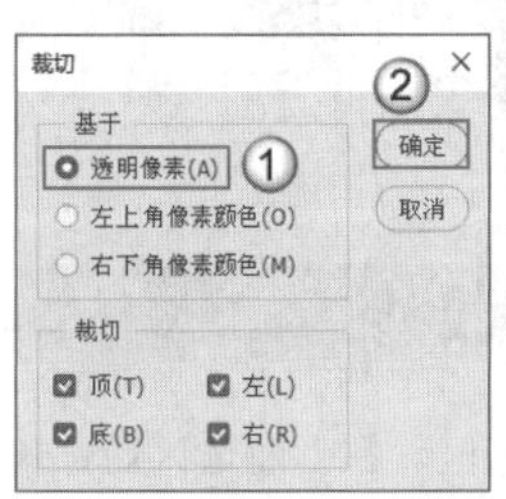

裁切

基于

透明像素(A) ① | 左上角像素颜色(O) | 右下角像素颜色(M)

裁切

顶(T) | 左(L) | 底(B) | 右(R)

② 确定 | 取消

图3-91　图3-92

3.5 本章小结与评价

本章主要讲解了选区的基本功能、创建规则选区、创建任意选区，以及编辑选区等内容。读者可通过图3-93所示的思维导图梳理知识脉络，并结合表3-1进行自测，查找学习的薄弱环节，从而更好地掌握本章的知识点。

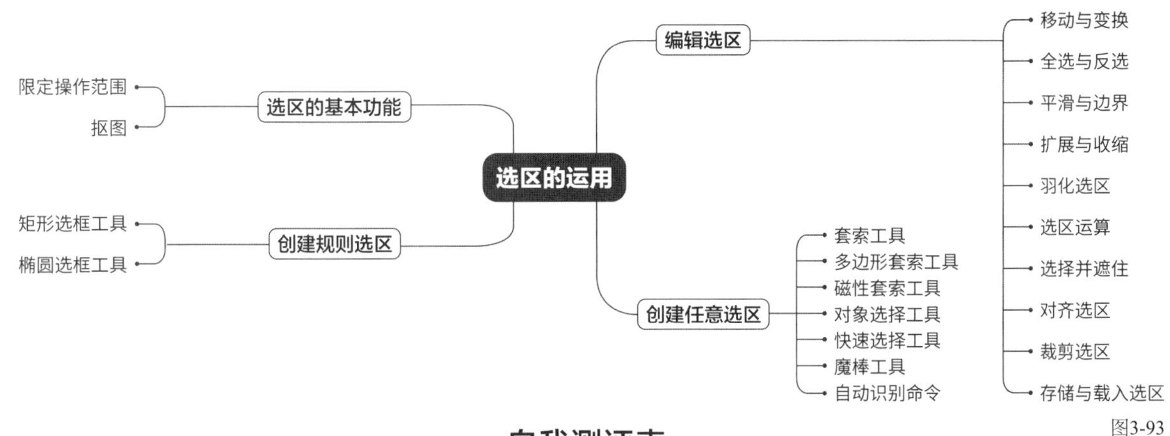

图3-93

自我测评表

表3-1

评价内容	评价标准	掌握程度	自我总结
选区的基本功能	能够叙述选区的基本功能		
创建规则选区	能够使用“矩形选框工具”创建矩形选区		
	能够使用“椭圆选框工具”创建椭圆形选区		
创建任意选区	能够使用“套索工具”绘制出形状不规则的选区		
	能够使用“多边形套索工具”绘制棱角分明的选区		
	能够使用“磁性套索工具”自动识别对象的边缘并创建选区		
	能够使用“对象选择工具”选取边缘明确的对象		
	能够使用“快速选择工具”选取对象		
	能够使用“魔棒工具”选取图像中和取样颜色相似的区域		
	能够使用自动识别命令识别出主体、天空、焦点和色彩等，进而创建选区		
编辑选区	能够移动与变换选区		
	能够全选与反选选区		
	能够平滑选区或者修改选区边界		
	能够扩展与收缩选区		
	能够羽化选区		
	能够对选区进行运算		
	能够使用“选择并遮住”工作区修改选区边缘		
	能够使用“将图层与选区对齐”子菜单中的命令将所选的图层以某种方式对齐到选区		
	能够根据选区边界裁剪图像		
	能够存储与载入选区		

3.6 课后习题

根据本章的内容，本节共安排了两个课后习题供读者练习，以帮助读者对本章的知识进行综合运用。

课后习题：抠出图中的电饭锅

素材文件　素材文件>CH03>素材06.jpg
实例文件　实例文件>CH03>抠出图中的电饭锅.psd
视频名称　抠出图中的电饭锅.mp4
学习目标　掌握使用“对象选择工具”抠图的方法

本习题主要要求读者对使用**“对象选择工具”**创建选区，以及**选区运算**进行练习，效果如图3-94所示。

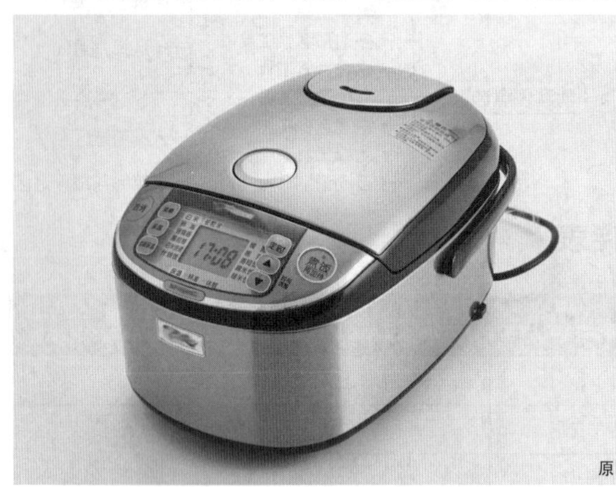
原图

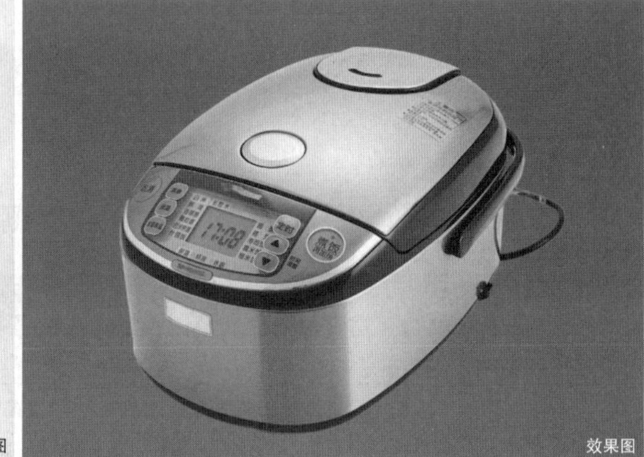
效果图

图3-94

课后习题：抠出图中的妆面模特

素材文件　素材文件>CH03>素材07.jpg
实例文件　实例文件>CH03>抠出图中的妆面模特.psd
视频名称　抠出图中的妆面模特.mp4
学习目标　掌握使用“主体”命令和“选择并遮住”工作区抠图的方法

本习题主要要求读者对使用“**主体**”命令和“**选择并遮住**”工作区抠图进行练习，效果如图3-95所示。

原图

效果图

图3-95

第 4 章

绘画与图像修饰

本章主要介绍选取颜色、绘制图像的方法，填充图案与颜色的方法，以及修饰图像瑕疵和处理局部图像的主要工具。绘画与图像修饰是Photoshop中的重要功能，在实际操作中是必不可少的，所以要求读者务必掌握相关内容。

课堂学习目标

◇ 掌握设置前景色与背景色的方法
◇ 掌握使用“吸管工具”选取颜色的方法
◇ 掌握使用“颜色”面板和“色板”面板选取颜色的方法
◇ 掌握绘画类工具的使用方法
◇ 掌握画笔的设置方法
◇ 掌握“渐变工具”的使用方法
◇ 掌握填充图案和颜色的方法
◇ 掌握修饰图像瑕疵的方法
◇ 掌握复制图像的方法
◇ 掌握处理局部图像的方法

4.1 选取颜色

在编辑图像时，常常需要选取颜色。Photoshop中有多种选取颜色的方法，下面分别进行介绍。

本节重点内容

重点内容	说明
颜色/色板	选取颜色
吸管工具	拾取颜色

4.1.1 前景色与背景色

通常情况下，前景色用于绘制图像、创建文字、填充和描边选区等；背景色用于填充被擦除的图像区域，以及扩展画布时的新增区域等。在工具箱下方可以分别设置前景色与背景色，以及切换和恢复这两种颜色（默认前景色为黑色，背景色为白色），如图4-1所示。

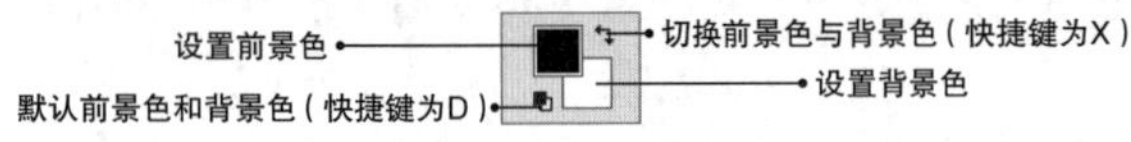

图4-1

技巧与提示

按快捷键Alt+Delete，可以将画布填充为前景色；按快捷键Ctrl+Delete，可以将画布填充为背景色。如果在填充前景色或背景色时按住Shift键，可以只填充图层中的像素区域，而不会影响透明区域。当画布中有选区时，按对应快捷键将对选区进行填充。

单击前景色或背景色的图标，将打开对应的“拾色器”对话框，图4-2所示为“拾色器（前景色）”对话框。在色域中单击，或者在颜色模型（HSB、RGB、Lab和CMYK）的文本框中输入数值，即可选取颜色。在选取颜色后，单击“确定”按钮（确定）或者按Enter键即可将其设为前景色或背景色。

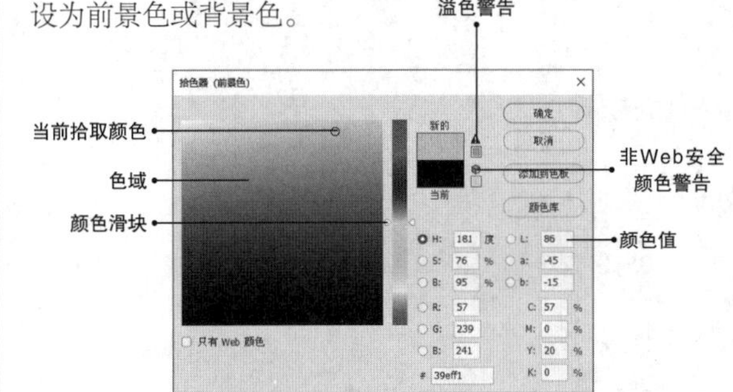

图4-2

技巧与提示

Photoshop中共有4种颜色模型，分别是HSB、Lab、RGB和CMYK。图4-3所示为4种颜色模型的组成参数及其取值范围。

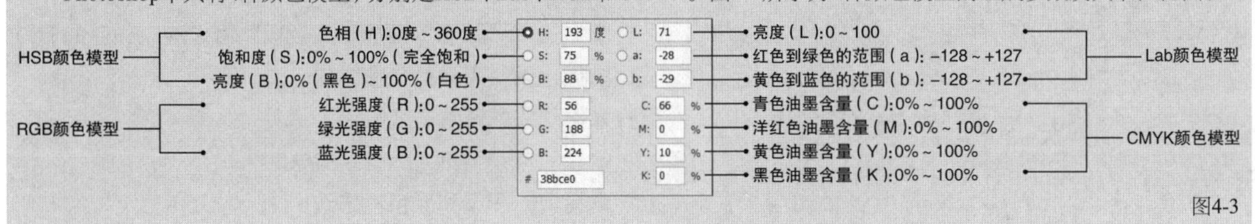

图4-3

重要参数介绍

◇ **当前拾取颜色/色域：** 在色域中拖曳，可以改变当前拾取颜色。

◇ **颜色滑块：** 拖曳颜色滑块，可以调整颜色范围。

◇ **新的/当前：** “新的”色块显示的是当前拾取的颜色，“当前”色块显示的是修改前的颜色。

◇ **颜色值：** 显示当前颜色的色值。在某个颜色模型的文本框中输入数值，可以精确定位颜色。#右侧的文本框中显示的是颜色的十六进制值，每两位为一组，分别对应R、G、B值，主要用于设置网页色彩。

◇ **溢色警告：** 不同颜色模型的色域是不同的，CMYK颜色模型中的颜色总数比其他颜色模型少很多，当所选颜色超出CMYK色域时，就会出现该警告。单击其下方的小色块，可以将颜色替换为CMYK色域中与其相近的颜色。

◇ **非Web安全颜色警告：** 出现该警告，表示当前颜色无法准确地在网页中显示。单击其下方的小色块，可以将颜色替换为与其相近的Web安全颜色。

◇ **只有Web颜色：** 只在色域中显示Web安全颜色。

◇ **添加到色板（添加到色板）：** 单击该按钮，可以将当前颜色添加到“色板”面板中。

◇ **颜色库（颜色库）：** 单击该按钮，在打开的“颜色库”对话框中可以选择不同的颜色库以及印刷专用色，如图4-4所示。

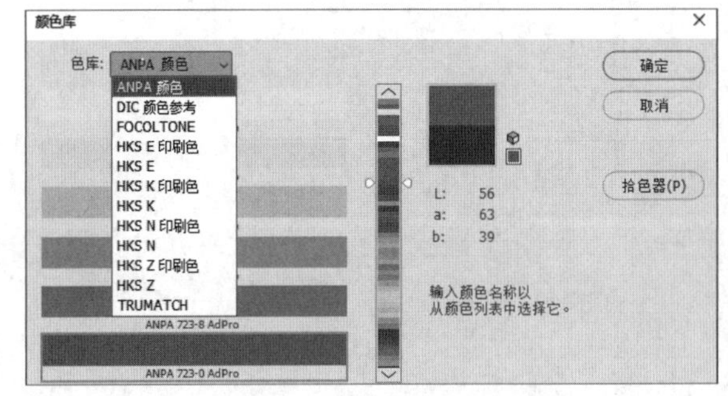

图4-4

知识点：用“吸管工具”选取颜色

如果需要借鉴图像中的颜色，可以用“吸管工具”（快捷键为I）进行取样，然后将拾取的颜色保存到“色板”面板中，从而创建自己的颜色方案。选择“吸管工具”，其选项栏如图4-5所示。

图4-5

勾选“显示取样环”选项，取样时会显示取样环。选择“吸管工具”，在图像中单击所需的颜色，将显示取样环，拾取的颜色会被设置为前景色，如图4-6所示。

图4-6

按住鼠标左键并拖曳，取样环上方显示的是当前拾取的颜色，下方显示的是前一次拾取的颜色，如图4-7所示。

图4-7

按住Alt键并单击，可以拾取颜色并将其设置为背景色，如图4-8所示。

图4-8

4.1.2 “颜色”面板

执行“窗口”>“颜色”菜单命令（快捷键为F6），打开“颜色”面板，如图4-9所示。单击前景色或背景色的图标，即可对其进行编辑。在文本框中输入数值或者拖曳滑块，可以改变颜色；在色谱上单击，可以直接选择颜色。

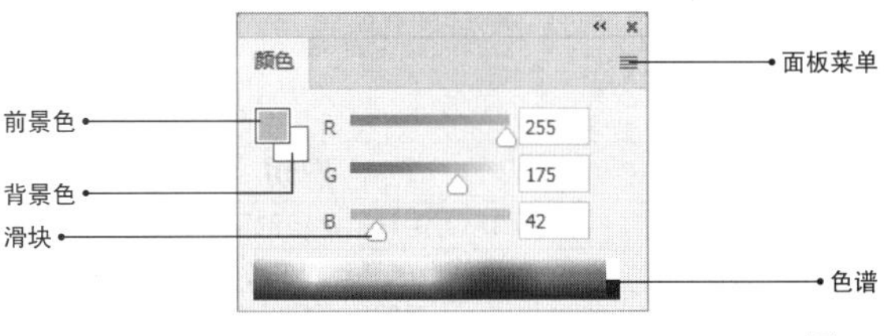

图4-9

单击面板右上角的≡按钮，可以在打开的面板菜单中选择不同的颜色模型，如图4-10所示。

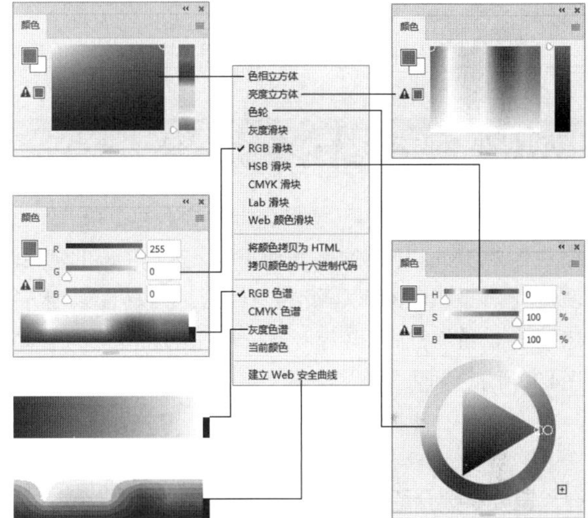

图4-10

4.1.3 “色板”面板

执行“窗口”>“色板”菜单命令，打开“色板”面板。“色板”面板提供多种常用的颜色，其中最上方的一行色块为最近使用的颜色。单击〉按钮展开颜色组，然后单击所需颜色，即可将其设为前景色，如图4-11所示。

图4-11

技巧与提示

单击“色板”面板下方的“创建新色板”按钮⊞，可以将当前设置的前景色保存在面板中。将色块拖曳到“删除色板”按钮🗑上，即可将其删除。

4.2 绘制图像

在绘制图像时，用“画笔工具”、“橡皮擦工具”和“涂抹工具”等可以绘制出不同的效果。Photoshop中有多种不同功能的画笔类工具，下面分别进行介绍。

本节重点内容

重点内容	说明
画笔工具	绘制各种线条、修改蒙版和通道等
画笔	选择画笔样式和设置笔尖大小等
定义画笔预设	自定义画笔笔尖样式
铅笔工具	绘制硬边线条
橡皮擦工具	擦除图像
涂抹工具	混合图像中的颜色
混合器画笔工具	混合图像和画笔颜色
画笔设置	设置画笔的形状、大小、硬度和间距等属性

4.2.1 画笔工具

使用“画笔工具”（快捷键为B）不仅可以用前景色绘制图形，还可以修改蒙版和通道等。选择不同的笔尖，使用“画笔工具”可以画出传统绘画工具如毛笔、水彩笔、铅笔、粉笔和油画棒等所能呈现的笔迹，其选项栏如图4-12所示。

图4-12

重要参数介绍

◇ **“画笔预设”选取器：** 单击该按钮，将打开“画笔预设”选取器，可以在其中选择笔尖样式，并设置画笔“大小”和“硬度”等，如图4-13所示。此外，使用“画笔工具”时，在画布中单击鼠标右键，也可以调出“画笔预设”选取器。

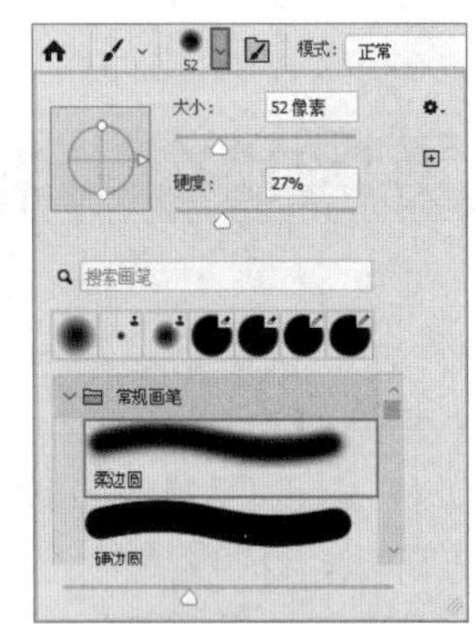

图4-13

◇ **切换“画笔设置”面板：** 单击该按钮，可打开“画笔设置”面板。

◇ **模式：** 在该下拉列表中可以选择画笔笔迹与下层像素的混合模式。

◇ **不透明度：** 用于设置画笔的透明程度。

◇ **流量：** 用于设置颜色的应用速率。在某个区域绘制时，如果一直按住鼠标左键，颜色量将根据应用速率增加，且以设置的“不透明度”值为上限。

◇ **喷枪：** 单击该按钮，可以开启“喷枪”功能。

◇ **平滑：** 用于设置描边的平滑度。

◇ **平滑选项：** 单击该按钮，可以在打开的下拉列表中选择平滑模式，如图4-14所示。

图4-14

◇ **角度：** 用于调整笔尖的角度。

◇ **对称选项：** 单击该按钮，可在打开的下拉列表中选择对称路径选项，如图4-15所示。基于对称路径，可以绘制对称图像。例如，选择“垂直”选项，按Enter键确认，画布中将出现一条垂直的对称路径，如图4-16所示。在路径的一侧绘制线条，另一侧将自动生成对称的线条，如图4-17所示。

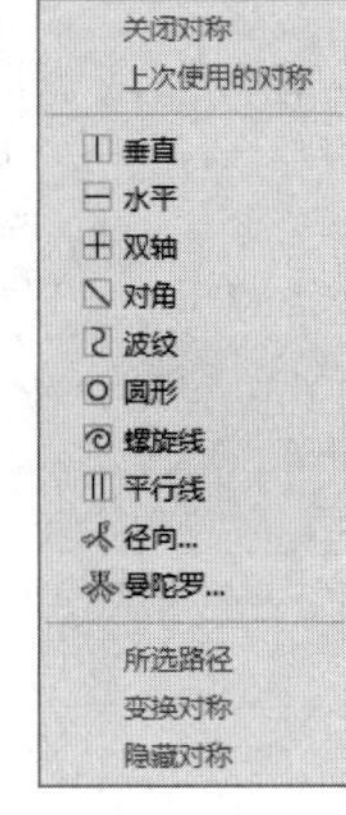

图4-15

图4-16

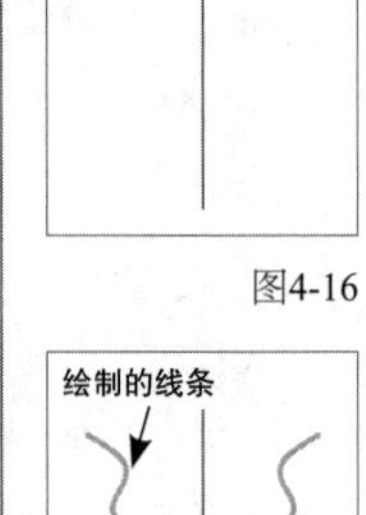

图4-17

1.画笔的使用技巧

在使用“画笔工具”的过程中，有时鼠标指针会变为-¦-形状，此时按Caps Lock键关闭锁定大写功能，鼠标指针即可恢复正常。除此之外，“画笔工具”还有很多使用技巧，这些技巧对其他绘画类工具和修饰类工具均适用。

使用技巧介绍

◇ **调整画笔大小：** 在英文输入法状态下，按[键可以将画笔调小，按]键可以将画笔调大。

◇ **调整画笔硬度：** 按快捷键Shift+[可以减小画笔硬度，按快捷键Shift+]可以增大画笔硬度。

◇ **调整画笔不透明度：** 按数字键可以快速调整画笔的“不透明度”值。例如，按3键，画笔的“不透明度”值变为30%；按7键和8键，画笔的“不透明度”值变为78%；按0键，画笔的“不透明度”值变为100%。

◇ **调整画笔流量：** 其调整方法与“不透明度”值类似，需配合Shift键使用。

◇ **绘制直线段：** 按住Shift键可以绘制出水平、垂直或以45°为增量的直线段。

◇ **设置绘制颜色：** 使用“画笔工具”时，按住Alt键可以将其切换为“吸管工具”，以便直接吸取画布中的颜色作为前景色。

2.画笔样式

执行“窗口”>“画笔”菜单命令，打开“画笔”面板，在该面板中可以选择画笔样式以及设置笔尖大小等，如图4-18所示。

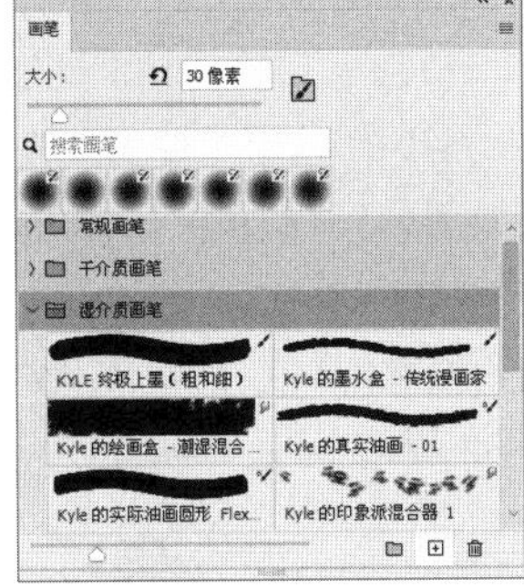

图4-18

单击“画笔”面板右上角的≡按钮，打开面板菜单，执行“旧版画笔”命令，可以载入之前版本的画笔，如图4-19所示。

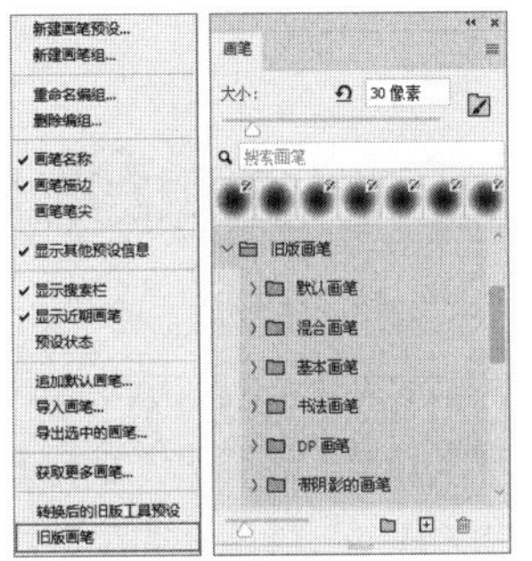

图4-19

知识点：自定义画笔预设

在Photoshop中，还可以将文字、图案等自定义为画笔预设，并将其保存于面板中，便于以后使用。打开需要定义为画笔预设的图案，如图4-20所示。执行“编辑”>“定义画笔预设”菜单命令，在弹出的“画笔名称”对话框中设置名称，单击“确定”按钮(确定)即可将该图案定义成画笔预设，如图4-21所示。

图4-20

图4-21

在“画笔”面板可以找到自定义的画笔，如图4-22所示。选择“画笔工具”，可以直接画出爪印，如图4-23所示。

图4-22 图4-23

课堂案例

制作撞色照片

素材文件 素材文件>CH04>素材01.jpg
实例文件 实例文件>CH04>制作撞色照片.psd
视频名称 制作撞色照片.mp4
学习目标 掌握“画笔工具”的使用方法

本例将使用“**画笔工具**”制作撞色效果，为照片烘托氛围，如图4-24所示。

图4-24

01 按快捷键Ctrl+O打开本书学习资源文件夹中的“**素材文件**”>“**CH04**”>“**素材01.jpg**”文件，如图4-25所示。

图4-25

02 单击“图层”面板下方的“**创建新图层**”按钮，新建一个图层，如图4-26所示。选择“**画笔工具**”，单击按钮，在“**画笔预设**”选取器中选择“**柔边圆**”笔尖，设置“**大小**”为**500像素**，如图4-27所示。

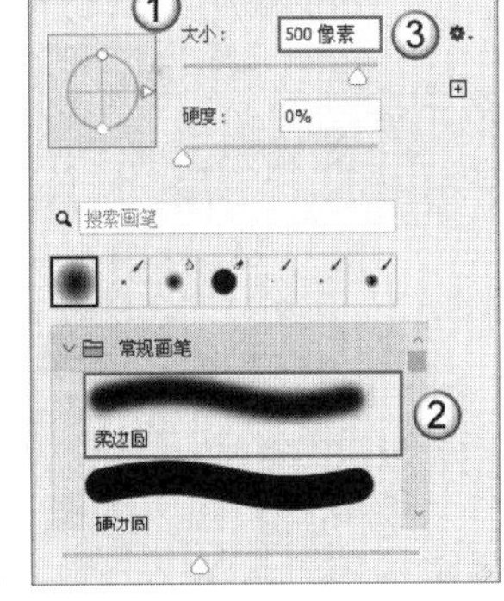

图4-26 图4-27

03 单击工具箱中的**前景色图标**，打开“**拾色器（前景色）**”对话框，拖曳颜色滑块以选取**紫红色**，如图4-28所示。选择“**图层1**”图层，用“**画笔工具**”在画面**左侧涂满颜色**，如图4-29所示。

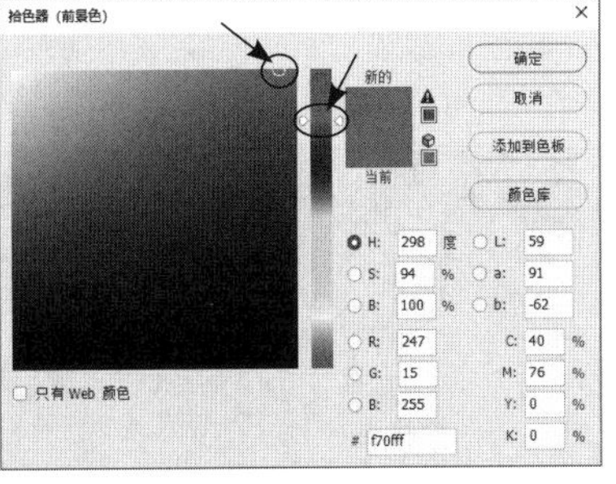

图4-28

图4-29

04 用同样的方法选取**蓝色**作为**前景色**，如图4-30所示。用“**画笔工具**”将颜色**涂满**画面的**右侧**，如图4-31所示。

05 在“图层”面板中设置**混合模式**为“**强光**”，“**不透明度**”为**30%**，如图4-32所示。这样就能得到具有**撞色**效果的照片，如图4-33所示。

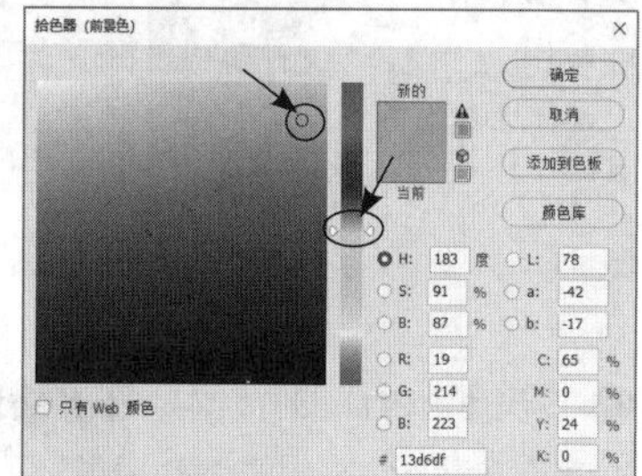

图4-30

图4-31

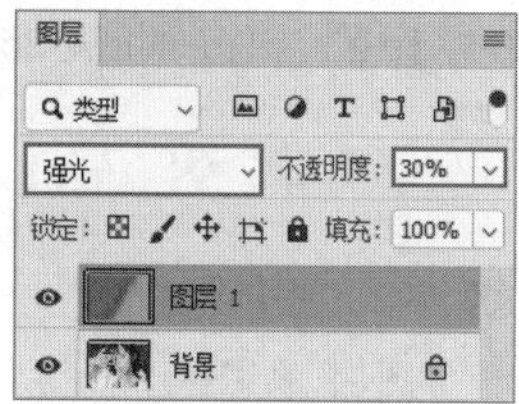

图4-32

图4-33

技巧与提示

使用不同的颜色涂抹可以得到多种效果，读者可以任意搭配颜色，如图4-34所示。

图4-34

4.2.2 铅笔工具

“铅笔工具”的笔迹很“硬”，使用该工具无法绘制出柔边线条，只能绘制出硬边线条。在低分辨率的图像中，使用“铅笔工具”绘制的线条会有很清晰的锯齿，因而实际设计中较少使用该工具。该工具适用于绘制像素画，如图4-35所示。

图4-35

4.2.3 橡皮擦工具

使用“橡皮擦工具”（快捷键为E）可以擦除图像，将其变为背景色或透明状态。如果选择的是“背景”图层或者是被锁定透明像素的图层，擦除的像素会变成背景色；如果选择的是普通图层，擦除的像素会变成透明状态，如图4-36所示。

图4-36

在选项栏中选择“画笔”模式，可以擦出柔边或硬边效果；选择“铅笔”模式，可以擦出硬边效果；选择“块”模式，可以擦出块状效果，如图4-37所示。

图4-37

知识点：用擦除类工具抠图

“背景橡皮擦工具”是一种智能橡皮擦，使用该工具可以自动识别对象边缘。按住Alt键吸取背景色，然后擦除背景，擦除后设置一个白色背景观察效果，可以看到毛发边缘还有残留的背景色，如图4-38所示。

图4-38

“魔术橡皮擦工具”的使用方法很简单，只需要单击需擦除的区域即可，Photoshop会自动删除与单击处颜色相似的像素。使用该工具进行擦除，观察擦除的效果，可以看到毛发边缘还有残留的背景色，如图4-39所示。

图4-39

从上面的效果可以看出，使用“背景橡皮擦工具”和“魔术橡皮擦工具”抠图对图像的要求较高，即背景不能太复杂，而且精度不高。在合成图像或者设计封面、网页等时，可以先用这两个工具快速制作图像小样，以便决定是否需要仔细抠图。

4.2.4 涂抹工具

使用“涂抹工具”可以模拟出手指划过颜料的痕迹，该工具的选项栏如图4-40所示。

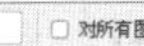
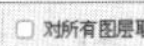

图4-40

重要参数介绍

◇ **模式：** 可以在该下拉列表中选择绘画模式，包含“变亮”“变暗”“颜色”等绘画模式。

◇ **强度：** 用于设置涂抹强度。

◇ **手指绘画：** 取消勾选该选项，将使用单击处的颜色进行涂抹，拖曳鼠标便会出现涂抹效果。勾选该选项，将使用前景色进行涂抹，如图4-41所示。

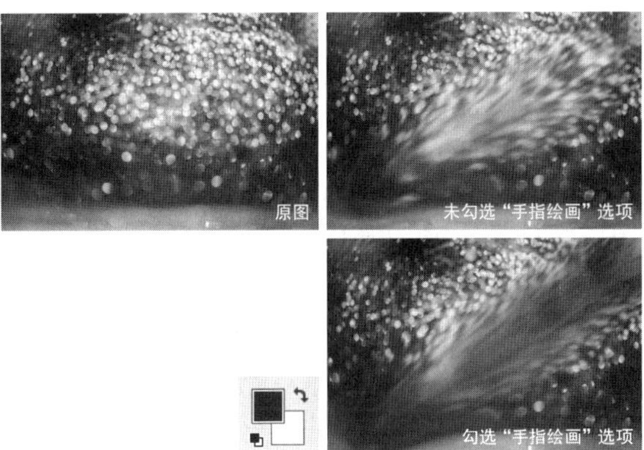

图4-41

4.2.5 混合器画笔工具

使用“混合器画笔工具”可以混合图像和画笔颜色，并且能模拟出不同湿度的颜料所产生的绘画痕迹。该工具的选项栏如图4-42所示。

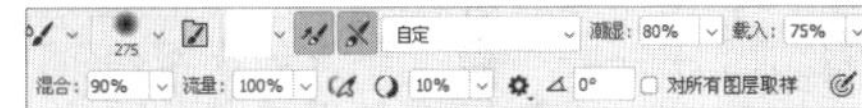

图4-42

重要参数介绍

◇ **当前画笔载入：** 单击该按钮，会弹出一个下拉列表，如图4-43所示。默认勾选“只载入纯色”选项，按住Alt键并在图像中单击，会拾取单击处的颜色；取消勾选“只载入纯色”选项，按住Alt键并在图像中单击，会拾取单击处的图像，如图4-44所示。拾取后选择“载入画笔”选项，即可将颜色或图案设置为画笔样式。选择“清理画笔”选项，可以清除储槽（按钮左侧的色块）中的颜色。

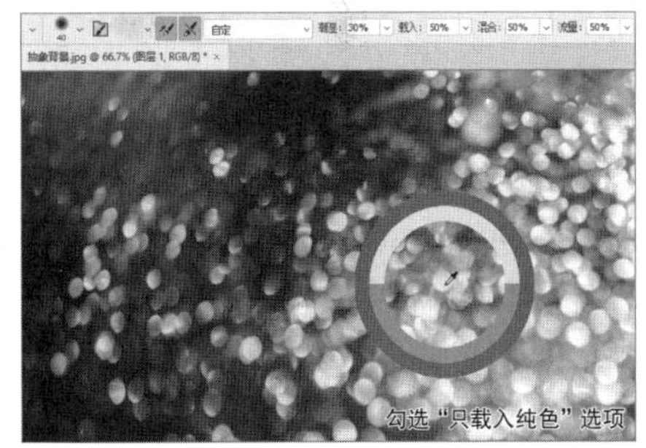

图4-43 图4-44

◇ **每次描边后载入画笔**：单击该按钮，之后的每一笔均使用储槽中的颜色或图案进行涂抹。

◇ **每次描边后清理画笔**：单击该按钮，之后涂抹每一笔后会自动清空储槽。

◇ **自定**：在该下拉列表中可选择一种预设，如图4-45所示，以模拟不同湿度的颜料产生的绘画痕迹。

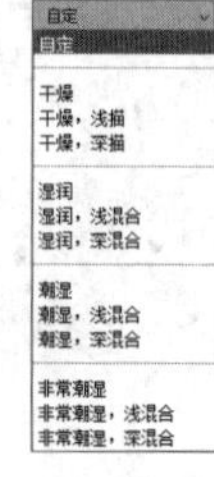

图4-45

4.2.6 设置画笔

在绘制图像时，通过“画笔设置”面板可以设置画笔笔尖样式、大小和硬度等参数。下面讲解一下常用的选项。

1.笔尖形状

执行“窗口”>“画笔设置”菜单命令（快捷键为F5），或者单击“画笔工具”选项栏中的按钮，即可打开“画笔设置”面板，如图4-46所示。

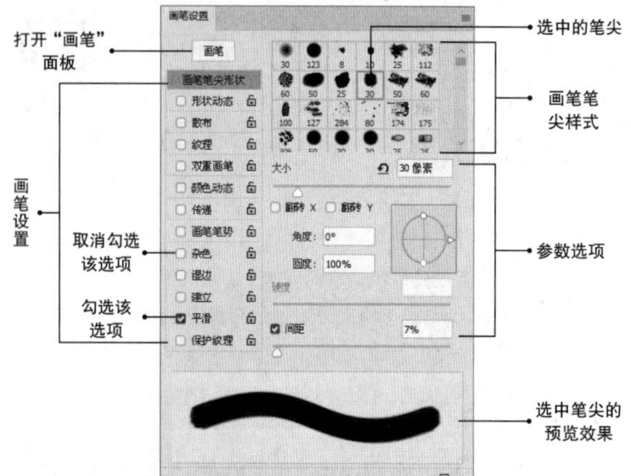

图4-46

重要参数介绍

◇ **大小**：用于设置画笔的大小，范围为1～5000像素。

◇ **翻转X/翻转Y**：勾选该选项，可以使笔迹沿x轴（水平方向）或y轴（垂直方向）翻转，如图4-47所示。

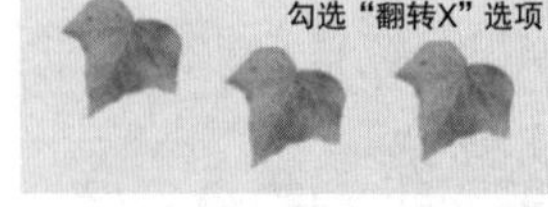

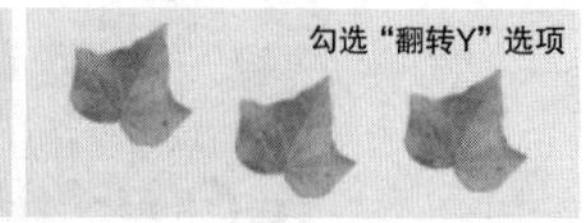

图4-47

◇ **角度**：用于设置笔迹的旋转角度。可在文本框中输入数值，或者拖曳三角形图标进行调整，如图4-48所示。

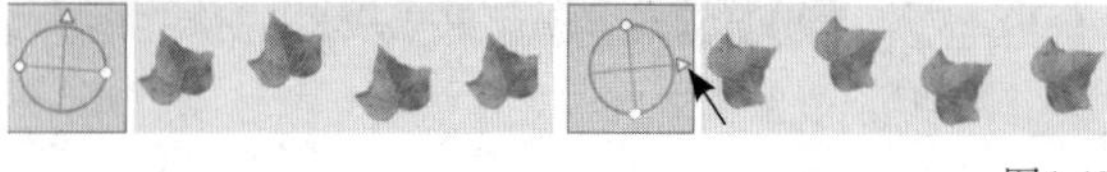

图4-48

◇ **圆度**：用于设置笔迹长轴和短轴之间的百分比。可在文本框中输入数值，或者拖曳控制点进行调整，如图4-49所示。

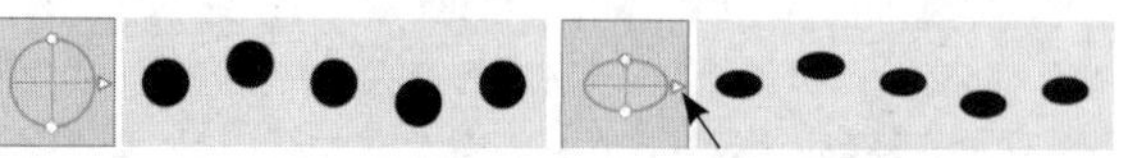

图4-49

◇ **硬度**：用于设置笔迹边缘的柔化程度。

◇ **间距**：用于设置两个笔迹之间的距离，数值越大，间距越大，如图4-50所示。

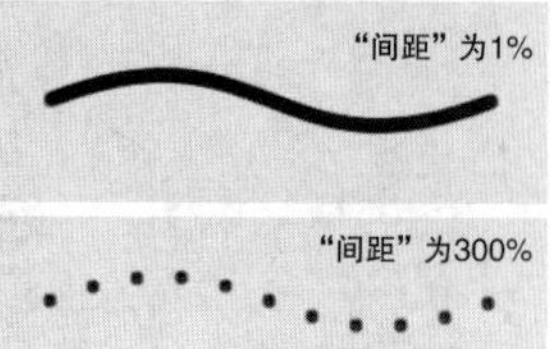

图4-50

2.形状动态

勾选“画笔设置”面板中的“形状动态”选项，可以设置画笔笔迹的动态变化，使画笔的大小、角度和圆度等产生随机变化的效果，如图4-51所示。

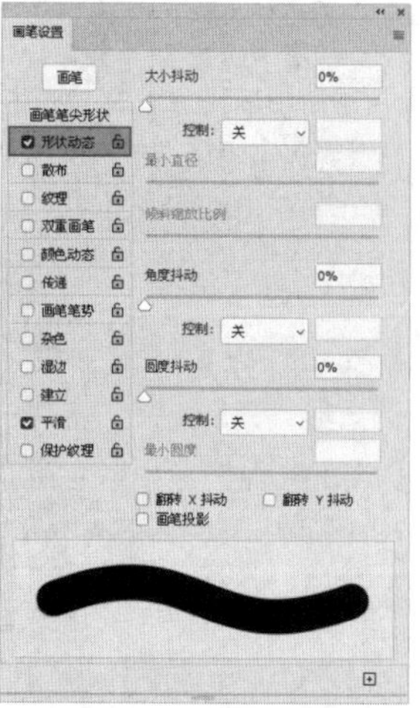

图4-51

重要参数介绍

◇ **大小抖动**：用于设置画笔笔迹的改变方式。该值越大，轮廓越不规则，如图4-52所示。在“控制”下拉列表中可以更改抖动的方式，如图4-53所示。

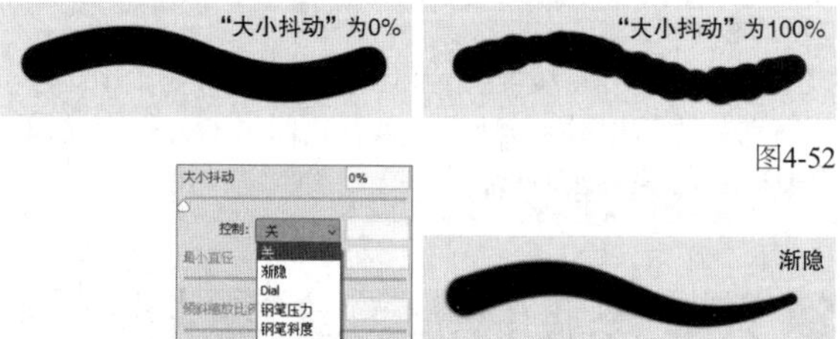

图4-52

图4-53

◇ **最小直径**：设置“大小抖动”后，通过该选项可以设置画笔笔迹缩放的最小百分比。该值越大，笔迹的直径变化越小。

◇ **角度抖动**：用于设置画笔笔迹的角度变化，如图4-54所示。

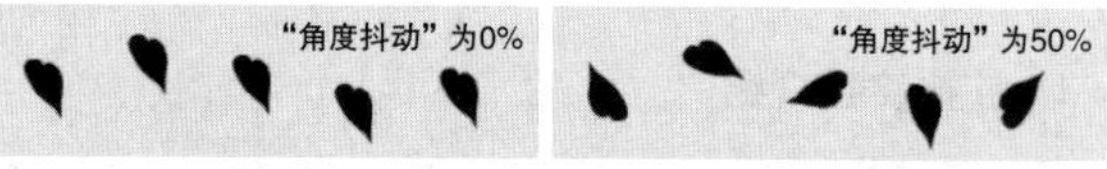

图4-54

◇ **圆度抖动**：用于设置画笔笔迹的圆度变化，如图4-55所示。

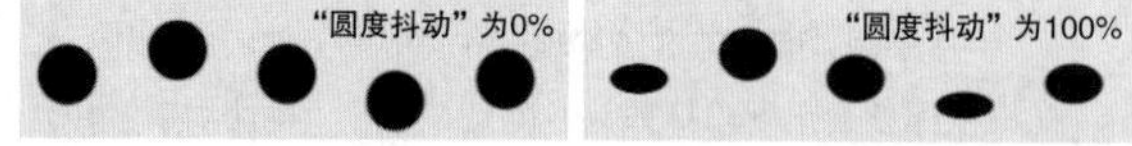

图4-55

◇ **最小圆度：** 用于设置画笔笔迹圆度的变化范围。

◇ **画笔投影：** 可通过画笔的压力与角度改变笔迹效果，仅在使用压感笔绘制时生效。

3.散布

勾选“散布”选项，调整笔迹的数量和位置，可使绘制的笔迹散开，如图4-56所示。

重要参数介绍

◇ **散布：** 用于设置画笔笔迹的分散程度。当勾选“两轴”选项时，画笔笔迹将根据绘制的轨迹径向分布，如图4-57所示。

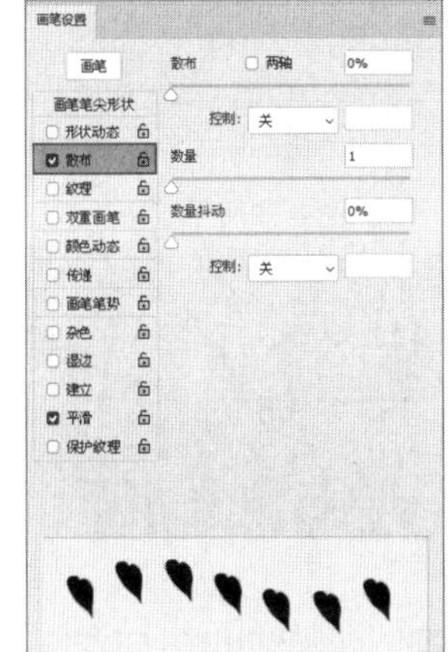

图4-56

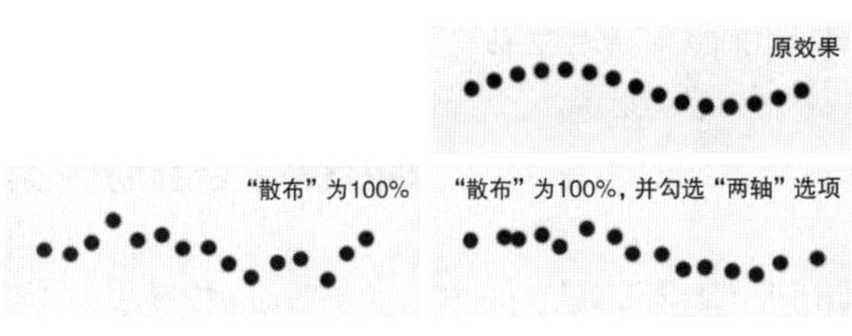

图4-57

◇ **数量：** 用于设置每个间隔应用的画笔笔迹数量，如图4-58所示。

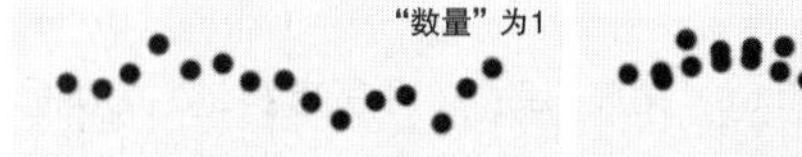

图4-58

◇ **数量抖动：** 用于设置笔迹数量的随机性。

4.纹理

勾选“纹理”选项，可以为笔迹添加纹理效果，单击图案缩览图右侧的按钮，可以在打开的列表中选择纹理图案，如图4-59所示。

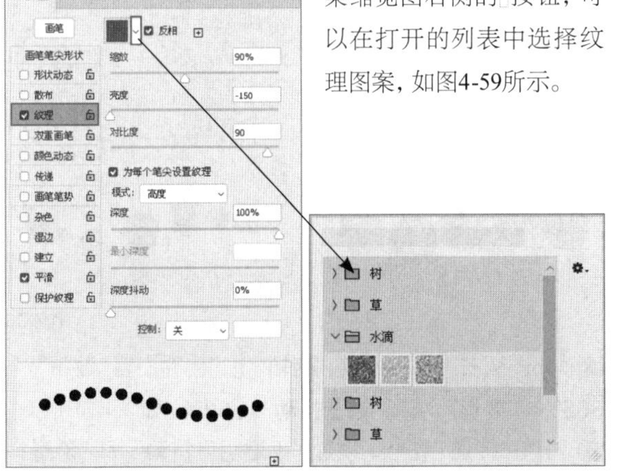

图4-59

重要参数介绍

◇ **反相：** 在设置纹理后，勾选此选项，可以基于图案中的色调来反转纹理中的亮点和暗点。

◇ **缩放：** 用于设置图案的缩放比例，如图4-60所示。

图4-60

◇ **亮度/对比度：** 分别用于设置纹理的亮度和对比度。

◇ **为每个笔尖设置纹理：** 勾选该选项，可以让每一个笔迹都发生变化，在反复涂抹一个区域时效果比较明显，如图4-61所示。取消勾选该选项，可以绘制出无缝衔接的画笔图案，如图4-62所示。

图4-61

图4-62

◇ **模式：** 在该下拉列表中可以设置纹理与笔迹的混合模式。

5.双重画笔

勾选“双重画笔”选项，可以为画笔选择两种笔尖，以绘制出两种笔尖的混合效果。使用时需要在“画笔笔尖形状”选项卡中设置一个笔尖，如图4-63所示，然后在“双重画笔”选项卡中设置另一个笔尖，如图4-64所示。

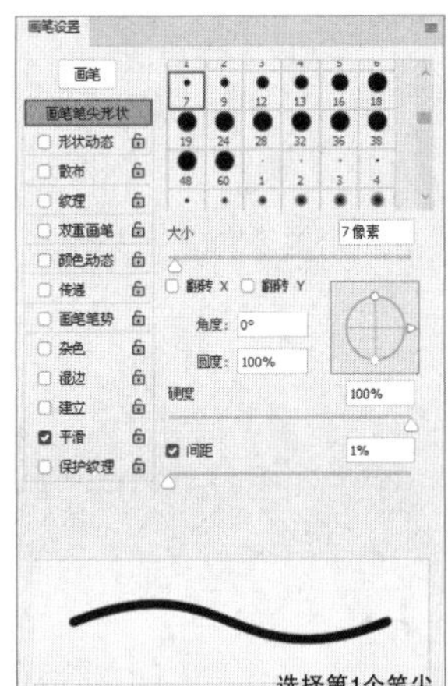

图4-63

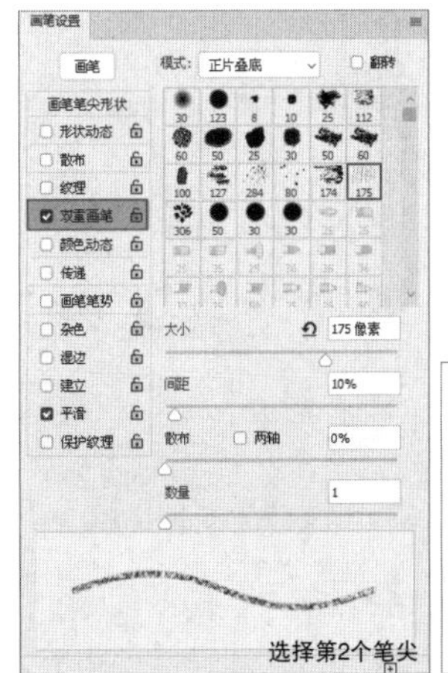

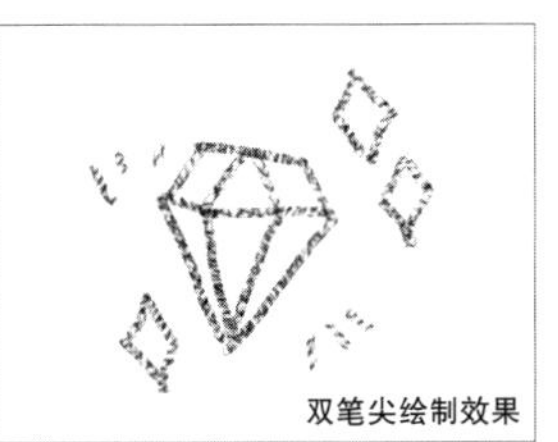

图4-64

6.颜色动态

勾选“颜色动态”选项，通过设置相关选项可以使绘制的线条产生颜色、饱和度或亮度的变化，如图4-65所示。

重要参数介绍

◇ **前景/背景抖动：** 用于设置前景色和背景色之间的变化。

◇ **色相抖动/饱和度抖动/亮度抖动：** 分别用于设置颜色色相、饱和度和亮度的变化范围。

◇ **纯度：** 用于设置颜色的纯度。

◇ **应用每笔尖：** 用于控制笔迹的变化。勾选该选项，绘制时可以使一次笔迹中的每个笔尖的图像都发生变化，如图4-66所示。取消勾选该选项，绘制完一次，笔尖图像才会变化，如图4-67所示。

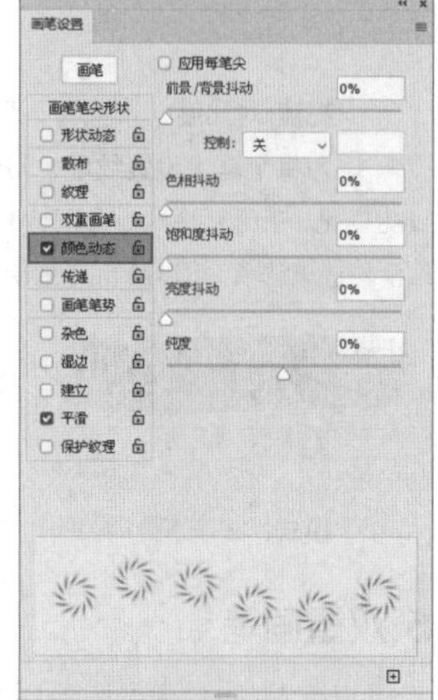

图4-65

图4-66

图4-67

7.传递

勾选“传递”选项，可以通过设置相关选项控制油彩在笔迹中的改变方式，如图4-68所示。设置相关选项后，笔迹将发生变化，如图4-69所示。

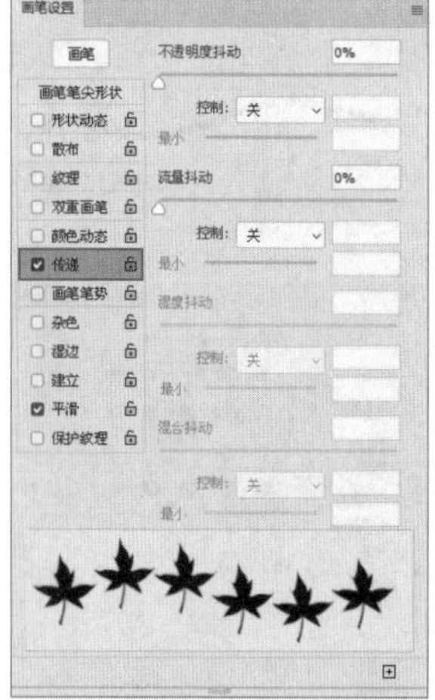

图4-68

原笔尖　　设置“传递”相关选项后

图4-69

课堂案例

制作光斑效果

素材文件	素材文件>CH04>素材02.jpg
实例文件	实例文件>CH04>制作光斑效果.psd
视频名称	制作光斑效果.mp4
学习目标	掌握使用“画笔设置”面板修改笔尖的方法

本例将使用“**画笔工具**”绘制绚丽多彩的**光斑**效果，如图4-70所示。

图4-70

01 按快捷键**Ctrl+O**打开本书学习资源文件夹中的“**素材文件**”>“**CH04**”>“**素材02.jpg**”文件，如图4-71所示。

图4-71

02 选择“**画笔工具**”并单击选项栏中的按钮，打开“**画笔设置**”面板，在“**画笔笔尖形状**”选项卡中选择**硬边圆**笔尖，设置“**大小**”为**123像素**，“**间距**”为**109%**，如图4-72所示。

03 勾选“**形状动态**”选项，设置“**大小抖动**”为**100%**，“**最小直径**”为**26%**，“**角度抖动**”和“**圆度抖动**”为**0%**，如图4-73所示。

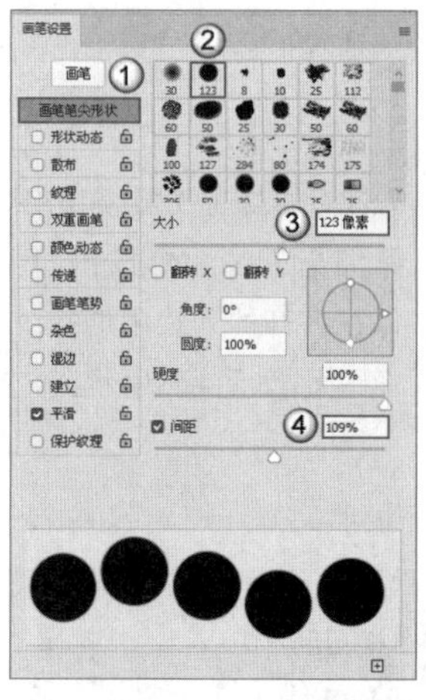

图4-72

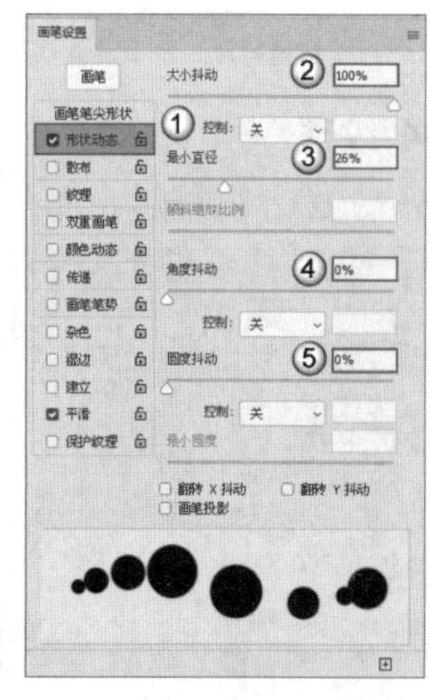

图4-73

04 勾选“**散布**”选项，勾选“**两轴**”选项，并设置“**散布**”为**605%**，“**数量**”为**2**，“**数量抖动**”为**60%**，如图4-74所示。

05 勾选“**传递**”选项，设置“**不透明度抖动**”和“**流量抖动**”为**50%**，如图4-75所示。

图4-74

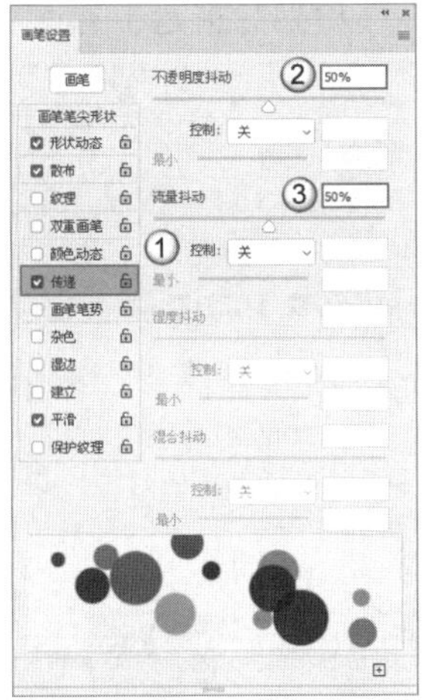

图4-75

06 单击“图层”面板下方的“**创建新图层**”按钮，新建一个**空白**图层，然后按**D键**恢复**默认**的前景色与背景色，接着按快捷键**Alt+Delete**用**前景色**填充该图层，并设置**混合模式**为“**颜色减淡**”，如图4-76所示。

07 按**X键**切换前景色与背景色，然后用“**画笔工具**”在人物两侧绘制一些**光斑**，效果如图4-77所示。

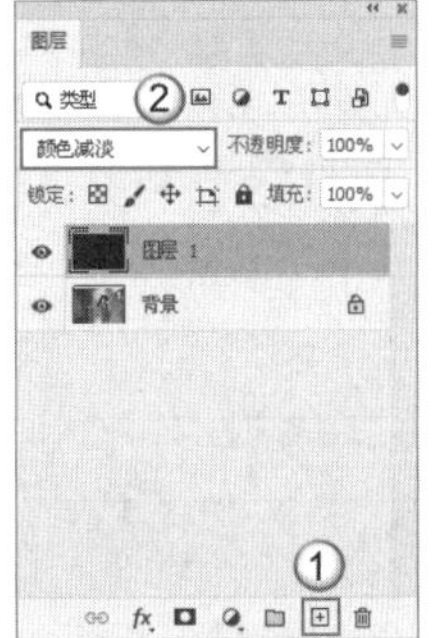

图4-76

图4-77

技巧与提示

在绘制过程中，可通过按[键和]键调整笔尖大小；按E键切换为“橡皮擦工具”，以擦除不满意的地方；按B键切换为“画笔工具”，继续绘制。

08 执行“**滤镜**”>“**模糊**”>“**高斯模糊**”菜单命令，在弹出的“**高斯模糊**”对话框中设置“**半径**”为**6.0像素**，单击“**确定**”按钮确认操作，如图4-78所示。效果如图4-79所示。

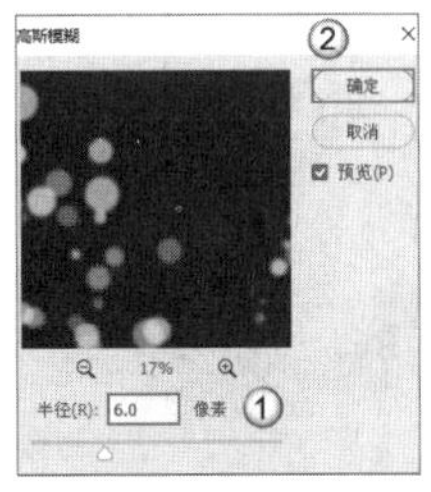

图4-78

图4-79

4.3 填充图案与颜色

在图像、选区、图层蒙版及通道中可以填充纯色、渐变颜色和图案。合理地进行填充，可以设计出丰富多彩的作品。

本节重点内容

重点内容	说明
渐变工具	在画布或选区中填充渐变颜色
填充	填充颜色或图案
定义图案	自定义填充图案
新建填充图层	创建可填充纯色、渐变颜色和图案且便于修改填充内容的图层

4.3.1 渐变工具

“渐变工具”（快捷键为G）的应用十分广泛，使用该工具可以在画布或选区中填充渐变颜色。选择“渐变工具”，其选项栏如图4-80所示。

图4-80

重要参数介绍

◇ **渐变方式**：分为“渐变”和“经典渐变”两个选项。当选择“渐变”选项时，将创建渐变调整图层。当选择“经典渐变”选项时，其选项栏如图4-81所示。单击渐变颜色条，在打开的“渐变编辑器”对话框中可以编辑与保存渐变颜色等，如图4-82所示。

图4-81

图4-82

◇ **选择和管理渐变预设**：单击渐变颜色条，可以在打开的下拉列表中选择预设的渐变颜色，如图4-83所示。

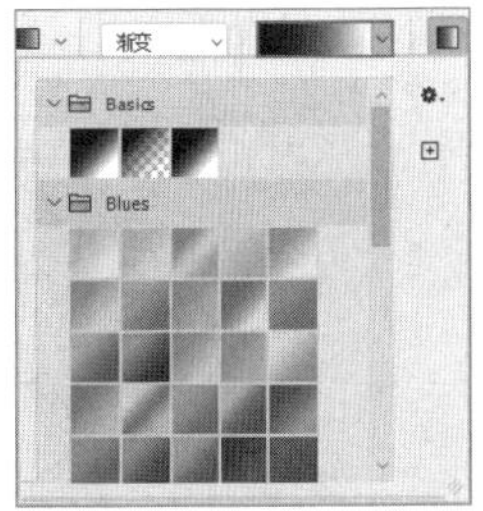

图4-83

◇ **渐变样式**：渐变共有5种样式，对应5个按钮，从左到右依次为“线性渐变”按钮（以线性的方式从起点渐变到终点）、“径向渐变”按钮（以径向的方式从起点渐变到终点）、“角度渐变”按钮（围绕起点以逆时针扫描方式渐变）、“对称渐变”按钮（在起点的两侧进行对称的线性渐变）和“菱形渐变”按钮（从菱形图案的中心向外渐变到顶点）。单击按钮，即可创建相应样式的渐变，5种渐变样式如图4-84所示。

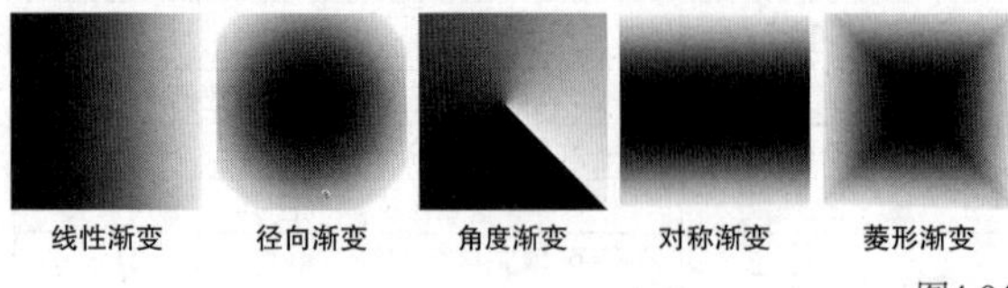

图4-84

◇ **反向**：勾选该选项，可以转换渐变中的颜色顺序，得到反方向的渐变结果。

◇ **仿色**：勾选该选项，可以使渐变效果更加平滑。

◇ **方法**：用于设置渐变填充的方法，包含“可感知”“线性”“古典”3个选项。

选择“渐变工具”，在画布上拖曳鼠标即可绘制渐变效果，此时会出现渐变控件，如图4-85所示。该渐变包含几个颜色，就存在几个色标。当鼠标指针变为形状时，单击即可添加色标，如图4-86所示。双击色标打开“拾色器”对话框或者在色标上按住鼠标右键，可以修改色标颜色，如图4-87所示。如果想删除色标，可以将其拖曳到渐变控件外。

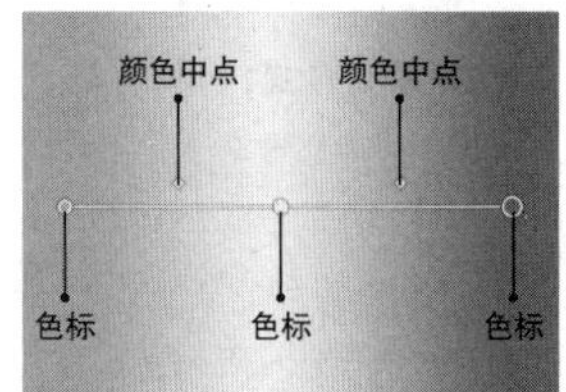

图4-85

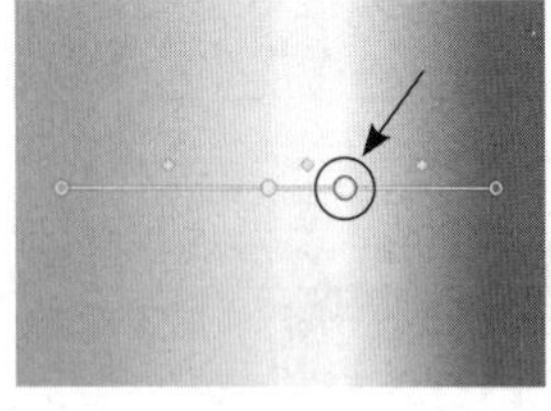

图4-86

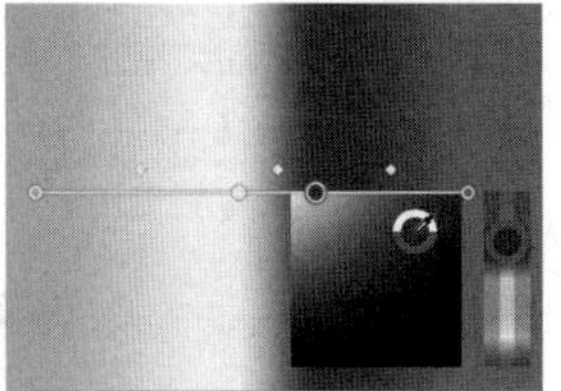

图4-87

使用渐变控件可以调整渐变的颜色和方向等。拖曳色标即可调整色标的位置，如图4-88所示。可在渐变控件上自由移动色标与色标之间的颜色中点，以控制颜色的过渡，如图4-89所示。

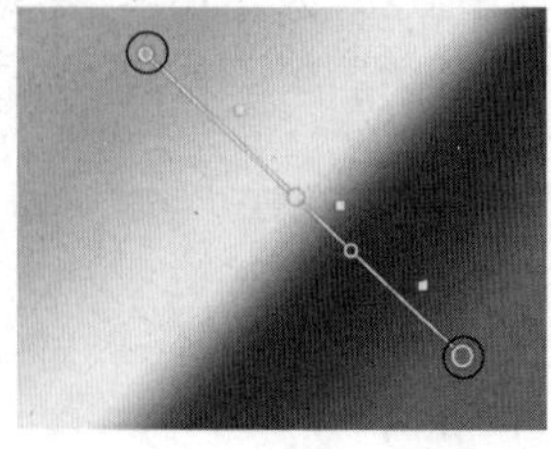

图4-88

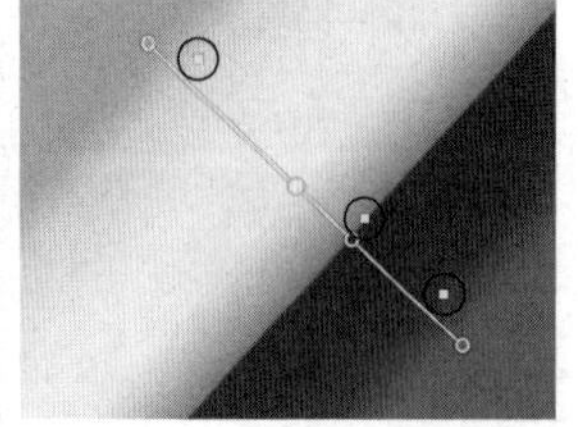

图4-89

如果想创建带有透明度的渐变，可以执行“窗口”>“属性”菜单命令，打开“属性”面板，然后选中需要调整的色标，并降低它的“不透明度”值，如图4-90所示。此外，在“属性”面板中还可以设置渐变的样式、角度和缩放等参数，也可以用同样的方法调整渐变控件上的色标和颜色中点。

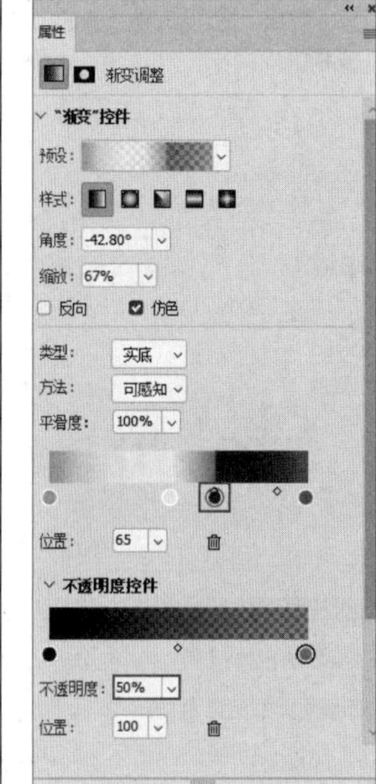

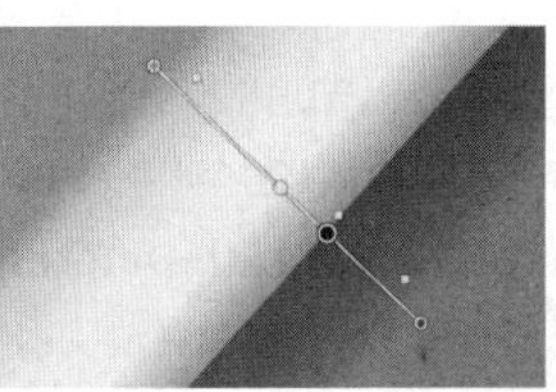

图4-90

技巧与提示

在“属性”面板中选择一个色标，单击“删除色标”按钮或者将它拖曳至渐变控件外，即可将其删除。

课堂案例

制作水果促销广告

素材文件	素材文件>CH04>素材03-1.png、素材03-2.png
实例文件	实例文件>CH04>制作水果促销广告.psd
视频名称	制作水果促销广告.mp4
学习目标	掌握使用“渐变工具”和“画笔工具”绘制背景的方法

本例将使用“**渐变工具**”和“**画笔工具**”绘制背景，制作水果促销广告，如图4-91所示。

图4-91

01 按快捷键**Ctrl+N**打开“**新建文档**”对话框，设置“**宽度**”为**1200像素**，“**高度**”为**1920像素**，“**分辨率**”为**72像素/英寸**，“**颜色模式**”为“**RGB颜色**”，“**背景内容**”为**白色**，单击“**创建**”按钮，如图4-92所示。选择“**渐变工具**”，在选项栏中选择“**渐变**”选项，并单击“**线性渐变**”按钮，然后沿**水平**方向绘制渐变，如图4-93所示。

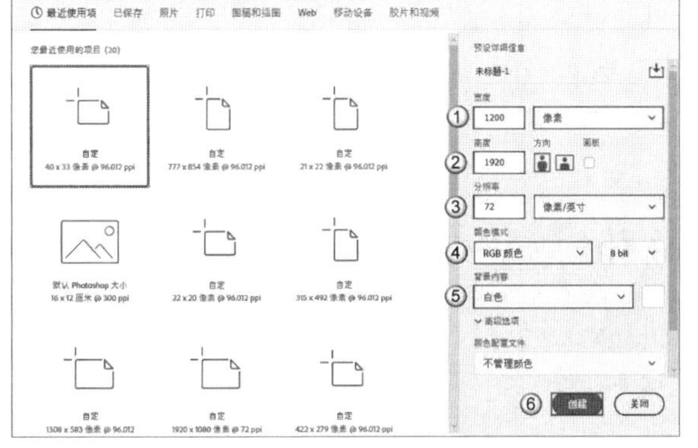

图4-92

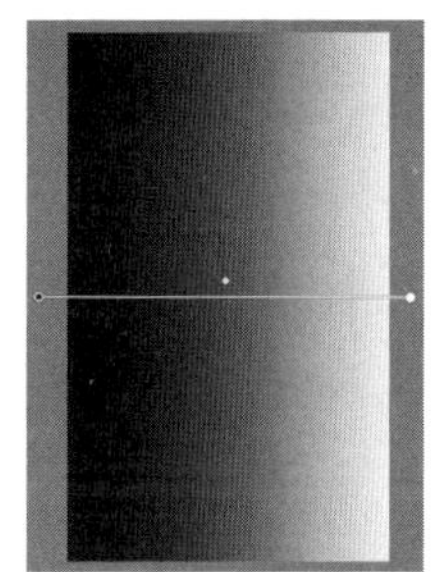

图4-93

02 **双击**渐变控件两侧的色标，在打开的“**拾色器**”对话框中将它们调整为**橙色**，如图4-94所示。将鼠标指针移到渐变控件上，当鼠标指针变为**形状**时，**单击**以添加色标并将其调整为**浅黄色(R:255,G:238,B:163)**，如图4-95所示。

03 单击“图层”面板底部的“**创建新图层**”按钮，在当前图层上方新建一个**空白**图层。选择“**矩形选框工具**”，在画布下方创建一个矩形选区，如图4-96所示。设置前景色为**浅橘色(R:255,G:216,B:136)**，然后按快捷键**Alt+Delete**填充选区，接着按快捷键**Ctrl+D**取消选区，如图4-97所示。

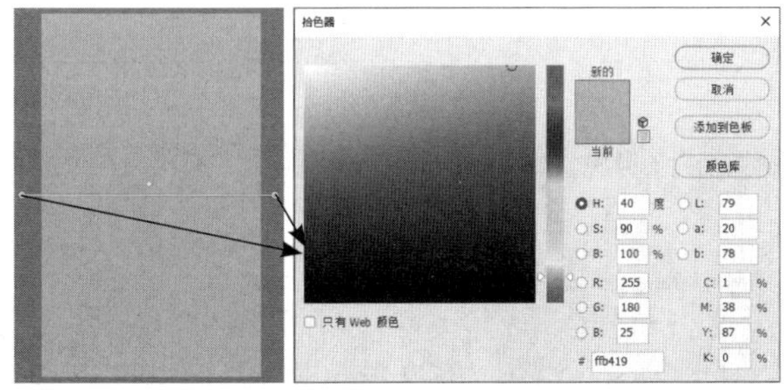

图4-94

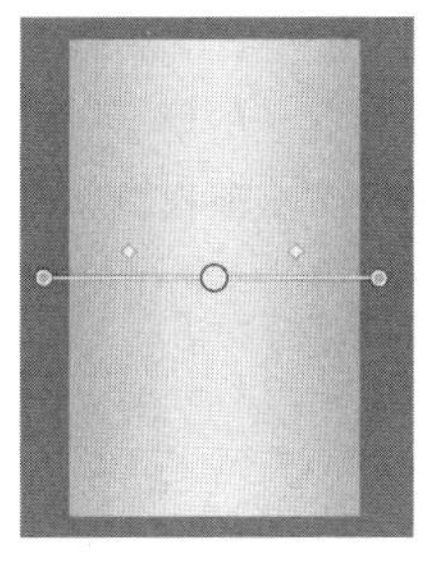

图4-95 图4-96 图4-97

04 按快捷键**Ctrl+J**复制图层，然后按快捷键**Ctrl+T**打开定界框，接着单击鼠标右键，在弹出的菜单中选择“**扭曲**”命令。分别调整**4个角**上的**控制点**，调整后的形状如图4-98所示。按**Enter键**确认操作。

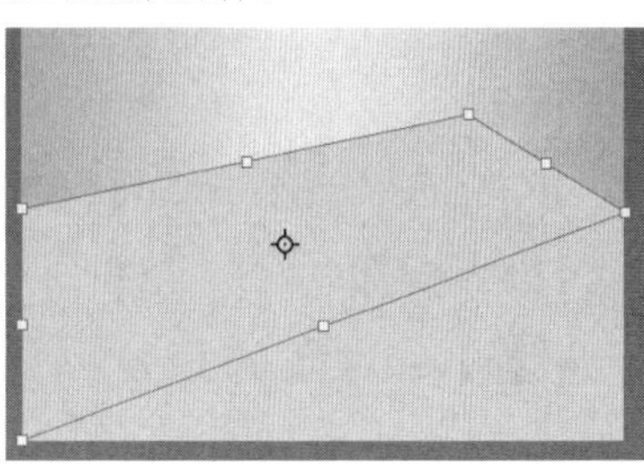

图4-98

05 选中“**图层1 拷贝**”和“**图层1**”图层，并将其转换为**智能对象**，然后在其**上方**新建一个图层，接着执行“**图层**”>“**创建剪贴蒙版**”菜单命令，将“**图层1**”图层设为“**图层1 拷贝**”的剪贴蒙版，如图4-99所示。选择“**画笔工具**”，在“画笔预设”选取器中选择“**柔边圆**”笔尖，设置“**大小**”为**200像素**，在“**图层1**”图层中绘制一些**亮黄色(R:255,G:240,B:167)**，绘制过程中注意调整画笔的“**不透明度**”，使绘制的效果过渡均匀，如图4-100所示。

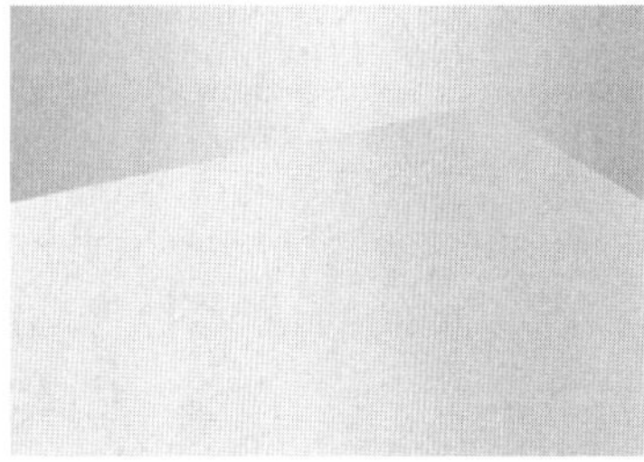

图4-99 图4-100

06 将学习资源文件夹“**素材文件**”>“**CH03**”中的“**素材03-1. png**”文件拖曳至文档窗口中，等比放大一些并摆放到合适的位置，如图4-101所示。

图4-101

07 在“**素材03-1**”图层下方新建图层，并使用**深棕色(R:78,G:52,B:48)**的画笔画出水果和盘子的阴影，如图4-102所示。执行“**滤镜**”>“**模糊**”>“**高斯模糊**”菜单命令，打开“**高斯模糊**”对话框，设置“**半径**”为**20.8像素**，如图4-103所示。

图4-102

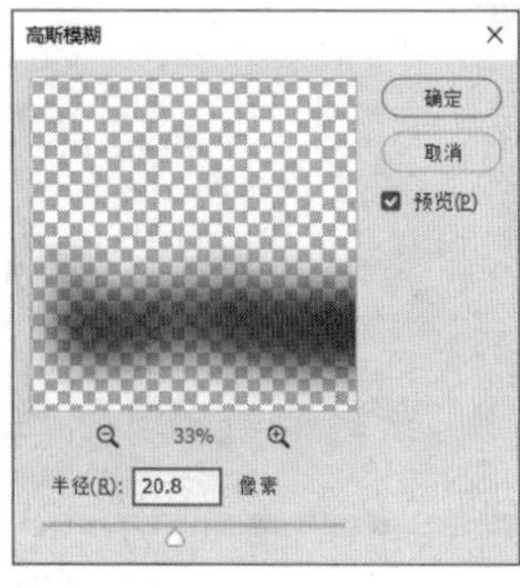

图4-103

08 选择“**横排文字工具**”T，在画布中单击并输入“**FRUIT**”，然后设置字体为“**思源黑体 CN**”，字体样式为**Heavy**，文字大小为**348点**，字体间距为**100**，“颜色”为**白色**，如图4-104所示。接着选择“**移动工具**”，将**文字**拖曳到**画布上方**，如图4-105所示。

09 将“**素材03-2.png**”文件拖曳至文档窗口中，**等比缩小**一些并摆放到合适的位置，效果如图4-106所示。

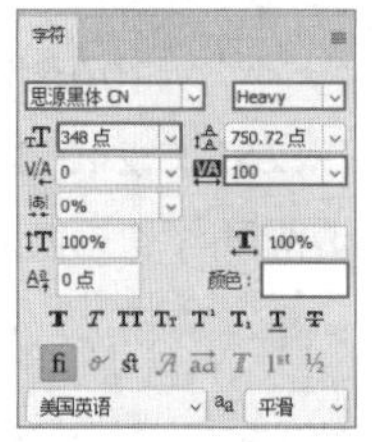

图4-104

图4-105

图4-106

4.3.2 填充图案

使用“填充”命令可以将颜色或图案填充到当前图层或选区中。执行“编辑”>“填充”菜单命令（快捷键为Shift+F5），可以在打开的“填充”对话框中进行设置，如图4-107所示。

图4-107

技巧与提示

使用“图案图章工具”可以直接用Photoshop中的预设图案或自定义图案进行绘制。勾选选项栏中的“对齐”选项，可以使多次绘制的图案保持连续；取消勾选“对齐”选项，则每次绘制时将重新应用图案，如图4-108所示。勾选选项栏中的“印象派效果”选项，可以模拟出印象派绘画效果，如图4-109所示。

勾选“对齐”选项

取消勾选“对齐”选项

图4-108　图4-109

重要参数介绍

◇ **内容**：在该下拉列表中可以选择填充的内容，包括“前景色”“图案”“内容识别”等，如图4-110所示。其中“内容识别”是一种智能的填充方式，通过自动识别将填充颜色与周围颜色混合，使它们自然融合。例如，使用“对象选择工具”选取人物及其倒影，并执行“选择”>“修改”>“扩展”菜单命令，使选区包含周围颜色，然后进行“内容识别”填充，选区内的图像将被自动抹除和填充，如图4-111所示。

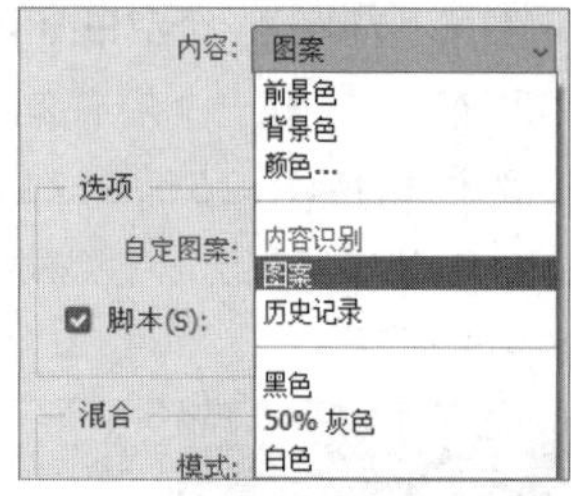

图4-110

创建选区

进行“内容识别”填充

图4-111

◇ **模式：** 用于设置填充内容的混合模式。

◇ **不透明度：** 用于设置填充内容的不透明度。

◇ **保留透明区域：** 勾选该选项，只填充图层中的像素区域，不会影响透明区域。

知识点：自定义填充图案

填充时可以使用预设的图案，也可以根据需求自定义图案。在Photoshop中打开需要自定义的图案（需要去除背景，否则填充时图案将含有背景色），如图4-112所示。执行“编辑”>“定义图案”菜单命令，打开“图案名称”对话框，为图案取个名称，然后单击“确定”按钮即可自定义一个图案，如图4-113所示。

图4-112

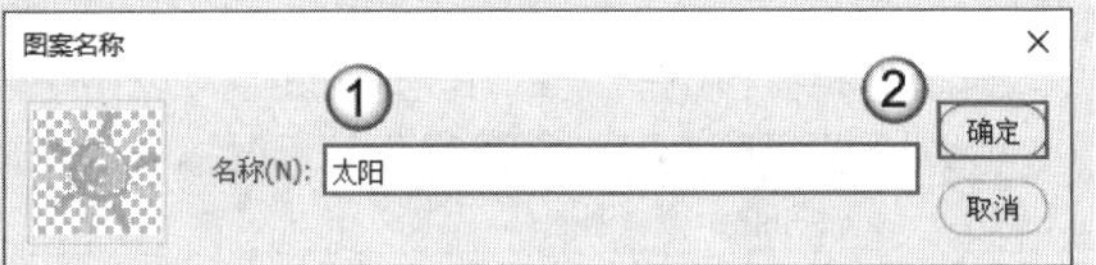

图4-113

执行“编辑”>“填充”菜单命令，打开“填充”对话框，设置“内容”为“图案”，在“自定图案”下拉列表中可以选择自定义的图案，如图4-114所示。

勾选“脚本”选项，在其右侧的下拉列表中可以选择图案的分布方式，如图4-115所示。单击“确定”按钮，在弹出的对话框中可以设置填充图案的缩放比例、间距和随机性等，如图4-116所示。

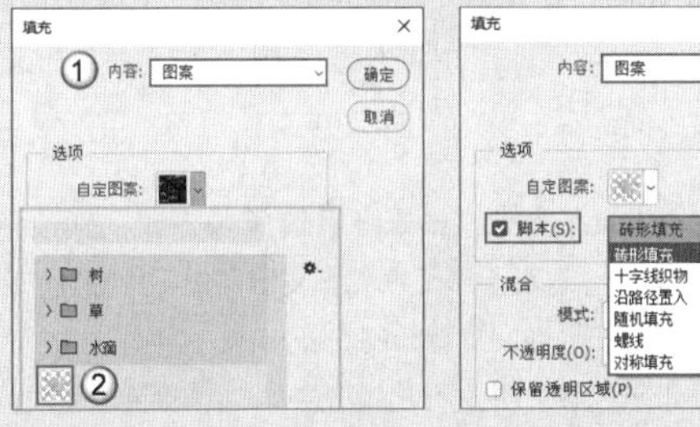

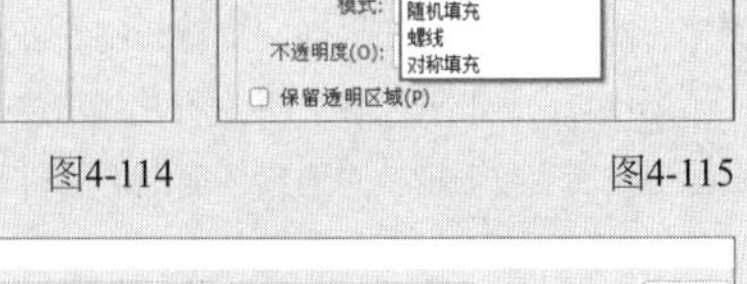

图4-114　图4-115

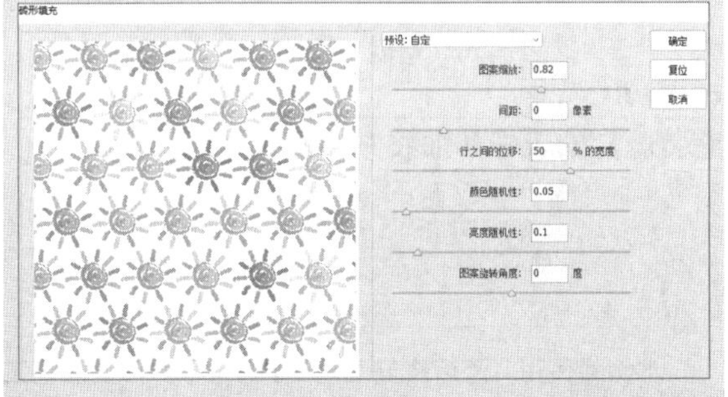

图4-116

4.3.3 填充图层

填充图层是一种便于修改填充内容的特殊图层，用于填充纯色、渐变颜色和图案。它不仅兼备常规图层的属性，还自带图层蒙版。执行“图层”>“新建填充图层”子菜单中的命令，如图4-117所示，或者单击“图层”面板底部的按钮，可以用相应的方式创建填充图层。

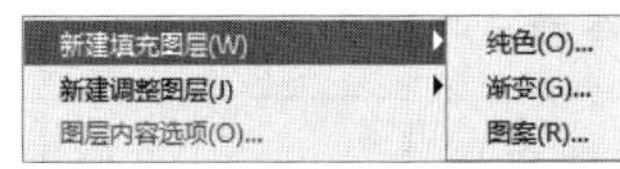

图4-117

例如，执行“图层”>“新建填充图层”>“渐变”菜单命令，在打开的“新建图层”对话框中可以设置填充图层的名称、颜色和模式等，确认操作后会打开“渐变填充”对话框，在其中可以对渐变颜色的相关参数进行设置，如图4-118所示。单击“确定”按钮，会生成一个新的填充图层，如图4-119所示。之后双击填充图层的图层缩览图，可以随时对其进行调整。

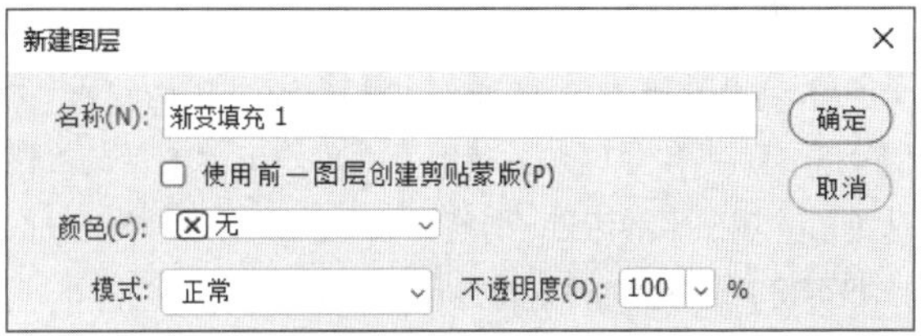

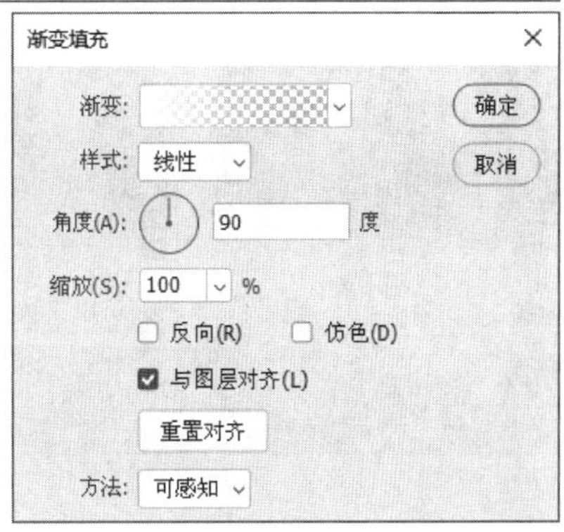

图4-118

图4-119

4.4 修饰图像瑕疵

使用Photoshop中的图像修复类工具可以轻松地修复图像，掩盖其缺陷和瑕疵，并使修复区域与其他区域的光影匹配，使修复区域更好地融入画面中。下面对图像修复类工具进行介绍。

本节重点内容

重点内容	说明
污点修复画笔工具	通过自动识别快速地去除图片中的瑕疵
修复画笔工具	通过取样修复图片中的瑕疵
移除工具	通过涂抹快速、轻松地移除路人、杂物或瑕疵
修补工具	使用图像中的像素替换选区中的内容
内容感知移动工具	移动或复制图像中的内容
仿制图章工具	复制图像局部
内容识别填充	去除图像中的内容，并自动填充

4.4.1 污点修复画笔工具

"污点修复画笔工具"（快捷键为J）用于修复图像时会自动从所修复区域的周围取样。使用该工具可以快速地去除图像中的污点、划痕等瑕疵，在污点处单击或拖曳即可将其去除，如图4-120所示。

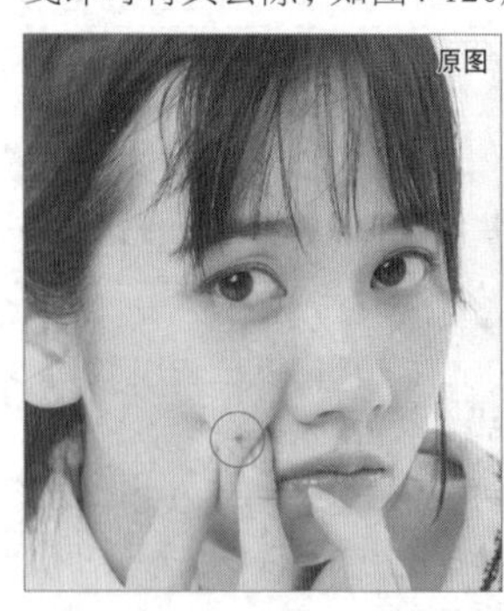

图4-120

选择"污点修复画笔工具"，其选项栏如图4-121所示。

模式：正常 类型：内容识别 创建纹理 近似匹配 对所有图层取样 0°

图4-121

重要参数介绍

◇ **模式：**用于设置修复图像时的混合模式。除了常用的混合模式，还包含一个"替换"模式，使用该模式可以保留画笔边缘的杂色和纹理。

◇ **类型：**用于设置源取样的类型。一般默认选择"内容识别"选项，选择该选项可以用画笔边缘的像素进行修复；选择"创建纹理"选项，可以使用画笔绘制范围内的所有像素创建一个用于修复该区域的纹理；选择"近似匹配"选项，可以用画笔边缘的像素来查找用于修补选定区域的图像区域。

4.4.2 修复画笔工具

"修复画笔工具"与"污点修复画笔工具"的工作原理是相同的，但是它们的使用方法略有不同。在使用"修复画笔工具"之前，需要按住Alt键并单击图像，以设置用于修复像素的源（取样），然后在瑕疵上单击或拖曳即可将其修复。使用该工具可以很好地将取样对象的纹理、光影等与所修复的像素进行匹配，从而使修复后的像素更自然地融入图像，如图4-122所示。

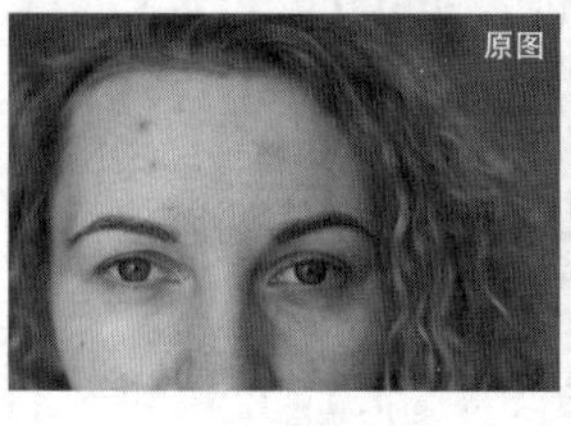

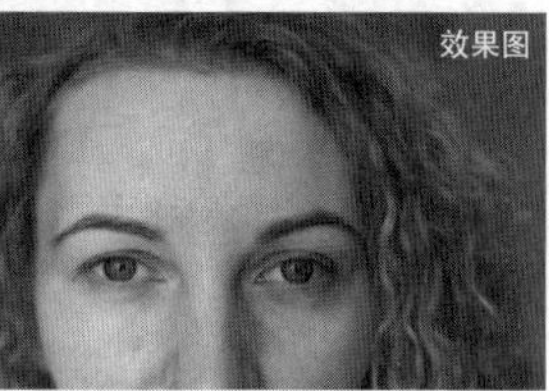

图4-122

选择"修复画笔工具"，其选项栏如图4-123所示。

图4-123

重要参数介绍

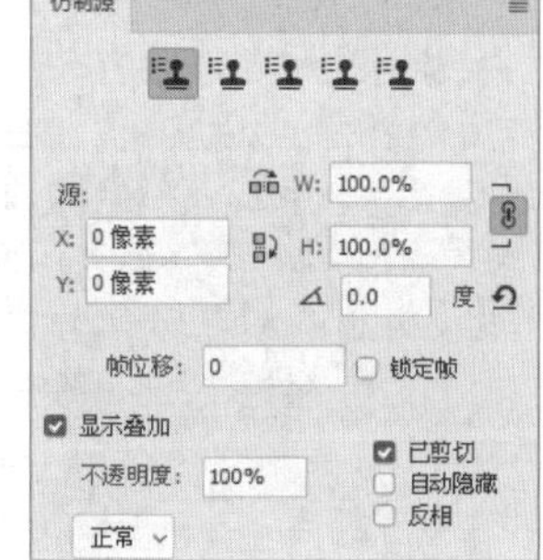

图4-124

◇ **仿制源**：单击该按钮，将打开"仿制源"面板，如图4-124所示。在该面板中可以设置多个仿制源（最多5个），还可以移动、翻转、缩放和旋转新生成的图像。

◇ **源：**用于设置修复像素的来源。选择"取样"选项，可以从图像中进行取样，适用于修复瑕疵和复制图像等。选择"图案"选项，可以选择一种图案进行绘制。

◇ **对齐：**勾选该选项，将进行连续取样，取样点会随着修复位置的变化而变化。取消勾选该选项，将始终以初始点为取样点。

◇ **样本：**用于选择取样的图层。

课堂案例

修复脸部的瑕疵和细纹

素材文件	素材文件>CH04>素材04.jpg
实例文件	实例文件>CH04>修复脸部的瑕疵和细纹.psd
视频名称	修复脸部的瑕疵和细纹.mp4
学习目标	掌握使用"污点修复画笔工具"和"修复画笔工具"修复图像的方法

本例将使用"**污点修复画笔工具**"和"**修复画笔工具**"修复人物脸部的**瑕疵和细纹**，并进行简单的**磨皮**处理，如图4-125所示。

图4-125

01 按快捷键**Ctrl+O**打开本书学习资源文件夹中的“**素材文件**”>“**CH04**”>“**素材04.jpg**”文件，如图4-126所示。创建一个**空白图层**，然后选择“**污点修复画笔工具**”，并勾选“**对所有图层取样**”选项，然后按[**键**和]**键**调整**画笔大小**，接着在一颗痘痘上**单击**即可将其去除，如图4-127所示。

图4-126

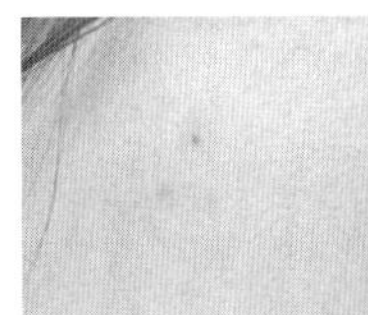

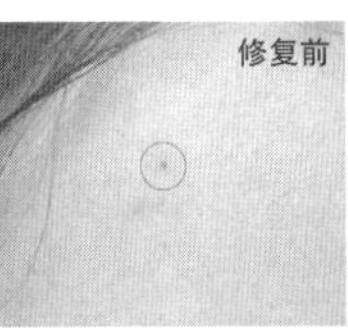

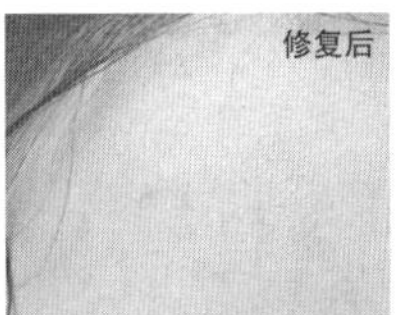

图4-127

02 使用“**污点修复画笔工具**”单击其他的**痘痘**和一些**细小的颗粒**，将这些瑕疵全部去除，如图4-128所示。

03 至于眼睛下方的细纹，不能用默认的画笔设置进行修复。需要设置画笔的“**硬度**”为**0%**，否则修出来的纹理会比较生硬。然后按住鼠标左键并**沿着皱纹拖曳**，如图4-129所示。

图4-128

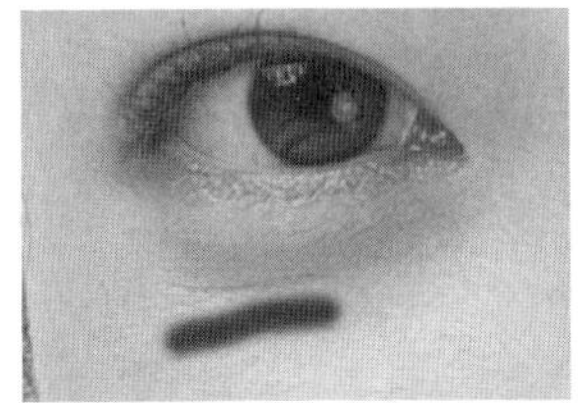

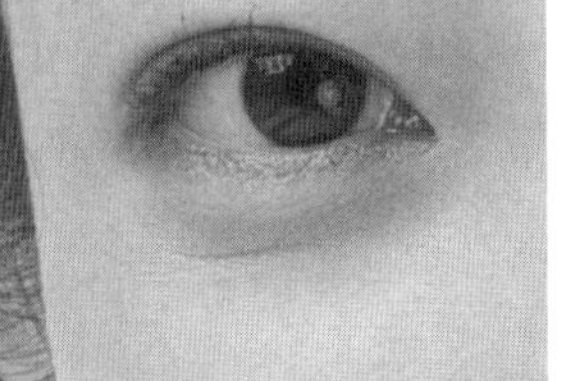

图4-129

04 眼睛下方比较深的皱纹需要用“**修复画笔工具**”进行修复。选择该工具，然后在选项栏中设置“**样本**”为“**所有图层**”。接着**按住Alt键并吸取**皱纹周围的干净像素，如图4-130所示，再**沿着皱纹**拖曳，先去除一部分，如图4-131所示。重复操作，修复其他的部分，效果如图4-132所示。

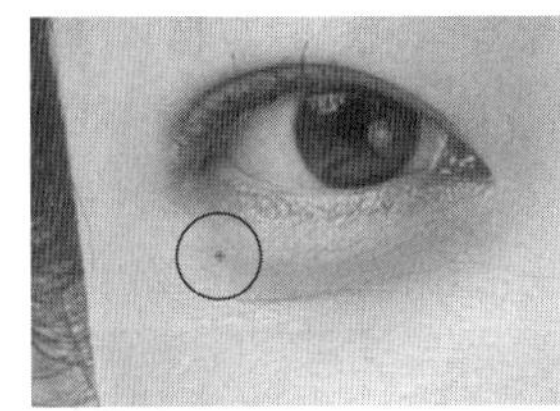

图4-130

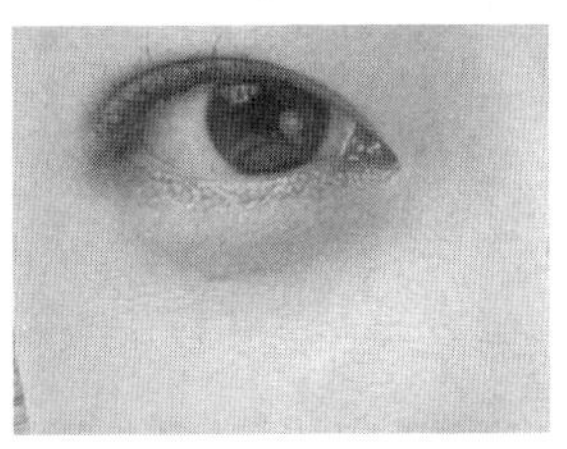

图4-131

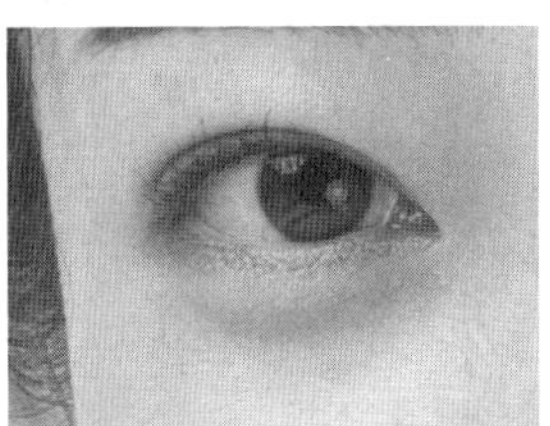

图4-132

05 用同样的方法修复脸上的其他**细纹和瑕疵**，如图4-133和图4-134所示。然后修复一下**脖子上的细纹**，修复后的效果如图4-135所示。

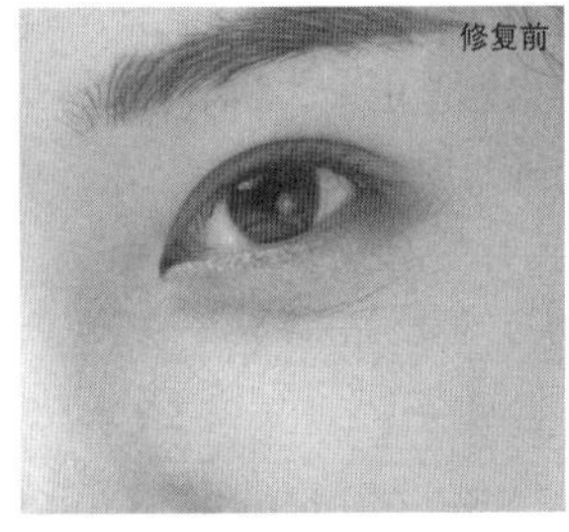

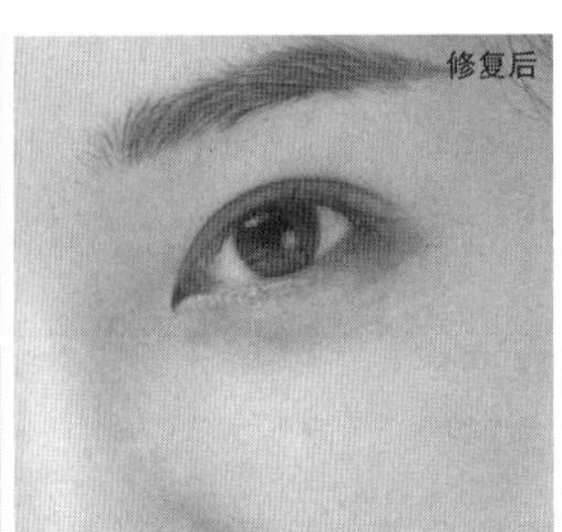

图4-133

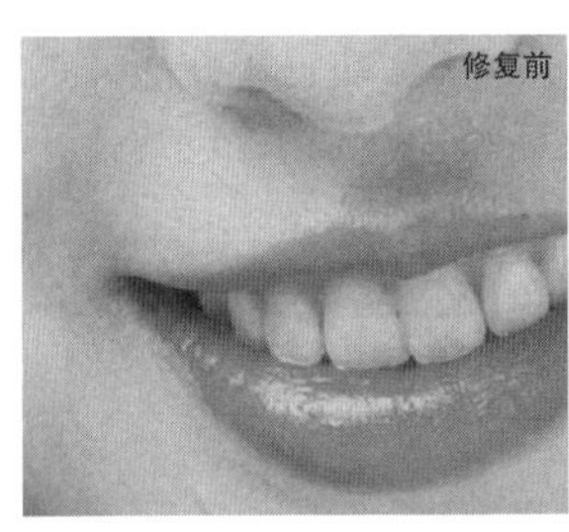

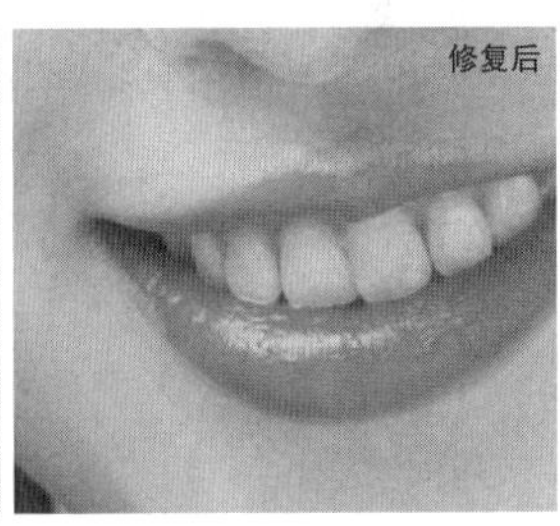

图4-134

图4-135

06 按快捷键**Shift+Ctrl+Alt+E**将所有可见图层**盖印**到一个**新的图层**中，并将其转换为**智能对象**，然后执行“**图像**”>“**调整**”>“**反相**”菜单命令，将图像的**色相**进行**反转**（简单来说就是将**黑色变白色、蓝色变黄色、红色变绿色**），如图4-136所示。接着设置该图层的**混合模式**为“**亮光**”，以锐化人像的轮廓，并增加图像的清晰度，如图4-137所示。

图4-136

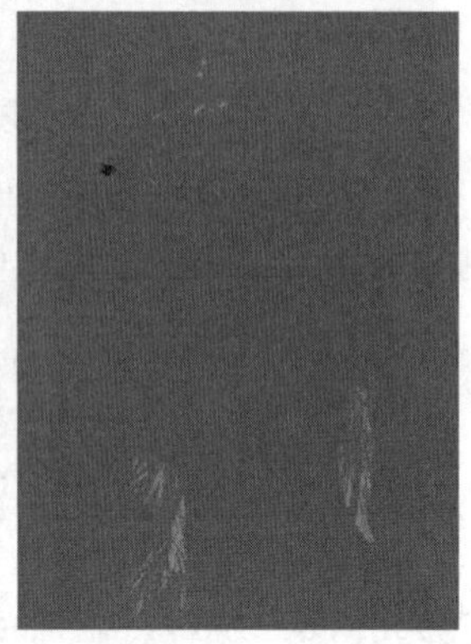

图4-137

07 执行“**滤镜**”>“**其他**”>“**高反差保留**”菜单命令，打开“**高反差保留**”对话框，拖曳“**半径**”滑块，观察画布中的皮肤效果，在**皮肤**变得**平滑时停止**，如图4-138所示。这一步非常关键，过小的值会导致皮肤产生大块色斑，过大会丢失细节。

图4-138

技巧与提示

本例使用的磨皮方法为高反差保留法，该方法会保留图像中反差比较大的部分（对比较强的部分会保留下来，而其他部分会变成中性灰），例如人物的轮廓，以及眼睛、嘴唇、头发等，还会保留皮肤的质感和纹理细节。

08 执行“**滤镜**”>“**模糊**”>“**高斯模糊**”菜单命令，打开“**高斯模糊**”对话框，拖曳“**半径**”滑块，观察画布中的皮肤效果，在皮肤出现比较**细腻的纹理细节时停止**，如图4-139所示。这一步也非常关键，过小的值会导致细节丢失，过大的值又会让皮肤接近原始效果，模糊效果不明显。

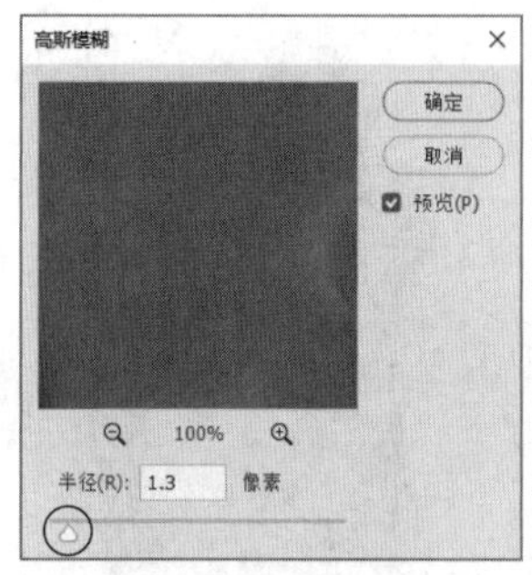

图4-139

09 **按住Alt键并单击**“图层”面板中的“**添加图层蒙版**”按钮，为“**图层2**”添加一个**黑色**的**图层蒙版**，如图4-140所示。

10 设置**前景色**为**白色**，然后选择“**画笔工具**”，选择“**柔边圆**”画笔，并设置“**大小**”为**100像素**，“**不透明度**”为**60%**，“**流量**”为**80%**。用**白色的画笔**在皮肤上涂抹（也就是进行**磨皮**），注意避开**眼睛、嘴巴和牙齿**，完成后的效果如图4-141所示。

图4-140

图4-141

课堂练习

去除地毯上的污渍

素材文件	素材文件>CH04>素材05.jpg
实例文件	实例文件>CH04>去除地毯上的污渍.psd
视频名称	去除地毯上的污渍.mp4
学习目标	掌握使用“污点修复画笔工具”去除瑕疵的方法

本练习的目标是使用“**污点修复画笔工具**”去除地毯上的污渍，如图4-142所示。

图4-142

4.4.3 移除工具

使用“移除工具”可以快速、轻松地移除路人、杂物或瑕疵等，只需要像使用“画笔工具”一样涂抹或者像使用“套索工具”一样圈选需要移除的对象（覆盖的区域应略大于要移除的对象），Photoshop就会自动去除对象并填充背景，如图4-143所示。

图4-143

如果要移除大面积或复杂区域，需要进行多次涂抹，此时可以取消勾选选项栏中的“每次笔触后移除”选项，涂抹完成后单击 确定 按钮或按Enter键即可进行移除，如图4-144所示。

图4-144

4.4.4 修补工具

使用“修补工具”需要用选区（选区用“套索工具”创建）来限定修补范围，拖曳选区内的图像至合适的位置，即可用该位置的像素替换图像中的内容。选择选项栏中的“源”选项，将选区内的图像拖曳到目标区域后，原选区中的图像将被目标区域的内容所替换，如图4-145所示。选择选项栏中的“目标”选项，将选区内的图像拖曳到目标区域后，目标区域将生成原选区中的内容，如图4-146所示。

图4-145

图4-146

4.4.5 内容感知移动工具

“内容感知移动工具”的功能与“修补工具”相同，但是其复制图像的效果更好，可以使图像与较简单的背景融合得更好。选择选项栏中的“移动”模式，将创建的选区内的图像拖曳到其他位置后，会切换到自由变换模式（可以对图像进行自由变换调整）。调整后按Enter键确认操作，如图4-147所示。选择选项栏中的“扩展”模式，将创建的选区内的图像拖曳到其他位置，可以复制图像，如图4-148所示。操作完成后，按快捷键Ctrl+D取消选区。

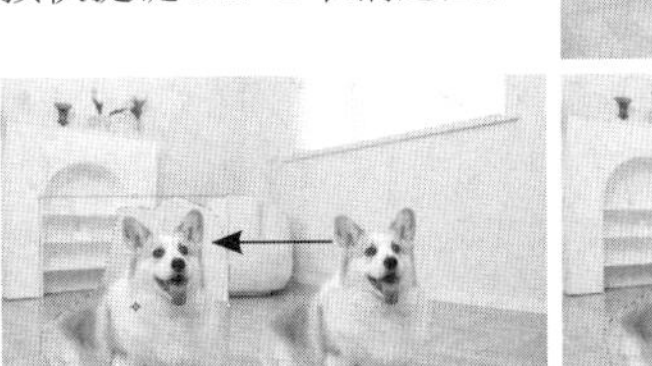

图4-147

图4-148

4.4.6 仿制图章工具

使用“仿制图章工具”（快捷键为S）可以复制局部图像，然后将其粘贴到相同图层或其他图层中，也可以将其粘贴到其他文档中。通过这个功能，可以修复图像中的瑕疵或者复制图像，如图4-149所示。该工具的使用方法与“修复画笔工具”相同，但是新生成的图像不会与原图像自动融合。

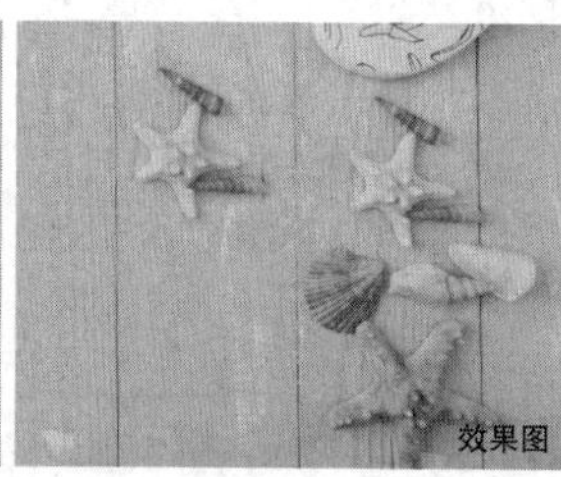

图4-149

在使用“仿制图章工具”之前，需要按住Alt键并单击图像进行取样。完成取样后松开Alt键，在需要修改的位置拖曳鼠标。此时，画面中会出现一个十字形的标记，该标记所对应的图像即要涂抹出的图像，如图4-150所示。

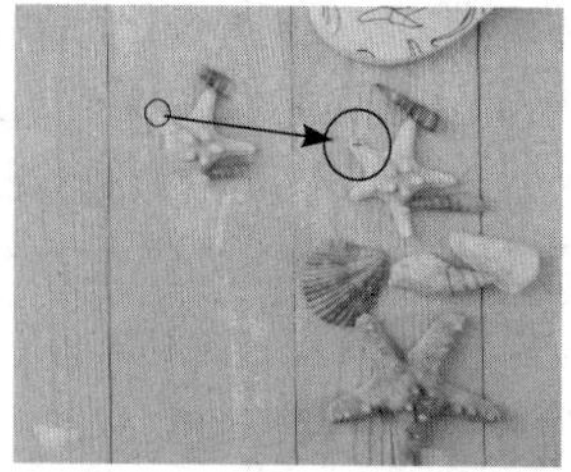

图4-150

技巧与提示

在使用“污点修复画笔工具”、“修复画笔工具”、“内容感知移动工具”和“仿制图章工具”时，均可以对所有图层进行取样。修复图像时可以创建新图层，这样便可以将复制的图像粘贴到新图层中，以达到保护原始图像的目的。“修补工具”只支持在当前图层中绘制，操作之前可以复制图层，以避免原始图像被破坏。

4.4.7 内容识别填充

使用“内容识别填充”功能也可以对局部图像进行处理，例如去除多余的内容，如图4-151所示。

图4-151

该功能的原理与“填充”对话框中的“内容识别”功能是相同的，但是使用“内容识别填充”功能可以用指定的像素对选区进行修复。两个功能的操作方法是相似的，先创建多余内容的选区，如图4-152所示，执行“编辑”>“内容识别填充”菜单命令，进入内容识别填充工作区，在“预览”面板中可以观察填充后的效果，如图4-153所示。

图4-152

图4-153

工作区中显示的绿色区域为取样区域，使用“取样画笔工具”可以添加或减去取样区域，如图4-154所示。“预览”面板中会实时显示填充后的效果。

图4-154

4.5 处理局部图像

使用“模糊工具”和“锐化工具”可以对局部图像进行模糊和锐化处理，使用“减淡工具”、“加深工具”和“海绵工具”可以改变局部图像的亮度和颜色的饱和度等。

本节重点内容

重点内容	说明
模糊工具	使图像中的某个区域变模糊
锐化工具	使图像中的某个区域变清晰
减淡工具	使图像中的某个区域变亮
加深工具	使图像中的某个区域变暗
海绵工具	改变图像中某个区域颜色的饱和度

4.5.1 模糊工具与锐化工具

使用“模糊工具”可以柔化边缘或者减少图像中的细节。在某个区域上涂抹的次数越多，该区域就越模糊，如图4-155所示。

图4-155

“锐化工具”与“模糊工具”的作用相反，该工具用以增强图像中相邻像素的对比度，从而提升图像的清晰度，如图4-156所示。

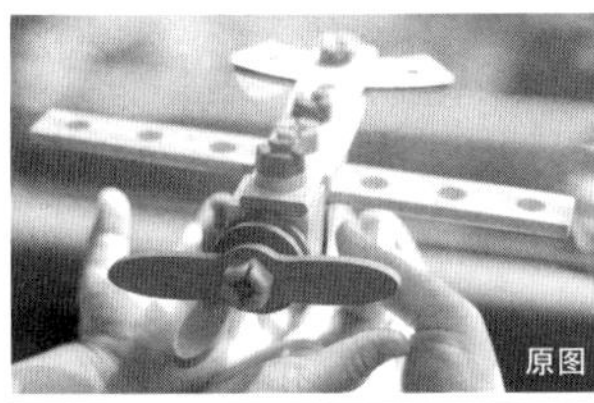

图4-156

技巧与提示

按住Alt键，可以在“锐化工具”与“模糊工具”之间进行切换。

4.5.2 减淡工具与加深工具

使用“减淡工具”可以快速提亮图像中的某区域。按住鼠标左键不放，在图像中需要提亮的区域反复涂抹即可得到所需的效果。在选项栏中可以设置要修改的范围，包含“阴影”“中间调”“高光”3个选项。设置不同的范围并涂抹图像中相同的区域，会得到不同的效果，如图4-157所示。

图4-157

“加深工具”的作用与“减淡工具”相反，该工具用以快速降低图像某个区域的亮度，如图4-158所示。按住Alt键，可以在这两个工具之间进行切换。

图4-158

技巧与提示

在Photoshop中可以将图像分为阴影、中间调和高光3个部分。通俗来讲，阴影就是画面中的暗部，即较黑的区域；中间调就是画面中不太亮也不太暗的区域；高光就是画面中的亮部，即较亮的区域。

4.5.3 海绵工具

使用“海绵工具” 可以改变图像某区域的颜色饱和度，包含“加色”和“去色”两种模式，分别用于提高或降低图像中颜色的饱和度，如图4-159所示。

图4-159

4.6 本章小结与评价

本章主要讲解了选取颜色、绘制图像、填充图案与颜色、修饰图像瑕疵和处理局部图像等内容。读者可通过图4-160所示的思维导图梳理知识脉络，并结合表4-1进行自测，查找学习的薄弱环节，从而更好地掌握本章的知识点。

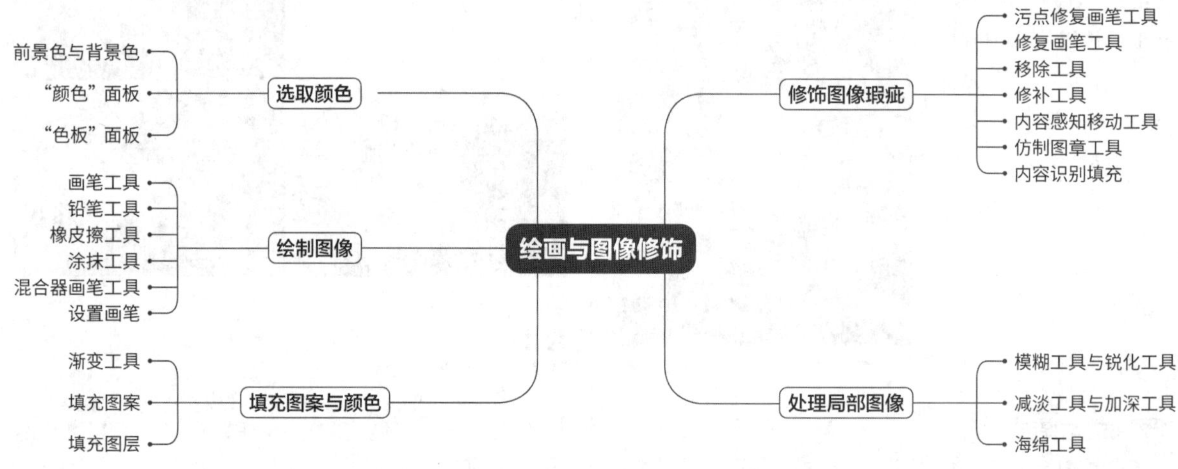

图4-160

自我测评表

表4-1

评价内容	评价标准	掌握程度	自我总结
选取颜色	能够设置前景色与背景色		
	能够使用“吸管工具”选取颜色		
	能够使用“颜色”面板设置颜色		
	能够使用“色板”面板设置颜色		
绘制图像	能够使用“画笔工具”进行绘制，并掌握画笔的使用技巧		
	能够使用“铅笔工具”进行绘制		
	能够使用“橡皮擦工具”擦除图像		
	能够使用擦除类工具抠图		
	能够使用“涂抹工具”进行绘制		
	能够使用“混合器画笔工具”进行绘制		
	能够设置笔尖的样式、大小和硬度等参数		
填充图案与颜色	能够使用“渐变工具”绘制渐变，并对渐变进行编辑		
	能够使用“填充”命令填充颜色或图案		
	能够使用“图层”>“新建填充图层”子菜单中的命令填充纯色、渐变颜色和图案		
修饰图像瑕疵	能够使用“污点修复画笔工具”和“修复画笔工具”修复瑕疵		
	能够使用“移除工具”移除路人、杂物或瑕疵		
	能够使用“修补工具”修补或复制图像		
	能够使用“内容感知移动工具”移动或复制图像		
	能够使用“仿制图章工具”复制局部图像		
	能够使用“内容识别填充”功能处理局部图像		
处理局部图像	能够使用“模糊工具”柔化边缘或者减少图像中的细节		
	能够使用“锐化工具”提升图像的清晰度		
	能够使用“减淡工具”将阴影、中间调或高光提亮		
	能够使用“加深工具”将阴影、中间调或高光加深		
	能够使用“海绵工具”改变图像某区域的颜色饱和度		

4.7 课后习题

根据本章的内容，本节共安排了3个课后习题供读者练习，以帮助读者对本章的知识进行综合运用。

课后习题：为照片增加氛围感

素材文件	素材文件>CH04>素材06.jpg
实例文件	实例文件>CH04>为照片增加氛围感.psd
视频名称	为照片增加氛围感.mp4
学习目标	掌握使用"画笔设置"面板修改笔尖的方法

本习题主要要求读者对"**画笔设置**"面板的使用进行练习，如图4-161所示。

原图

效果图

图4-161

课后习题：制作专属水印

素材文件	素材文件>CH04>素材07-1.psd、素材07-2.jpg
实例文件	实例文件>CH04>制作专属水印.psd
视频名称	制作专属水印.mp4
学习目标	掌握自定义填充图案的方法

本习题主要要求读者对**自定义填充图案**进行练习，如图4-162所示。

原图

效果图

图4-162

课后习题：人物面部磨皮

素材文件	素材文件>CH04>素材08.jpg
实例文件	实例文件>CH04>人物面部磨皮.psd
视频名称	人物面部磨皮.mp4
学习目标	掌握"污点修复画笔工具"的使用方法

本习题主要要求读者对"**污点修复画笔工具**"的使用进行练习，如图4-163所示。

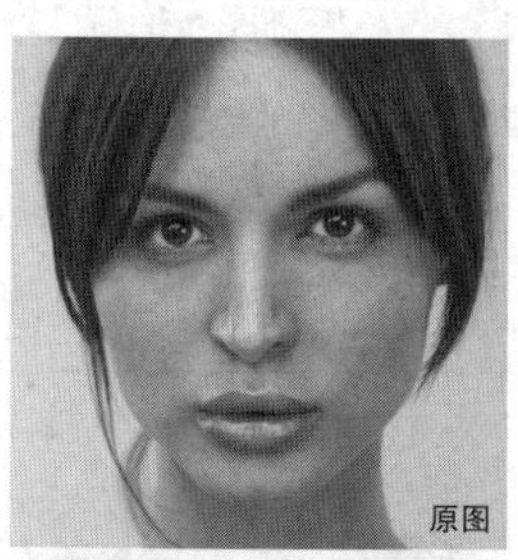
原图

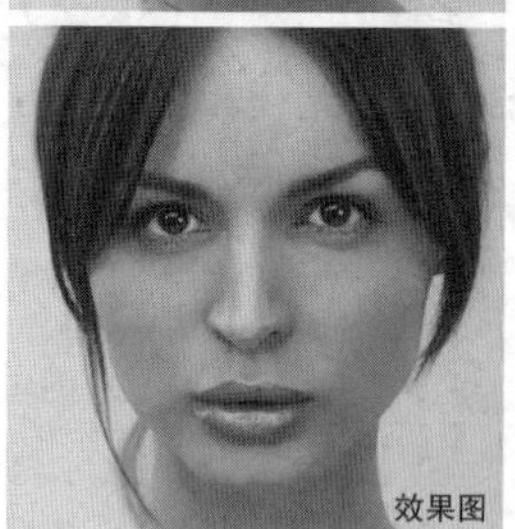
效果图

图4-163

第 5 章

路径与矢量工具

本章主要介绍路径与矢量工具，包括使用形状类工具和钢笔类工具进行路径绘制，以及通过锚点和方向点改变矢量图形形状。读者需要了解“路径”面板的多种功能，从而更加便捷地编辑路径。

课堂学习目标

◇ 了解路径与锚点的含义
◇ 了解绘图模式
◇ 掌握形状类工具的使用方法
◇ 掌握钢笔类工具的使用方法
◇ 掌握添加或删除锚点的方法
◇ 掌握转换锚点类型的方法
◇ 掌握编辑锚点和路径的方法

5.1 了解矢量图形

矢量图形也被称为矢量形状或矢量对象，无论如何缩放，它都可以保持清晰。在Photoshop中，矢量图形多指用形状类工具或钢笔类工具绘制的路径。

5.1.1 路径与锚点

路径是由路径段（直线段或曲线）组成的轮廓，每两条路径由一个锚点连接，拖曳锚点可以改变路径的形状，如图5-1所示。在选中的锚点上会显示一条或两条方向线，拖曳方向线上的方向点也可以改变路径的形状，如图5-2所示。

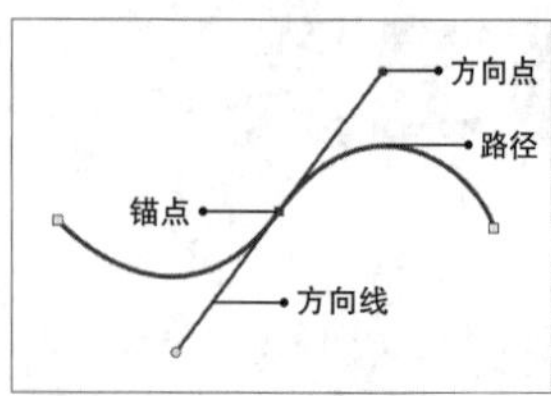

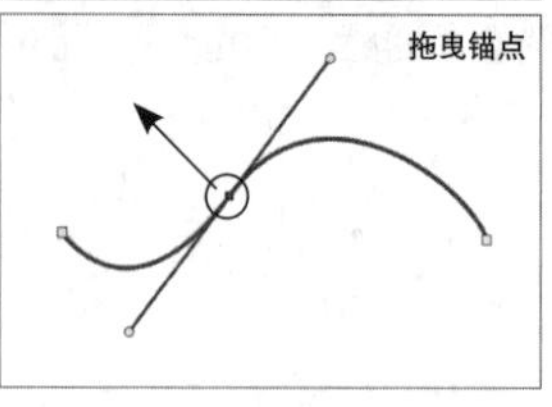

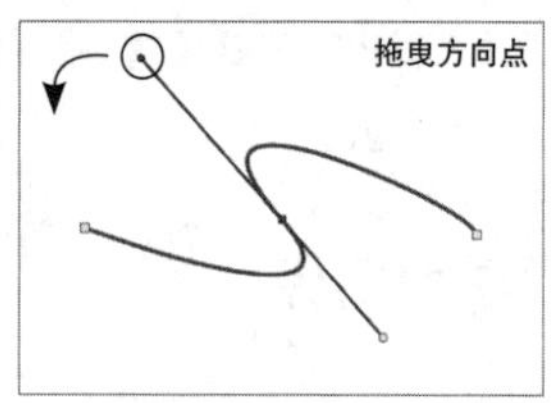

图5-1　图5-2

技巧与提示

路径是矢量对象，其中不包含像素，只有使用颜色填充或描边后才能将其打印出来。执行“编辑”>“首选项”>“参考线、网格和切片”菜单命令，在弹出的“首选项”对话框中可以修改路径的颜色和粗细等。

路径可以是开放或闭合的，也可以是由多个相互独立的路径组合而成的，如图5-3所示。锚点有平滑点和角点两种类型，它不仅连接着路径段，还可以作为开放式路径的起点和终点，如图5-4所示。

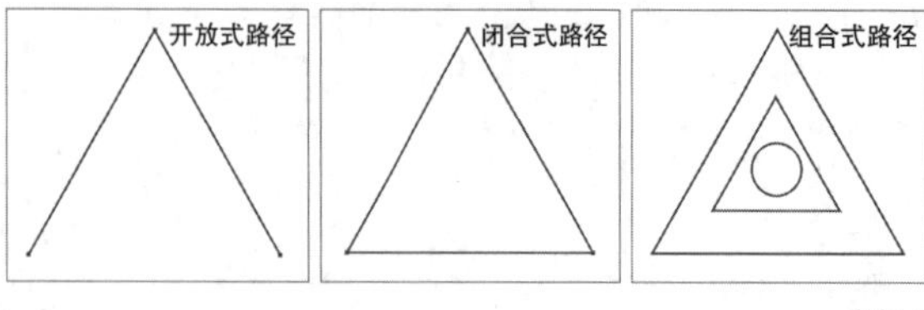

图5-3

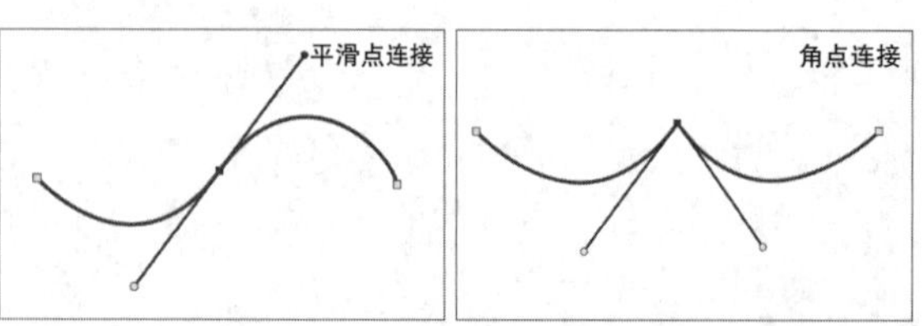

图5-4

知识点：路径的应用

路径的应用很广泛，主要为以下5种。

第1种： 可以使用颜色填充或描边路径。

第2种： 可以将路径保存在“路径”面板中，以备随时使用。

第3种： 路径可以转换为选区或形状图层。

第4种： 可以创建路径文字，如图5-5所示。

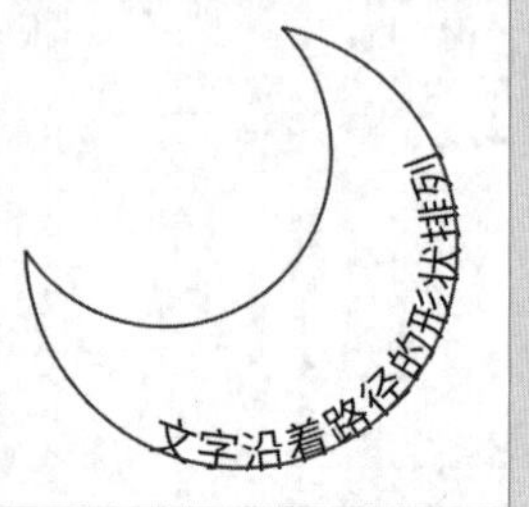

图5-5

第5种： 路径可以作为矢量蒙版来隐藏部分区域，如图5-6所示。

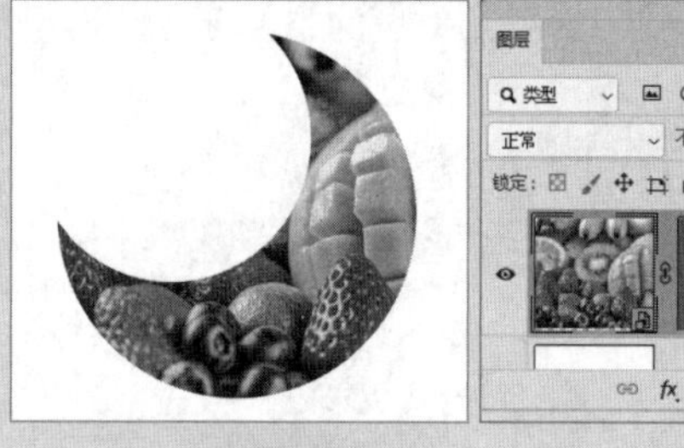

图5-6

5.1.2 绘图模式

使用矢量工具不仅可以绘制出矢量图形，还可以绘制出位图。在矢量工具选项栏中选择不同的绘图模式，如图5-7所示，可以绘制出不同属性的图形。

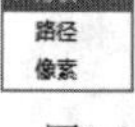

图5-7

绘图模式介绍

◇ **形状：** 使用该模式可以创建形状图层，其形状轮廓是路径，它们会分别出现在“图层”面板和“路径”面板中，如图5-8所示。在选项栏中进行设置，即可用纯色、渐变颜色或图案填充图形，或者为图形描边（实线或虚线）。

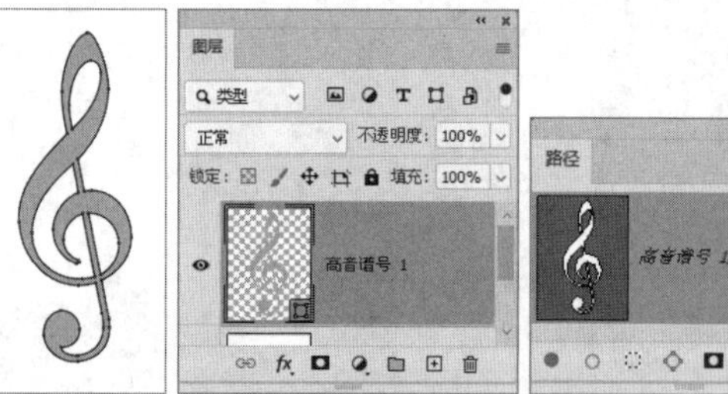

图5-8

◇ **路径：** 使用该模式可以绘制出路径轮廓，路径只出现在“路径”面板中，如图5-9所示。在操作过程中，可以将路径转换为选区或形状图层，还可以将其创建为某一个图层的矢量蒙版。

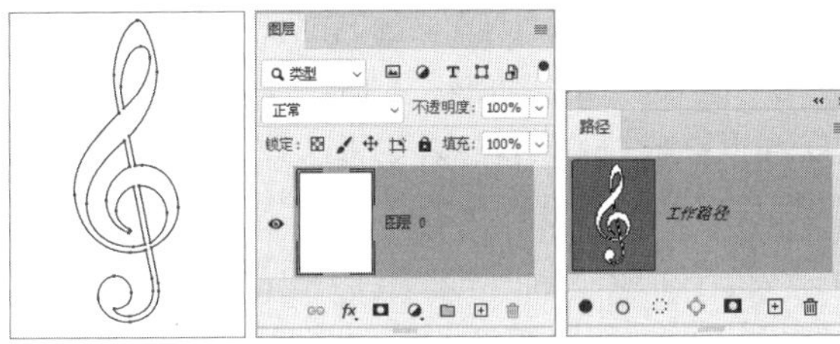

图5-9

◇ **像素：** 使用该模式可以在当前图层中绘制一个填充了前景色的图像，它不具备矢量轮廓，如图5-10所示。

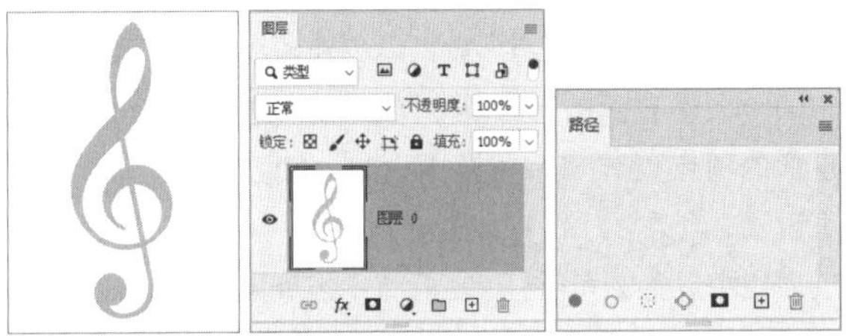

图5-10

5.2 形状类工具

使用形状类工具可以绘制出几何图形、线段以及多种预设图形。Photoshop中共有6种形状工具，下面分别进行介绍。

本节重点内容

重点内容	说明
矩形工具	创建长方形、正方形和圆角矩形
椭圆工具	创建椭圆形和圆形
三角形工具	创建三角形
多边形工具	创建多边形
直线工具	创建线段或者带有箭头的线段
自定形状工具	创建多种形状

5.2.1 矩形工具

使用“矩形工具” (快捷键为U) 可以创建长方形、正方形和圆角矩形。选择该工具，在画布中拖曳鼠标，可以创建任意大小的矩形。拖曳鼠标时按住Alt键，将以单击点为中心创建矩形，如图5-11所示。拖曳鼠标时按住Shift键，可以创建出正方形，如图5-12所示。拖曳鼠标时按住Shift+Alt键，将以单击点为中心创建正方形，如图5-13所示。

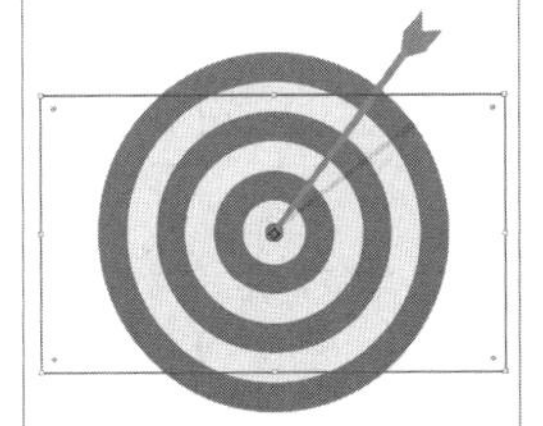

图5-11

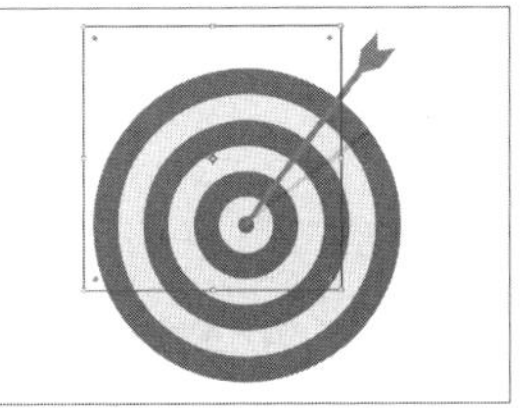

图5-12

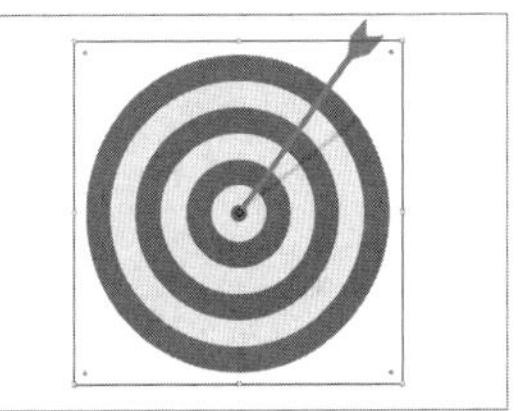

图5-13

技巧与提示

在创建形状的过程中，按住Space键并拖曳鼠标，可以移动形状的位置。

选择“矩形工具” ，其选项栏如图5-14所示。单击选项栏中的 按钮，可以在打开的下拉列表中设置矩形的创建方式，如图5-15所示。

图5-14

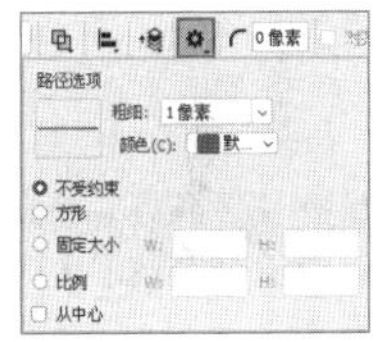

图5-15

重要参数介绍

◇ **不受约束：** 选择该选项，可以创建出任意大小的矩形。

◇ **方形：** 选择该选项，可以创建出任意大小的正方形。

◇ **固定大小：** 选择该选项，可在其右侧的文本框中输入W和H的数值，之后在画布中单击，即可创建出对应尺寸的矩形。

◇ **比例：** 选择该选项，可在其右侧的文本框中输入W和H的比例，之后创建的矩形的宽度和高度会始终保持这个比例。

◇ **从中心：** 勾选该选项，将以单击点为中心创建矩形。

知识点：创建圆角矩形

选择“矩形工具” ，在其选项栏中设置圆角半径，在画布中拖曳鼠标，可以创建出圆角矩形，如图5-16所示。在创建的矩形中拖曳圆角控制点，也可以将其修改为圆角矩形，如图5-17所示。按住Alt键并拖曳圆角控制点，可以单独修改圆角的半径，如图5-18所示。

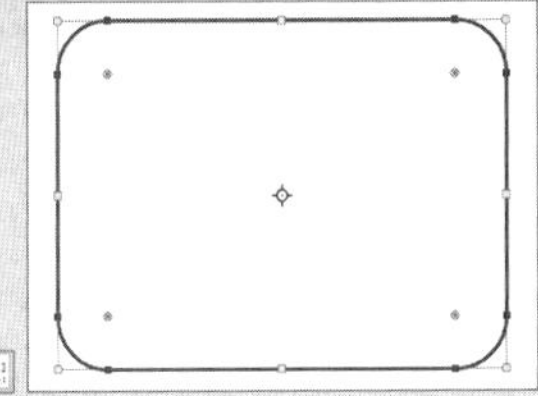

图5-16

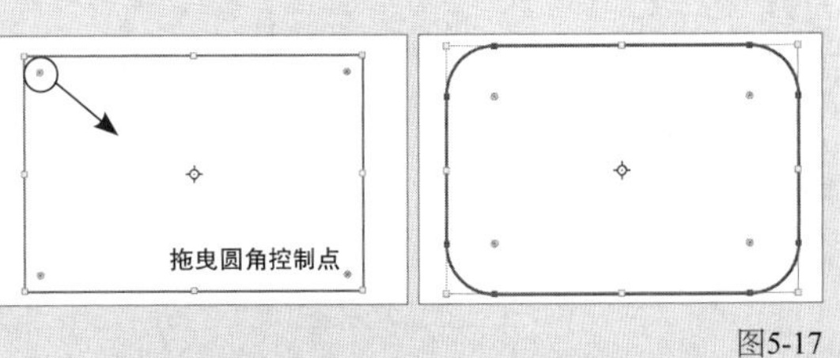

图5-17

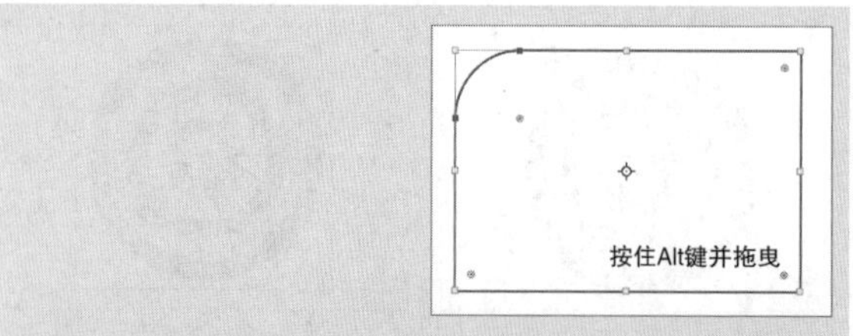

图5-18

选中已创建的圆角矩形，在"属性"面板中可以修改其圆角半径。还可以单击图标，取消圆角半径的链接，以单独修改某个圆角的半径，如图5-19所示。

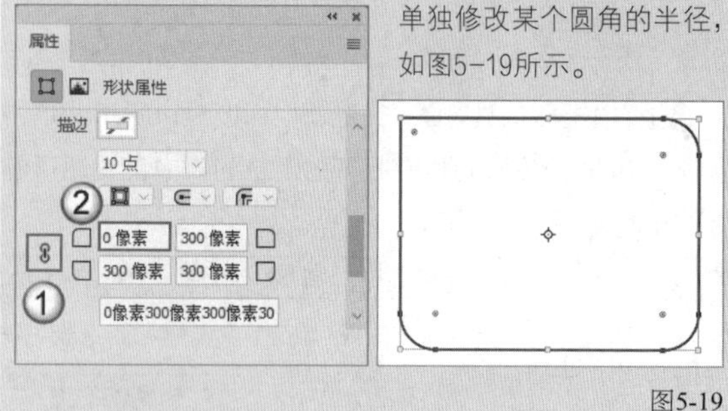

图5-19

5.2.2 椭圆工具

使用"椭圆工具"可以创建椭圆形和圆形。选择该工具，在画布中拖曳鼠标，可以创建任意大小的椭圆形，如图5-20所示。拖曳鼠标时按住Shift键，可以创建出圆形，如图5-21所示。创建椭圆形的方法与创建矩形的方法一致，该工具选项栏中的选项与"矩形工具"基本一致。

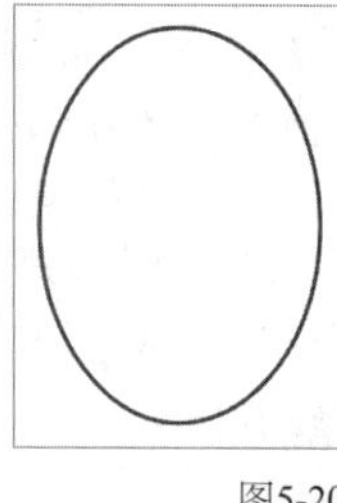

图5-20

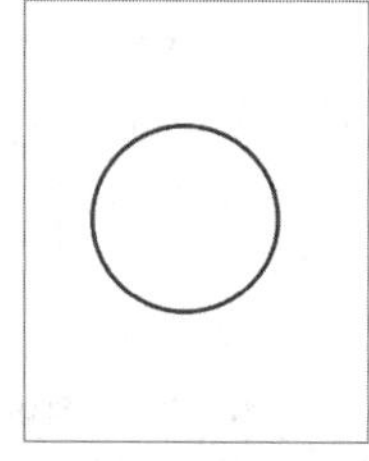

图5-21

5.2.3 三角形工具

使用"三角形工具"可以创建等腰三角形。选择该工具，在画布中拖曳鼠标，可以创建任意大小的等腰三角形，如图5-22所示。拖曳鼠标时按住Shift键，可以创建等边三角形，如图5-23所示。创建三角形的方法与创建矩形的方法一致，该工具选项栏中的选项与"矩形工具"基本一致。

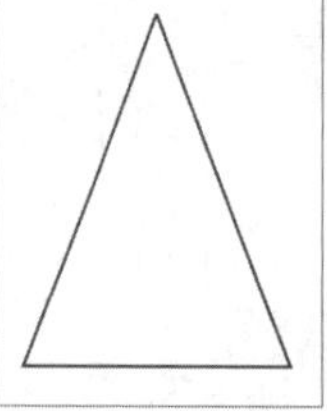

图5-22

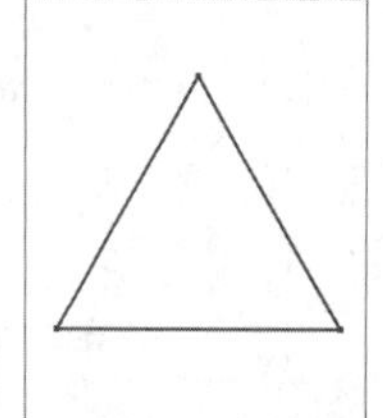

图5-23

在其选项栏中设置圆角半径，在画布中拖曳鼠标，可以创建带有圆角的三角形。在创建的三角形中拖曳圆角控制点，也可以将其修改为带有圆角的三角形，如图5-24所示。

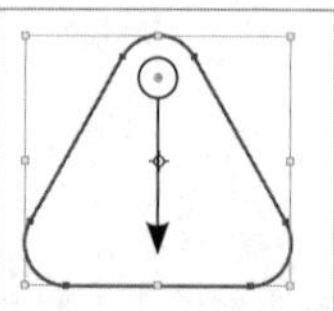

图5-24

5.2.4 多边形工具

使用"多边形工具"可以创建多边形，在其选项栏中的图标右侧的文本框中可以输入多边形的边数（或星形的顶点数），其取值范围为3～100。例如，默认情况下设置"边数"为8，可以创建八边形，如图5-25所示。在选项栏中设置圆角半径，在画布中拖曳鼠标，可以创建带有圆角的多边形。在创建的多边形中拖曳圆角控制点，也可以将其修改为带有圆角的多边形，如图5-26所示。

单击选项栏中的按钮，在打开的下拉列表中可以设置其他选项，如图5-27所示。

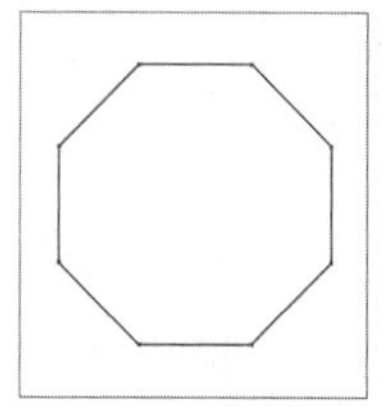

图5-25

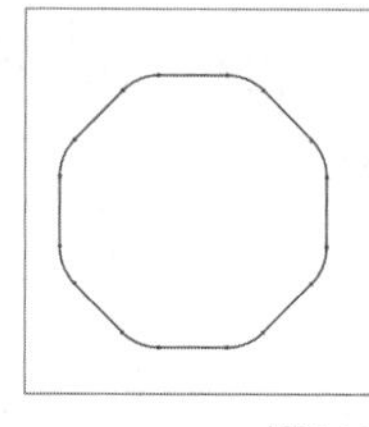

图5-26

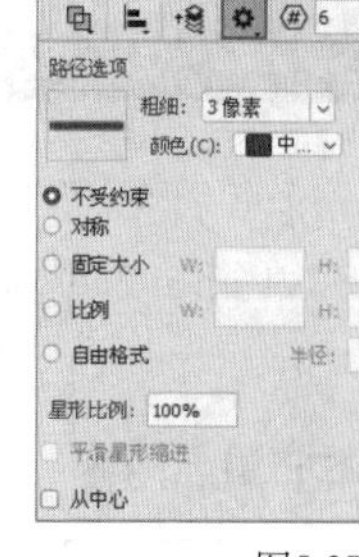

图5-27

重要参数介绍

◇ **星形比例：**设置不同的百分比，可以生成不同的星形，如图5-28所示。

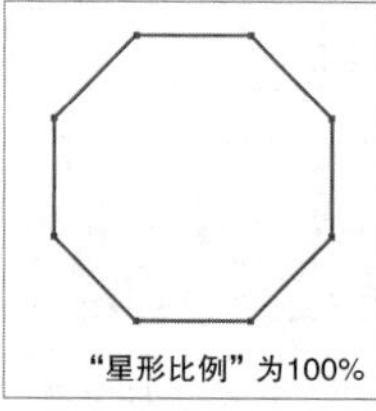

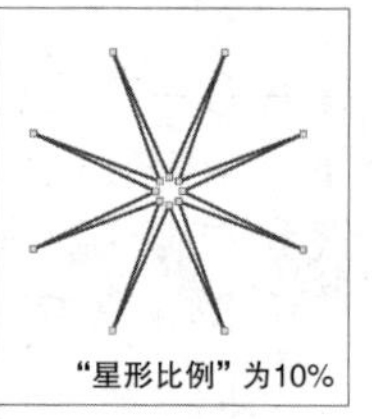

图5-28

◇ **平滑星形缩进：**勾选该选项，可以创建边缘平滑的星形，如图5-29所示。

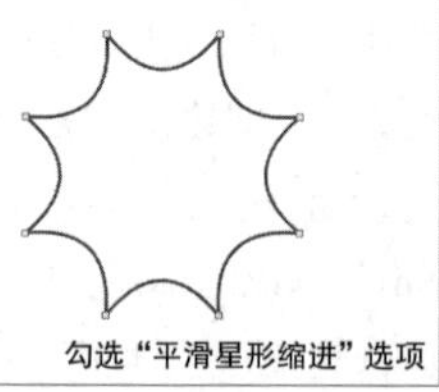

图5-29

5.2.5 直线工具

使用“直线工具”可以创建线段或者带有箭头的线段，在其选项栏中可以设置线段的粗细，如图5-30所示。

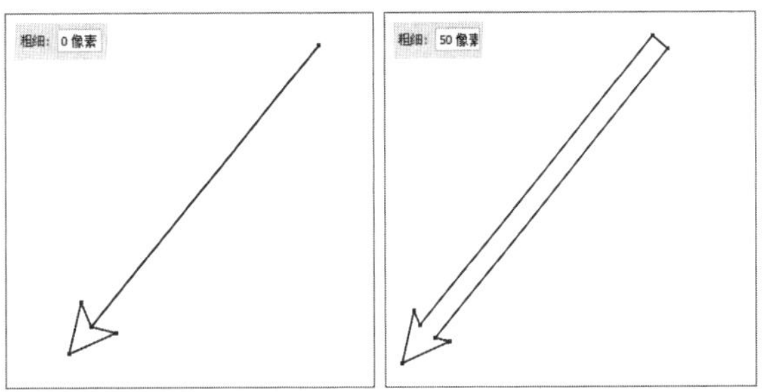

图5-30

单击选项栏中的按钮，在打开的下拉列表中可以设置其他选项，如图5-31所示。

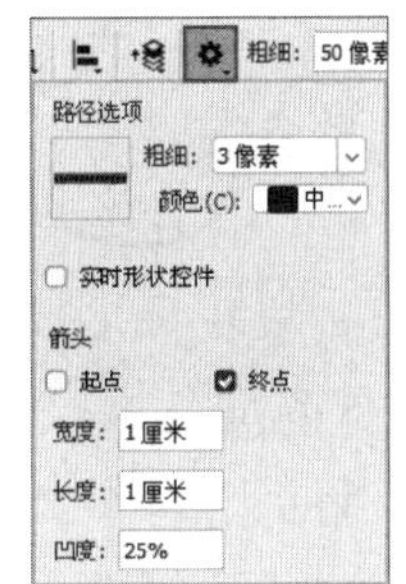

图5-31

重要参数介绍

◇ **起点/终点：** 勾选对应选项，可以分别或同时为线段的起点与终点添加箭头，如图5-32所示。

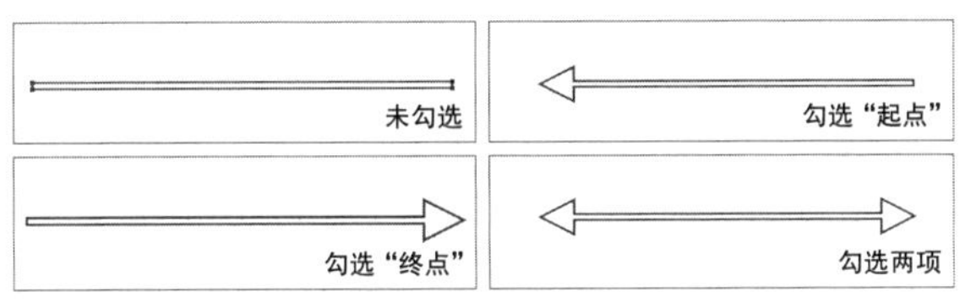

图5-32

◇ **凹度：** 用于设置箭头的凹陷程度，取值范围为-50%~50%。该值小于0%时，箭头尾部向外凸出；该值为0%时，箭头尾部齐平；该值大于0%时，箭头尾部向内凹陷，如图5-33所示。

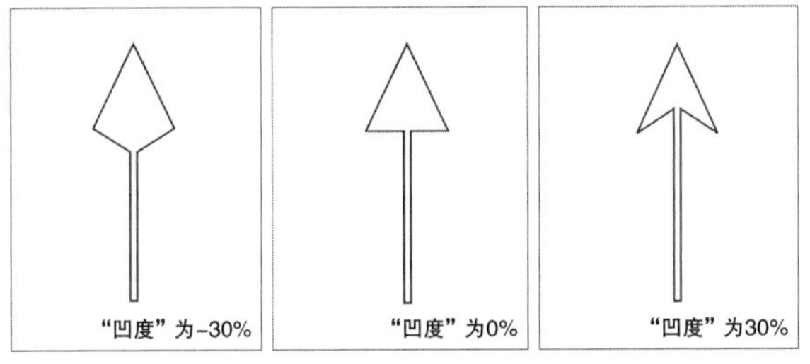

图5-33

技巧与提示

在使用“直线工具”时，按住Shift键并拖曳鼠标，可以创建出以45°为增量的线段，包括水平线段和垂直线段。

5.2.6 自定形状工具

使用“自定形状工具”可以创建出多种形状。Photoshop中包含多种形状预设，单击选项栏中“形状”右侧的按钮，在打开的下拉列表中选择一种形状后，可以创建该形状的图形，如图5-34所示。

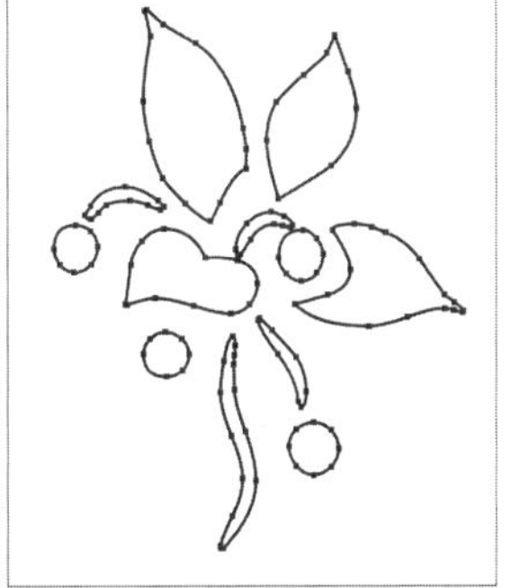

图5-34

此外，还可以加载外部形状库或者自定义形状。绘制图形后，执行“编辑”>“定义自定形状”菜单命令，打开“形状名称”对话框，输入形状名称后，单击“确定”按钮，如图5-35所示，即可将其定义为形状预设。自定义形状完成后，该预设将出现在“形状”面板的底部，如图5-36所示。

图5-35 图5-36

技巧与提示

单击“形状”面板右上角的按钮，打开面板菜单，执行“旧版形状及其他”命令，如图5-37所示，即可将Photoshop的旧版形状预设导入“形状”面板中，如图5-38所示。

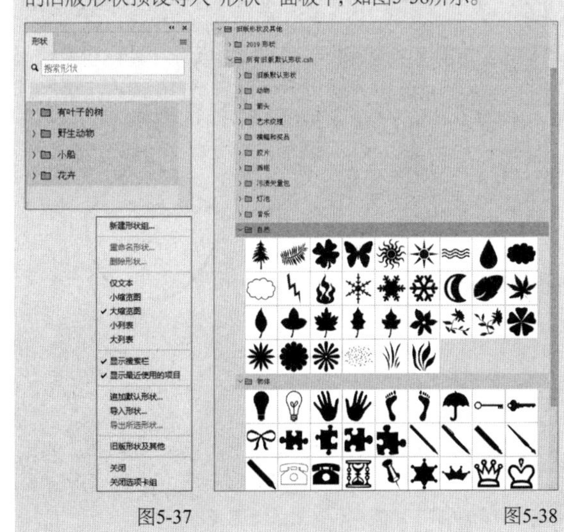

图5-37 图5-38

5.3 钢笔类工具

钢笔类工具不仅可以用来绘图，还可以用来抠图，其功能十分强大，下面对它们进行介绍。

本节重点内容

重点内容	说明
钢笔工具	绘制任意形状的线段或曲线
自由钢笔工具	绘制任意形状并自动生成锚点
弯度钢笔工具	根据添加的锚点的位置自动生成平滑的曲线
添加锚点工具	在路径中添加锚点
删除锚点工具	删除路径中的锚点
转换点工具	转换锚点的类型

5.3.1 钢笔工具

使用“钢笔工具”（快捷键为P）可以绘制任意形状的线段或曲线，该工具是常用绘图工具。当鼠标指针变为形状时，在画布中单击即可确定路径的起点，继续在另一处单击即可创建一条直线路径。确定起点后，在另一处拖曳鼠标，锚点上会出现方向线，可创建一条曲线路径，如图5-39所示。

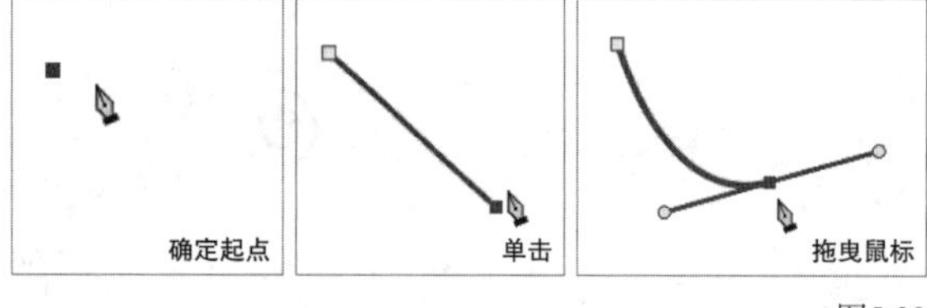

图5-39

技巧与提示

确定起点后，按住Shift键并在另一处单击，将在水平、垂直方向或者以45° 为增量创建直线路径。

继续单击可以绘制线段或曲线。鼠标指针位于路径起点处时会变为形状，单击即可闭合路径，如图5-40所示。

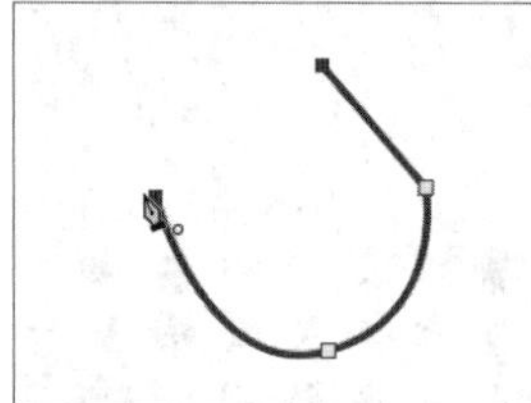

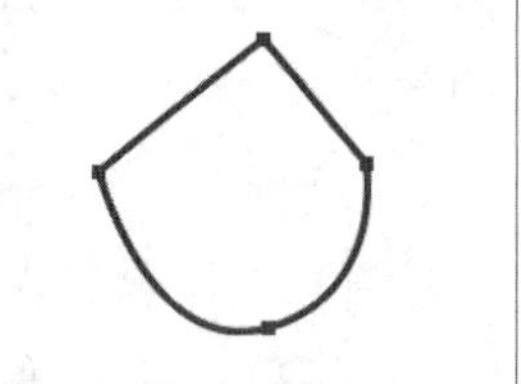

图5-40

技巧与提示

鼠标指针位于路径上时会变为形状，单击可添加锚点；鼠标指针位于锚点上时会变为形状，单击可删除该锚点。添加或删除锚点后可继续绘制路径。

在绘制过程中或者闭合路径后，按住Alt键切换为“转换点工具”，鼠标指针会变为形状。此时拖曳锚点会出现方向线，可以改变方向线的长度和位置，如图5-41所示。松开Alt键后，再按住Alt键，此时拖曳方向点可以单独改变一条方向线的长度和位置，如图5-42所示。

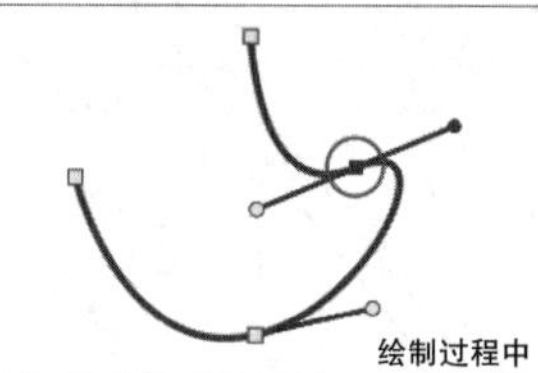

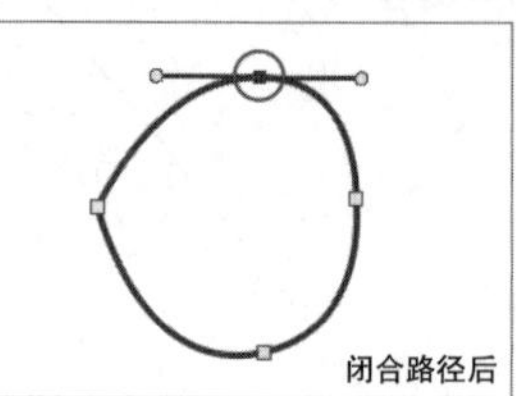

图5-41

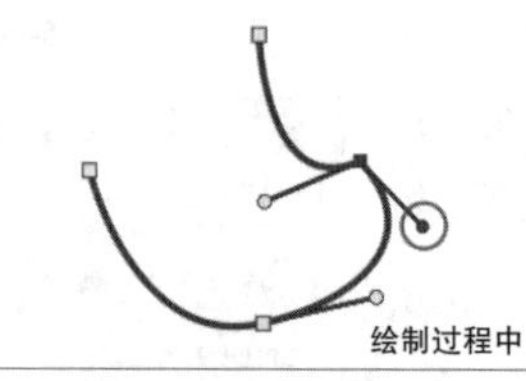

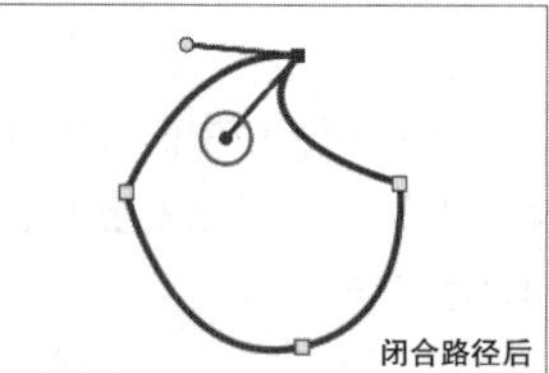

图5-42

如果要创建一条开放式路径，那么在绘制路径后可以按Esc键或者单击其他工具，还可以按住Ctrl键（将临时转换为“直接选择工具”）并单击画布空白处，如图5-43所示。在已创建的开放式路径中，先使用“直接选择工具”选择该路径，然后用“钢笔工具”单击起点或终点处的锚点，可以继续绘制，如图5-44所示。

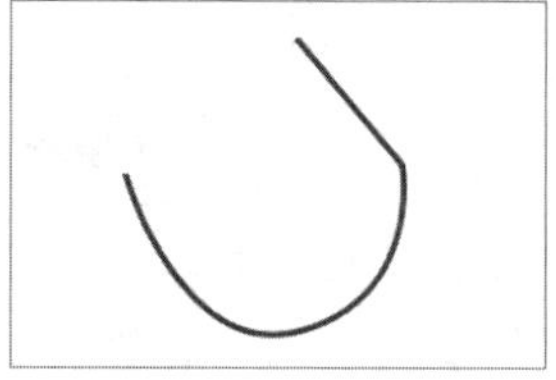

图5-43

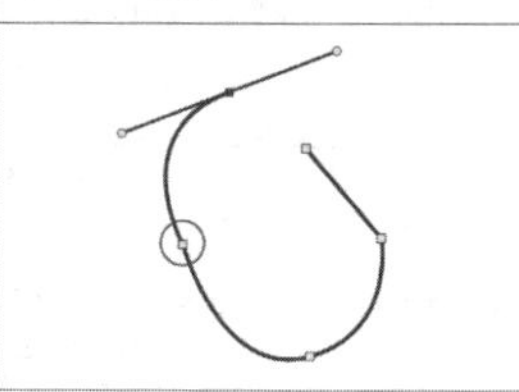

图5-44

技巧与提示

单击“钢笔工具”选项栏中的按钮，在打开的下拉列表中勾选“橡皮带”选项，此后绘制路径时可以预先看到要创建的路径段，以判断路径的走势。

5.3.2 自由钢笔工具

“自由钢笔工具”与“套索工具”的用法类似，使用该工具可以绘制出任意形状的路径，绘制完成后将自动生成锚点，如图5-45所示。在绘制时，鼠标指针位于路径起点处时会变为形状，单击即可创建闭合路径。

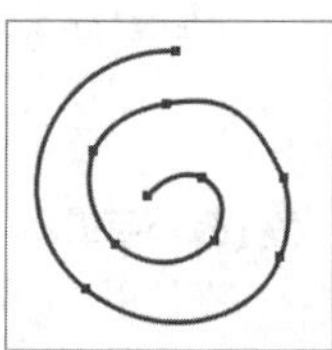

图5-45

在该工具的选项栏中勾选“磁性的”选项，鼠标指针会变为形状，此时该工具的用法与“磁性套索工具”相同，可以用该工具创建路径并抠图。单击以确定起点，拖曳鼠标会自动生成带有锚点的路径，如图5-46所示。将鼠标指针移至起点处，它会变为形状，单击即可闭合路径，如图5-47所示。

图5-46

图5-47

按快捷键Ctrl+Enter将路径转换为选区，如图5-48所示。按快捷键Ctrl+J完成抠图，如图5-49所示。

图5-48

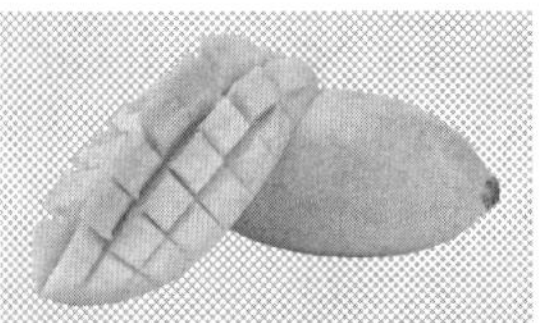

图5-49

5.3.3 弯度钢笔工具

“弯度钢笔工具”适用于绘制曲线，并且在绘制过程中可直接编辑路径。在使用“钢笔工具”绘制时，需拖曳锚点才能绘制曲线，而“弯度钢笔工具”会根据添加的锚点的位置自动生成平滑的曲线。

下面分别使用“钢笔工具”和“弯度钢笔工具”在画布中绘制路径（无须拖曳锚点），如图5-50所示。使用“弯度钢笔工具”绘制时拖曳鼠标，可以改变曲线的形状，如图5-51所示。按Esc键可以结束绘制。

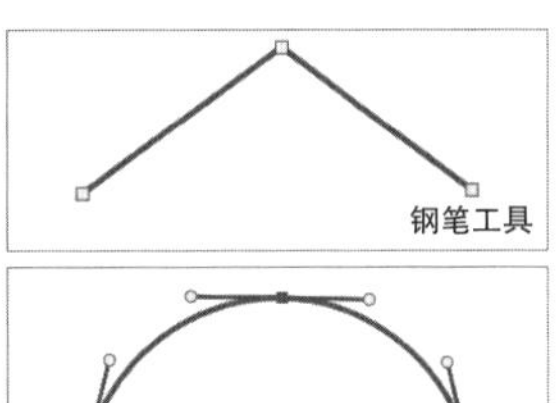

图5-50

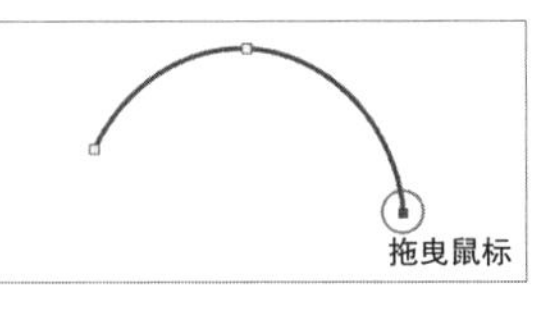

图5-51

使用“弯度钢笔工具”时，确定起点后，在另一处双击，然后在下一处单击，可以绘制线段，如图5-52所示。

在路径上单击，可以增加锚点；单击锚点并按Delete键，可以删除锚点；双击锚点可以转换其类型，即角点和平滑点的相互转换。

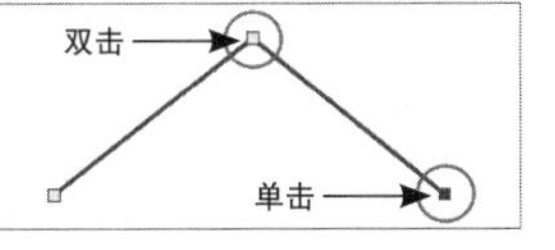

图5-52

5.3.4 添加锚点工具/删除锚点工具

使用“添加锚点工具”可以在路径中添加锚点。选择该工具，将鼠标指针置于路径上，它会变为形状，单击即可添加一个锚点，如图5-53所示。添加锚点后，鼠标指针会变为形状，这时可直接调节锚点和方向线。

图5-53

使用“删除锚点工具”可以删除路径中的锚点。选择该工具，将鼠标指针置于某锚点上，它会变为形状，单击可将该锚点删除，如图5-54所示。

图5-54

按住Ctrl键（将临时转换为“直接选择工具”）并选中某锚点，按Delete键也可删除该锚点，此时路径将变为开放式路径，如图5-55所示。

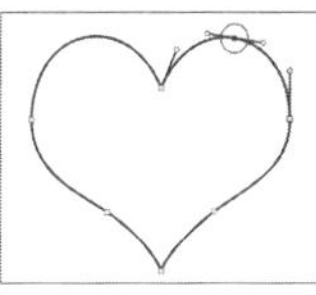

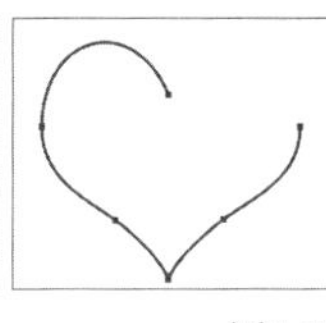

图5-55

5.3.5 转换点工具

使用“转换点工具”可以转换锚点的类型。选择该工具，单击平滑点，可以将其转换为角点，如图5-56所示。拖曳角点，可以将其转换为平滑点，如图5-57所示。

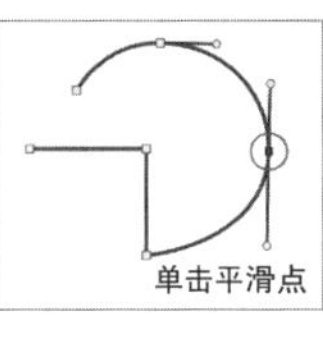

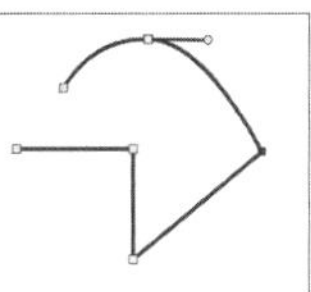

图5-56

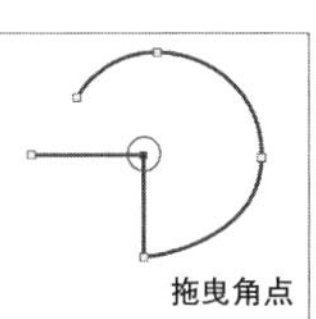

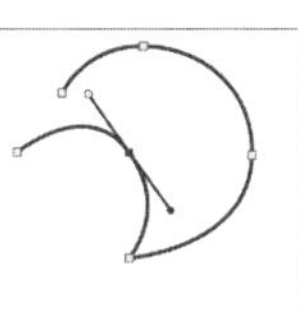

图5-57

拖曳方向点，可以单独调整一条方向线的方向和长度，如图5-58所示。按住Ctrl键的同时拖曳方向点，可以同时调整两条方向线，如图5-59所示。

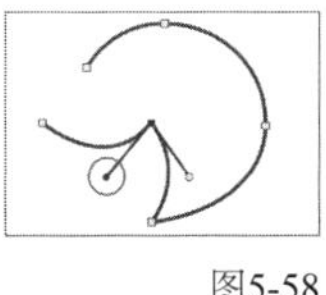

图5-58

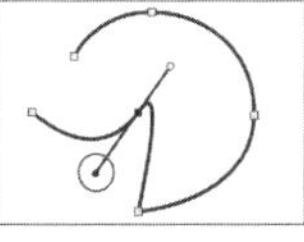

图5-59

技巧与提示

在使用“钢笔工具”绘制时，按住Alt键可临时转换为“转换点工具”。

课堂案例

制作加湿器详情页头图

素材文件　素材文件>CH05>素材01-1.jpg、素材01-2.psd
实例文件　实例文件>CH05>制作加湿器详情页头图.psd
视频名称　制作加湿器详情页头图.mp4
学习目标　掌握使用“钢笔工具”抠图的方法

使用“**钢笔工具**”可以创建**明确**、**光滑**的路径。本例将用“**钢笔工具**”抠出图中的**加湿器**，并制作一个**详情页头图**，效果如图5-60所示。

图5-60

01 按快捷键**Ctrl+O**打开本书学习资源文件夹中的“**素材文件**”>“**CH05**”>“**素材01-1.jpg**”文件，如图5-61所示。

02 在工具箱中选择“**钢笔工具**”，在选项栏中设置**绘图模式**为“**路径**”。按快捷键**Ctrl++**放大图像，然后将鼠标指针移动到**加湿器边缘处**，单击以设定路径的**起点**，如图5-62所示。

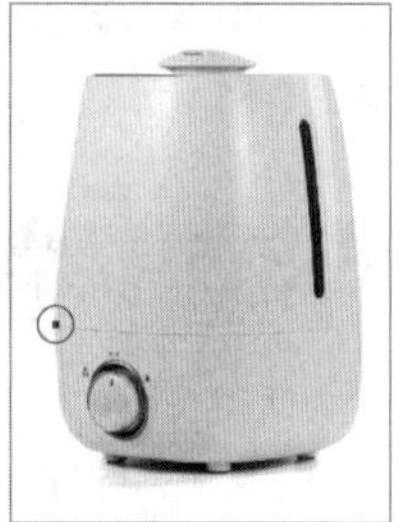

图5-61　图5-62

03 沿着加湿器边缘拖曳鼠标，创建一个**平滑点**，如图5-63所示。由于此处出现了转折，所以需要**按住Alt键并单击**该锚点，将其转换为只有一条**方向线的角点**，如图5-64所示。

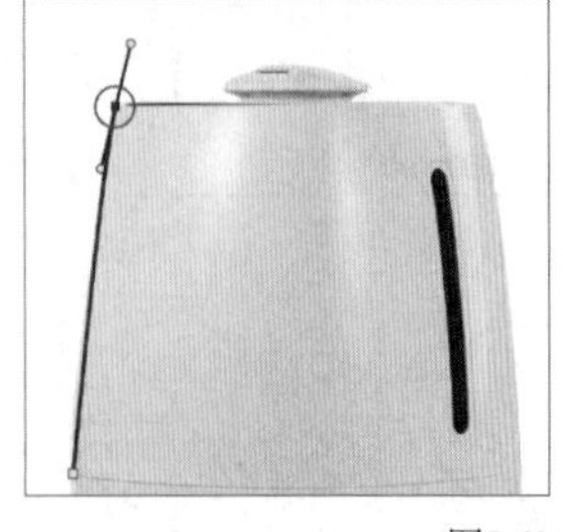

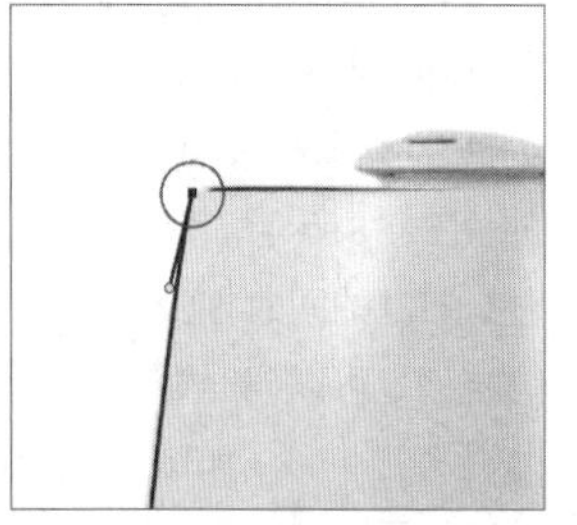

图5-63　图5-64

04 用同样的方法继续绘制路径。绘制完成后，**单击路径起点**，即可**闭合路径**，如图5-65所示。按快捷键**Ctrl+Enter**将路径转换为**选区**，如图5-66所示。按快捷键**Ctrl+J**抠出加湿器，并将其**转换为智能对象**。

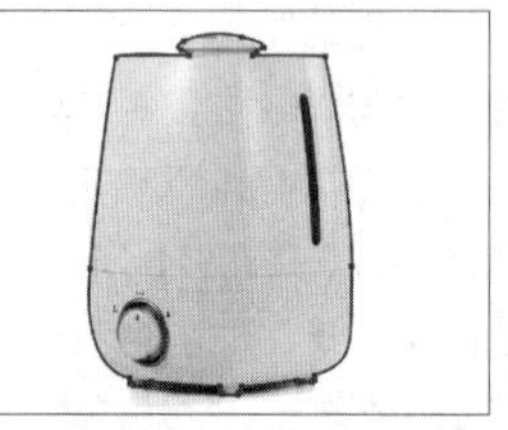

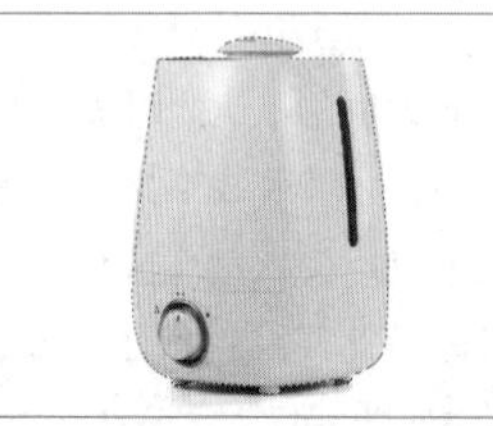

图5-65　图5-66

技巧与提示

在绘制过程中，如果由于锚点的方向线过长出现了图5-67所示的情况，则需按住Ctrl键调整两个锚点的方向线，使路径贴合加湿器边缘，如图5-68所示。

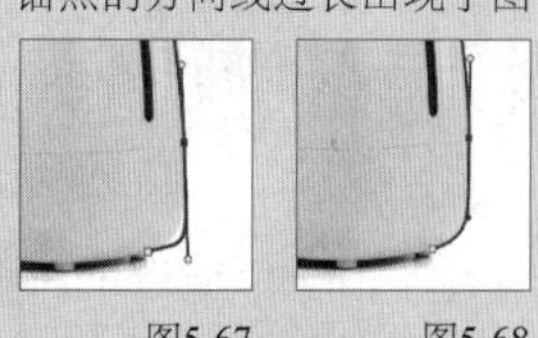

图5-67　图5-68

05 打开“**素材01-2.psd**”文件，如图5-69所示。将抠出的**加湿器**图像拖曳到当前的文档窗口中，**等比缩小**并摆放到合适的位置，如图5-70所示。

图5-69　图5-70

06 在加湿器所在图层的**下方新建图层**，用**黑色**的“**柔边圆**”画笔画出**加湿器的阴影**，用**白色**的“**柔边圆**”画笔画出**雾气**，绘制时可以适当**降低**画笔的“**不透明度**”和“**流量**”，并且根据绘制的范围调整画笔的大小，效果如图5-71所示。

图5-71

5.4 编辑锚点与路径

在使用形状类工具或钢笔类工具绘图后，可以对锚点和路径进行编辑，以满足不同的需求。此外，还可以变换路径、描边路径和创建选区等。

本节重点内容

重点内容	说明
路径选择工具	选择一个或多个路径
直接选择工具	选择路径段和锚点
变换路径/自由变换路径	对路径进行变换和变形操作
变换点/自由变换点	对锚点进行变换和变形操作
拷贝/粘贴	复制路径
描边路径	用纯色、渐变颜色和图案等为路径描边
填充路径	用纯色、渐变颜色和图案等填充路径

5.4.1 "路径"面板

执行"窗口">"路径"菜单命令，打开"路径"面板，如图5-72所示，在该面板中可以存储和管理路径。

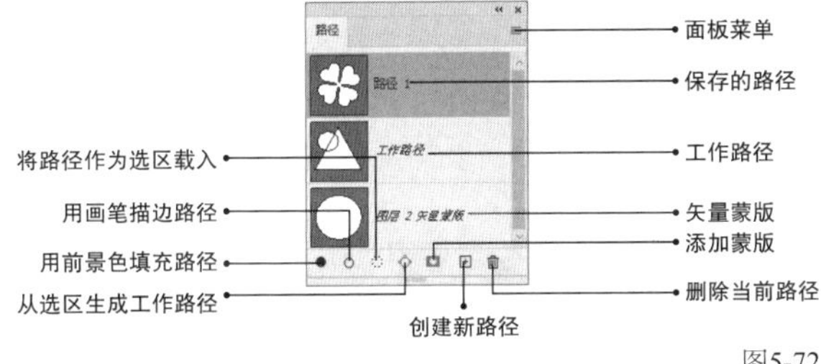

图5-72

重要参数介绍

◇ **用前景色填充路径** ●：单击该按钮，可用前景色填充路径区域。

◇ **用画笔描边路径** ○：单击该按钮，可用"画笔工具"对路径进行描边。

◇ **将路径作为选区载入**：单击该按钮，可将当前选择的路径转换为选区。

◇ **从选区生成工作路径**◇：单击该按钮，可将当前选区转换为工作路径。

◇ **添加蒙版**：单击该按钮，可以为所选图层添加图层蒙版，再次单击可基于路径生成矢量蒙版。

◇ **创建新路径**：单击该按钮，可以创建一个新的路径。双击路径名称，可以对路径进行重命名。

◇ **删除当前路径**：单击该按钮，可以删除当前选择的路径。

知识点：管理工作路径

工作路径属于临时路径。绘制完成后取消选择工作路径，再使用形状类工具或钢笔类工具进行绘制，原有的路径将被当前路径所替换，并生成新的工作路径，如图5-73所示。

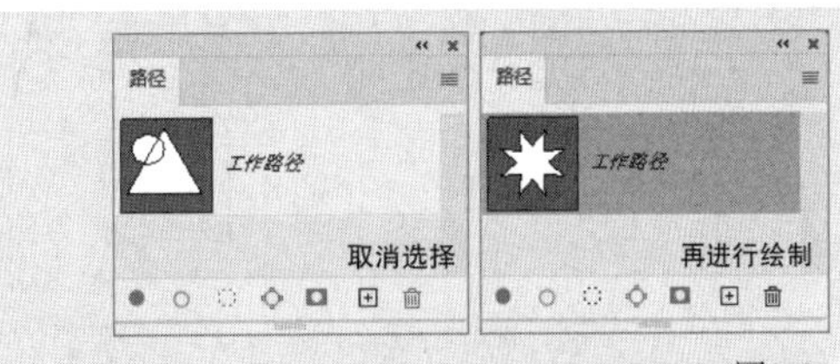

图5-73

如果不想工作路径被替换掉，可以双击工作路径缩览图或者将其拖曳至"创建新路径"按钮上，将工作路径存储到面板中，如图5-74所示。

图5-74

5.4.2 选择与移动路径

使用"路径选择工具"（快捷键为A）可以选择一个或多个路径。单击路径，即可将其选取；按住Shift键并单击其他路径，即可同时选取多个路径；拖曳出一个选框，即可选取选框范围内的所有路径，如图5-75所示。

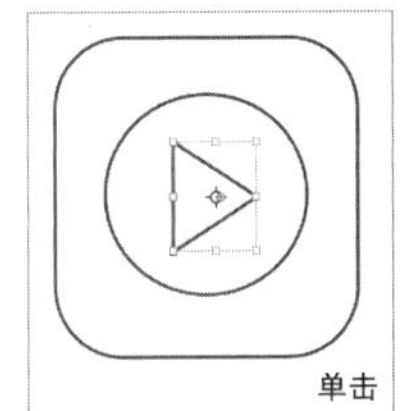

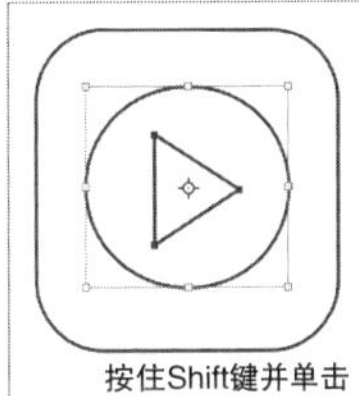

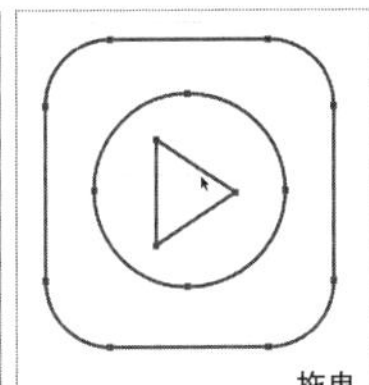

图5-75

在选择一个或多个路径后，将鼠标指针置于路径上，拖曳路径即可将其移动，如图5-76所示。

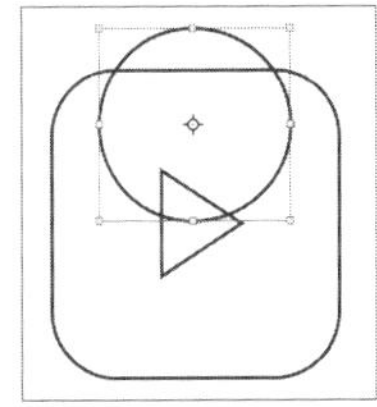
图5-76

5.4.3 选择与移动锚点

选择"直接选择工具"，单击路径，将选择路径段并显示出其两端的锚点；单击锚点，将选择锚点（被选取的锚点为实心方块）并显示其方向线，如图5-77所示。此时，拖曳路径段或锚点可以将其移动，如图5-78所示。

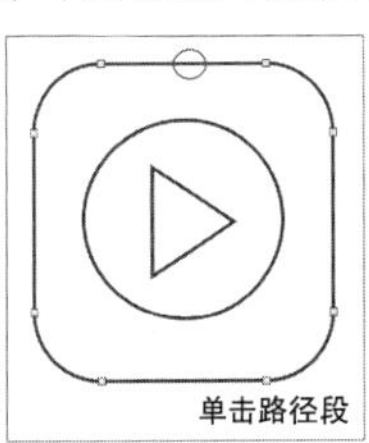

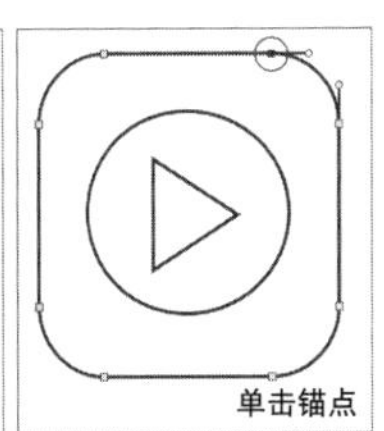

图5-77

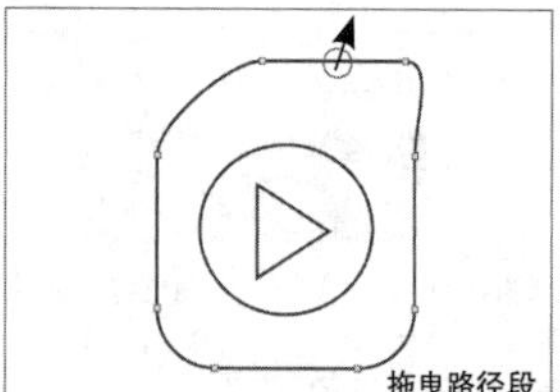

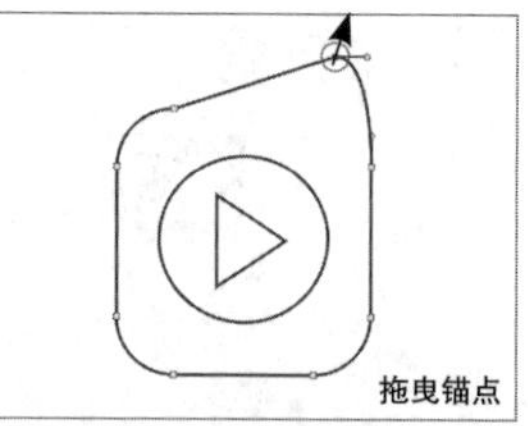

图5-78

按住Shift键并单击其他路径段或锚点，即可同时选取多个路径段或锚点；拖曳出一个选框，即可选取选框范围内的所有路径段及锚点。

知识点：路径的变换与变形

使用“路径选择工具”选择路径后，执行“编辑”>“变换路径”子菜单中的命令，可以对路径进行变换操作。执行“编辑”>“自由变换路径”菜单命令（快捷键为Ctrl+T），可以对路径进行自由变换。其操作方法与图像的变换方法相似，不同的是，选择路径后将自动出现定界框。拖曳定界框或控制点，可以拉伸路径；按住Shift键并拖曳定界框或控制点，可以等比例缩放路径，如图5-79所示。

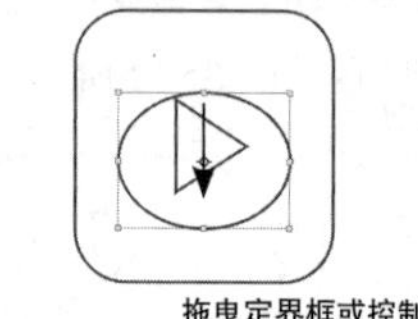

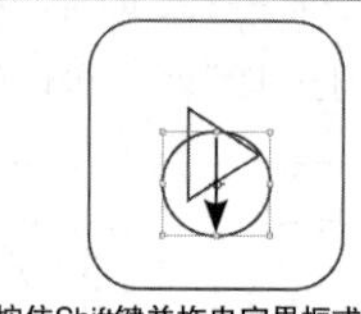

图5-79

使用“直接选择工具”选择锚点，执行“编辑”>“变换点”子菜单中的命令，可以对锚点进行变换操作。执行“编辑”>“自由变换点”菜单命令（快捷键为Ctrl+T），可以对锚点进行自由变换，如图5-80所示。

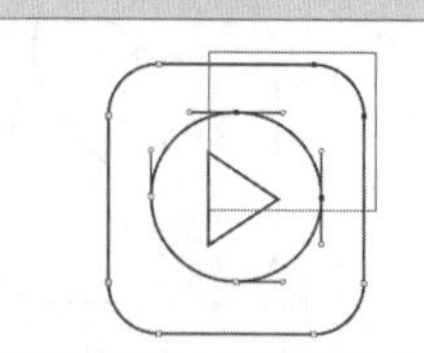

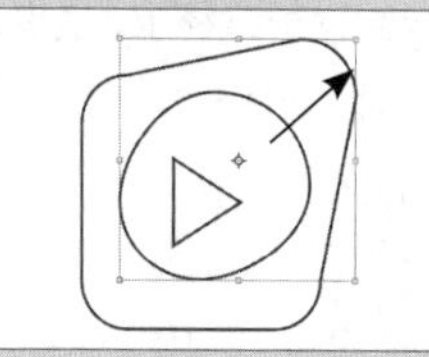

图5-80

5.4.4 显示与隐藏路径

在“路径”面板中单击路径，可以选择并显示该路径，如图5-81所示。单击“路径”面板的空白处，可以取消选择并隐藏该路径，如图5-82所示。

图5-81

图5-82

技巧与提示

按快捷键Ctrl+H也可以隐藏路径，但是路径仍然处于被选择状态，再次按快捷键Ctrl+H可以显示路径。

5.4.5 复制与粘贴路径

复制路径主要有3种方式，分别是复制到同一路径层、复制到新路径层、复制到另一个文档。

选择路径，执行“编辑”>“拷贝”菜单命令（快捷键为Ctrl+C），然后执行“编辑”>“粘贴”菜单命令（快捷键为Ctrl+V），即可对路径进行同位复制；选择“路径选择工具”，按住Alt键并拖曳路径，也可将路径复制到同一路径层，如图5-83所示。

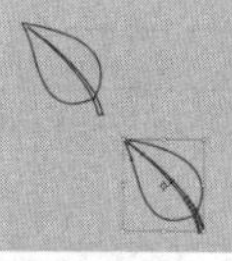

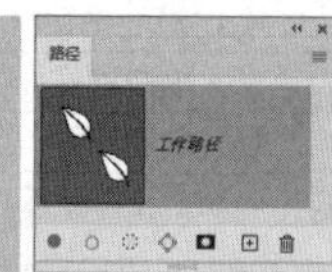

图5-83

将路径层拖曳至“创建新路径”按钮上，或者按住Alt键并拖曳路径层，在目标位置松开鼠标左键即可将路径复制到新的路径层中（需先保存工作路径）。用“路径选择工具”拖曳路径可将其复制到另一个文档中；或者先按快捷键Ctrl+C复制路径，然后切换到目标文档，按快捷键Ctrl+V粘贴路径。

5.4.6 对齐与分布路径

使用“路径选择工具”选择画布中的多个路径，或者同一形状图层中的多个形状，然后单击其选项栏中的按钮，在打开的下拉列表中选择路径对齐和分布方式，如图5-84所示，即可对齐与分布路径。

图5-84

5.4.7 描边路径

使用绘画类工具和修饰类工具均可以对路径进行描边，使路径变为可见图像。以“画笔工具”为例，先设置好前景色、笔尖样式及笔尖大小，然后在“路径”面板中选择路径并单击鼠标右键，在弹出的菜单中选择“描边路径”命令，或者单击“路径”面板中的“用画笔描边路径”按钮，即可为路径描边，如图5-85所示。

图5-85

执行“描边路径”命令，将打开“描边路径”对话框，在其中可以设置描边的工具，如图5-86所示。

图5-86

课堂案例

制作渐变文字

素材文件 素材文件>CH05>素材02.psd

实例文件 实例文件>CH05>制作渐变文字.psd

视频名称 制作渐变文字.mp4

学习目标 掌握“描边路径”命令的使用方法

本例将用“描边路径”命令制作渐变文字，效果如图5-87所示。

图5-87

01 按快捷键**Ctrl+O**打开本书学习资源文件夹中的“**素材文件**”>“**CH05**”>“**素材02.psd**”文件，执行“**窗口**”>“**路径**”菜单命令，打开“**路径**”面板，在该面板中可以看到文档中**存储的路径**，如图5-88所示。

图5-88

02 在工具箱中选择“**椭圆工具**”，在选项栏中设置**绘图模式**为“**形状**”，“**填充**”为**渐变**，“**描边**”为**无颜色**，然后设置**渐变颜色**，并设置“**渐变样式**”为“**线性**”，“**角度**”为**120°**，如图5-89所示。

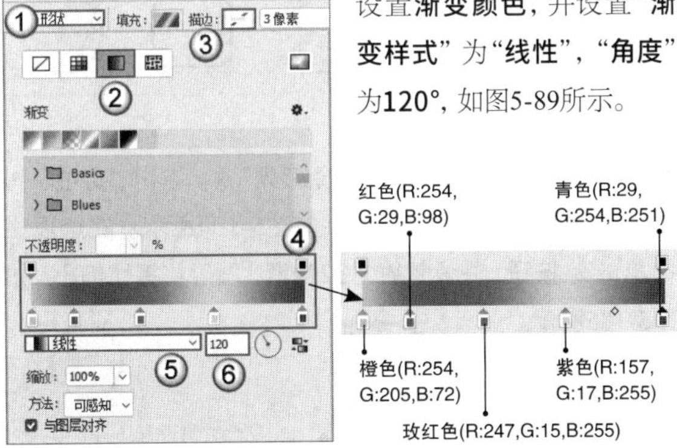

图5-89

03 按住**Shift键并拖曳**鼠标，在画布中绘制一个**圆形**，如图5-90所示。

04 选择“**混合器画笔工具**”，在选项栏中设置笔尖“**大小**”为**100像素**（笔尖“大小”**不要超过圆形**大小）、“**硬度**”为**100%**，并**取消**勾选“**只载入纯色**”选项，然后设置**画笔预设**为“**干燥，深描**”，如图5-91所示。新建一个空白图层，按住**Alt键吸取**渐变颜色。

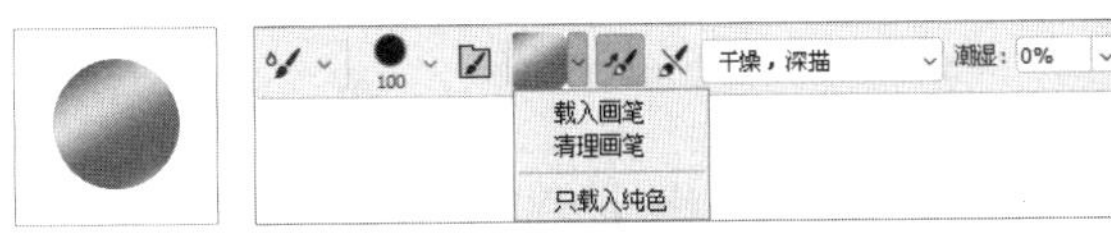

图5-90 图5-91

05 设置笔尖“**大小**”为**35像素**。在“**路径**”面板中选择“**路径1**”，然后单击鼠标**右键**，在弹出的菜单中执行“**描边路径**”命令，如图5-92所示。在弹出的“**描边路径**”对话框中选择“**混合器画笔工具**”选项，单击“**确定**”按钮，如图5-93所示。

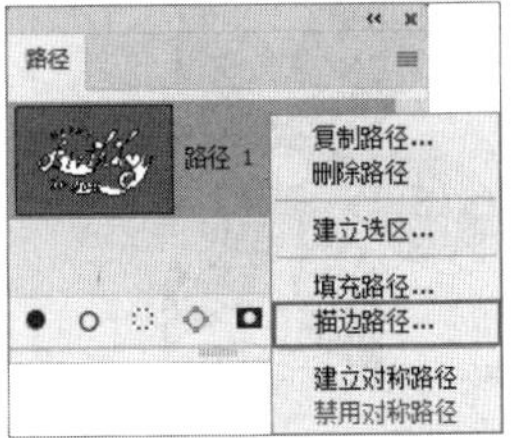

图5-92 图5-93

06 此时，路径将自动被描边，如图5-94所示。隐藏“**椭圆1**”图层，单击“**路径**”面板的**空白**处，取消选择路径，然后添加一个**浅粉色(R:254,G:239,B:255)**的背景，如图5-95所示。

图5-94

图5-95

技巧与提示

使用不同的笔尖及渐变颜色，可以制作出不同的文字效果，如图5-96所示，读者可自行尝试。

图5-96

5.4.8 填充路径

在“路径”面板中选择路径并单击鼠标右键，在弹出的菜单中执行“填充路径”命令，或者单击“路径”面板中的“用前景色填充路径”按钮●，即可填充路径，如图5-97所示。

图5-97

执行“填充路径”命令，将弹出“填充路径”对话框，在其中可以设置填充的内容（如颜色和图案等）、模式和不透明度等，如图5-98所示。

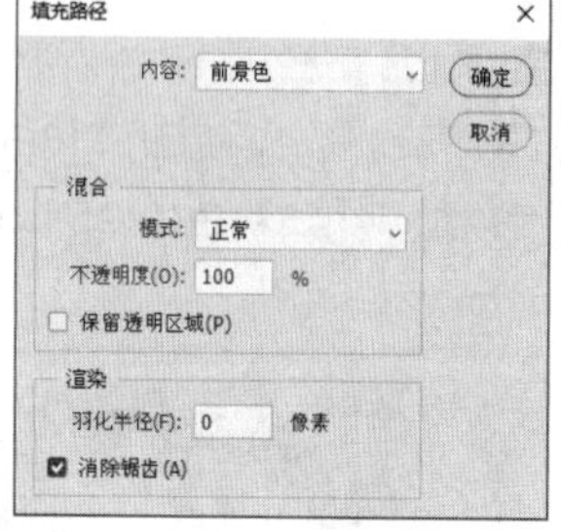

图5-98

知识点：将路径转换为选区

路径和选区是可以相互转换的，在“路径”面板中选择路径并单击鼠标右键，在弹出的菜单中选择“建立选区”命令，或者单击“路径”面板中的“将路径作为选区载入”按钮⛶，即可将路径转换为选区，如图5-99所示。此外，按快捷键Ctrl+Enter，或者按住Ctrl键并单击路径缩览图，也可以将路径转换为选区。

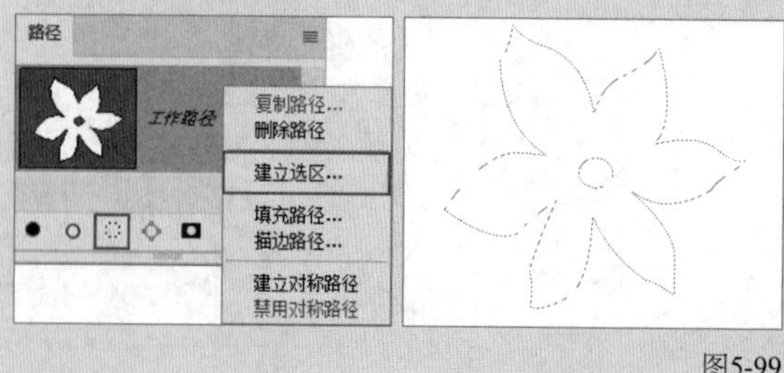

图5-99

课堂案例

绘制功能图标

素材文件	素材文件>CH05>素材03.psd
实例文件	实例文件>CH05>绘制功能图标.psd
视频名称	绘制功能图标.mp4
学习目标	掌握使用钢笔类工具和形状类工具绘制图标的方法

本例将用**钢笔类工具**和**形状类工具**绘制图标，效果如图5-100所示。

图5-100

01 按快捷键Ctrl+O打开本书学习资源文件夹中的“**素材文件**”>“**CH05**”>“**素材03.psd**”文件，如图5-101所示。这是一个**功能图标制作模板**，其中圆角矩形和圆形的尺寸是相同的，这样可以保持**视觉的统一性**。图5-102所示为规范背景的尺寸。

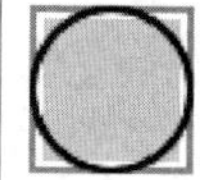

图5-101

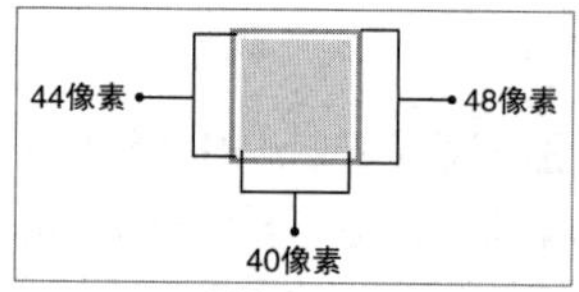

图5-102

02 在“**图层**”面板中选择“**组1**”图层组，按快捷键Ctrl+J复制图层组并修改其名称为“**定位**”，然后按↓键将“**定位**”图层组中的图形移至图5-103所示的位置。

图5-103

03 在工具箱中选择“**路径选择工具**”，单击“**定位**”图层组中的**黑色圆形**图层，效果如图5-104所示。在选项栏中单击**按钮**，并设置**W为32像素**，圆形将**等比缩小**，如图5-105所示。

图5-104

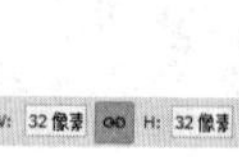

图5-105

04 按住**Shift键并向右**拖曳圆形，界面中会出现**智能参考线**以指示**水平居中对齐**的位置，将圆形拖曳到该位置即可，如图5-106所示。

05 选择“**转换点工具**”，单击**圆形下方的锚点**，将其转化为**角点**，如图5-107所示。使用“**直接选择工具**”选中该锚点，然后按↓**键向下移动锚点**至图5-108所示的位置。

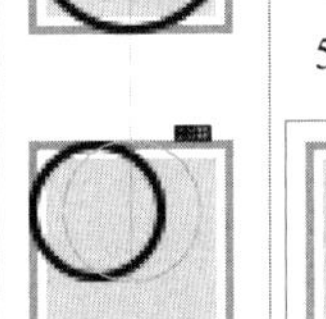

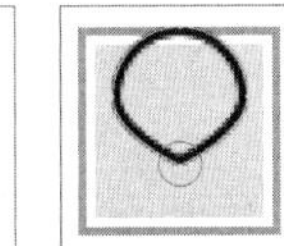

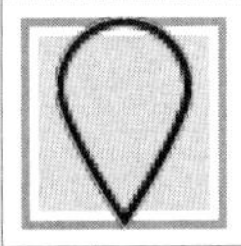

图5-106 图5-107 图5-108

06 选择“**椭圆工具**”，设置**绘图模式**为“**形状**”，“**填充**”为**无颜色**，“**描边**”为**黑色**，**描边宽度**为**2像素**，如图5-109所示。在描边类型的下拉列表中选择**实线**，设置“**对齐**”为**向内**，如图5-110所示。

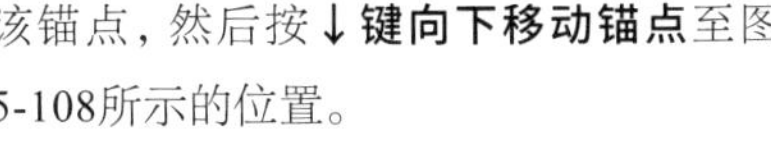

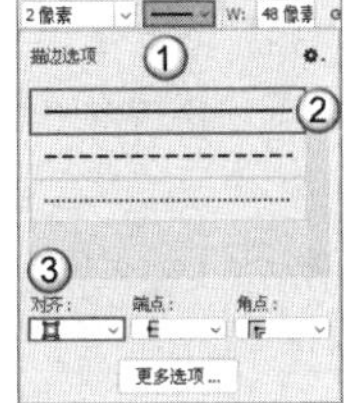

图5-109 图5-110

> **技巧与提示**
>
> 若未特别说明，在创建其他矢量图形时均使用以上参数。

07 在画布的**空白处单击**，打开“**创建椭圆**”对话框，设置“**宽度**”和“**高度**”为**14像素**，单击“**确定**”按钮，如图5-111所示。将创建的**圆形**拖曳至图5-112所示的位置。

08 设置小圆形的“**描边**”为**蓝色(R:28,G:162,B:255)**，按**Enter键**确认，效果如图5-113所示。隐藏规范背景所在的图层，这样一个“**定位**”图标就制作完成了，如图5-114所示。

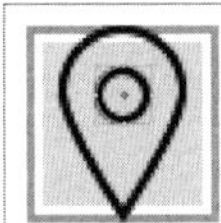

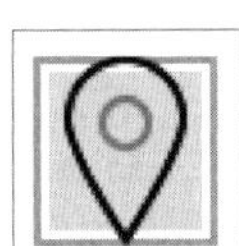

图5-111 图5-112 图5-113 图5-114

09 为了便于对齐，先显示“**定位**”图标规范背景所在图层，然后在“**图层**”面板中选择“**组2**”图层组，按快捷键**Ctrl+J**复制图层组并修改其名称为“**首页**”，如图5-115所示。将“**首页**”图层组中的图形移至图5-116所示的位置。

图5-115

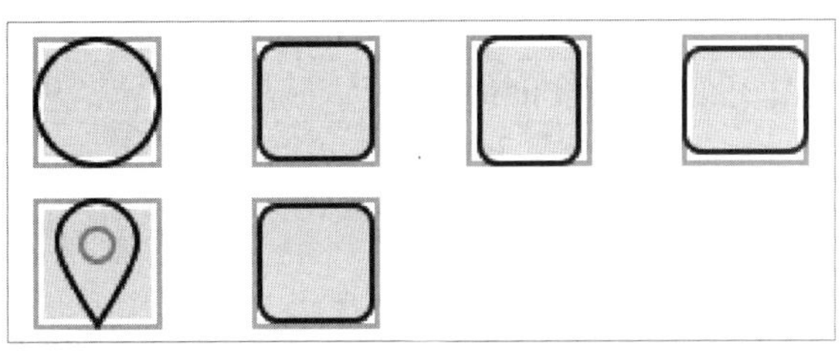

图5-116

10 选择“**三角形工具**”并在画布中单击，打开“**创建三角形**”对话框，设置“**宽度**”为**48像素**，“**高度**”为**16像素**，单击“**确定**”按钮，如图5-117所示。将创建好的**三角形**拖曳至图5-118所示的位置。

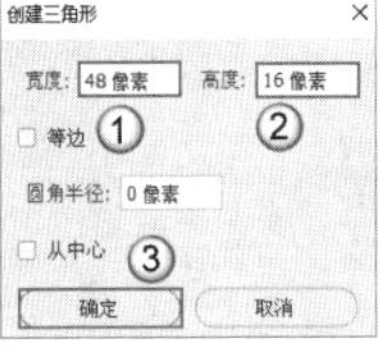

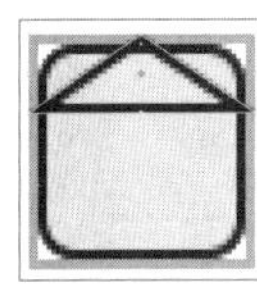

图5-117 图5-118

11 选择“**添加锚点工具**”，在**三角形路径**中添加锚点，如图5-119所示。按**Delete键**删除该锚点，如图5-120所示。用同样的方法**添加锚点并删除圆角矩形的部分路径段**，如图5-121所示。

图5-119 图5-120 图5-121

12 选择“**椭圆工具**”，创建一个**16像素×16像素**的**圆形**，并将其置于图标中间，然后设置“**描边**”为**蓝色(R:28,G:162,B:255)**，如图5-122所示。隐藏规范背景所在的图层，这样一个“**首页**”图标就制作完成了，如图5-123所示。

图5-122 图5-123

13 用同样的方法制作其他图标。“**时间**”图标与“**任务**”图标的指针与对号的创建方法是，先使用“**矩形工具**”创建一个**矩形**，然后按**Delete键**删除矩形的一个**锚点**，如图5-124所示。

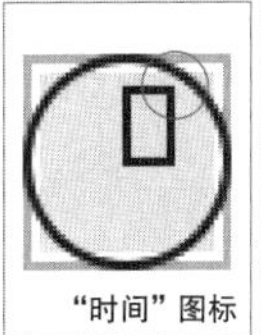

图5-124

14 **隐藏**所有规范背景所在的图层，效果如图5-125所示。

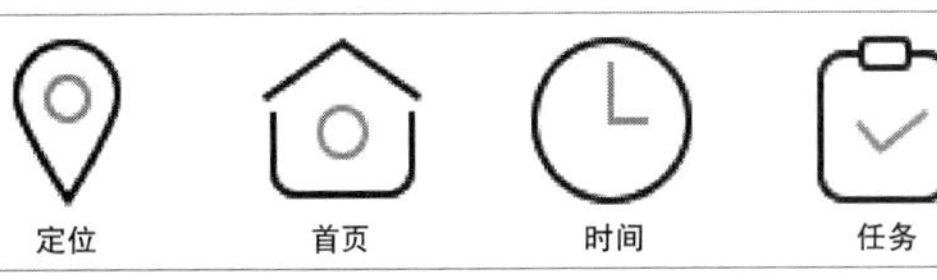

图5-125

课堂练习

制作开学季胶囊Banner

素材文件　素材文件>CH05>素材04.png
实例文件　实例文件>CH05>制作开学季胶囊Banner.psd
视频名称　制作开学季胶囊Banner.mp4
学习目标　掌握使用形状类工具绘制图形的方法

本练习的目标是用**形状类工具**绘制图形，并制作**胶囊Banner**，效果如图5-126所示。

图5-126

5.4.9 路径运算

路径运算的原理与选区运算类似，运算时需选择至少两个路径，单击选项栏中的按钮，在打开的下拉列表中选择要进行的运算，如图5-127所示。

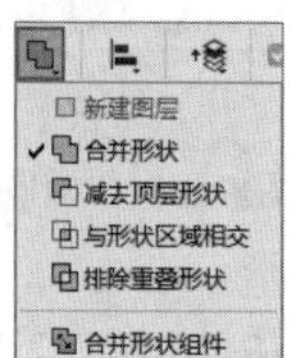

图5-127

先使用“矩形工具”创建一个矩形（底层），然后使用“自定形状工具”创建一个雪花图形（顶层），通过不同的运算可以得到不同的效果，如图5-128所示。

图5-128

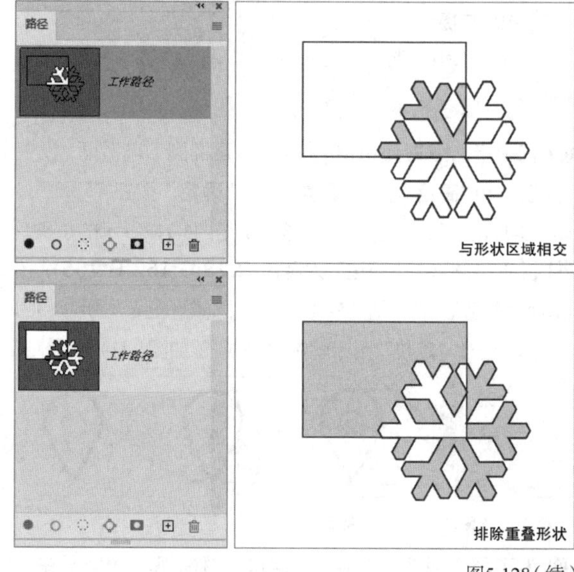

图5-128（续）

技巧与提示

在进行路径的相减运算时，其运算方式为用下层路径减去上层路径，因此，操作时需要调整路径的顺序。单击选项栏中的按钮，在打开的下拉列表中可以对路径的顺序进行调整，如图5-129所示。

对齐边缘
将形状置为顶层
将形状前移一层
将形状后移一层
将形状置为底层

图5-129

5.5 本章小结与评价

本章主要讲解了路径与矢量工具，包括了解矢量图形、使用形状类工具和钢笔类工具绘制矢量图形的方法，以及编辑锚点与路径的方法。读者可通过图5-130所示的思维导图梳理知识脉络，并结合表5-1进行自测，查找学习的薄弱环节，从而更好地掌握本章的知识点。

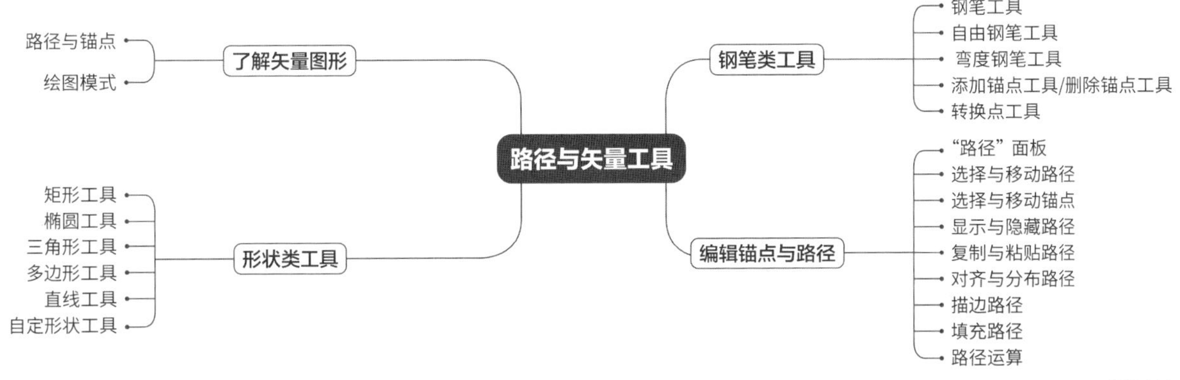

图5-130

自我测评表

表5-1

评价内容	评价标准	掌握程度	自我总结
了解矢量图形	能够认识路径与锚点		
	能够使用不同的绘图模式进行绘制		
形状类工具组	能够使用“矩形工具”进行绘制		
	能够使用“椭圆工具”进行绘制		
	能够使用“三角形工具”进行绘制		
	能够使用“多边形工具”进行绘制		
	能够使用“直线工具”进行绘制		
	能够使用“自定形状工具”进行绘制		
钢笔类工具组	能够使用“钢笔工具”进行绘制		
	能够使用“自由钢笔工具”进行绘制		
	能够使用“弯度钢笔工具”进行绘制		
	能够使用“添加锚点工具”和“删除锚点工具”添加和删除锚点		
	能够使用“转换点工具”转换锚点的类型		
编辑锚点与路径	能够使用“路径”面板存储和管理路径		
	能够使用“路径选择工具”选择或移动路径		
	能够使用“直接选择工具”选择或移动锚点		
	能够显示与隐藏路径		
	能够复制与粘贴路径		
	能够对齐与分布路径		
	能够描边与填充路径		
	能够理解路径运算的原理		

5.6 课后习题

根据本章的内容，本节共安排了3个课后习题供读者练习，以帮助读者对本章的知识进行综合运用。

课后习题：抠出图中的布偶

素材文件	素材文件>CH05>素材05.jpg
实例文件	实例文件>CH05>抠出图中的布偶.psd
视频名称	抠出图中的布偶.mp4
学习目标	掌握使用“钢笔工具”抠图的方法

本习题主要要求读者对使用**“钢笔工具”**抠图进行练习，如图5-131所示。

图5-131

课后习题：绘制渐变图标

素材文件	无
实例文件	实例文件>CH05>绘制渐变图标.psd
视频名称	绘制渐变图标.mp4
学习目标	掌握使用钢笔类工具和形状类工具绘制图标的方法

本习题主要要求读者对使用**钢笔类工具**和**形状类工具**绘制图标进行练习，效果如图5-132所示。

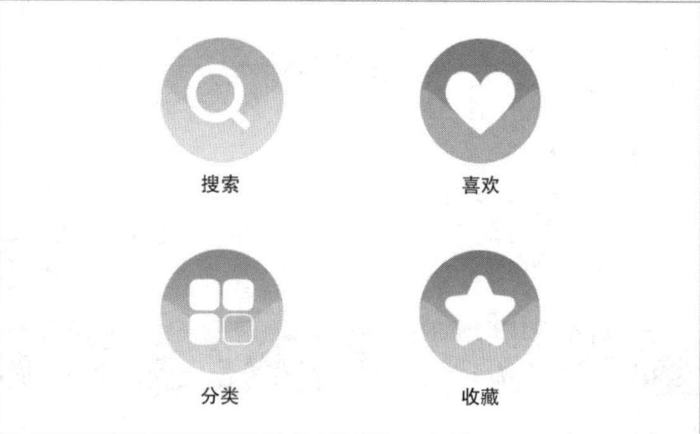

图5-132

课后习题：制作功能型引导页

素材文件	素材文件>CH05>素材06-1.jpg、素材06-2.jpg、素材06-3.jpg
实例文件	实例文件>CH05>制作功能型引导页.psd、制作功能型引导页展示图.psd
视频名称	制作功能型引导页.mp4
学习目标	掌握使用形状类工具制作引导页的方法

本习题主要要求读者对使用**形状类工具**制作**引导页**进行练习，效果如图5-133所示。

图5-133

第 6 章

调整色调与颜色

本章主要介绍调整图像色调与颜色的命令，以及这些命令的具体使用方法。使用这些命令可以调整图像的亮度、对比度和细节等，使图像的光感更加自然。此外，使用这些命令还可以制作出特殊的光影效果。

课堂学习目标

◇ 掌握调整图像亮度和对比度的方法
◇ 掌握调整图层的使用方法
◇ 掌握调整图像色阶的方法
◇ 掌握使用曲线调整图像色调的方法
◇ 掌握调整图像色相和饱和度的方法
◇ 掌握调整图像颜色的方法
◇ 了解三原色与互补色
◇ 掌握调整图像主要印刷色含量的方法
◇ 了解匹配源图像与目标图像中颜色的方法
◇ 了解将所选颜色替换为其他颜色的方法
◇ 掌握将图像调整为黑白图像的方法
◇ 了解调整特殊色调和颜色的命令
◇ 掌握使用Camera Raw滤镜调整颜色的方法

Photoshop 2024

6.1 色调调整

Photoshop中有多个可以用于调整图像色调的命令，使用这些命令可以改善过曝和曝光不足等现象，还可以制作出多种光影效果。

本节重点内容

重点内容	说明
亮度/对比度	调整图像整体的亮度与对比度
色阶	分别调整图像的阴影、中间调和高光区域的强度
曲线	精准调整图像的色调

6.1.1 亮度/对比度

执行“图像”>“调整”>“亮度/对比度”菜单命令，打开“亮度/对比度”对话框，如图6-1所示。在该对话框中可以提高（向右拖曳滑块）或降低（向左拖曳滑块）图像整体的亮度与对比度。

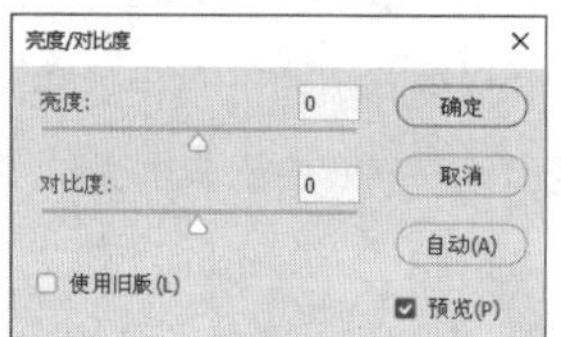

图6-1

重要参数介绍

◇ **亮度**：用于设置图像的整体亮度。当数值为正值时，图像整体变亮，如图6-2所示。当数值为负值时，图像整体变暗，如图6-3所示。

图6-2

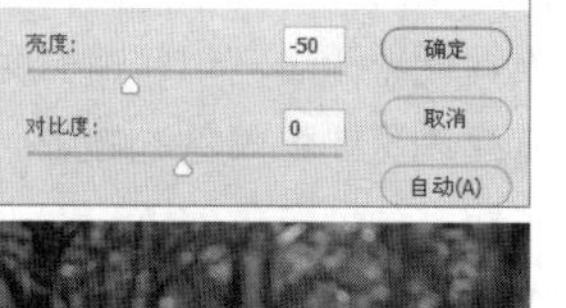

图6-3

◇ **对比度**：用于设置图像明暗对比的强烈程度。当数值为正值时，图像的明暗对比变强，如图6-4所示。当数值为负值时，图像的明暗对比变弱，如图6-5所示。

图6-4

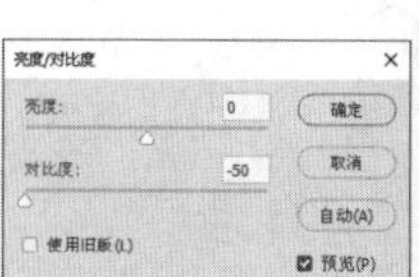

图6-5

◇ **自动**：单击该按钮，系统将对图像的亮度和对比度进行自动调整。

◇ **使用旧版**：勾选该选项，将使用Photoshop CS3及以前版本的调整方式，其调整强度较大。

知识点：调整图层的妙用

在调整图像的色调和颜色时，执行“图像”>“调整”子菜单中的命令会破坏原始图像。而执行“图层”>“新建调整图层”子菜单中的命令，或者单击“图层”面板底部的 按钮，在弹出的菜单中选择相应的命令，在当前图层上方创建调整图层，如图6-6所示在调整图层上调整不会破坏原始图像，而且还可以随时对相关参数进行修改。在不需要调整图层时，还可以将其关闭或者删除。

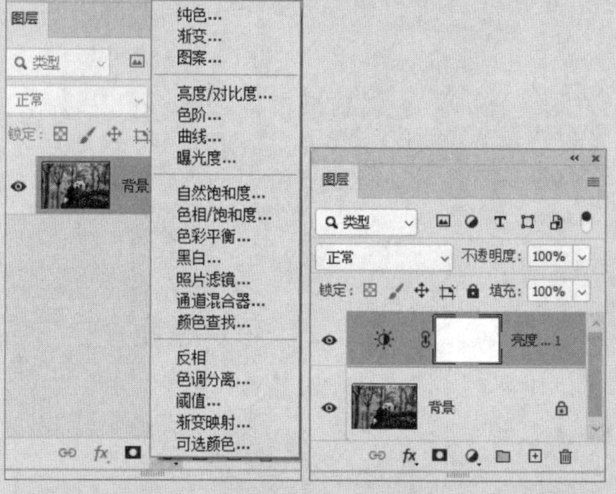

图6-6

选择调整图层，即可在“属性”面板中调整相关参数，如图6-7所示。单击“属性”面板下方的 按钮，即可将调整图层创建为下方图层的剪贴蒙版，如图6-8所示。

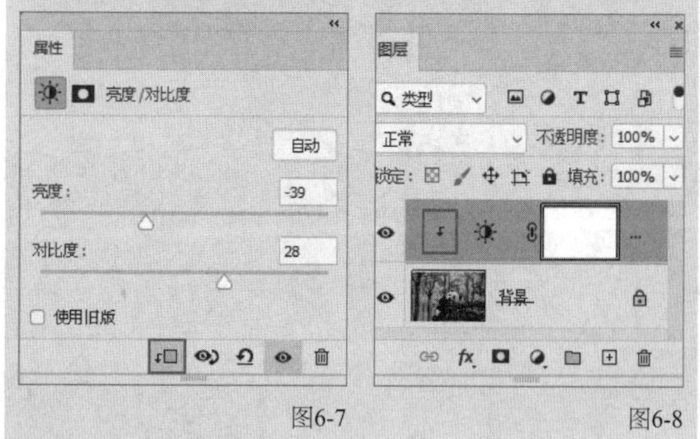

图6-7　图6-8

6.1.2 色阶

使用“色阶”命令不仅可以分别调整图像阴影、中间调和高光区域的强度，以校正图像的色调范围和色彩平衡，还可以分别调整各个通道，从而校正图像的色彩。执行“图像”>“调整”>“色阶”菜单命令（快捷键为Ctrl+L），打开“色阶”对话框，如图6-9所示。

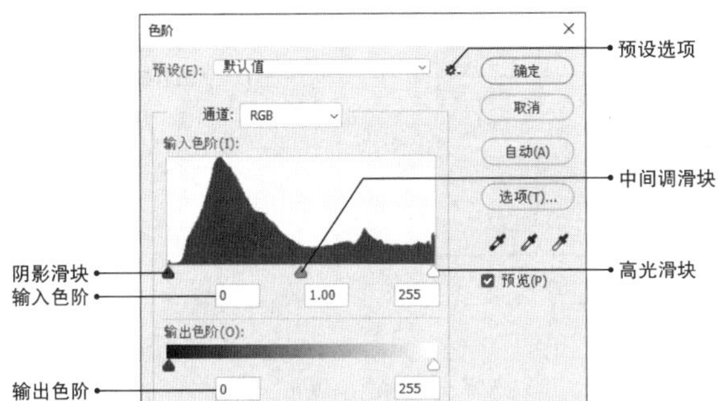

图6-9

重要参数介绍

◇ **预设**：在该下拉列表中可以选择预设色阶来调整图像，如图6-10所示。例如，选择“增加对比度 2”选项，系统将自动调整图像的对比度，如图6-11所示。

图6-10

图6-11

◇ **预设选项**：单击该按钮，可以保存当前设置的参数，或者载入外部的预设文件。

◇ **通道**：可以选择一个通道来调整图像，以改变图像的颜色，如图6-12所示。

图6-12

◇ **输入色阶**：通过拖曳滑块或者输入数值，可以调整图像的阴影、中间调和高光。向左拖曳中间调滑块，可以使图像变亮，如图6-13所示。向右拖曳中间调滑块，可以使图像变暗，如图6-14所示。

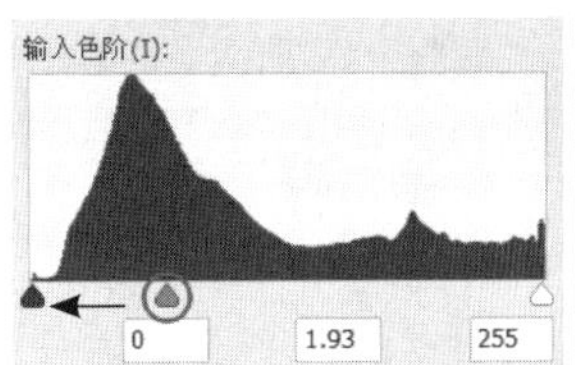

图6-13

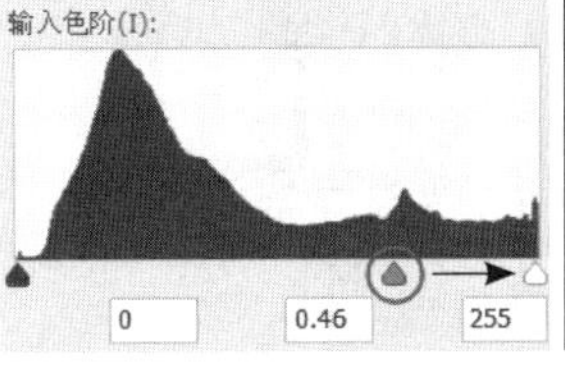

图6-14

◇ **输出色阶**：用于设置图像的亮度范围，减小亮度范围，对比度就会降低，图像颜色会发灰，如图6-15所示。

图6-15

技巧与提示

输出色阶的取值范围是0～255，0表示黑色，255表示白色。因此，输出色阶值越大，图像就越亮。

◇ **设置黑场**：使用该吸管在图像中单击，可以将单击点处以及比其暗的像素变为黑色。

◇ **设置灰场**：使用该吸管在图像中单击，可以根据单击点处像素的亮度调整其他中间调的平均亮度。

◇ **设置白场**：使用该吸管在图像中单击，可以将单击点处以及比其亮的像素变为白色。

◇ **自动** 自动(A)：单击该按钮，系统将自动调整图像的色阶，从而校正图像的颜色。

◇ **选项** 选项(T)...：单击该按钮，会打开“自动颜色校正选项”对话框，如图6-16所示。在该对话框中可以设置单色、每通道、深色与浅色、亮度和对比度的算法等。

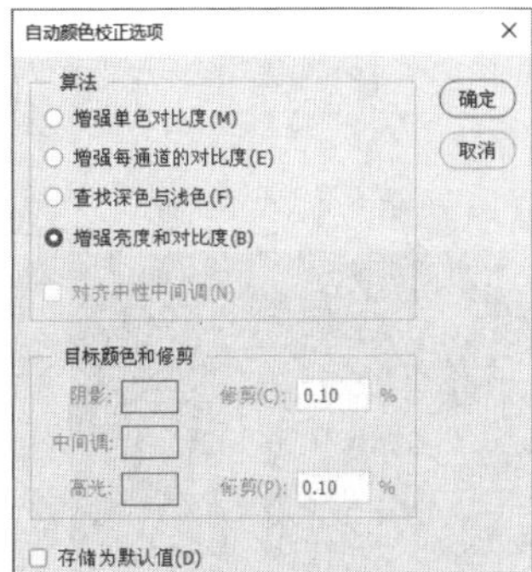

图6-16

6.1.3 曲线

“曲线”命令既能用于调整色调，又能用于调整颜色，是十分强大的调整命令。通过调整曲线的形状，可以精准地调整图像的色调。执行“图像”>“调整”>“曲线”菜单命令（快捷键为Ctrl+M），打开“曲线”对话框，如图6-17所示。

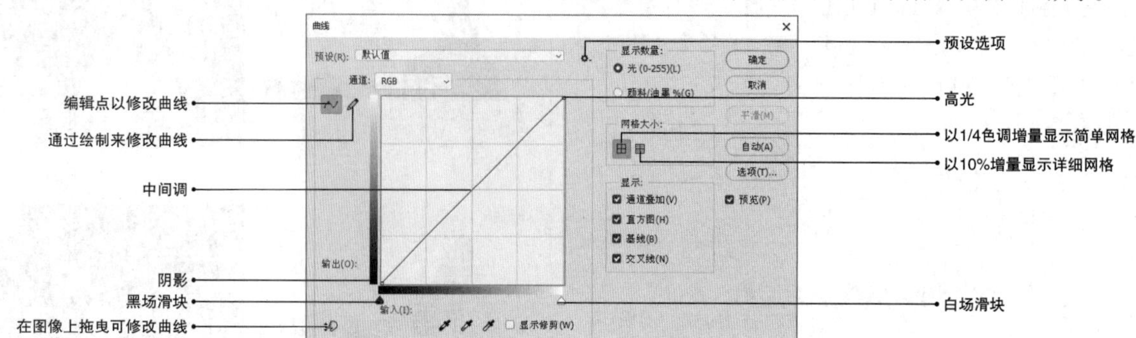

图6-17

重要参数介绍

◇ **预设**：在该下拉列表中可以选择预设选项来调整图像，共有9种预设选项，如图6-18所示。

图6-18

◇ **通道**：可以选择一个通道来调整图像。

◇ **输入/输出**：“输入”显示所选控制点的当前强度，“输出”显示所选控制点的新强度。

◇ **设置黑场/设置灰场/设置白场/自动/选项**：与“色阶”对话框中对应的工具或选项的功能相同。

◇ **显示修剪**：用于控制是否显示图像中发生修剪的位置。

◇ **编辑点以修改曲线**：单击该按钮，在曲线上单击可以添加控制点，拖曳控制点可以改变曲线的形状，从而达到调整图像的目的，如图6-19所示。

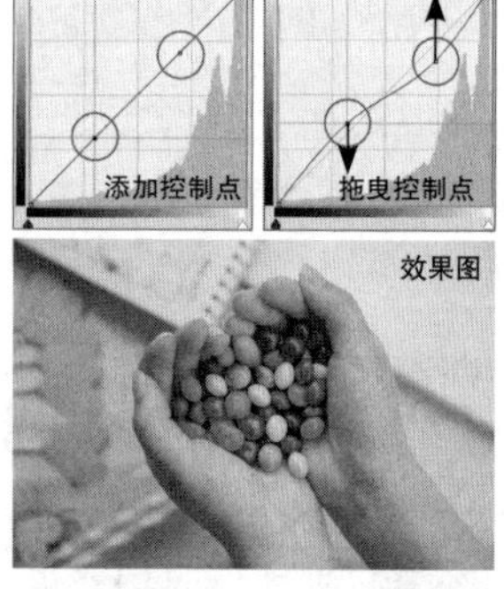

图6-19

技巧与提示

单击控制点即可将其选中；按住Shift键可以同时选中多个控制点；按↑键或↓键可以向上或向下微调控制点；将控制点拖曳至曲线外，或者选中控制点并按Delete键，可以删除控制点。

◇ **通过绘制来修改曲线**：单击该按钮，可以拖曳鼠标以绘制曲线。单击“平滑”按钮，可以将曲线变得平滑。单击按钮，曲线上会显示控制点。

◇ **显示数量**：包含“光（0-255）”和“颜料/油墨 %”两种显示方式。

◇ **以1/4色调增量显示简单网格**：默认的网格显示状态，此状态下的网格较为简单、稀疏。

◇ **以10%增量显示详细网格**：单击该按钮，显示的网格会变得更为精细。

课堂案例

打造梦幻光感

素材文件 素材文件>CH06>素材01.jpg

实例文件 实例文件>CH06>打造梦幻光感.psd

视频名称 打造梦幻光感.mp4

学习目标 掌握使用“曲线”命令调整图像的方法

本例将使用“**曲线**”命令为图像打造梦幻光感，如图6-20所示。

图6-20

01 按快捷键Ctrl+O打开本书学习资源文件夹中的“**素材文件**”>“**CH06**”>“**素材01.jpg**”文件，如图6-21所示。按快捷键**Ctrl+J**复制图层，并设置“**图层1**”图层的**混合模式**为“**滤色**”，如图6-22所示。

图6-21

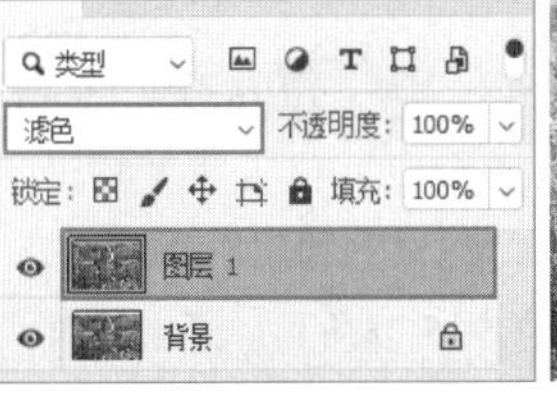

图6-22

02 执行“**滤镜**”>“**模糊**”>“**高斯模糊**”菜单命令，打开“**高斯模糊**”对话框，设置“**半径**”为**9.8像素**，如图6-23所示。单击“**确定**”按钮 确定 ，效果如图6-24所示。

图6-23

图6-24

03 单击“**图层**”面板底部的 **按钮**，添加“**曲线**”调整图层。打开“**属性**”面板，在曲线上单击以**添加一个控制点并向下拖曳**，如图6-25所示。效果如图6-26所示。

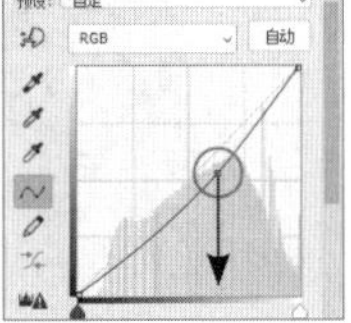

图6-25

图6-26

04 单击“**图层**”面板底部的 **按钮**，添加“**可选颜色**”**调整图层**。打开“**属性**”面板，设置“**颜色**”为“**红色**”，然后**降低黑色**所占的**百分比**，接着设置“**颜色**”为“**黄色**”，然后调整**4种颜色**所占的**百分比**，如图6-27所示。效果如图6-28所示。

图6-27

图6-28

05 新建“**曲线**”**调整图层**，在“**通道**”下拉列表中选择“**绿**”通道，在曲线上添加**两个控制点**，并**向右**拖曳**下方**的控制点，在**阴影**中**减少一些绿色**，如图6-29所示。效果如图6-30所示。

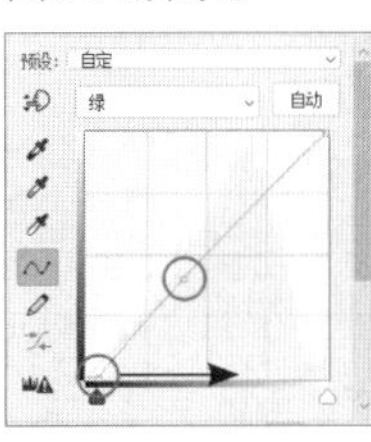

图6-29

图6-30

06 在“**通道**”下拉列表中选择“**蓝**”通道，在曲线上添加**两个**控制点，并**向上**拖曳**下方**的控制点，在**阴影**中**增加**一些**蓝色**，如图6-31所示。效果如图6-32所示。

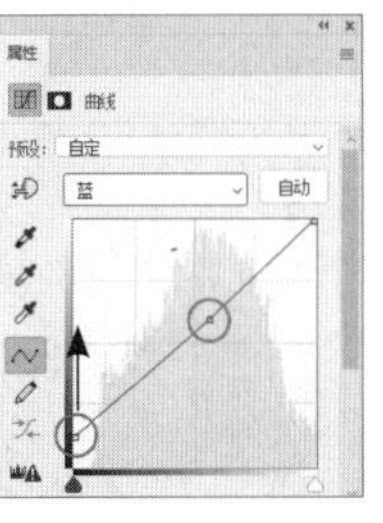

图6-31

图6-32

技巧与提示

案例中的参数设置仅供参考，读者可按照自己的想法进行调整。

6.2 颜色调整

Photoshop中有多个可以用于调整图像颜色的命令，使用这些命令可以改变图像的颜色，从而使图像具备不同质感。

本节重点内容

重点内容	说明
色相/饱和度	调整整个图像或选区内图像的色相、饱和度和明度
自然饱和度	调整饱和度并控制颜色，防止出现溢色现象
色彩平衡	调整图像颜色，以改善偏色现象
照片滤镜	模仿在相机镜头前面添加彩色滤镜的效果
可选颜色	更改图像中主要原色的印刷色含量
匹配颜色	将源图像中的颜色与目标图像中的颜色进行匹配
替换颜色	将选取的颜色替换为其他颜色

6.2.1 色相/饱和度

执行“图像”>“调整”>“色相/饱和度”菜单命令（快捷键为Ctrl+U），打开“色相/饱和度”对话框，如图6-33所示。通过该对话框不仅可以调整整个图像或选区内图像的色相、饱和度和明度，还可以调整单个通道。

图6-33

重要参数介绍

◇ **预设**：在该下拉列表中可以选择预设选项来调整图像，如图6-34所示。例如，选择“深褐”选项，可以将图像调整为复古风格，如图6-35所示。

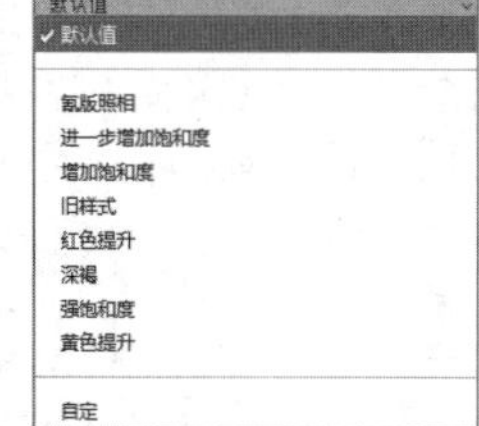

图6-34

图6-35

◇ **预设选项**：单击该按钮，可以保存当前设置的参数，或者载入外部的预设文件。

◇ **通道下拉列表**：在该下拉列表中可以选择“全图”“红色”“黄色”“绿色”“青色”“蓝色”“洋红”通道进行调整。选择好通道以后，拖曳下方的滑块，可以分别对该通道的色相、饱和度和明度进行调整，如图6-36所示。

图6-36

◇ **单击并拖曳可修改饱和度**：按下该按钮后，可直接在图像中需要修改颜色的位置按住鼠标左键拖曳。向右拖曳，可以提高颜色的饱和度；向左拖曳，可以降低颜色的饱和度。按住Ctrl键进行操作，可以修改颜色的色相。

图6-37

◇ **着色**：勾选该选项，图像会变为单一色调，如图6-37所示。

6.2.2 自然饱和度

执行“图像”>“调整”>“自然饱和度”菜单命令，打开“自然饱和度”对话框，如图6-38所示。通过该对话框调整饱和度，可有效防止颜色过于饱和而出现溢色现象。

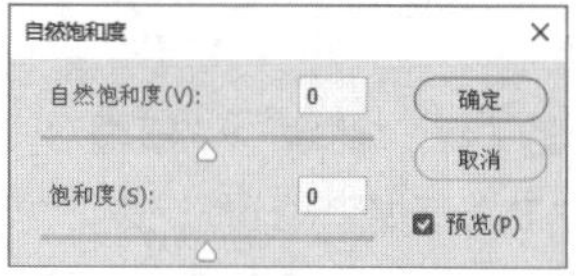

图6-38

重要参数介绍

◇ **自然饱和度**：向左拖曳滑块，可以降低颜色的饱和度；向右拖曳滑块，可以提高颜色的饱和度。使用该选项可以给饱和度设置上限，使调整后的图像色彩更加自然。使用该选项改善人物肤色可以得到十分自然的效果，如图6-39所示。

图6-39

◇ **饱和度：**向左拖曳滑块，可以降低所有颜色的饱和度；向右拖曳滑块，可以提高所有颜色的饱和度。该选项的颜色调整效果更加强烈，如图6-40所示。

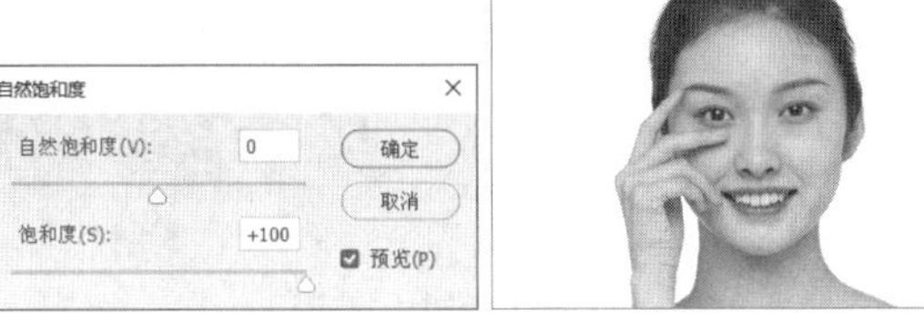

图6-40

6.2.3 色彩平衡

执行“图像”>“调整”>“色彩平衡”菜单命令（快捷键为Ctrl+B），打开“色彩平衡”对话框，如图6-41所示。该对话框常用于调整图像颜色，以改善偏色现象。

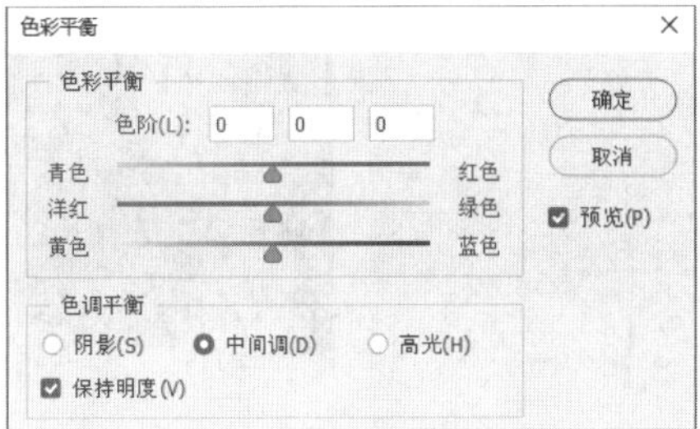

图6-41

重要参数介绍

◇ **色彩平衡：**用于调整“青色-红色”“洋红-绿色”“黄色-蓝色”在图像中所占的百分比，可以通过手动输入数值或者拖曳滑块的方式进行调整。例如，向右拖曳“青色-红色”滑块，可以提高红色在图像中所占的百分比，同时降低其补色青色所占的百分比，如图6-42所示。向左拖曳“青色-红色”滑块，可以提高青色在图像中所占的百分比，同时降低其补色红色所占的百分比，如图6-43所示。

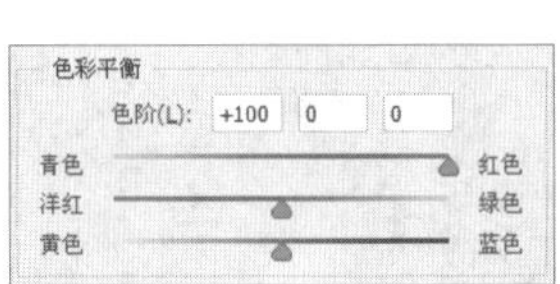

图6-42

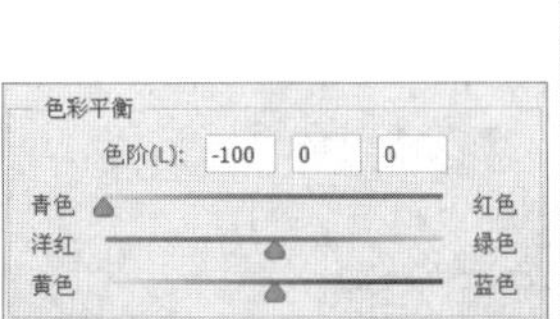

图6-43

◇ **色调平衡：**用于设置调整的色彩范围，包含“阴影”“中间调”“高光”3个选项。

◇ **保持明度：**勾选该选项，可以保持图像的亮度不变。

知识点：三原色与互补色

三原色指色彩中不能再分解的3种基本颜色，通常分为光学三原色和颜料三原色。光学三原色指的是红色、绿色和蓝色，将它们混合可以生成多种颜色。例如，青色由蓝色和绿色混合而成、黄色由红色和绿色混合而成、洋红色由红色和蓝色混合而成，如图6-44所示。

颜料三原色指的是青色、洋红色和黄色。红色由洋红色和黄色混合而成、绿色由青色和黄色混合而成、蓝色由青色和洋红色混合而成，如图6-45所示。

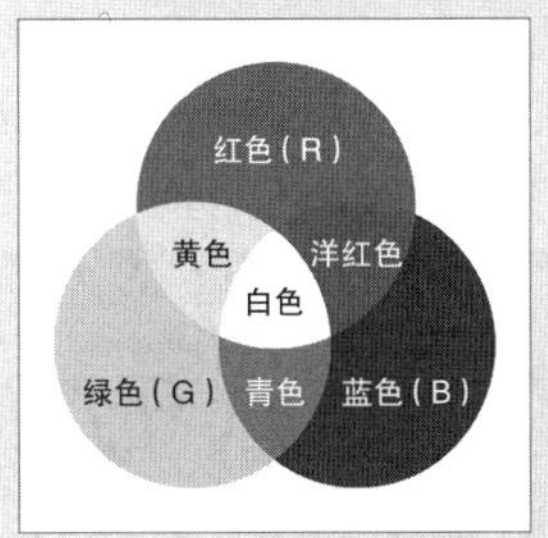

图6-44

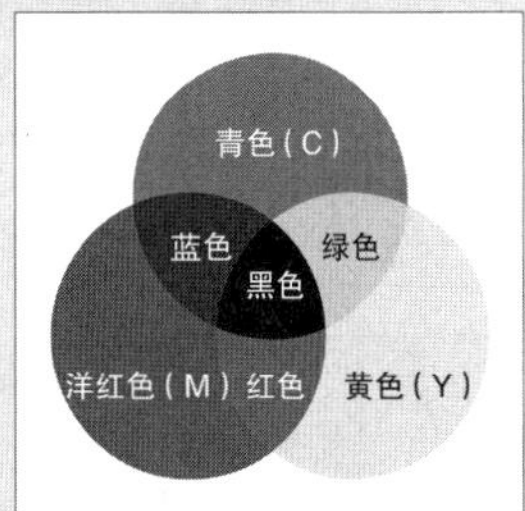

图6-45

为了便于研究，科学家将可见光谱制成了一个环，即色轮。在光学中，如果两种色光以适当的比例混合可以产生白光，就称它们为互补色。在色轮中，夹角为180°的颜色就是互补色，如图6-46所示。从图中可以看出，光学三原色对应的互补色为颜料三原色。

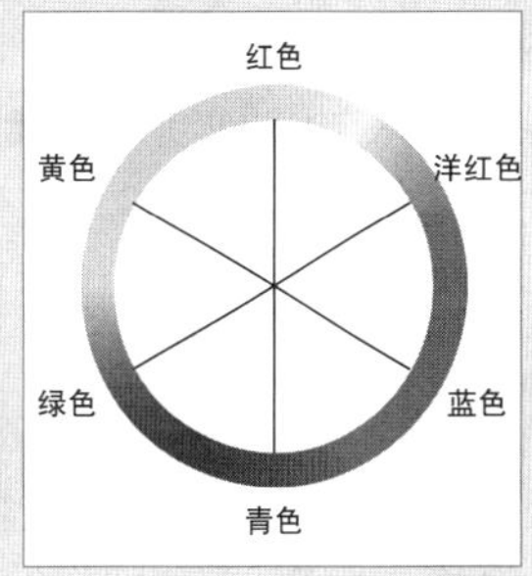

图6-46

课堂案例

打造清新自然感

素材文件	素材文件>CH06>素材02.jpg
实例文件	实例文件>CH06>打造清新自然感.psd
视频名称	打造清新自然感.mp4
学习目标	掌握使用“色彩平衡”和“曲线”命令调整图像的方法

本例将使用“**色彩平衡**”命令和“**曲线**”命令为图像营造清新自然感，如图6-47所示。

图6-47

01 按快捷键**Ctrl+O**打开本书学习资源文件夹中的“**素材文件**”>“**CH06**”>“**素材02.jpg**”文件，如图6-48所示。按快捷键**Ctrl+J**复制图层。

图6-48

02 单击“**图层**”面板底部的 **按钮**，添加“**色彩平衡**”调整图层。打开“**属性**”面板，勾选“**保留明度**”选项，设置“**色调**”为“**阴影**”，然后设置“**青色-红色**”为**-35**，“**洋红-绿色**”为**-6**，“**黄色-蓝色**”为**+7**，如图6-49所示。让**阴影**区域的色彩**偏蓝色**，同时**减少黄绿色**，如图6-50所示。

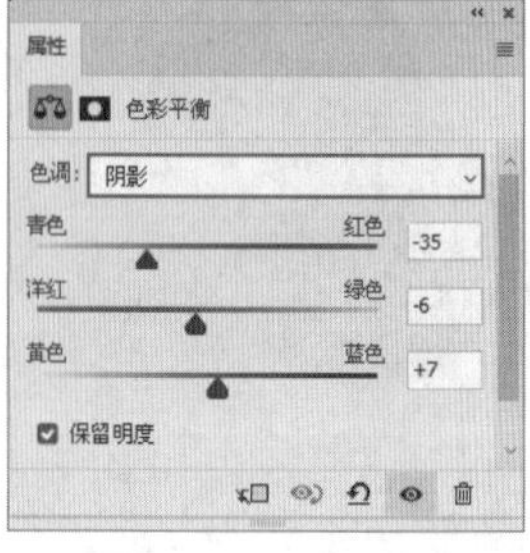

图6-49 图6-50

03 设置“**色调**”为“**中间调**”，然后设置“**青色-红色**”为**-35**，“**洋红-绿色**”为**-6**，“**黄色-蓝色**”为**+27**，如图6-51所示。让**中间调**区域的色彩**偏蓝色**，同时**减少黄绿色**，如图6-52所示。

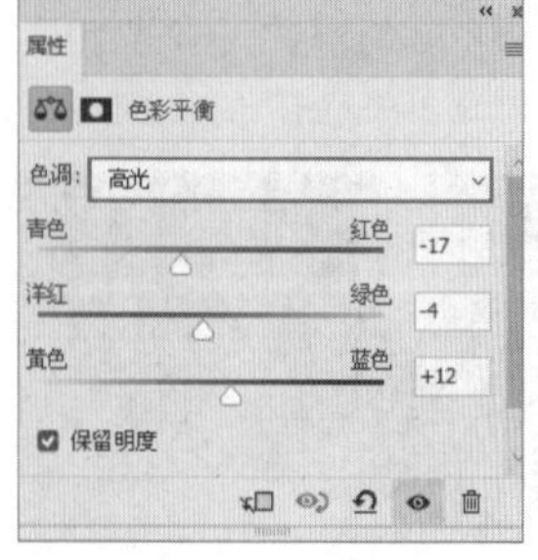

图6-51 图6-52

04 设置“**色调**”为“**高光**”，然后设置“**青色-红色**”为**-17**，“**洋红-绿色**”为**-4**，“**黄色-蓝色**”为**+12**，如图6-53所示。让**高光**区域的色彩**偏蓝色**，同时**减少黄绿色**，如图6-54所示。

图6-53 图6-54

05 单击“**图层**”面板底部的 **按钮**，添加“**曲线**”调整图层。打开“**属性**”面板，在曲线上添加**一个**控制点并**向上拖曳**，如图6-55所示。效果如图6-56所示。

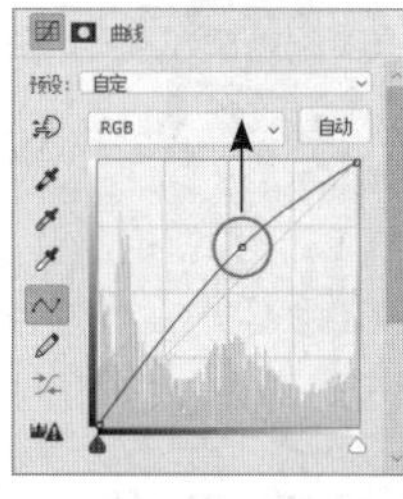

图6-55 图6-56

06 在“**通道**”下拉列表中选择“**蓝**”通道，在曲线上添加**两个**控制点，并**向上**拖曳**上方**的控制点，在**高光**中**增加蓝色**，如图6-57所示。效果如图6-58所示。

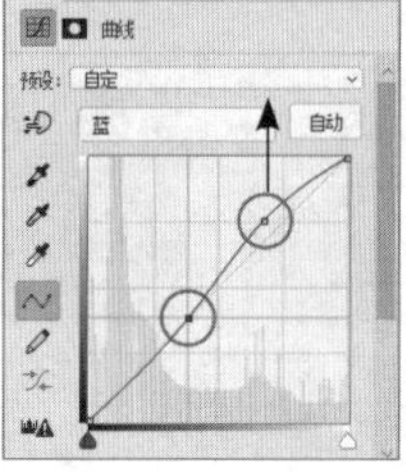

图6-57 图6-58

6.2.4 照片滤镜

执行“图像”>“调整”>“照片滤镜”菜单命令，打开“照片滤镜”对话框，如图6-59所示。使用该对话框可以校正照片的颜色，或者模拟在相机镜头前面添加彩色滤镜的效果。例如，在“滤镜”下拉列表中选择一种冷色调滤镜，可以将暖色调的图像调整为冷色调，如图6-60所示。

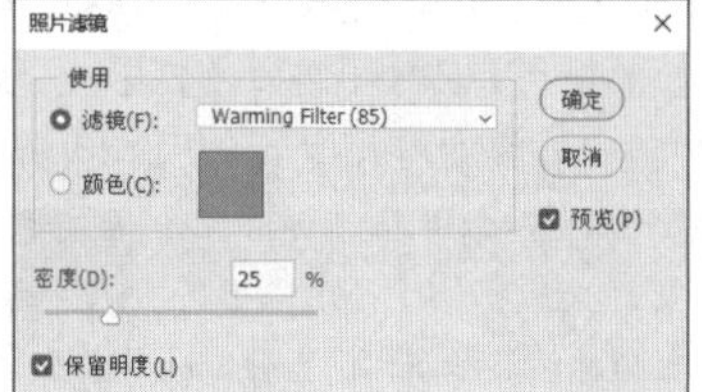

图6-59

图6-60

6.2.5 可选颜色

执行“图像”>“调整”>“可选颜色”菜单命令，打开“可选颜色”对话框，如图6-61所示。在该对话框中可以更改图像中主要原色的印刷色含量，并且不会影响其他主要颜色。

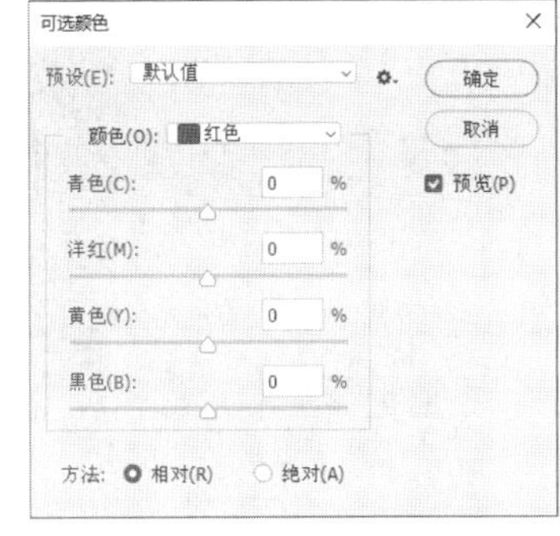

图6-61

重要参数介绍

◇ **颜色**：在该下拉列表中可以选择要修改的颜色，如图6-62所示。选择颜色后，在下方可以调整该颜色中青色、洋红色、黄色和黑色的百分比，如图6-63所示。

图6-62

◇ **方法**：选择“相对”选项，可以根据颜色总量的百分比来修改青色、洋红色、黄色和黑色的含量；选择“绝对”选项，可以用绝对值来调整颜色。

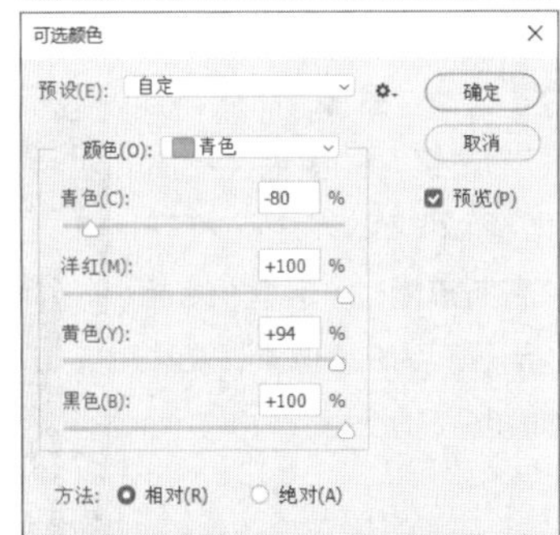

图6-63

课堂案例

打造秋日景色并制作日签

素材文件	素材文件>CH06>素材03-1.jpg、素材03-2.psd
实例文件	实例文件>CH06>打造秋日景色并制作日签.psd
视频名称	打造秋日景色并制作日签.mp4
学习目标	掌握使用“可选颜色”和“曲线”命令调整图像的方法

本例将使用“可选颜色”命令和“曲线”命令打造秋日景色并制作日签，效果如图6-64所示。

01 按快捷键**Ctrl+O**打开本书学习资源文件夹中的“**素材文件**”>“**CH06**”>“**素材03-1.jpg**”文件，如图6-65所示。按快捷键**Ctrl+J**复制图层。

图6-64

图6-65

02 单击“**图层**”面板底部的按钮，添加“**可选颜色**”调整图层。打开“**属性**”面板，设置“**颜色**”为“**黄色**”，然后调整**4种颜色**所占的**百分比**，如图6-66所示，效果如图6-67所示。

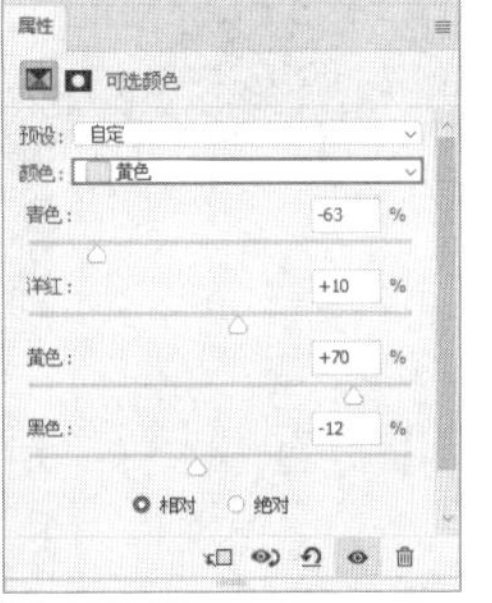

图6-66

图6-67

03 设置“**颜色**”为“**绿色**”，然后调整**4种颜色**所占的**百分比**，如图6-68所示，效果如图6-69所示。

图6-68

图6-69

04 按快捷键**Ctrl+J**复制“**选取颜色1**”图层，并设置“**选取颜色1 拷贝**”图层的“**不透明度**”为**70%**，如图6-70所示，效果如图6-71所示。

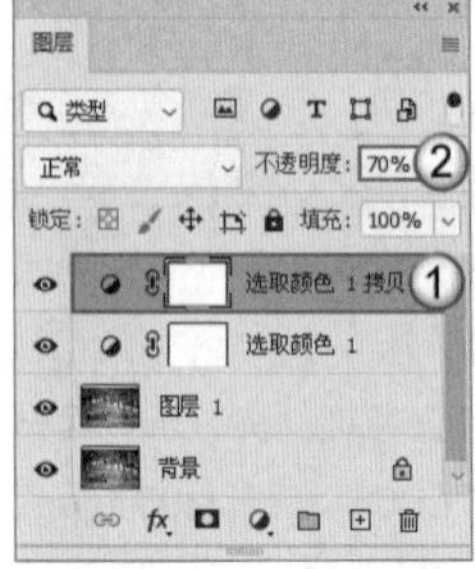

图6-70　图6-71

05 单击“**图层**”面板底部的 按钮，添加“**曲线**”**调整图层**。打开“**属性**”面板，在曲线上添加两个控制点并微调，调整**亮部与暗部**的色调，如图6-72所示。效果如图6-73所示。按快捷键**Shift+Ctrl+Alt+E**盖印所有可见图层。

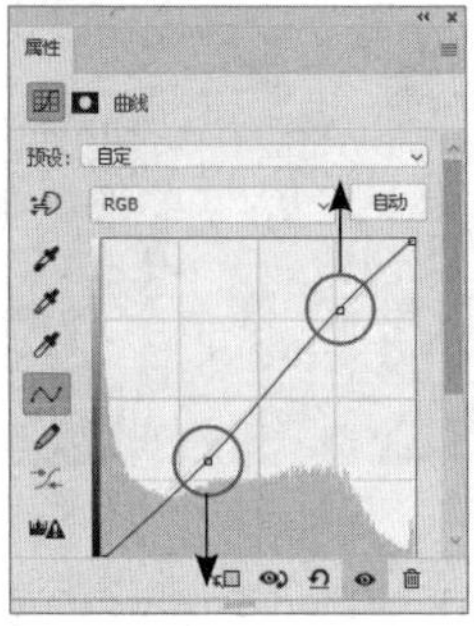

图6-72　图6-73

06 打开“**素材03-2.psd**”文件，将上一步**调整后**的图像拖曳到画布中，修改图层名称为“**图像**”并将其置于“**背景**”图层的**上方**，如图6-74所示。

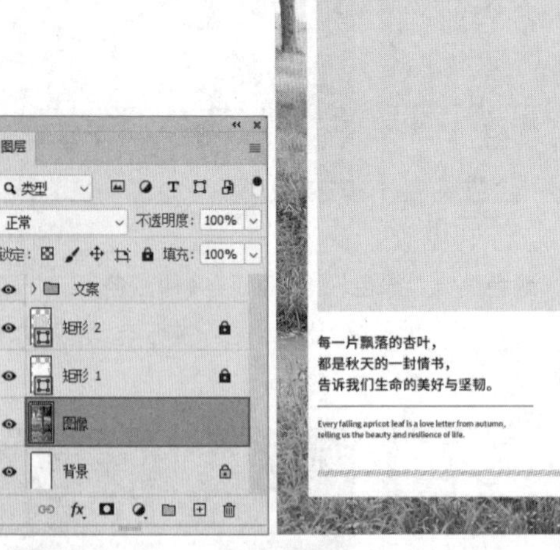

图6-74

07 按快捷键**Ctrl+J**复制“**图像**”图层，得到“**图像 拷贝**”图层，将其拖曳至“**矩形2**”图层的**上方**并**等比缩小**，如图6-75所示。执行“**图层**”>“**创建剪贴蒙版**”菜单命令，将“**图像 拷贝**”图层创建为“**矩形2**”图层的**剪贴蒙版**，如图6-76所示。

图6-75

图6-76

08 选择“**图像**”图层，执行“**滤镜**”>“**模糊**”>“**高斯模糊**”菜单命令，打开“**高斯模糊**”对话框，设置“**半径**”为**9.0像素**，效果如图6-77所示。

图6-77

课堂练习

打造甜美风

素材文件 素材文件>CH06>素材04.jpg

实例文件 实例文件>CH06>打造甜美风.psd

视频名称 打造甜美风.mp4

学习目标 掌握使用“可选颜色”和“曲线”命令调整图像的方法

本练习的目标是使用“**可选颜色**”命令和“**曲线**”命令打造甜美风的图像，处理后的**天空**偏**青色**，**樱花**为**淡粉色**，甜美感十足，如图6-78所示。

图6-78

6.2.6 匹配颜色

使用“匹配颜色”命令可以将源图像中的颜色与目标图像中的颜色进行匹配，也可以匹配同一个图像中不同图层之间的颜色。打开目标图像与源图像，如图6-79所示。

图6-79

执行“图像”>“调整”>“匹配颜色”菜单命令，打开“匹配颜色”对话框。在“源”下拉列表中选择源图像，如图6-80所示。这样目标图像的颜色就会与源图像中的颜色进行匹配，效果如图6-81所示。

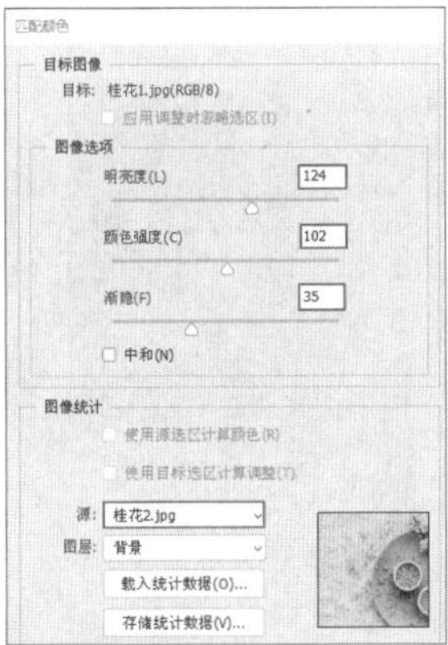

图6-80

图6-81

技巧与提示

图像为RGB颜色模式时才可以使用“匹配颜色”命令。如果图像为其他颜色模式，需要先将图像转为RGB颜色模式，才可以使用该命令。

6.2.7 替换颜色

执行“图像”>“调整”>“替换颜色”菜单命令，打开“替换颜色”对话框，如图6-82所示。在该对话框中可以通过调整所选颜色的色相、饱和度和明度，将其替换为其他颜色。

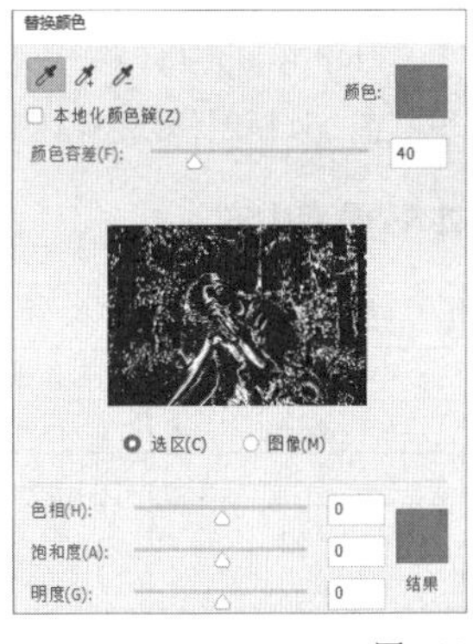

图6-82

使用“吸管工具”单击图像可以选取单击点处的颜色，“选区”缩览图中会显示选中的颜色区域（白色代表选中的颜色，黑色代表未选中的颜色），如图6-83所示。使用“添加到取样”工具单击图像，可以将单击点处的颜色添加到选中的颜色区域中，如图6-84所示。

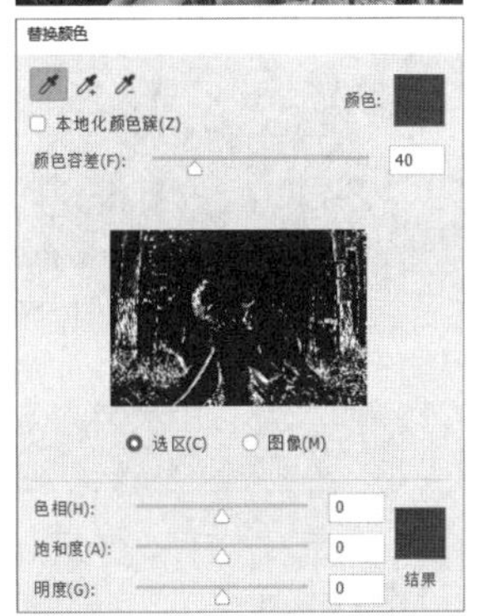

图6-83

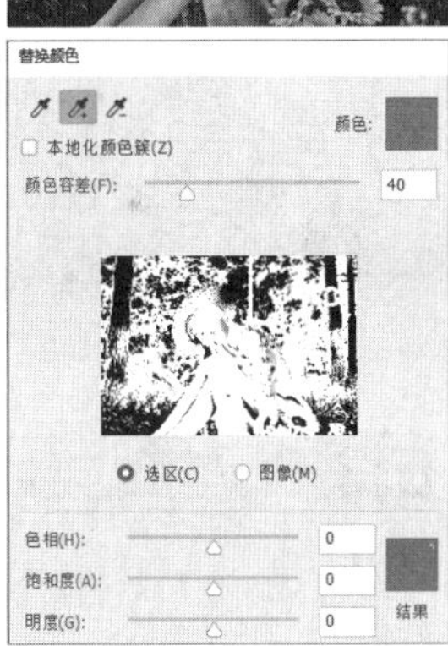

图6-84

技巧与提示

如果想去除部分颜色，使用“从取样中减去”工具单击图像，可以将单击点处的颜色从选中的颜色中减去。

调整替换后颜色的色相、饱和度和明度，可以将所选颜色进行替换，如图6-85所示。

图6-85

6.3 特殊调整

Photoshop中有多个命令可以用于调整出特殊的色调与颜色，从而制作出黑白图像或具有特殊质感的图像。

本节重点内容

重点内容	说明
去色	去掉图像中的颜色，使其成为灰度图像
黑白	将彩色图像转换为黑色或单色图像
反相	创建负片效果
阈值	将图像转换为高对比度的黑白图像
色调分离	减少图像的颜色数量
渐变映射	将渐变颜色映射到图像上
颜色查找	使颜色在不同设备之间精确地传递和再现
HDR色调	调整太亮或太暗的图像
Camera Raw滤镜	编辑RAW格式图像

6.3.1 去色

执行“图像”>“调整”>“去色”菜单命令（快捷键为Shift+Ctrl+U），可以去掉图像中的颜色，使其成为灰度图像。此操作相当于将图像的“饱和度”调整为-100，但去色效果的可控性较差，如图6-86所示。

图6-86

6.3.2 黑白

执行“图像”>“调整”>“黑白”菜单命令（快捷键为Alt+Shift+Ctrl+B），打开“黑白”对话框，如图6-87所示。拖曳不同的颜色滑块，可以调整图像中特定颜色的灰度。例如，向左拖曳“蓝色”滑块，可以使由蓝色转换而来的灰度变暗，如图6-88所示；向右拖曳“蓝色”滑块，可以使由蓝色转换而来的灰度变亮，如图6-89所示。

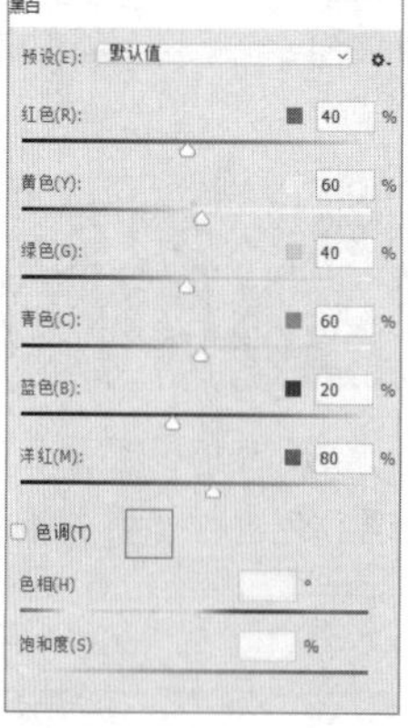

图6-87

图6-88　图6-89

勾选“色调”选项，可以用单色为黑色图像着色，并且可以调整单色图像的色相和饱和度，如图6-90所示。

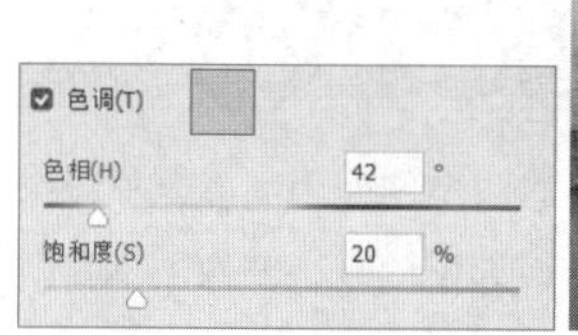

图6-90

知识点：为黑白图像上色

如果想为黑白图像上色，除了使用“画笔工具”进行绘制，还可以使用Neural Filters滤镜库中的滤镜进行上色。执行“滤镜”>“Neural Filters”菜单命令，在打开的Neural Filters对话框中选择“着色”滤镜，系统会基于人工智能计算自动为图像上色，如图6-91所示。在Neural Filters对话框下方还可以对图像中的色彩进行自动调整或手动调整。

图6-91

6.3.3 反相

执行“图像”>“调整”>“反相”菜单命令（快捷键为Ctrl+I），可以将图像中的颜色转换为它的补色（黑色与白色相互转换，这两种颜色较为特殊），从而创建出彩色负片效果，如图6-92所示。执行“图像”>“调整”>“黑白”菜单命令，即可得到黑白负片。

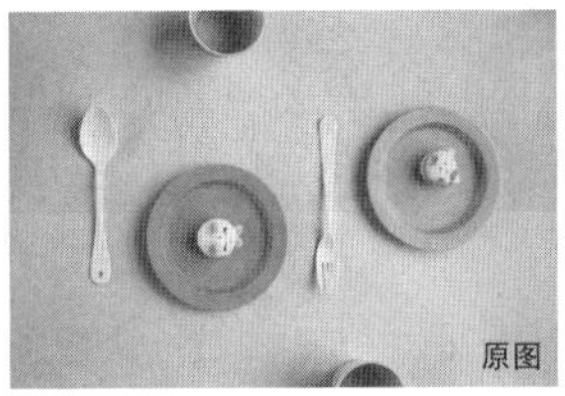

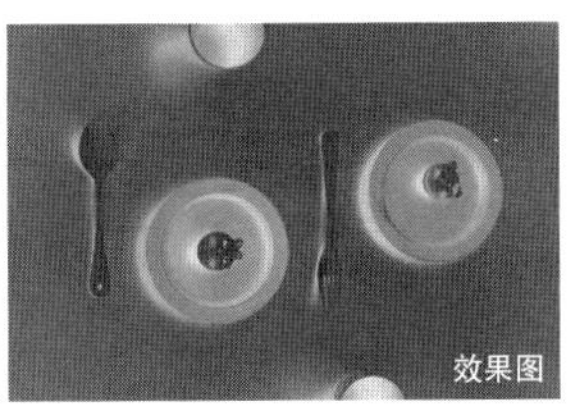

图6-92

技巧与提示

“反相”操作是一种可逆的操作。将图像转换为负片效果后，再次执行“图像”>“调整”>“反相”菜单命令，可以恢复其原有颜色。

6.3.4 阈值

使用“阈值”命令可以删除图像中的色彩信息，将其转换为高对比度的黑白图像。执行“图像”>“调整”>“阈值”菜单命令，打开“阈值”对话框，如图6-93所示。在“阈值色阶”文本框中输入数值，或者拖曳直方图下面的滑块，可以指定一个色阶作为阈值，比该阈值亮的像素将转换为白色，比该阈值暗的像素将转换为黑色，如图6-94所示。

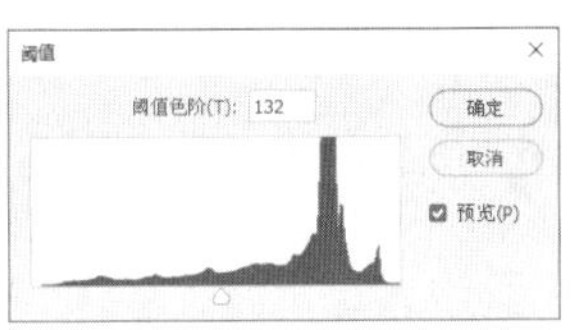

图6-93

图6-94

6.3.5 色调分离

执行“图像”>“调整”>“色调分离”菜单命令，打开“色调分离”对话框，如图6-95所示。在该对话框中可以减小“色阶”值，使图像中的颜色数量减少。“色阶”值越小，图像细节越少；“色阶”值越大，图像细节越多，如图6-96所示。

图6-95

图6-96

6.3.6 渐变映射

执行“图像”>“调整”>“渐变映射”菜单命令，打开“渐变映射”对话框，如图6-97所示。在该对话框中可以将渐变颜色映射到图像上。默认状态下，Photoshop会基于前景色与背景色生成渐变颜色，如图6-98所示。单击渐变颜色条，在打开的“渐变编辑器”对话框中可以编辑渐变颜色。

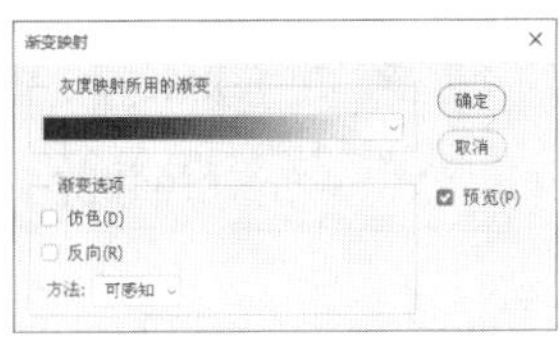

图6-97

图6-98

技巧与提示

一般情况下，执行“渐变映射”命令会改变图像的对比度，如图6-99所示。如果想要只改变图像的颜色，可以创建“渐变映射”调整图层，并设置其混合模式为“颜色”，如图6-100所示。

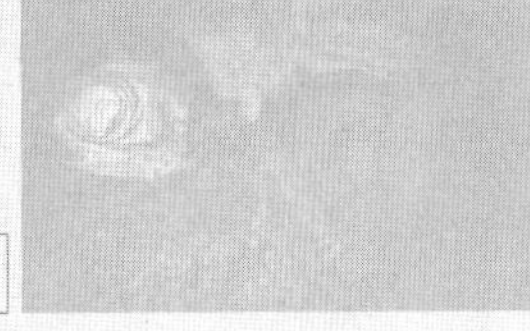

图6-99

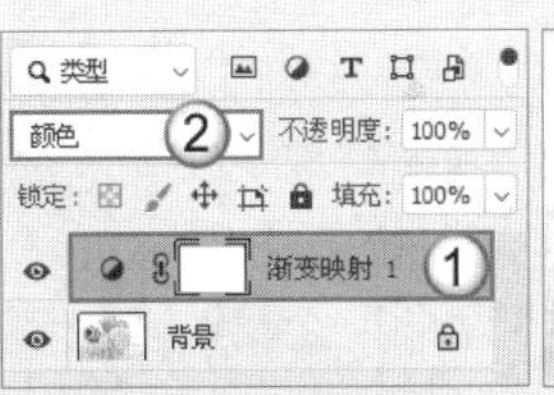

图6-100

6.3.7 颜色查找

不同显示设备在输入和输出图像时可能会出现颜色偏差。使用"颜色查找"命令可以使颜色在不同设备之间精确传递和再现，可以说它是一个用于校准颜色的命令。执行"图像">"调整">"颜色查找"菜单命令，打开"颜色查找"对话框，如图6-101所示。例如，设置"3DLUT文件"为Moonlight.3DL，可以得到夜晚的色彩效果，如图6-102所示。

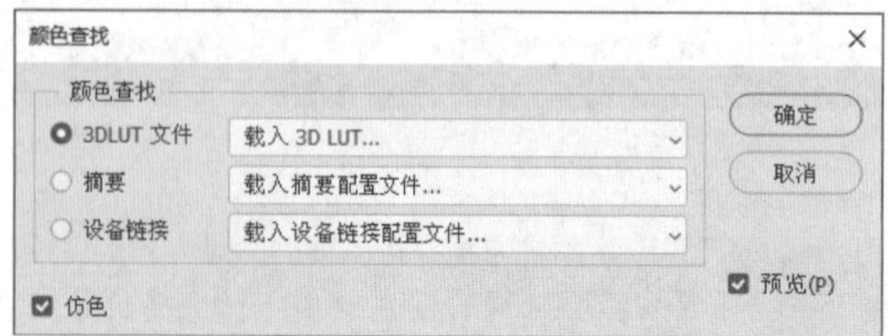

图6-101

图6-102

课堂案例

打造电影感

素材文件	素材文件>CH06>素材05.jpg
实例文件	实例文件>CH06>打造电影感.psd
视频名称	打造电影感.mp4
学习目标	掌握使用"颜色查找"和"曲线"命令调整图像的方法

本例将使用"**颜色查找**"命令和"**曲线**"命令为图像打造电影感，如图6-103所示。

图6-103

01 按快捷键**Ctrl+O**打开本书学习资源文件夹中的"**素材文件**">"**CH06**">"**素材05.jpg**"文件，如图6-104所示。按快捷键**Ctrl+J**复制图层。

图6-104

02 单击"**图层**"面板底部的 **按钮**，添加"**颜色查找**"调整图层。打开"**属性**"面板，设置"**3DLUT文件**"为**Soft_Warming.look**，如图6-105所示，然后设置这个调整图层的**混合模式**为"**正片叠底**"，效果如图6-106所示。

图6-105　　图6-106

03 单击"**图层**"面板底部的 **按钮**，添加"**曲线**"**调整图层**。打开"**属性**"面板，在"**通道**"下拉列表中选择"**绿**"通道，在曲线中添加**两个**控制点，并**向上拖曳下方**的控制点，在**阴影**中**增加绿色**，如图6-107所示。效果如图6-108所示。

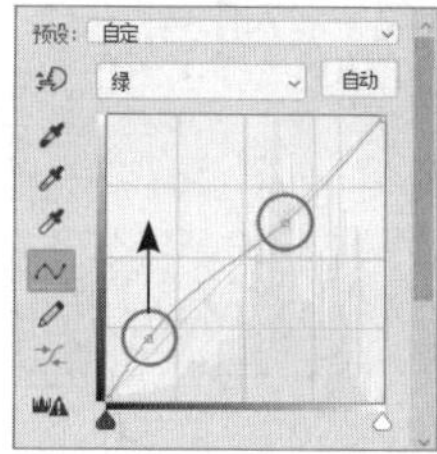

图6-107　　图6-108

04 在"**通道**"下拉列表中选择"**红**"通道，在曲线中添加**两个**控制点，并**向上拖曳上方**的控制点，在**高光**中增加**红色**，如图6-109所示。效果如图6-110所示。

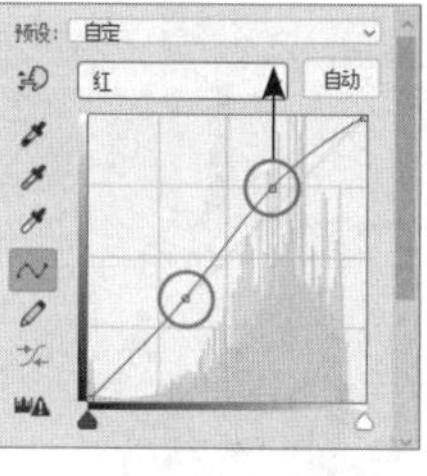

图6-109　　图6-110

05 在"**通道**"下拉列表中选择**RGB通道**，在曲线中添加**一个**控制点并**向上**拖曳，然后**向右**拖曳**左下角**的控制点，使**亮部**更**亮**一些，**暗部**更**暗**一些，如图6-111所示。效果如图6-112所示。

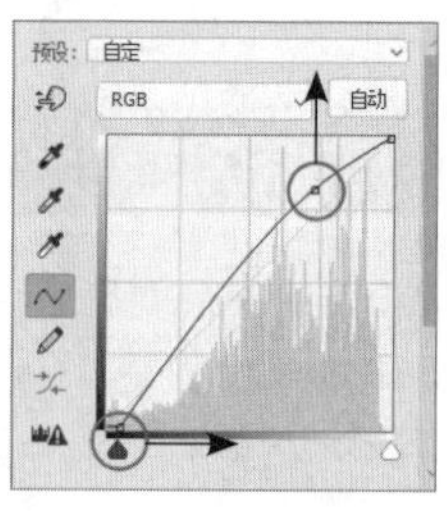

图6-111　　图6-112

6.3.8 HDR色调

执行“图像”>“调整”>“HDR色调”菜单命令，打开“HDR色调”对话框，如图6-113所示。在该对话框中可以调整太亮或太暗的图像，从而模拟高动态范围（High Dynamic Range，HDR）图像的效果。在“预设”下拉列表中可以选择预设选项来调整图像。图6-114所示为部分预设选项的效果。

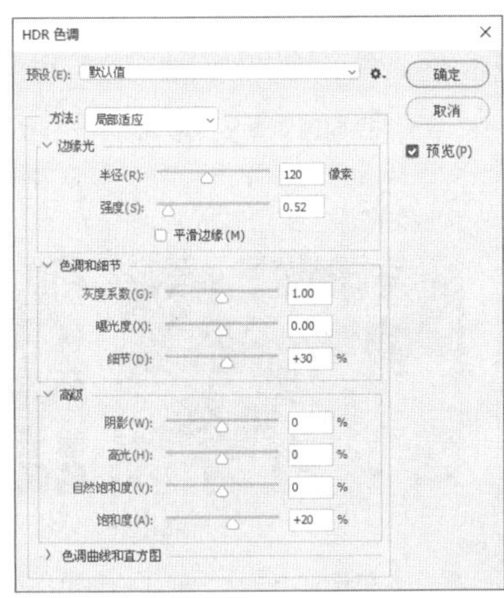

图6-113

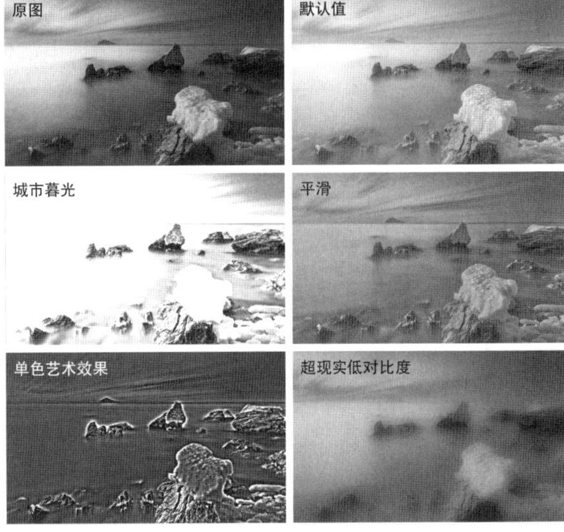

图6-114

6.3.9 Camera Raw调色

Camera Raw是专门用于编辑RAW格式图像的特殊插件，也可以用来处理JPEG和TIFF文件。执行“滤镜”>“Camera Raw滤镜”菜单命令，打开Camera Raw操作界面，如图6-115所示。下面介绍Camera Raw操作界面中的常用工具。

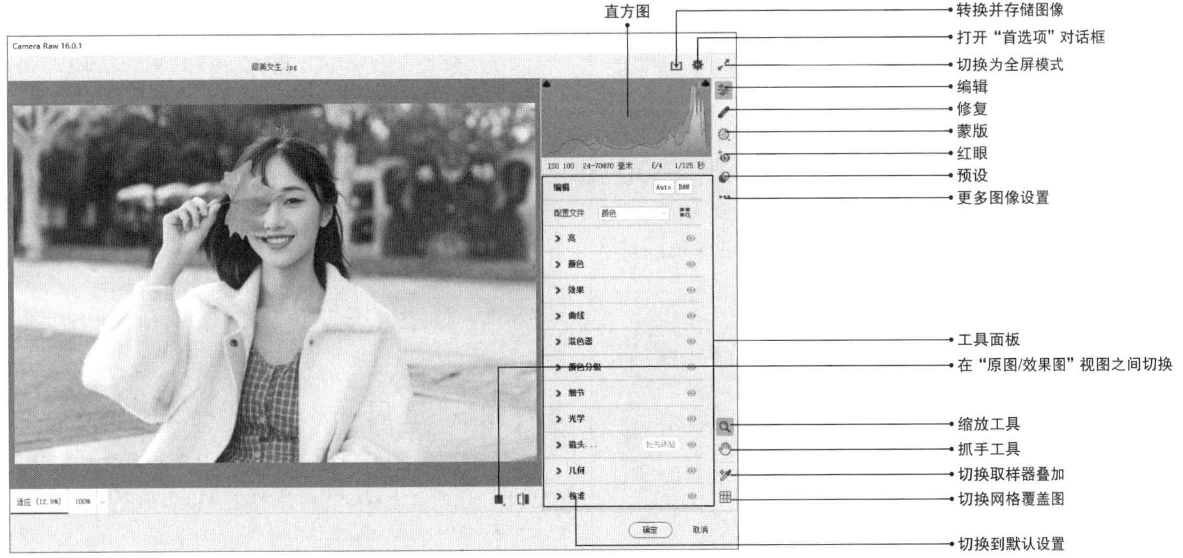

图6-115

1.“编辑”工具

选择“编辑”工具（快捷键为E），切换到“编辑”面板。

重要参数介绍

◇ **自动设置**Auto：单击该按钮，可以自动调整图像。

◇ **黑白**B&W：单击该按钮，可以生成黑白图像。

◇ **亮**：可以调整图像的曝光、对比度、高光和阴影等。

◇ **颜色**：可以调整图像的白平衡、色温、色调和饱和度等。

◇ **效果**：可以调整图像的清晰度，还可以为图像添加纹理和晕影效果等。

◇ **曲线**：可以控制图像的色调范围和对比度。

◇ **细节**：可以锐化细节和减少杂色等。

◇ **混色器**：可以分别调整不同颜色的色相、饱和度和亮度，以更好地控制图像中的颜色。

◇ **颜色分级：** 可以使用色轮调整阴影、中色调和高光中的色相，如图6-116所示。

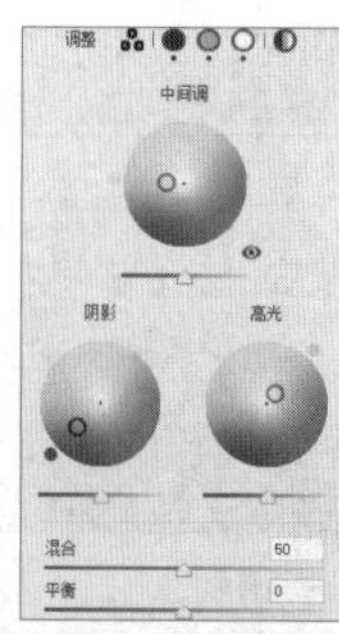

图6-116

◇ **细节：** 可以锐化图像或者减少图像中的杂色。

◇ **光学：** 可以校正使用广角镜头拍摄的照片的畸变现象。

◇ **镜头模糊：** 可以模糊图像背景，以制作景深效果，如图6-117所示。

图6-117

◇ **几何：** 可以校正使用广角镜头拍摄的照片的畸变现象。

◇ **校准：** 可以校准图像中红色、绿色、蓝色的色相和饱和度。

2. “蒙版”工具

使用“蒙版”工具可以定义编辑区域。“蒙版”面板中包含多种用以划定调整范围的工具。

重要参数介绍

◇ **主体：** 可以自动创建主体的蒙版。

◇ **天空：** 可以自动创建天空的蒙版。

◇ **背景：** 可以自动创建背景的蒙版。

◇ **物体：** 与Photoshop中“对象选择工具”的使用方法相似，可以画出或框选某个区域，系统会自动确定对象的边缘并生成蒙版。

◇ **画笔：** 选择该工具，拖曳鼠标即可绘制蒙版区域，如图6-118所示。此外，还可以调整画笔的“大小”“羽化”“浓度”等属性。使用“橡皮擦”工具可以细化所选区域。

◇ **线性渐变：** 选择该工具，拖曳鼠标即可绘制蒙版区域，如图6-119所示。使用该工具绘制的蒙版区域可以形成柔和的过渡效果。

图6-118　　图6-119

◇ **径向渐变：** 选择该工具，拖曳鼠标即可绘制蒙版区域，如图6-120所示。单击“反相”按钮可以将调整区域变为蒙版区域以外的区域，如图6-121所示。

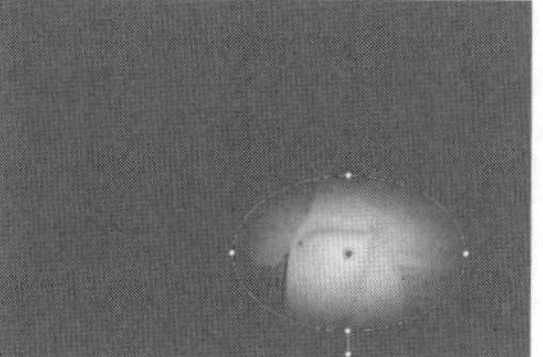

图6-120　　图6-121

◇ **范围：** 常用的有“色彩范围”和“亮度范围”两个选项。选择“色彩范围”选项，可以将选定的颜色创建为蒙版；选择“亮度范围”选项，可以将选定的亮度创建为蒙版。

◇ **人物：** 可以自动查找图片中的人物并将其创建为蒙版。

技巧与提示

如果需要在一个蒙版中增加或减少调整区域，可以单击“添加”按钮或“减去”按钮，如图6-122所示。

在已添加的蒙版组件上单击鼠标右键，在弹出的菜单中可以进行删除、复制蒙版等操作，如图6-123所示。此外，执行“蒙版交叉对象”子菜单中的命令，已添加的蒙版还可以与其他蒙版组件产生交集区域。

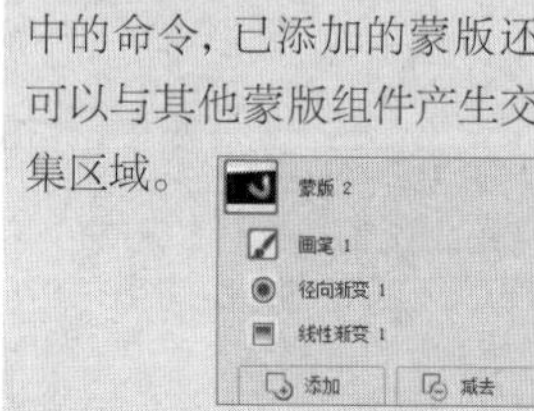

图6-122　　图6-123

3. “预设”工具

选择“预设”工具，“预设”面板中有很多系统自带的预设选项。当鼠标指针停留在预设名称上时，可以预览其效果。单击预设名称即可应用预设，如图6-124所示。

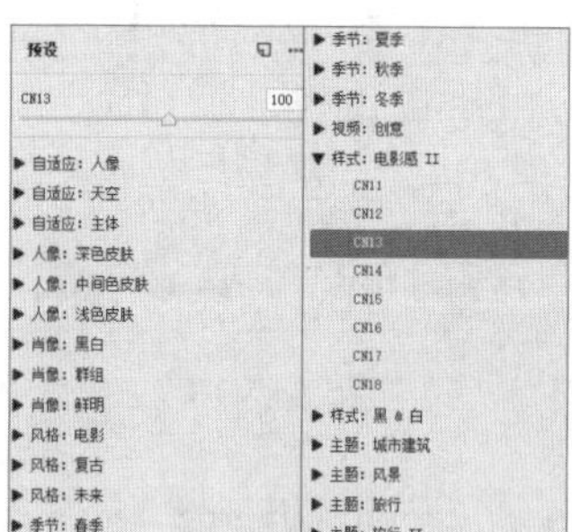

图6-124

课堂案例

打造夏日清爽感

素材文件	素材文件>CH06>素材06.jpg
实例文件	实例文件>CH06>打造夏日清爽感.psd
视频名称	打造夏日清爽感.mp4
学习目标	掌握使用Camera Raw滤镜调整图像的方法

本例将使用**Camera Raw滤镜**打造夏日清爽感，如图6-125所示。

图6-125

01 按快捷键**Ctrl+O**打开本书学习资源文件夹中的“**素材文件**”>“**CH06**”>“**素材06.jpg**”文件，如图6-126所示。按快捷键**Ctrl+J**复制图层，并将其转换为智能对象。

图6-126

02 执行“**滤镜**”>“**Camera Raw滤镜**”菜单命令，打开Camera Raw操作界面。选择“**编辑**”工具，展开“**亮**”选项组，设置“**高光**”为+53，“**阴影**”为+48，“**白色**”为+12，“**黑色**”为+ 16；展开“**颜色**”选项组，设置“**色温**”为-2，“**色调**”为+ 7；展开“**效果**”选项组，设置“**纹理**”为+17，“**清晰度**”为-21，如图6-127所示，效果如图6-128所示。

图6-127

图6-128

03 展开“**曲线**”选项组，在曲线中添加**两个**控制点，并**向上**拖曳**上方**的控制点，如图6-129所示，效果如图6-130所示。

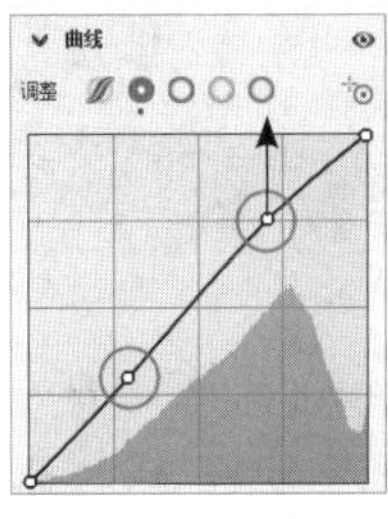

图6-129

图6-130

04 展开“**混色器**”选项组，按照图6-131所示的参数进行设置，以**提亮**人物的**面部**，效果如图6-132所示。

图6-131

图6-132

05 展开“**颜色分级**”选项组，在**中间调**和**阴影**中添加一些**蓝色**，在**高光**中添加一些**黄色**，如图6-133所示。效果如图6-134所示。

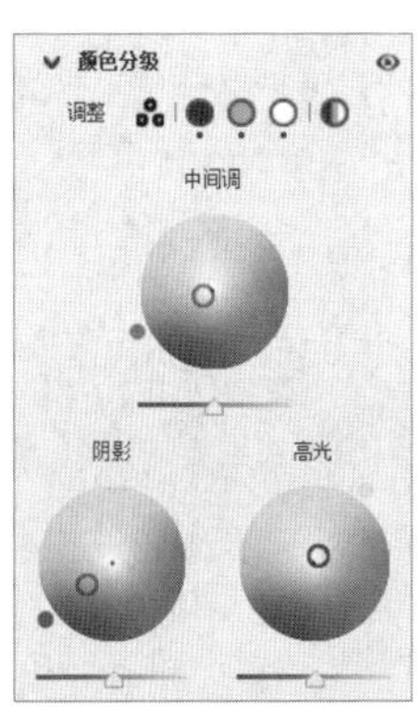

图6-133

图6-134

06 选择“**蒙版**”工具，单击“**背景**”按钮创建**背景的蒙版**；然后展开“**亮**”选项组，设置“**曝光**”为**+0.10**，“**高光**”为**+8**，“**阴影**”为**+13**；接着展开“**颜色**”选项组，设置“**色温**”为**-39**，“**色相**”为**+5.8**，如图6-135所示。效果如图6-136所示。

亮	
曝光	+0.10
对比度	0
高光	+8
阴影	+13
白色	0
黑色	0

颜色	
色温	-39
色调	0
色相	+5.8
使用微调	

图6-135

图6-136

07 单击“**添加**”按钮，在“**蒙版1**”中添加一个**线性渐变**，如图6-137所示。

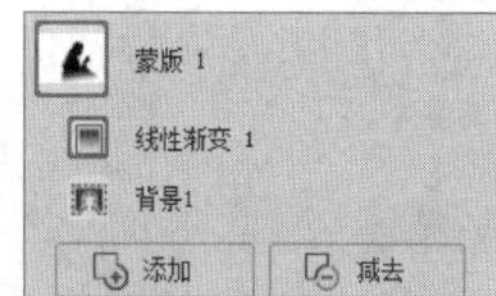

图6-137

08 单击“**创建新蒙版**”按钮，在弹出的菜单中选择“**径向渐变**”命令，在背景区域创建一个“**线性渐变**”蒙版并**提亮**，如图6-138所示。

图6-138

09 单击界面右下角的“**确认**”按钮，**保存**设置并退出Camera Raw操作界面，效果如图6-139所示。

图6-139

技巧与提示

完成操作后，“背景 拷贝”图层下方会显示“智能滤镜”，如图6-140所示，单击滤镜名称可以进入Camera Raw操作界面对其进行修改。如果没有将“背景 拷贝”图层转换为智能对象，那么滤镜效果将直接应用到该图层上，且之后无法修改其参数设置。

图6-140

6.4 本章小结与评价

本章主要讲解了用于调整色调与颜色的命令，使用这些调整命令可以改善图像的缺陷，或者打造多种色彩风格。读者可通过图6-141所示的思维导图梳理知识脉络，并结合表6-1进行自测，查找学习的薄弱环节，从而更好地掌握本章的知识点。

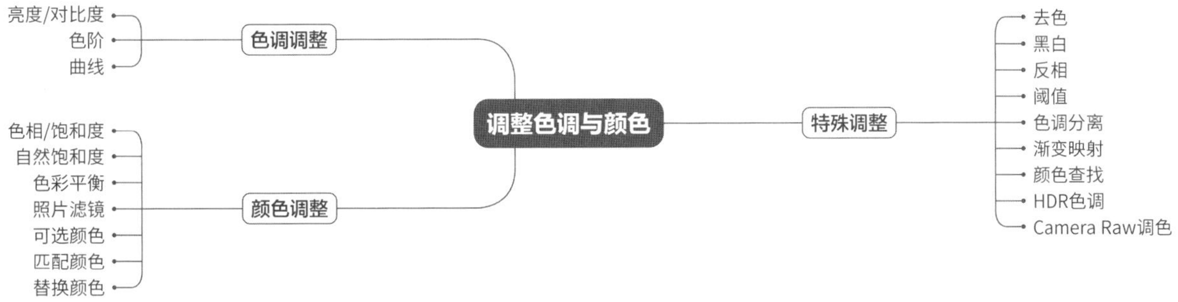

图6-141

表6-1

自我测评表

评价内容	评价标准	掌握程度	自我总结
色调调整	能够使用“亮度/对比度”命令调整图像的亮度和对比度		
	能够使用“色阶”命令调整图像阴影、中间调和高光区域的强度		
	能够使用“曲线”命令调整图像的色调		
颜色调整	能够使用“色相/饱和度”命令调整图像的色相、饱和度和明度		
	能够使用“自然饱和度”命令调整图像的自然饱和度和饱和度		
	能够使用“色彩平衡”命令调整图像颜色		
	能够使用“照片滤镜”命令调整图像中主要原色的印刷色含量		
	能够使用“匹配颜色”命令将源图像中的颜色与目标图像中的颜色进行匹配		
	能够使用“替换颜色”命令将所选颜色替换为其他颜色		
特殊调整	能够使用“去色”命令去掉图像中的颜色		
	能够使用“黑白”命令将彩色图像转换为黑色或单色图像		
	能够使用“反相”命令创建出彩色负片效果		
	能够使用“阈值”命令删除图像中的色彩信息，将其转换为高对比度的黑白图像		
	能够使用“色调分离”命令减少图像中的颜色数量		
	能够使用“渐变映射”命令将渐变颜色映射到图像上		
	能够使用“颜色查找”命令为图像添加特殊的色调		
	能够使用“HDR色调”命令调整太亮或太暗的图像		
	能够使用Camera Raw滤镜进行调色		

6.5 课后习题

根据本章的内容，本节共安排了两个课后习题供读者练习，以帮助读者对本章的知识进行综合运用。

课后习题：打造冷艳复古风

素材文件　素材文件>CH06>素材07.jpg
实例文件　实例文件>CH06>打造冷艳复古风.psd
视频名称　打造冷艳复古风.mp4
学习目标　掌握使用“可选颜色”命令和“曲线”命令调整图像的方法

本习题主要要求读者对“**可选颜色**”命令和“**曲线**”命令的使用进行练习，如图6-142所示。

原图

效果图

图6-142

课后习题：打造旧时光影

素材文件　素材文件>CH06>素材08.jpg
实例文件　实例文件>CH06>打造旧时光影.psd
视频名称　打造旧时光影.mp4
学习目标　掌握使用Camera Raw滤镜调整图像的方法

本习题主要要求读者对使用**Camera Raw滤镜**调整图像进行练习，如图6-143所示。

原图

效果图

图6-143

第7章

混合模式与图层样式

本章主要介绍混合模式与图层样式。通过改变图层的不透明度和混合模式，可以制作出多种特殊效果。此外，通过对图层应用图层样式，可以为图层添加投影、发光和浮雕等多种效果。

课堂学习目标

◇ 了解混合模式的原理
◇ 掌握混合模式的使用方法
◇ 了解不同混合模式的应用效果
◇ 掌握添加图层样式的方法
◇ 掌握编辑图层样式的方法
◇ 掌握使用“高级混合”控制通道显示和隐藏的方法
◇ 掌握使用“混合颜色带”融合图像的方法
◇ 掌握生成立体浮雕的方法
◇ 掌握添加阴影和投影效果的方法
◇ 掌握添加发光效果的方法
◇ 掌握添加描边效果的方法
◇ 掌握在图像上叠加颜色、渐变或图案的方法
◇ 掌握模拟金属和瓷器等表面光泽的方法

7.1 混合模式

使用混合模式可以通过某种算法混合当前图层与其下方图层的像素，生成非常丰富的混合效果。这种操作常用于创建特效和合成图像，且不会破坏原始图像。在绘画类工具和修饰类工具的选项栏中，以及用“渐隐”“填充”“描边”“图层样式”命令打开的对话框中都可以设置混合模式。

7.1.1 设置混合模式

在“图层”面板中选择一个图层，然后单击面板上方“正常”选项右侧的⌄按钮，打开下拉列表，可以为该图层设置一种混合模式。当鼠标指针移动到某个混合模式的名称上时，文档窗口中会实时地显示其应用效果。双击混合模式的任意选项，然后滚动鼠标滚轮，或者按↑键与↓键，可以切换混合模式。

图层默认的混合模式为“正常”，图层组默认的混合模式为“穿透”，相当于普通图层的“正常”模式。混合模式共有27种，可分为6组，如图7-1所示。

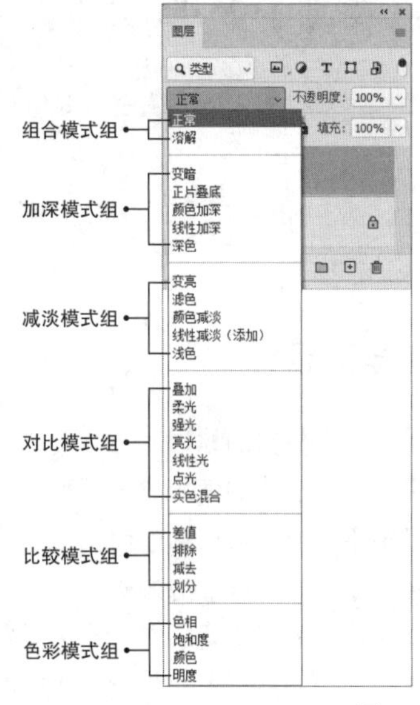

图7-1

知识点：混合模式的原理

混合模式的原理是通过改变当前图层与下方所有图层的关系产生混合效果混合模式中共存在3种颜色。下方图层中的颜色为基础色，上方图层中的颜色为混合色，它们混合的结果称为结果色，如图7-2所示。

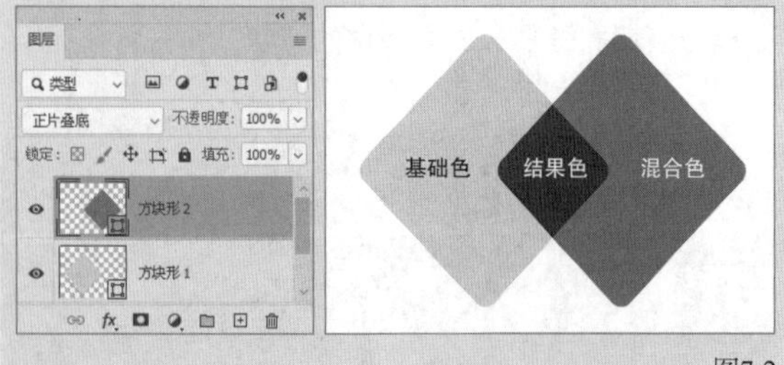

图7-2

同一种混合模式的效果可能会随着图层“不透明度”值的改变而产生变化。例如，将上方图层的混合模式设置为“溶解”，改变该图层的“不透明度”值产生的效果如图7-3所示。

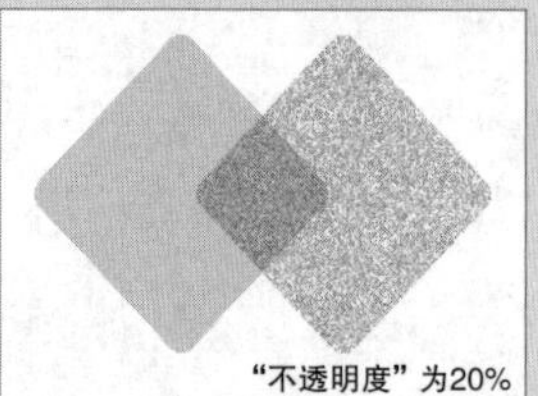

图7-3

7.1.2 详解混合模式

下面将用一个包含两个图层的文档来演示各种混合模式的效果。其中，“背景”图层为一个风景图像，“图层1”图层由6个不同颜色的色块和一个图像组成，如图7-4所示。

图7-4

1.组合模式组

在使用组合模式组中的混合模式时，需要减小图层的“不透明度”或“填充”值才会产生效果。

正常： 图层默认的混合模式，图层“不透明度”为100%，会完全遮挡下层图像。设置“不透明度”为50%，会产生图7-5所示的效果。

溶解： 减小图层的“不透明度”或“填充”值，可以使图像产生点状颗粒。设置“不透明度”为50%，会产生图7-6所示的效果。

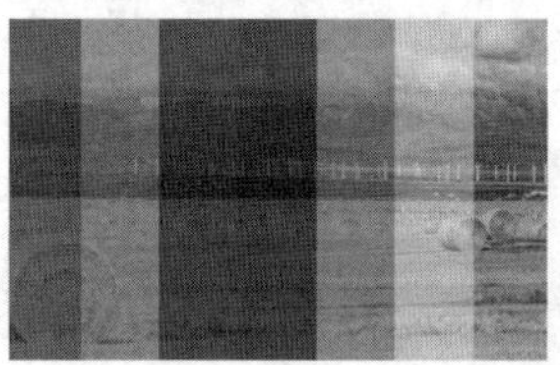

图7-5

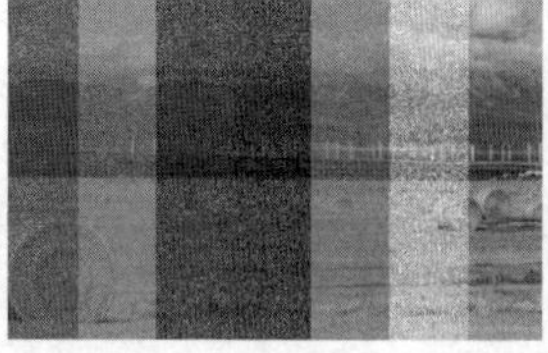

图7-6

2.加深模式组

使用加深模式组中的混合模式可以使图像变暗，并且当前图层中的白色像素会被下层较暗的像素代替。

变暗：比较两个图层，当前图层中较亮的像素将被下层较暗的像素代替，较暗的像素保持不变，如图7-7所示。

正片叠底：根据亮度将两个图层中的内容均等地显示出来，任何颜色与黑色混合都会变为黑色，与白色混合则保持不变，如图7-8所示。

图7-7

图7-8

颜色加深：通过提高对比度使像素变暗，与白色像素混合后保持不变，如图7-9所示。

线性加深：通过降低亮度使像素变暗，与白色像素混合后保持不变，如图7-10所示。

图7-9

图7-10

技巧与提示

"线性加深"与"正片叠底"模式的应用效果相似，但是"线性加深"模式可以保留更多下层图像的颜色信息。

深色：比较两个图层所有通道的颜色数值总和，并显示数值较小的颜色（即更暗的颜色），如图7-11所示。

图7-11

3.减淡模式组

减淡模式组与加深模式组中的混合模式的应用效果是相反的，这些模式可以使图像变亮，并且当前图层中的黑色像素会被下层较亮的像素代替。

变亮：与"变暗"模式的应用效果相反，当前图层中较暗的像素会替换下层较亮的像素，较亮的像素保持不变，如图7-12所示。

滤色：与"正片叠底"模式的应用效果相反，结果色为较亮的颜色，使图像产生漂白的效果，如图7-13所示。

图7-12

图7-13

颜色减淡：与"颜色加深"模式的应用效果相反，通过降低对比度来提亮下层图像，如图7-14所示。

线性减淡（添加）：与"线性加深"模式的应用效果相反，通过增加亮度来减淡颜色，与黑色像素混合后保持不变，如图7-15所示。

图7-14

图7-15

技巧与提示

"线性减淡（添加）"模式的提亮效果比"滤色"和"颜色减淡"模式更加明显。

浅色：比较两个图层所有通道的颜色数值总和，并显示数值较大的颜色（即更亮的颜色），如图7-16所示。

图7-16

4.对比模式组

使用对比模式组中的混合模式可以增大图像的反差。应用时，50%灰色的像素会完全消失，当前图层中亮度高于50%灰色的像素会提亮下层的像素，亮度低于50%灰色的像素会使下层像素变暗。

叠加：可以增强图像的颜色，并保持下层图像中的高光和暗部色调，如图7-17所示。

柔光：当前图层的颜色决定图像是变暗还是变亮。如果当前图层中的像素比50%灰色的像素亮，则图像变亮；如果当前图层中的像素比50%灰色的像素暗，则图像变暗，如图7-18所示。

图7-17

图7-18

强光：将产生一种强烈的光线照射效果。如果当前图层中的像素比50%灰色的像素亮，则图像变亮；如果当前图层中的像素比50%灰色的像素暗，则图像变暗，如图7-19所示。

亮光：通过增加或减小对比度的方式来改变图像颜色，混合后的颜色更加饱和。如果当前图层中的像素比50%灰色的像素亮，则图像变亮；如果当前图层中的像素比50%灰色的像素暗，则图像变暗，如图7-20所示。

图7-19

图7-20

线性光：通过增加或减小亮度的方式来改变图像颜色，混合方式取决于当前图层的颜色。如果当前图层中的像素比50%灰色的像素亮，则图像变亮；如果当前图层中的像素比50%灰色的像素暗，则图像变暗，如图7-21所示。

图7-21

技巧与提示

与“强光”模式相比，“线性光”模式可以使图像产生更强烈的对比。

点光：根据当前图层的颜色来替换颜色。如果当前图层中的像素比50%灰色的像素亮，则替换较暗的像素；如果当前图层中的像素比50%灰色的像素暗，则替换较亮的像素，如图7-22所示。

实色混合：如果当前图层中的像素比50%灰色的像素亮，则使下层图像变亮；如果当前图层中的像素比50%灰色的像素暗，则使下层图像变暗，使图像产生类似于色调分离的效果，如图7-23所示。

图7-22

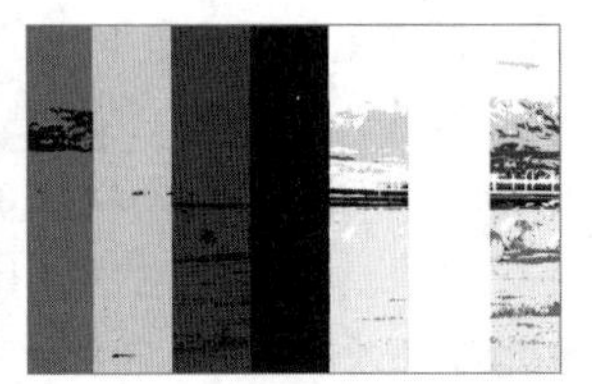

图7-23

5.比较模式组

比较模式组中的混合模式会比较当前图层与下方图层，将相同的区域变为黑色，将不同的区域变为灰色或彩色。如果当前图层中包含白色区域，那么白色区域会使下层像素反相，而黑色区域不会对下层像素产生影响。

差值：当前图层的白色区域会使下层图像产生反相效果，而黑色区域不会对下层图像产生影响，如图7-24所示。

排除：与“差值”模式的原理相似，可以创建对比度更小的混合效果，如图7-25所示。

图7-24

图7-25

减去：从基础色中减去混合色，如图7-26所示。

划分：从基础色中划分出混合色，如图7-27所示。

图7-26

图7-27

6.色彩模式组

色彩模式组中的混合模式会将色彩分为色相、饱和度和亮度3种成分，然后将其中的一种或两种成分应用在混合后的图像中。

色相：将当前图层的色相应用到下层图像中，并保持下层图像的亮度与饱和度不变，如图7-28所示。

饱和度：将当前图层的饱和度应用到下层图像中，并保持下层图像的色相与亮度不变，如图7-29所示。

图7-28

图7-29

颜色：将当前图层的色相与饱和度应用到下层图像中，并保持下层图像的亮度不变，如图7-30所示。

图7-30

明度：将当前图层的亮度应用到下层图像中，并保持下层图像的色相与饱和度不变，如图7-31所示。

图7-31

7.2 图层样式

图层样式也指图层效果，它既可以用于为图像添加阴影、发光和描边等效果，又可以用于创建金属和玻璃等质感。为图层添加的效果不仅不会破坏原始图像，还可以对其进行修改、停用或删除等操作。

本节重点内容

重点内容	说明
斜面和浮雕	为图层添加高光和阴影，使其产生立体的浮雕效果
内阴影	沿图层内容的边缘向内添加阴影，使图层产生凹陷效果
投影	为图层添加投影效果，使其产生立体感
内发光/外发光	沿图层内容的边缘向内/向外创建发光效果
描边	用纯色、渐变颜色或图案为图层添加描边效果
颜色叠加/渐变叠加/图案叠加	在图像上叠加纯色/渐变/图案
光泽	生成光滑的内部阴影

7.2.1 添加图层样式

先选择图层或图层组，然后执行“图层”>“图层样式”子菜单中的命令，或者单击“图层”面板底部的 fx 按钮，打开“图层样式”对话框，即可为图层/图层组添加图层样式或修改已存在的图层样式。此外，双击需要添加效果的图层/图层组，也可以打开“图层样式”对话框。

“图层样式”对话框的左侧共有10种样式，如图7-32所示。单击样式名称（左侧复选框处于勾选状态），即可添加该样式。取消勾选某样式对应复选框，可以停用该样式，但是其参数设置会保留。完成设置并关闭对话框，图层的右侧会显示 fx 图标，图层下方会显示已添加的效果。

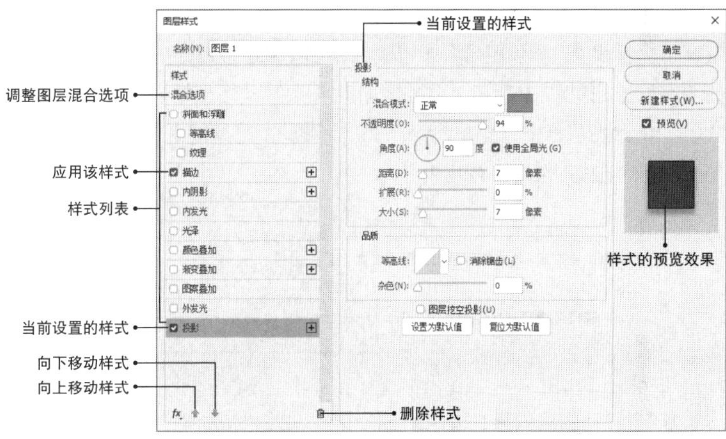

图7-32

技巧与提示

“图层样式”对话框中的部分样式可以应用多次。例如，添加一个“描边”样式，如图7-33所示；单击其名称右侧的⊞按钮，可以再添加一个“描边”样式，如图7-34所示。

图7-33

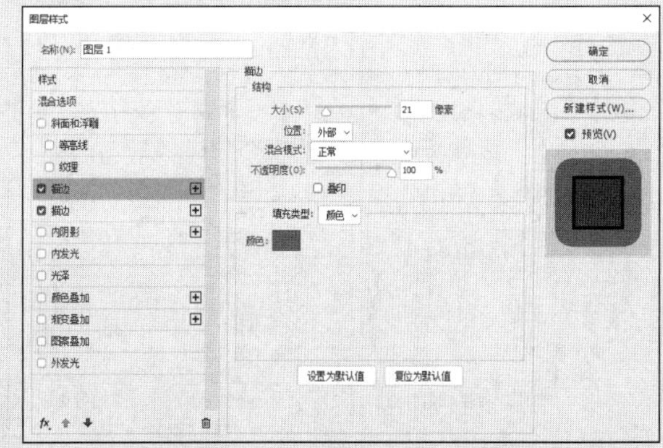

图7-34

7.2.2 编辑图层样式

为图层添加样式后，可以随时根据需求对其进行编辑，不仅可以修改其参数，还可以对其进行隐藏、删除、移动、复制等。

显示/隐藏图层效果：单击“效果”左侧的👁图标，可以隐藏这一图层中的所有效果。单击某个效果左侧的👁图标，可以隐藏该效果，如图7-35所示。执行“图层”>“图层样式”>“隐藏所有效果”菜单命令，可以隐藏文档中的所有效果。如果要将隐藏的效果显示出来，可以在原👁图标处单击。

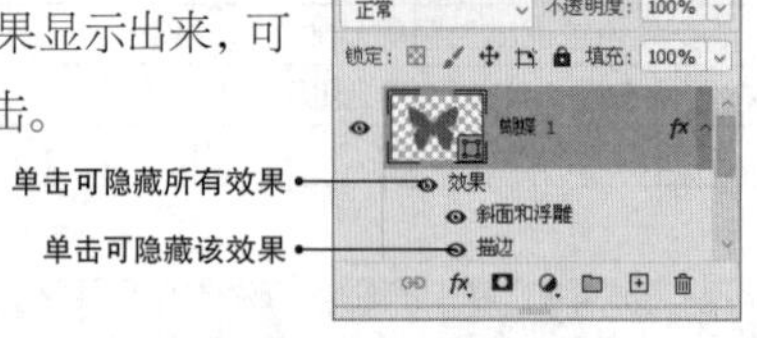

图7-35

删除图层效果：在“图层”面板中，将某个效果拖曳至“删除图层”按钮🗑上，可以删除该效果；将“效果”或fx图标拖曳至“删除图层”按钮🗑上，可以删除该图层的所有效果，如图7-36所示。此外，执行“图层”>“图层样式”>“清除图层样式”菜单命令，也可以删除选中图层的所有效果。

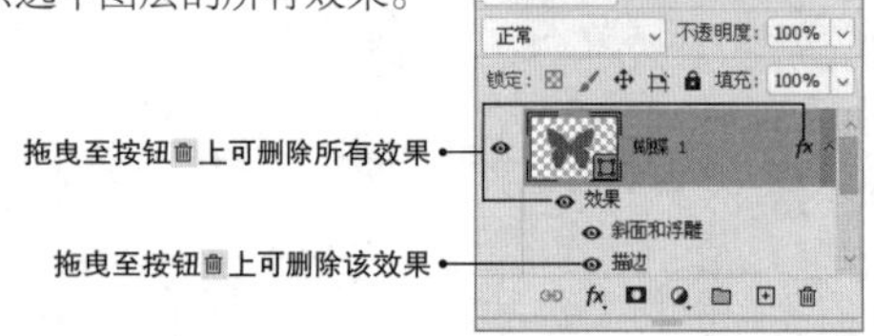

图7-36

复制/移动图层效果：按住Alt键，拖曳某效果或所有效果（即“效果”或fx图标）至目标图层，即可复制该效果或所有效果，如图7-37所示。如果没有按住Alt键，可以将该效果或所有效果转移至目标图层，原图层不再有效果，如图7-38所示。

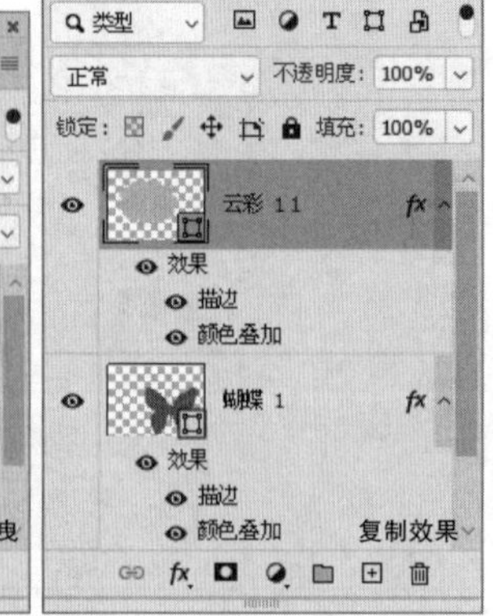

图7-37

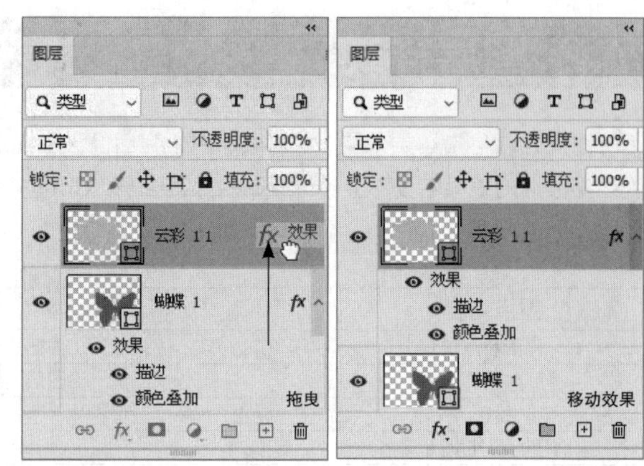

图7-38

> **技巧与提示**
>
> 选择图层，然后执行“图层”>“图层样式”>“拷贝图层样式”菜单命令，接着选择目标图层，再执行“图层”>“图层样式”>“粘贴图层样式”菜单命令。这样不仅可以复制所有的图层样式，还可以复制源图层的“不透明度”“填充”设置和混合模式。

栅格化图层样式：执行“图层”>“栅格化”>“图层样式”菜单命令，或者在图层缩览图右侧单击鼠标右键，在弹出的菜单中选择“栅格化图层样式”命令，可以栅格化图层样式，原图层的效果会直接应用到图层中。

缩放图层效果：执行“图层”>“图层样式”>“缩放效果”菜单命令，或者在效果上单击鼠标右键，在弹出的菜单中选择“缩放效果”命令，打开“缩放图层效果”对话框，如图7-39所示。调整“缩放”值对图层中的效果进行缩放。

图7-39

自定义图层样式：如果要保存设置好的样式，可以单击“样式”面板下方的“创建新样式”按钮⊞，将选定图层中的样式创建为预设；如果要将混合选项也添加到样式中，可以勾选“包含图层混合选项”选项，如图7-40所示。此外，在“样式”面板中，还可以删除样式预设，以及对样式进行分组。

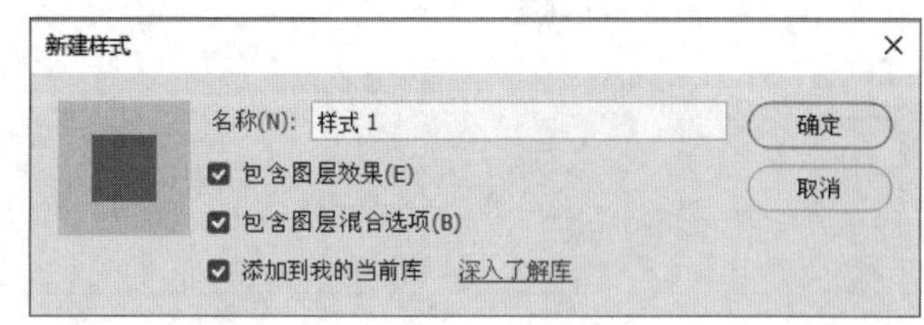

图7-40

7.2.3 混合选项

打开“图层样式”对话框，默认显示的为“混合选项”面板，其中的“混合模式”“不透明度”“填充不透明度”与“图层”面板中的选项是一一对应的，功能相同，如图7-41所示。

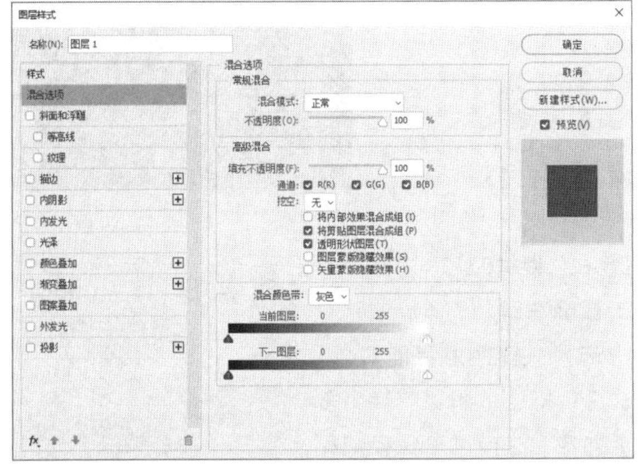

图7-41

1.高级混合

在“高级混合”选项组中可以通过调整“填充不透明度”的值来控制通道的显示与隐藏，还可以制作挖空效果等。其中“挖空”下拉列表用于改变图层的不透明度，以呈现挖空效果，包含“无”“浅”“深”3个选项。选择“无”选项，表示不挖空，如图7-42所示。无论是选择“浅”选项还是“深”选项，只要减小“填充不透明度”值，都会挖空到“背景”图层，如图7-43所示。如果没有“背景”图层，则会挖空到透明区域。

图7-42

图7-43

如果图层添加了“内发光”“光泽”效果和叠加效果，勾选“将内部效果混合成组”选项，这些效果不会显示；取消勾选该选项，这些效果会显示。勾选“透明形状图层”选项可以限制图层样式或挖空效果的应用范围。“将剪贴图层混合成组”“图层蒙版隐藏效果”“矢量蒙版隐藏效果”选项主要用于控制图层样式是否作用于蒙版所定义的范围。

2.混合颜色带

在“混合颜色带”选项组中可以根据像素的亮度信息将其显示或隐藏，包括“灰色”“红”“绿”“蓝”4种模式，默认为“灰色”模式。“当前图层”和“下一图层”下方均有一个渐变颜色条。拖曳“当前图层”滑块，可以隐藏当前图层中的像素；拖曳“下一图层”滑块，可以让下一图层中的像素穿透当前图层显示出来。例如，选择“图层1”图层，如图7-44所示；接着向右拖曳“当前图层”的黑色滑块，并向左拖曳“当前图层”的白色滑块，如图7-45所示；那么，亮度在0～40和185～255的像素将被隐藏，效果如图7-46所示。

图7-44

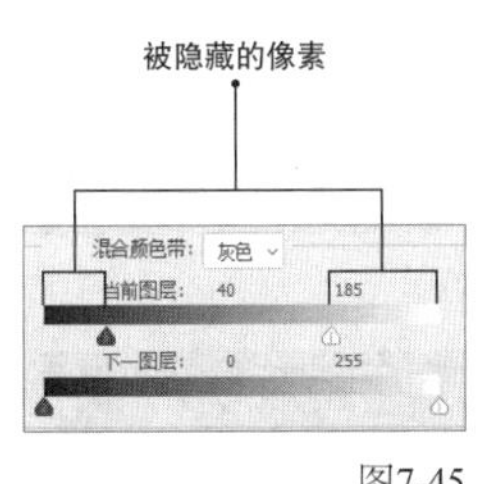

图7-45

图7-46

将“当前图层”滑块恢复到初始位置，然后向右拖曳“下一图层”的黑色滑块，并向左拖曳“下一图层”的白色滑块，如图7-47所示；那么，亮度在0～90和190～255的像素将穿透当前图层显示出来，效果如图7-48所示。

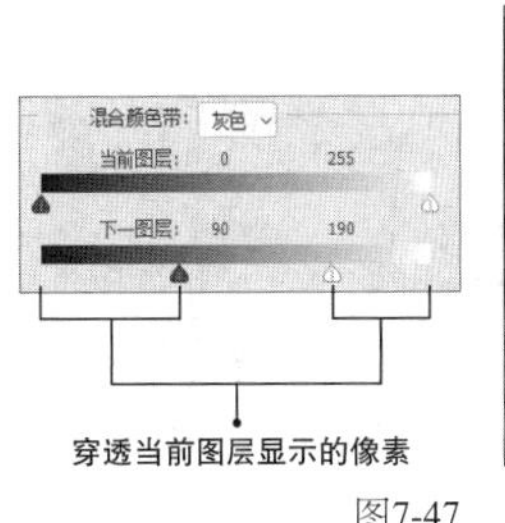

图7-47

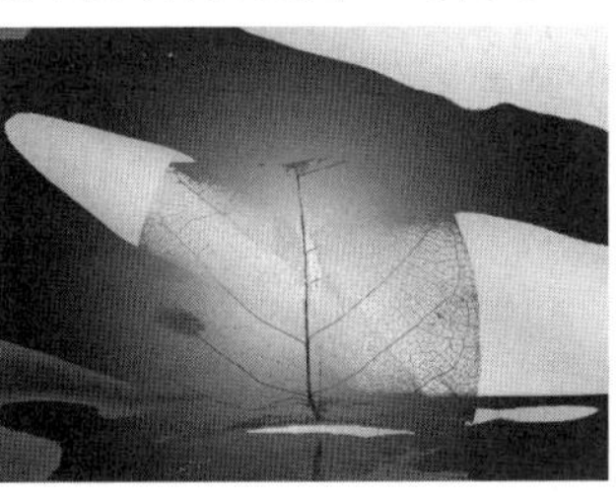

图7-48

按住Alt键单击滑块，可以将其一分为二，如图7-49所示。增加两个分离后的滑块之间的距离，可以使透明区域与非透明区域之间的过渡效果更加柔和，如图7-50所示。

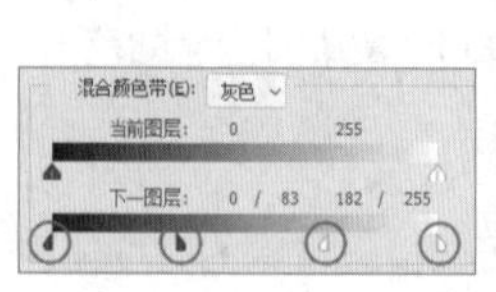

图7-49

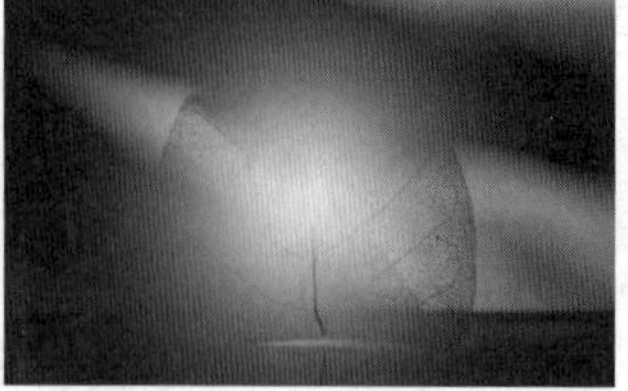

图7-50

知识点：使用“混合颜色带”抠图

“混合颜色带”可以区分图像中的明暗部分，以便抠出图像的暗部或亮部。不过其可控性较差，只能对与背景色调差异较大的图像很好地发挥作用，并且背景不能过于复杂。在操作过程中，一旦改变“当前图层”或“下一图层”的颜色信息，显示的效果也会随之改变。在操作完成后，将图层转换为智能对象，可以保存设置。

课堂案例

在夜空中加入烟花

素材文件　素材文件>CH07>素材01-1.jpg、素材01-2.jpg

实例文件　实例文件>CH07>在夜空中加入烟花.psd

视频名称　在夜空中加入烟花.mp4

学习目标　掌握使用“混合颜色带”融合图像的方法

本例将使用“**混合颜色带**”在夜空中加入烟花，效果如图7-51所示。

图7-51

01 按快捷键**Ctrl+O**打开本书学习资源文件夹中的“**素材文件**”>“**CH07**”>“**素材01-1.jpg**”文件，如图7-52所示。将“**素材01-2.jpg**”文件拖曳至文档窗口中，并置于画面的**左上角**，如图7-53所示。

图7-52

图7-53

02 执行“**图层**”>“**图层样式**”>“**混合选项**”菜单命令，打开“**图层样式**”对话框，按住**Alt键并单击**“**当前图层**”的**黑色滑块**，将其**一分为二**，然后分别**向右**拖曳**半个黑色**滑块，如图7-54所示。观察画面，直到烟花的背景消失为止，如图7-55所示。按**Enter键**确认操作。

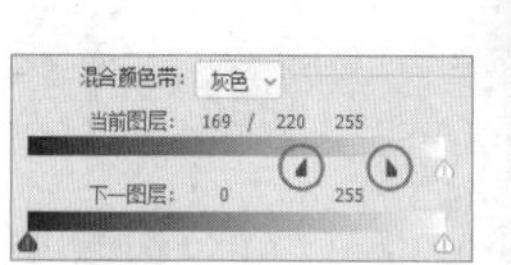

图7-54

图7-55

03 在“**素材01-2**”图层上单击**鼠标右键**，在弹出的菜单中选择“**转换为智能对象**”命令，将这个图层转换为**智能对象**，这样可以**保存**烟花所在图层的**参数**设置，如图7-56所示。

图7-56

技巧与提示

将“素材01-2”图层转换为智能对象后，双击图层缩览图显示“素材01-2”的原图像，如图7-57所示。执行“图层”>“图层样式”>“混合选项”菜单命令，可以在打开的“图层样式”对话框中对其进行修改。

图7-57

04 按快捷键**Ctrl+J**将“**素材01-2**”复制**4层**，使烟花变得**更亮**，效果如图7-58所示。

图7-58

7.2.4 斜面和浮雕

使用“斜面和浮雕”样式可以为图层添加高光和阴影，使其产生立体的浮雕效果。打开“图层样式”对话框，选择“斜面和浮雕”样式即可进入设置界面，如图7-59所示。

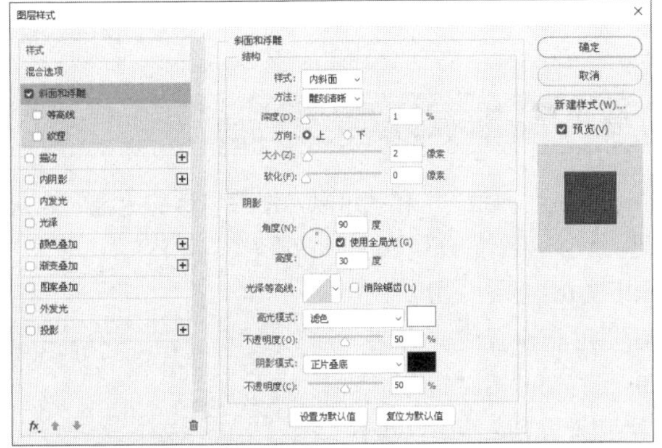

图7-59

重要参数介绍

◇ **样式：** 用于设置斜面和浮雕的样式，如图7-60所示。选择“外斜面”选项，在图层内容的边缘外侧创建斜面，其范围较大；选择“内斜面”选项，在图层内容的边缘内侧创建斜面；选择“浮雕效果”选项，斜面一半在边缘内侧，一半在边缘外侧；选择“枕状浮雕”选项，可以模拟图层内容的边缘嵌到下层图层中的效果；选择“描边浮雕”选项，可以在描边上创建浮雕效果，需要添加“描边”样式才会起作用。

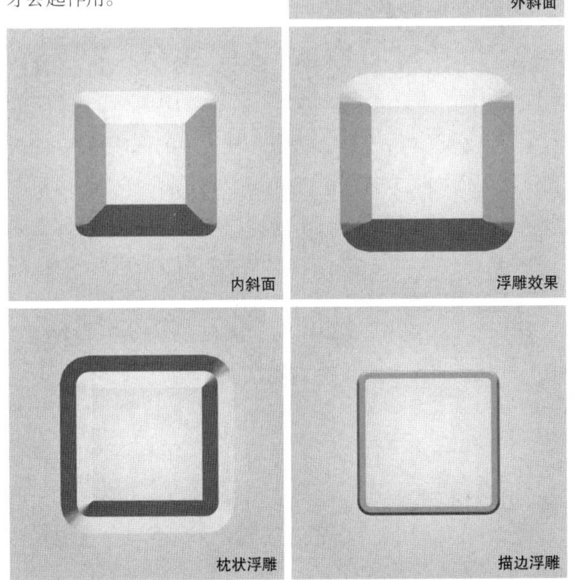

图7-60

◇ **方法：** 用于设置浮雕的边缘效果。选择“平滑”选项，可以创建平滑、柔和的边缘；选择“雕刻清晰”和“雕刻柔和”选项都可以创建清晰的浮雕边缘，相较之下，“雕刻柔和”选项的效果更柔和。

◇ **深度：** 用于设置阴影强度。该值越大，浮雕的立体感越强。

◇ **方向：** 用于设置高光和阴影的位置。

◇ **大小：** 用于设置斜面的大小。

◇ **软化：** 用于设置斜面的柔和度。

◇ **角度/高度：** 分别用于设置光源的发光角度和高度。

◇ **使用全局光：** 勾选该选项，所有的光源都将保持在同一个方向，光照效果更加自然和真实。

◇ **光泽等高线：** 选择不同的等高线样式，可以为斜面和浮雕的表面添加不同的光泽。

◇ **消除锯齿：** 勾选该选项，可以消除因添加光泽等高线而产生的锯齿。

◇ **高光模式/阴影模式：** 分别用于设置高光和阴影的混合模式，其下方的“不透明度”用于设置高光和阴影的透明程度，其右侧的色块用于设置高光和阴影的颜色。

◇ **设置为默认值** 设置为默认值 **：** 单击该按钮，可以将当前设置设为默认值，将此样式作为默认样式。

◇ **复位为默认值** 复位为默认值 **：** 单击该按钮，可以恢复此样式的默认设置。

勾选“斜面和浮雕”样式下方的“等高线”选项，进入“等高线”设置界面。单击“等高线”右侧的按钮，在打开的下拉列表中选择一种等高线样式，如图7-61所示，为浮雕创建凹凸起伏的效果，如图7-62所示。

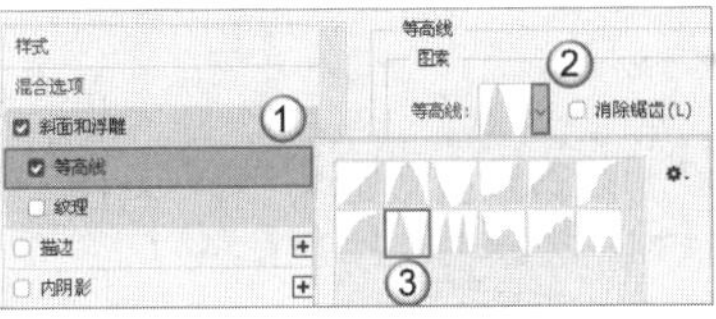

图7-61

图7-62

勾选“斜面和浮雕”样式下方的“纹理”选项，进入“纹理”设置界面。单击“图案”右侧的按钮，在打开的下拉列表中选择一种图案并设置图案的“缩放”和“深度”，如图7-63所示，为浮雕添加不同的纹理效果，如图7-64所示。

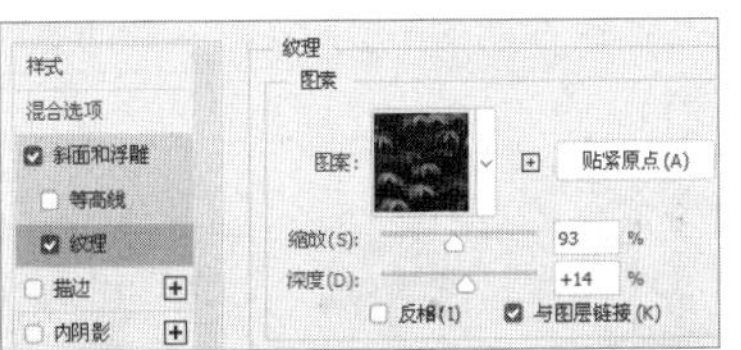

图7-63

图7-64

技巧与提示

勾选“与图层链接”选项，可以将图案与图层链接在一起，对图层进行变换等操作时图案也会一同变换。

7.2.5 内阴影/投影

使用“内阴影”样式可以沿图层内容的边缘向内添加阴影，使图层产生凹陷效果，其设置界面如图7-65所示。其中，“距离”用于设置内阴影偏离图层内容的距离；“大小”用于设置内阴影的模糊范围；“阻塞”用于在模糊之前收缩内阴影的边界，该选项与“大小”相关联，“大小”的值越大，“阻塞”范围越大。当“大小”为60像素时，不同“阻塞”值的效果如图7-66所示。

图7-65

“阻塞”为0%

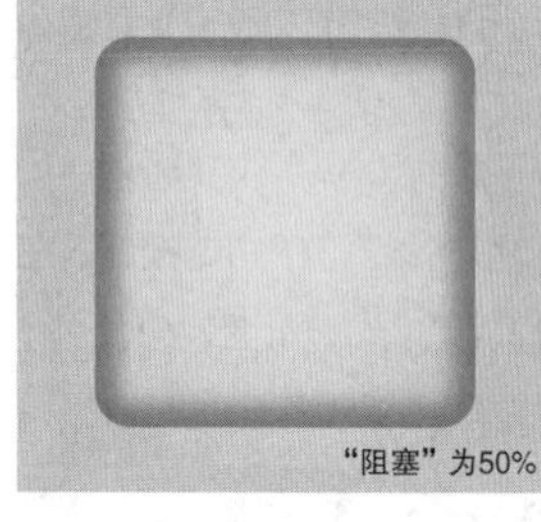
“阻塞”为50%

“阻塞”为100%

图7-66

使用“投影”样式可以为图层添加投影效果，使内容产生立体感，其设置界面如图7-67所示。“投影”样式与“内阴影”样式的参数区别不大，只是将“阻塞”选项变成了“扩展”选项（用于设置投影的扩展范围）。当“大小”为60像素时，不同“扩展”值的效果如图7-68所示。

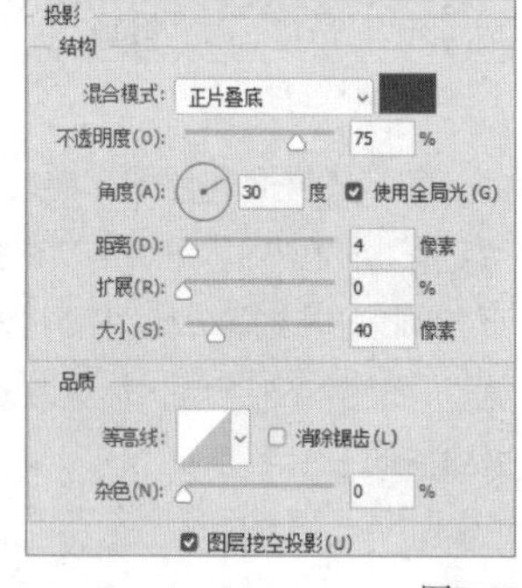

图7-67

“扩展”为0%

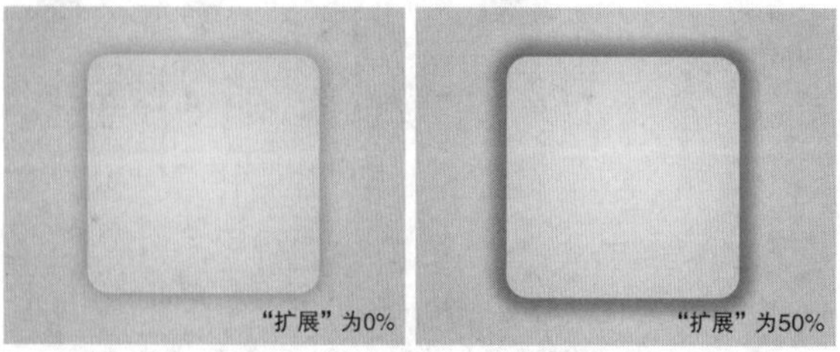

“扩展”为50%

图7-68

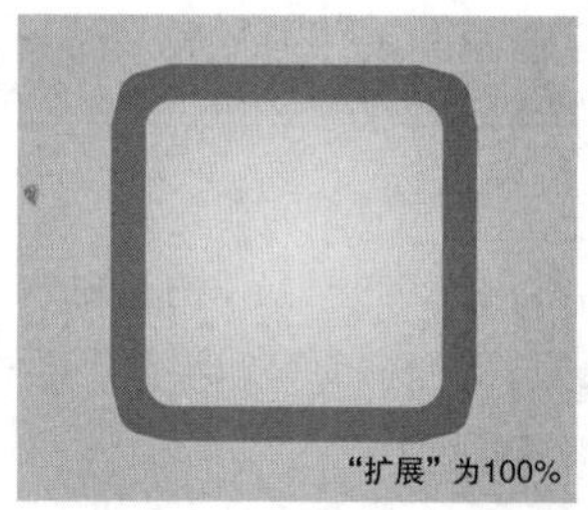
“扩展”为100%

图7-68（续）

7.2.6 内发光/外发光

使用“内发光”样式可以沿图层内容的边缘向内创建发光效果，其设置界面如图7-69所示。其中，“方法”用于设置发光方法，包含“柔和”和“精确”两种发光方法；“源”用于设置内发光的位置，包含“居中”和“边缘”两个位置，如图7-70所示；“抖动”仅对渐变发光效果起作用，可以使渐变颜色的过渡更加柔和。

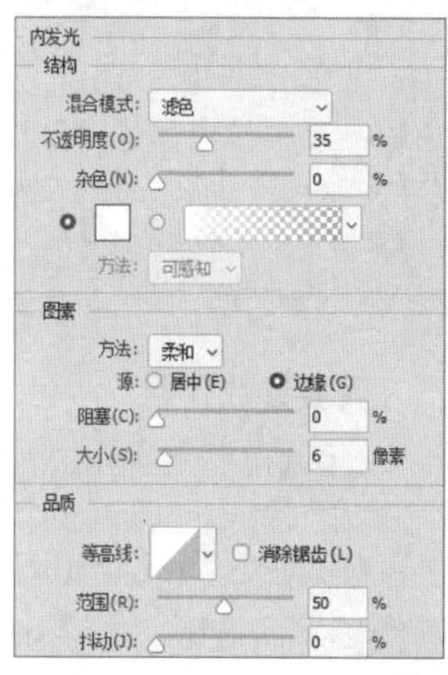

图7-69

居中

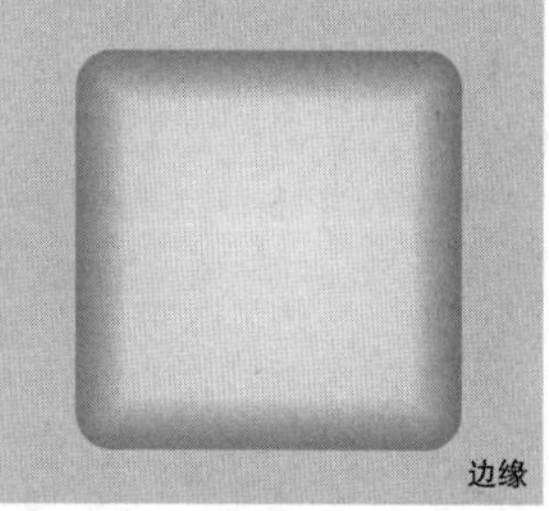
边缘

图7-70

“外发光”样式与“内发光”样式中的选项基本相同，其设置界面如图7-71所示。使用“外发光”样式可以沿图层内容的边缘向外创建发光效果，如图7-72所示。

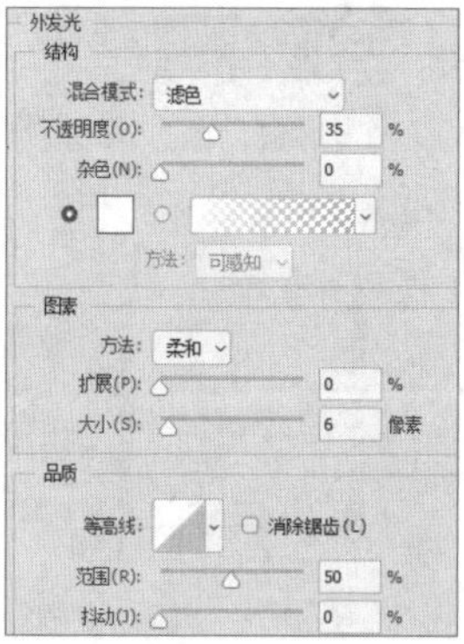

图7-71

图7-72

7.2.7 描边

使用“描边”样式可以用纯色、渐变颜色或图案为图层添加描边效果。不同的“填充类型”可以得到不同的效果，如图7-73所示。

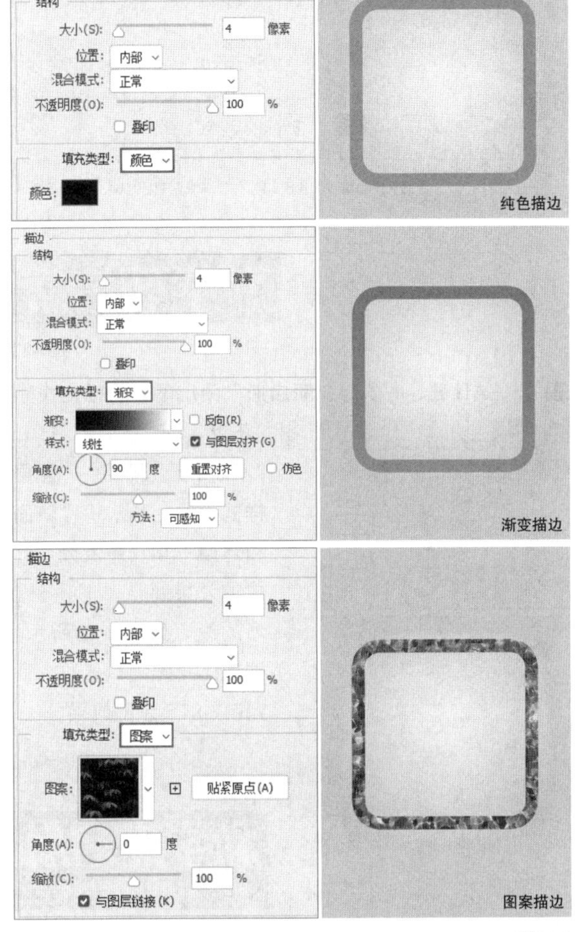

图7-73

7.2.8 颜色叠加/渐变叠加/图案叠加

使用“颜色叠加”“渐变叠加”“图案叠加”样式分别可以在图像上叠加颜色、渐变或图案，如图7-74所示。

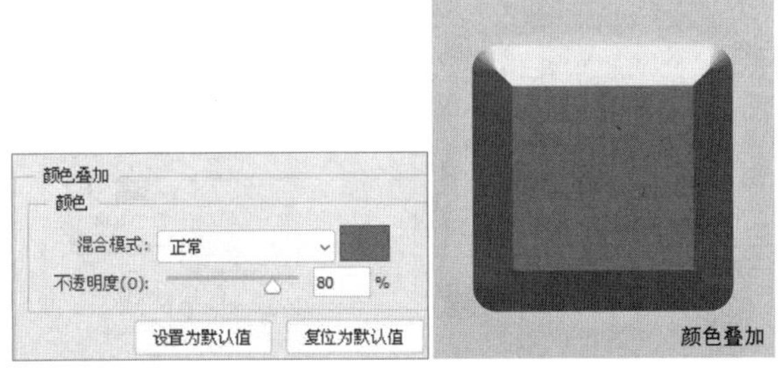

图7-74

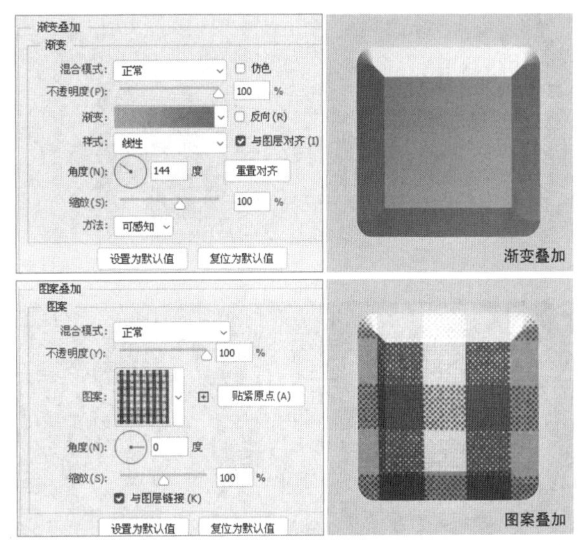

图7-74（续）

课堂案例

制作新学期公众号首图

素材文件	素材文件>CH07>素材02.psd
实例文件	实例文件>CH07>制作新学期公众号首图.psd
视频名称	制作新学期公众号首图.mp4
学习目标	掌握图层样式的使用方法

本例将使用多种**图层样式**制作**公众号首图**，效果如图7-75所示。

图7-75

01 双击打开本书学习资源文件夹中的“**素材文件**”>“**CH07**”>“**素材02.psd**”文件，如图7-76所示。

图7-76

02 选择“**背景**”图层组，然后双击“**图层1**”图层，打开“**图层样式**”对话框，为其添加“**渐变叠加**”样式，各选项的设置如图7-77所示。按**Enter**键确认操作，得到图7-78所示的效果。

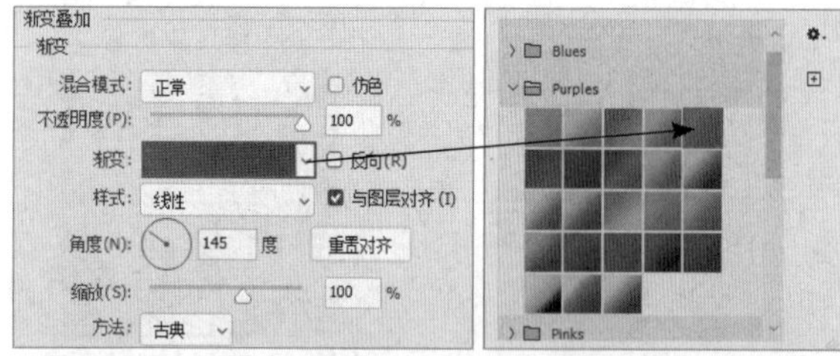

图7-77

图7-78

03 **双击**“**形状2**”图层，打开“**图层样式**”对话框，为其添加“**渐变叠加**”样式，各选项的设置如图7-79所示。按**Enter键**确认操作，然后**按住Alt键**，将“**形状2**”图层的fx**图标**拖曳至“**形状3**”图层，如图7-80所示。

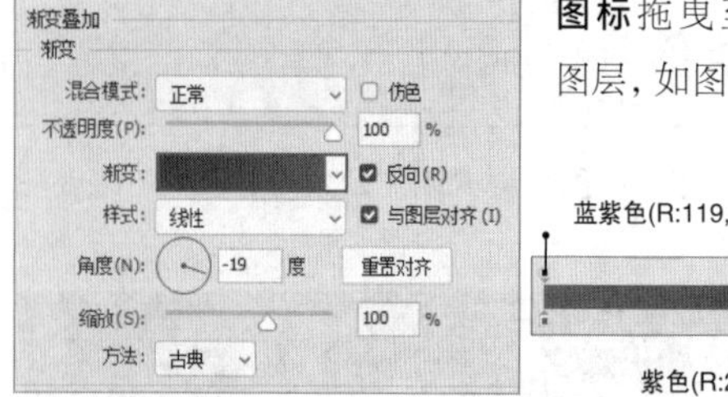

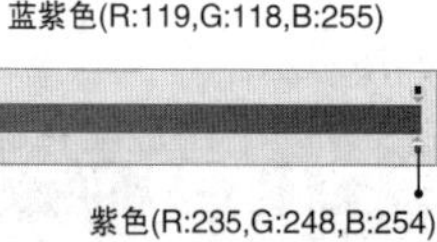

图7-79

图7-80

04 **双击**“**新学期启航**”图层，打开“**图层样式**”对话框，为其添加“**斜面和浮雕**”和“**外发光**”样式，各选项的设置如图7-81所示。按**Enter键**确认操作，得到图7-82所示的效果。

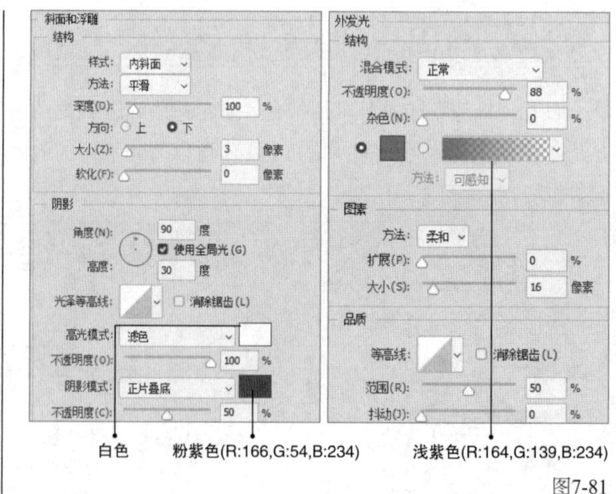

图7-81

图7-82

05 按住**Alt键**，将“**新学期启航**”图层的fx**图标**拖曳至“**不断…己**”图层，打开“不断…己”图层的“**图层样式**”对话框，将“**斜面和浮雕**”和“**外发光**”样式的效果调整一下，各选项的设置如图7-83所示。按**Enter键**确认操作，得到图7-84所示的效果。

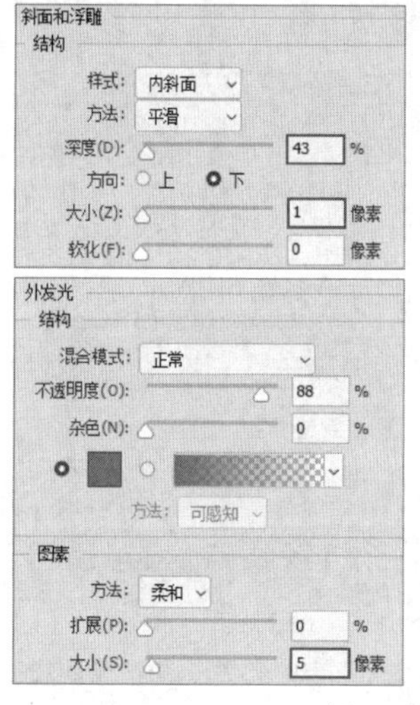

图7-83

图7-84

06 **双击**“**按钮**”图层，打开“**图层样式**”对话框，为其添加“**斜面和浮雕**”和“**投影**”样式，各选项的设置如图7-85所示。按**Enter键**确认操作，得到图7-86所示的效果。最终效果如图7-87所示。

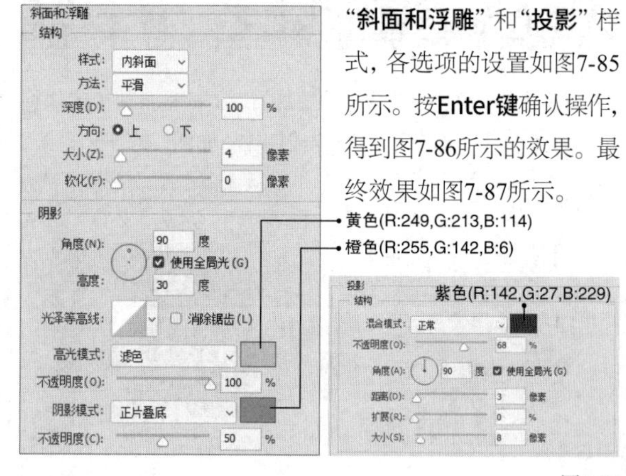

图7-85

图7-86

图7-87

课堂案例

制作轻拟物图标

素材文件	无
实例文件	实例文件>CH07>制作轻拟物图标.psd
视频名称	制作轻拟物图标.mp4
学习目标	掌握图层样式的使用方法

本例将使用多种**图层样式**制作**轻拟物图标**，效果如图7-88所示。

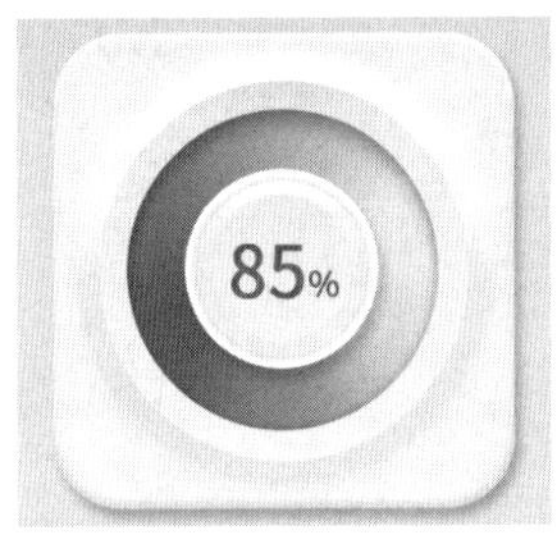

图7-88

01 按快捷键**Ctrl+N**创建一个“**宽度**”和“**高度**”为**500像素**，“**分辨率**”为**72像素/英寸**，“**颜色模式**”为“**RGB颜色**”，“**背景内容**”为**白色**的画布。设置前景色为**天蓝色**(**R:180,G:240,B:255**)，按快捷键**Alt+Delete**填充画布，效果如图7-89所示。

02 选择“**矩形工具**”，设置**绘图模式**为“**形状**”，“**填充**”为**白色**，“**描边**”为**无颜色**。创建一个尺寸为**400像素×400像素**，“**半径**”为**25像素**的**圆角矩形**。按**快捷键Ctrl+A**选择**圆角矩形**所在图层，然后选择“**移动工具**”，单击其选项栏中的**按钮**和**按钮**，使圆角矩形**垂直且水平居中**对齐画布。按快捷键**Ctrl+D**取消选区，如图7-90所示。

图7-89

图7-90

03 双击**圆角矩形**所在图层，打开“**图层样式**”对话框，为其添加“**斜面和浮雕**”“**颜色叠加**”“**投影**”样式，各选项的设置如图7-91所示。按**Enter键**确认操作，得到图7-92所示的效果。

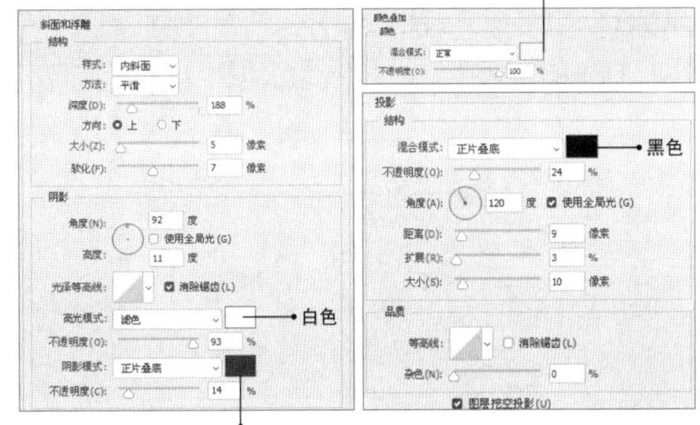

图7-91

图7-92

04 选择“**椭圆工具**”，设置**绘图模式**为“**形状**”，“**填充**”为**白色**，“**描边**”为**无颜色**。创建一个尺寸为**320像素×320像素**的圆形，并使其**垂直、水平居中**对齐画布。**双击**该图层，打开“**图层样式**”对话框，为其添加“**斜面和浮雕**”和“**渐变叠加**”样式，各选项的设置如图7-93所示。按**Enter键**确认操作，得到图7-94所示的效果。

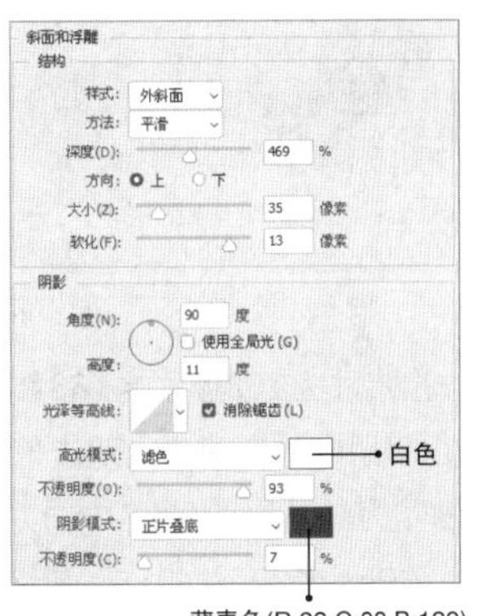

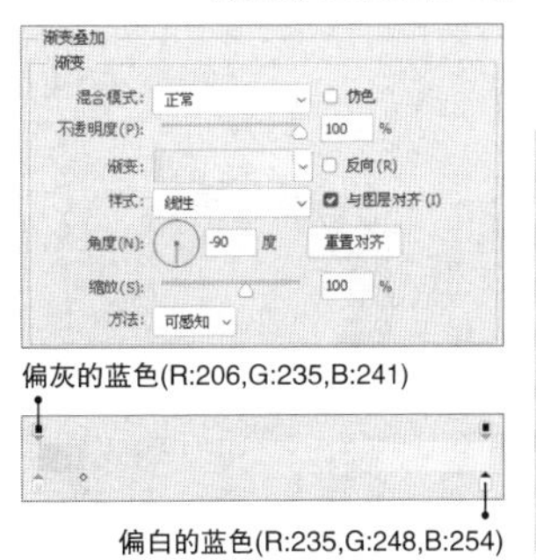

图7-93

图7-94

05 使用“**椭圆工具**”创建一个尺寸为**270像素×270像素**的**圆形**，并使其**垂直、水平居中**对齐画布。双击该图层，打开“**图层样式**”对话框，为其添加“**内阴影**”“**内发光**”“**渐变叠加**”样式，各选项的设置如图7-95所示。按**Enter键**确认操作，得到图7-96所示的效果。

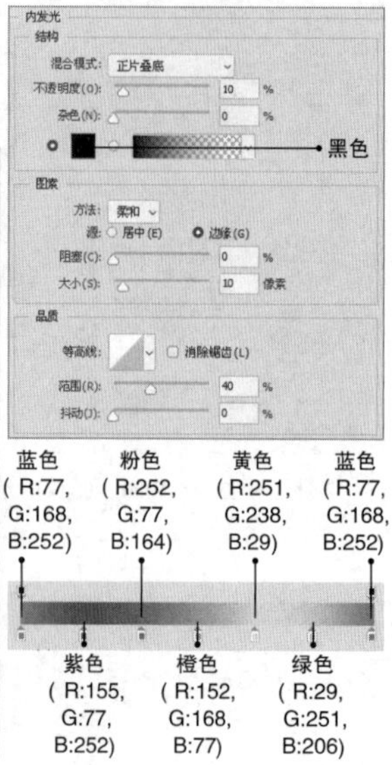

黑色

黑色

蓝色（R:77, G:168, B:252） 粉色（R:252, G:77, B:164） 黄色（R:251, G:238, B:29） 蓝色（R:77, G:168, B:252）

紫色（R:155, G:77, B:252） 橙色（R:152, G:168, B:77） 绿色（R:29, G:251, B:206）

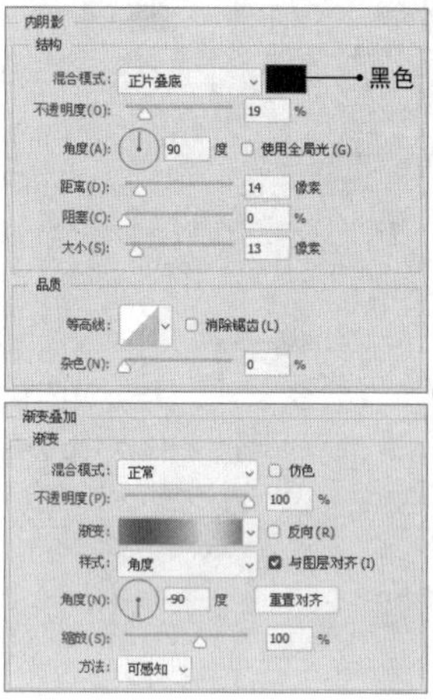

图7-95

图7-96

06 使用“**椭圆工具**”创建一个尺寸为**168像素×168像素**的**白色圆形**，并使其**垂直、水平居中**对齐画布。**双击**该图层，打开“**图层样式**”对话框，为其添加“**投影**”样式，各选项的设置如图7-97所示。按**Enter键**确认操作，得到图7-98所示的效果。

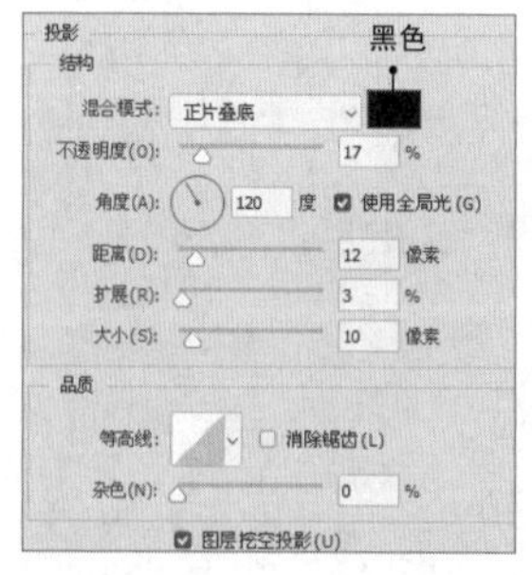

图7-97

图7-98

07 使用“**椭圆工具**”创建一个尺寸为**148像素×148像素**的圆形，并使其**垂直、水平居中**对齐画布。**双击**该图层，打开“**图层样式**”对话框，为其添加“**斜面和浮雕**”“**渐变叠加**”“**外发光**”样式，各选项的设置如图7-99所示。按**Enter键**确认操作，得到图7-100所示的效果。

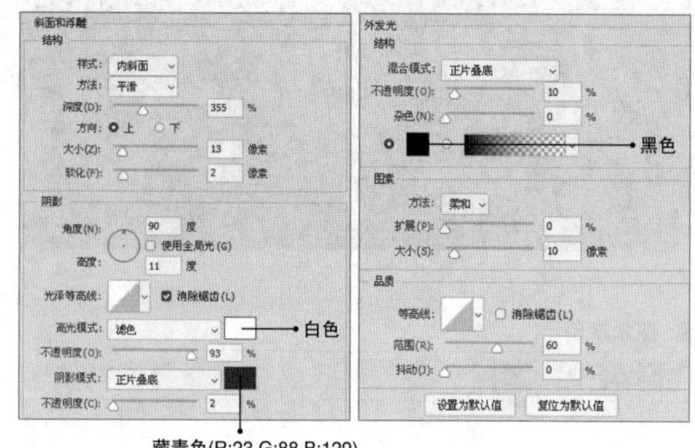

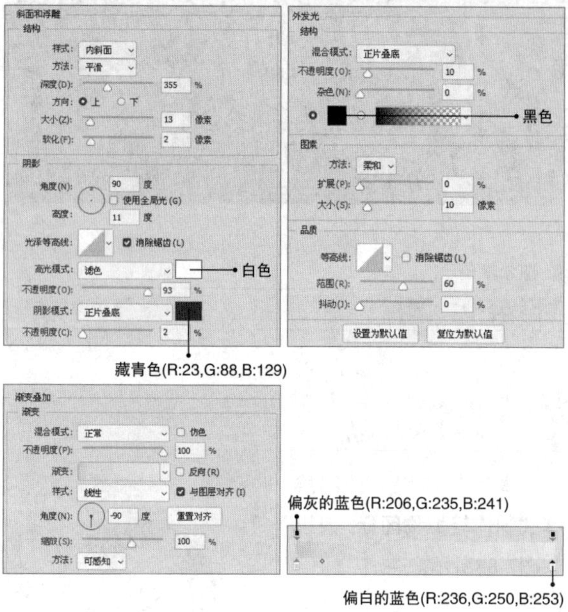

藏青色(R:23,G:88,B:129)

偏灰的蓝色(R:206,G:235,B:241)

偏白的蓝色(R:236,G:250,B:253)

图7-99

图7-100

08 选择“**横排文字工具**”，在选项栏中设置**字体**为“思源黑体 CN”，**颜色**为**灰色(R:144,G:144,B:144)**，输入文本“85%”。设置“85”的字号为**60点**，“%”的字号为**30点**，并将其拖曳至**图标中心**。**双击**该文字图层，打开“**图层样式**”对话框，为其添加“**内阴影**”样式，各选项的设置如图7-101所示。按**Enter键**确认操作，效果如图7-102所示。

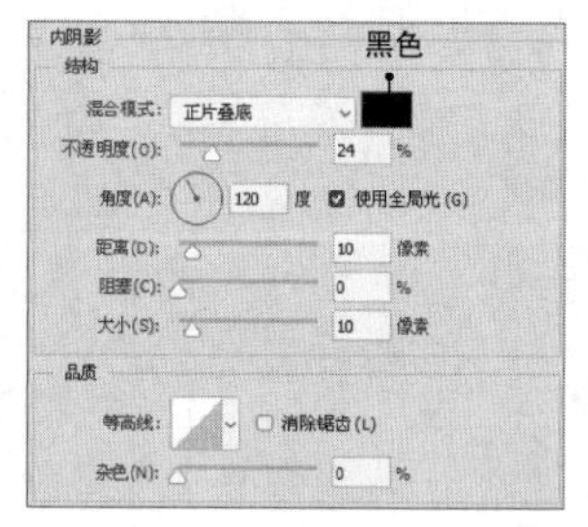

图7-101

图7-102

课堂练习

制作霓虹灯

素材文件 素材文件>CH07>素材03.psd
实例文件 实例文件>CH07>制作霓虹灯.psd
视频名称 制作霓虹灯.mp4
学习目标 掌握“内发光”“外发光”“投影”样式的使用方法

本练习的目标是使用“**内发光**”“**外发光**”“**投影**”样式制作**霓虹灯**，效果如图7-103所示。

图7-103

7.2.9 光泽

“光泽”样式常用于模拟金属和瓷器等的表面光泽，其设置界面如图7-104所示。使用“光泽”样式可以生成光滑的内部阴影，如图7-105所示。

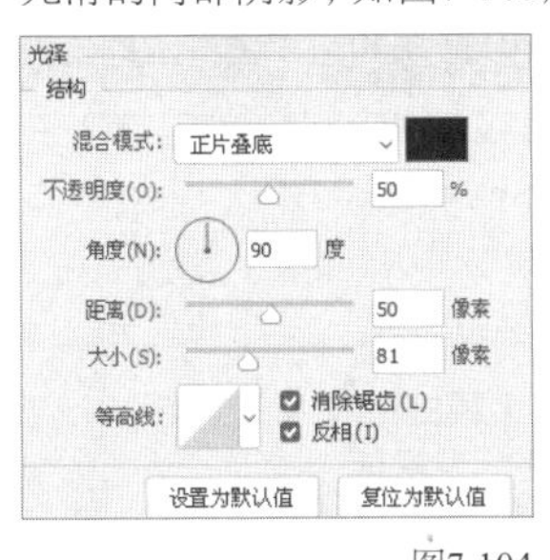

图7-104

图7-105

7.3 本章小结与评价

本章主要讲解了混合模式与图层样式的使用方法。读者可通过图7-106所示的思维导图梳理知识脉络，并结合表7-1进行自测，查找学习的薄弱环节，从而更好地掌握本章的知识点。

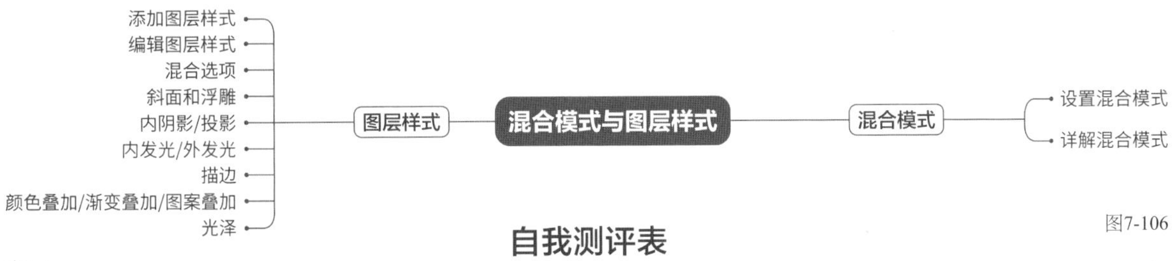

图7-106

表7-1

自我测评表

评价内容	评价标准	掌握程度	自我总结
混合模式	能够叙述混合模式的原理		
	能够掌握混合模式的使用方法		
	能够了解不同混合模式的应用效果		
图层样式	能够添加图层样式		
	能够编辑图层样式		
	能够使用“高级混合”控制通道的显示与隐藏		
	能够使用“混合颜色带”融合图像		
	能够使用“斜面和浮雕”样式生成立体的浮雕效果		
	能够使用“内阴影”样式添加阴影效果		
	能够使用“投影”样式添加投影效果		
	能够使用“内发光”和“外发光”样式向内或向外创建发光效果		
	能够使用“描边”样式添加描边效果		
	能够使用“颜色叠加”“渐变叠加”“图案叠加”样式在图像上叠加颜色、渐变或图案		
	能够使用“光泽”样式模拟金属和瓷器等的表面光泽		

7.4 课后习题

根据本章的内容，本节共安排了3个课后习题供读者练习，以帮助读者对本章的知识进行综合运用。

课后习题：制作涂鸦墙面

素材文件　素材文件>CH07>素材04-1.jpg、素材04-2.jpg

实例文件　实例文件>CH07>制作涂鸦墙面.psd

视频名称　制作涂鸦墙面.mp4

学习目标　掌握使用混合模式调整图像的方法

本习题主要要求读者对**混合模式**的使用进行练习，效果如图7-107所示。

图7-107

课后习题：制作雨窗

素材文件　素材文件>CH07>素材05-1.jpg、素材05-2.jpg

实例文件　实例文件>CH07>制作雨窗.psd

视频名称　制作雨窗.mp4

学习目标　掌握使用混合模式调整图像的方法

本习题主要要求读者对**混合模式**的使用进行练习，效果如图7-108所示。

图7-108

课后习题：抠出图中的火焰

素材文件　素材文件>CH07>素材06.jpg

实例文件　实例文件>CH07>抠出图中的火焰.psd

视频名称　抠出图中的火焰.mp4

学习目标　掌握使用"混合颜色带"抠图的方法

本习题主要要求读者对"**混合颜色带**"的使用进行练习，如图7-109所示。

图7-109

第 8 章

蒙版与通道的运用

本章主要介绍蒙版与通道的运用。使用蒙版可以合成图像，以及精准控制图像的显示范围。对通道进行操作，可以制作出特殊的色彩效果，以及抠取特定的图像。

课堂学习目标

◇ 掌握图层蒙版的原理
◇ 掌握图层蒙版的基本操作
◇ 掌握剪贴蒙版的基本操作
◇ 掌握矢量蒙版的基本操作
◇ 了解快速蒙版的基本操作
◇ 了解通道的原理
◇ 掌握创建、存储、编辑和管理通道的方法
◇ 掌握混合通道的方法
◇ 掌握使用通道抠图的方法
◇ 掌握使用通道混合器调整图像的方法

8.1 蒙版的使用技巧

蒙版是十分重要的合成工具，其类似于一块黑色的板子，可以遮住图像的任意区域，使图像隐藏或呈现透明效果，且不会破坏图像。Photoshop中共有4种蒙版，分别为图层蒙版、剪贴蒙版、矢量蒙版和快速蒙版。

本节重点内容

重点内容	说明
显示全部	为该图层添加一个白色蒙版
隐藏全部	为该图层添加一个黑色蒙版
显示选区	添加图层蒙版，隐藏选区外的内容
隐藏选区	添加图层蒙版，隐藏选区内的内容
应用图层蒙版	删除图层蒙版，并将效果应用到图层中
创建剪贴蒙版	以下方图层为基底图层创建剪贴蒙版
释放剪贴蒙版	释放当前剪贴蒙版
当前路径	为当前图层创建矢量蒙版

8.1.1 图层蒙版

图层蒙版在实际工作中的使用频率非常高，可以用来合成或隐藏图像。此外，在创建调整图层、填充图层，以及为智能对象添加智能滤镜时，Photoshop会自动为其添加一个图层蒙版，用以修改效果的应用区域。

1.图层蒙版的原理

图层蒙版相当于覆在图层上面的一块板子，它可以是透明的，也可以是不透明的，使用这块板子可以遮挡图像。在图层蒙版中，黑色、白色、灰色区域用于控制图层内容的显示或隐藏，它附加于图层，本身并不可见。图层蒙版中的黑色区域会完全遮挡图层中的内容；白色区域会将对应的图层内容完全显示出来；灰色区域可使图层内容呈现出透明效果，灰色越深，遮挡效果越强，如图8-1所示。

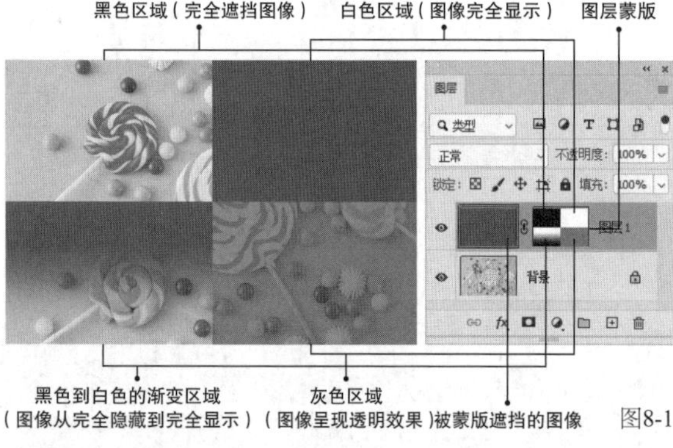

图8-1

技巧与提示

记住“黑透、白不透、灰半透”这句口诀，可以更好地理解图层蒙版的原理。

2.编辑图层蒙版

在编辑图层蒙版时，需要单击图层蒙版缩览图将其选中，其周围会出现一个矩形，如图8-2所示。如果该矩形出现在图层缩览图周围，则目前的编辑对象为图层。

图8-2

使用绘画类、修饰类、选区类工具及滤镜可以编辑图层蒙版，一般常用的是“画笔工具”和“渐变工具”。“画笔工具”的灵活度很高，在使用时可以精准地控制透明度，如图8-3所示。“渐变工具”可以用于创建平滑过渡的融合效果，如图8-4所示。

图8-3

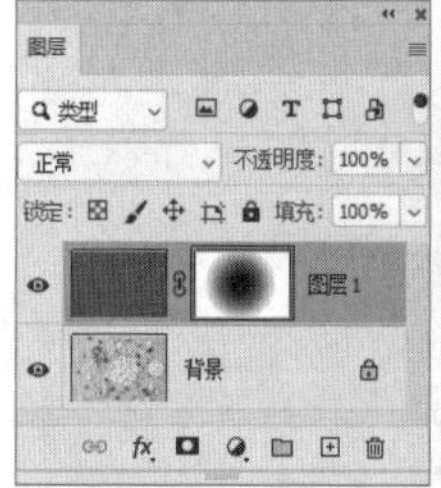

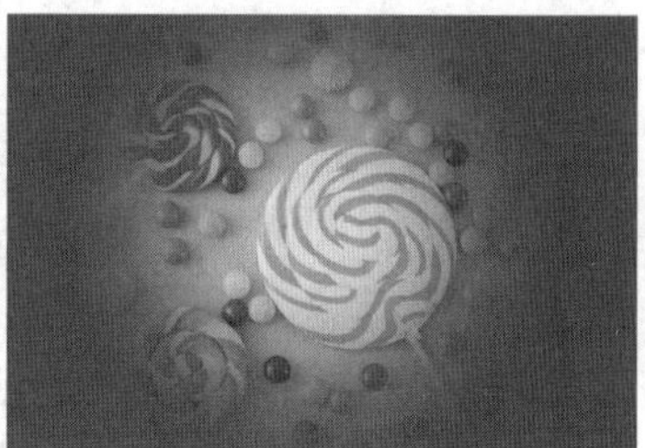

图8-4

3.链接图层蒙版

默认状况下，图层与图层蒙版是处于链接状态的，如图8-5所示。当移动或变换图层时，图层蒙版会随之发生改变。单击图层与图层蒙版之间的图标，或者执行“图层”>“图层蒙版”>“取消链接”菜单命令，可以取消它们之间的链接。取消链接后，可以单独移动、变换图层或图层蒙版，如图8-6所示。

图8-5

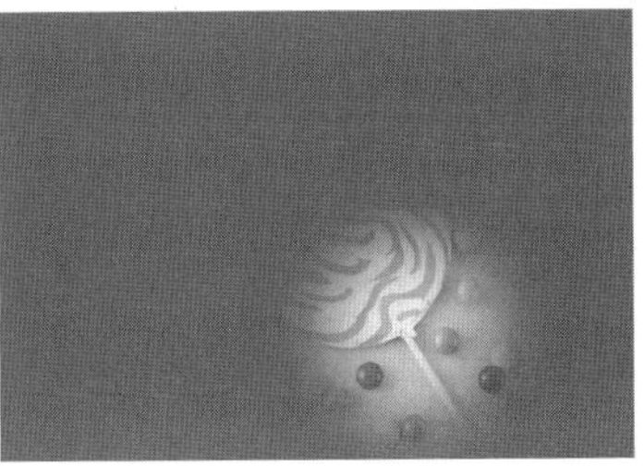

图8-6

4.添加/删除图层蒙版

选择一个图层，单击“图层”面板下方的“添加图层蒙版”按钮▣，或者执行“图层”>“图层蒙版”>“显示全部”菜单命令，可以为该图层添加一个显示全部内容的白色蒙版，如图8-7所示。按住Alt键并单击“添加图层蒙版”按钮▣，或者执行“图层”>“图层蒙版”>“隐藏全部”菜单命令，可以为该图层添加一个隐藏全部内容的黑色蒙版，如图8-8所示。

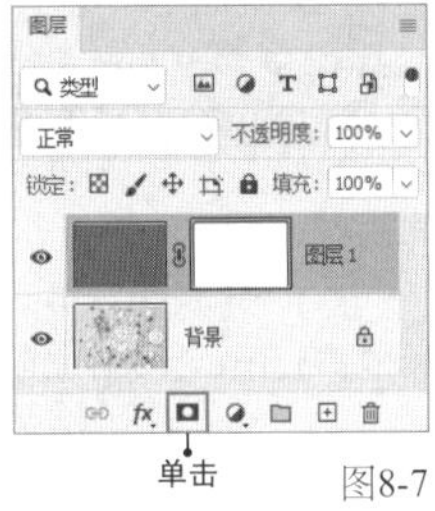

图8-7

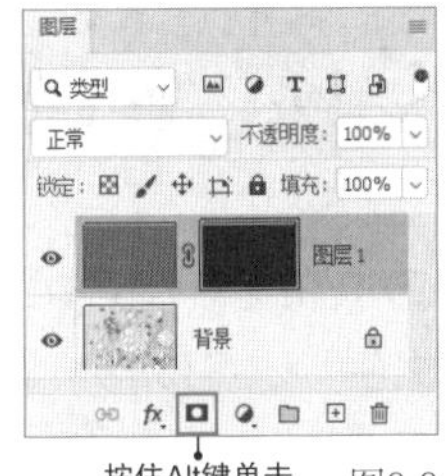

图8-8

当前文档中存在选区时，如图8-9所示，单击“添加图层蒙版”按钮▣，或者执行“图层”>“图层蒙版”>“显示选区”菜单命令，可以基于当前选区为图层添加图层蒙版，选区外的图像会被隐藏，如图8-10所示；按住Alt键并单击“添加图层蒙版”按钮▣，或者执行“图层”>“图层蒙版”>“隐藏选区”菜单命令，可以将选区内的图像隐藏，如图8-11所示。执行“图层”>“图层蒙版”>“删除”菜单命令，或者在图层蒙版缩览图上单击鼠标右键，在弹出的菜单中选择“删除图层蒙版”命令，可以删除图层蒙版。

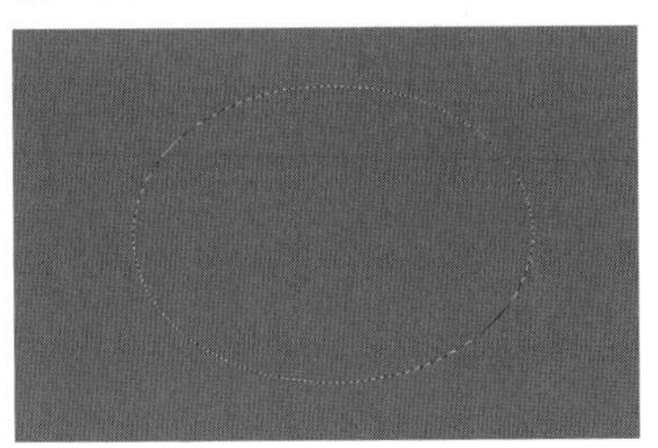

图8-9

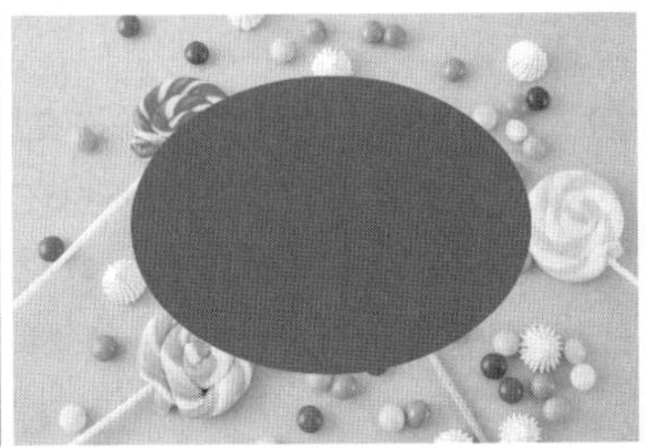

图8-10

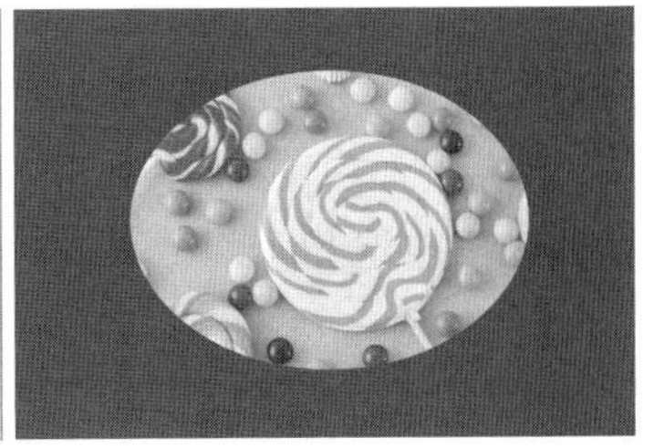

图8-11

技巧与提示

在抠图时，经常需要转换图层蒙版和选区。按住Ctrl键并单击图层蒙版缩览图，可以将图层蒙版中包含的选区加载至画布中，用同样的方法也可以加载通道中的选区。

5.停用/启用图层蒙版

为了便于观察原图效果，可以停用图层蒙版。按住Shift键并单击图层蒙版缩览图，或者执行“图层”>“图层蒙版”>“停用”菜单命令，即可停用图层蒙版，此时缩览图上会出现一个红色的“×”，如图8-12所示。单击图层蒙版缩览图，或者执行“图层”>“图层蒙版”>“启用”菜单命令，可以启用图层蒙版。

图8-12

6.复制/转移图层蒙版

按住Alt键，将一个图层蒙版拖曳至目标图层上，可以将该图层蒙版复制给目标图层，如图8-13所示。如果没有按住Alt键，则原图层的图层蒙版会被转移至目标图层，如图8-14所示。

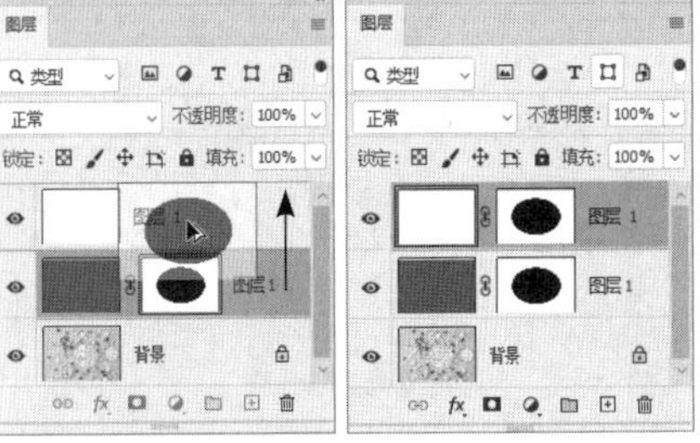

图8-13

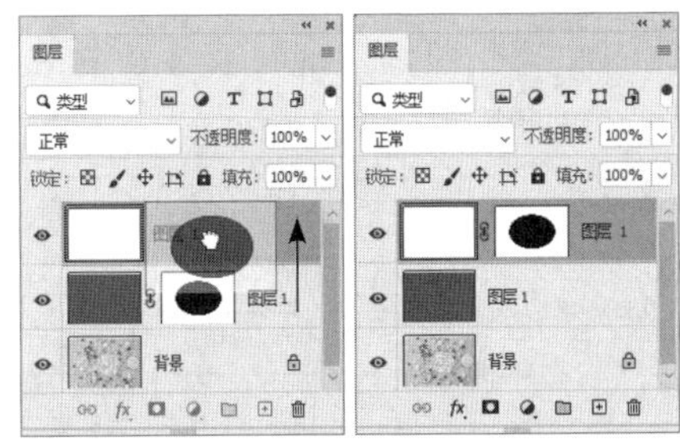

图8-14

技巧与提示

如果两个图层都包含图层蒙版，那么将一个图层的图层蒙版拖曳至另一个图层上，会弹出提示对话框。单击“是”按钮 是(Y) 可以替换图层蒙版。替换图层蒙版后，原来的图层蒙版会被删除，如图8-15所示。

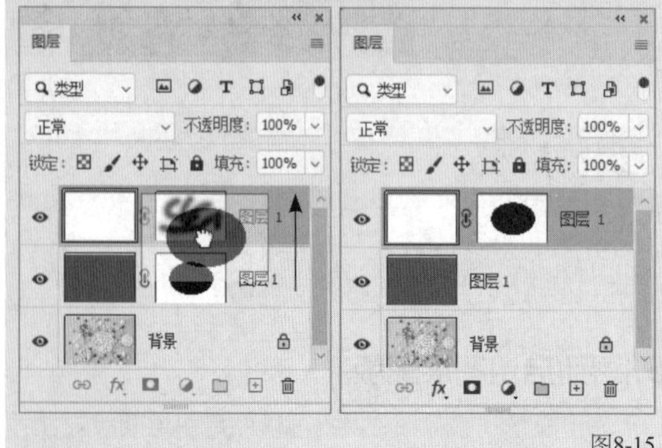

图8-15

7.应用图层蒙版

执行“图层”>“图层蒙版”>“应用”菜单命令，或在图层蒙版的缩览图上单击鼠标右键，在弹出的菜单中选择“应用图层蒙版”命令，可以删除图层蒙版，并将效果应用到图层中，如图8-16所示。

图8-16

知识点：通过“属性”面板调整图层蒙版

“属性”面板不仅可以用于设置调整图层，还可以用于调整图层蒙版。为图层添加蒙版后，在“属性”面板中可以调整蒙版的遮挡强度及其边缘的柔化程度等，如图8-17所示。

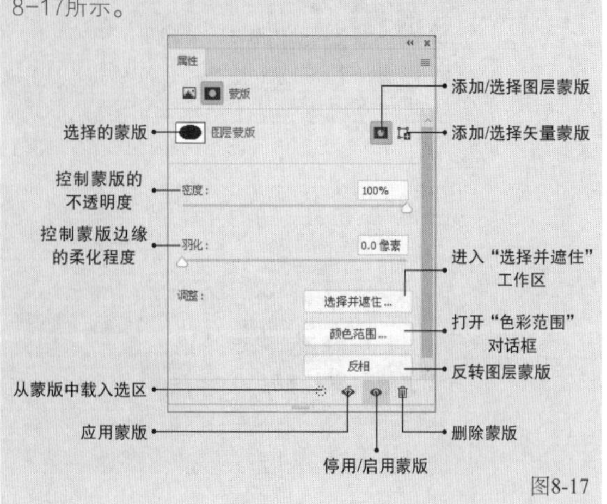

图8-17

课堂案例

制作恐龙走出手机效果

素材文件	素材文件>CH08>素材01-1.jpg、素材01-2.png、素材01-3.jpg
实例文件	实例文件>CH08>制作恐龙走出手机效果.psd
视频名称	制作恐龙走出手机效果.mp4
学习目标	掌握使用图层蒙版修改图像的方法

本例将使用**图层蒙版**制作**恐龙走出手机效果**，如图8-18所示。

图8-18

01 按快捷键**Ctrl+O**打开本书学习资源文件夹中的“**素材文件**”>“**CH08**”>“**素材01-1.jpg**”文件，然后按快捷键**Ctrl+J**将其复制一层，接着将其转换为智能对象，再执行“**滤镜**”>“**模糊**”>“**高斯模糊**”菜单命令，打开“**高斯模糊**”对话框，设置“**半径**”为**3.4像素**，如图8-19所示。

图8-19

02 将“**素材01-2.png**”文件拖曳至画布中，然后**等比缩小**，如图8-20所示。用“**快速选择工具**”将屏幕区域框选出来，然后执行“**选择**”>“**修改**”>“**扩展**”菜单命令，打开“**扩展选区**”对话框，设置“**扩展量**”为**2像素**，单击“**图层**”面板下方的“**添加图层蒙版**”按钮，为其添加图层蒙版，如图8-21所示。

图8-20

图8-21

03 按快捷键Ctrl+I对蒙版进行**反相**处理，这样就只保留**手机的边框**区域，如图8-22所示。选择“**画笔工具**”，设置前景色为**黑色**，在选项栏中选择“**柔边圆**”笔尖，设置“**不透明度**”和“**流量**”为**50%**左右，涂抹**手机边框**的下方，使它**和地面融合**在一起，如图8-23所示。

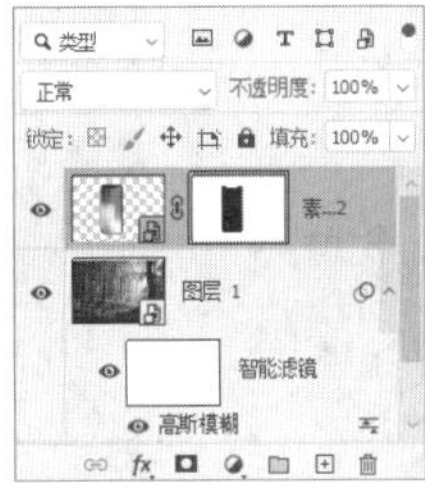

图8-22

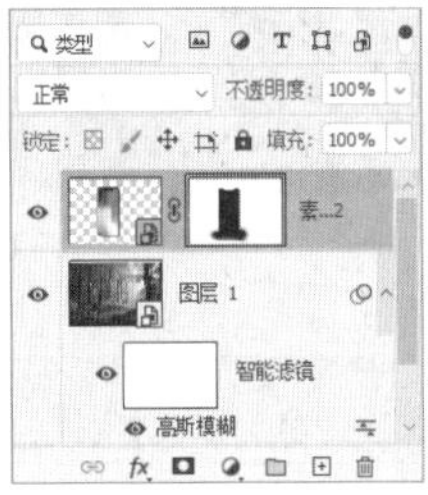

图8-23

技巧与提示

涂抹之前需要选中图层蒙版，并且注意其边缘的过渡不要太生硬。可以根据不同区域的大小随时修改笔尖大小，以及“不透明度”和“流量”值。如果涂抹去除了不想去除的区域，可以设置前景色为白色，然后涂抹不想去除的区域，将其恢复。

04 选择“**图层1**”图层的智能滤镜蒙版，然后用**黑色**的“**柔边圆**”画笔涂抹**手机屏幕**区域和**近处的道路**与**植物**，如图8-24所示。

图8-24

05 将“**素材01-3.jpg**”文件拖曳至画布中，然后用“**对象选择工具**”创建**恐龙**的选区，如图8-25所示。单击“图层”面板下方的“**添加图层蒙版**”按钮，为其添加图层蒙版，如图8-26所示。

图8-25

图8-26

06 将“**素材01-3.jpg**”图层等比缩小一些，然后拖曳到合适的位置，如图8-27所示。使用“**矩形选框工具**”在恐龙尾部绘制选区，如图8-28所示，然后在“**素材01-3.jpg**”图层的**蒙版**中为选区填充**黑色**，按快捷键Ctrl+ D取消选区，如图8-29所示。

图8-27

图8-28

图8-29

07 单击“**图层**”面板底部的 按钮，添加“**曲线**”**调整图层**。打开“**属性**”面板，在曲线上添加**一个**控制点并**向下拖曳**，然后单击 **按钮**，创建“**素材01-3.jpg**”图层的**剪贴蒙版**，如图8-30所示。效果如图8-31所示。

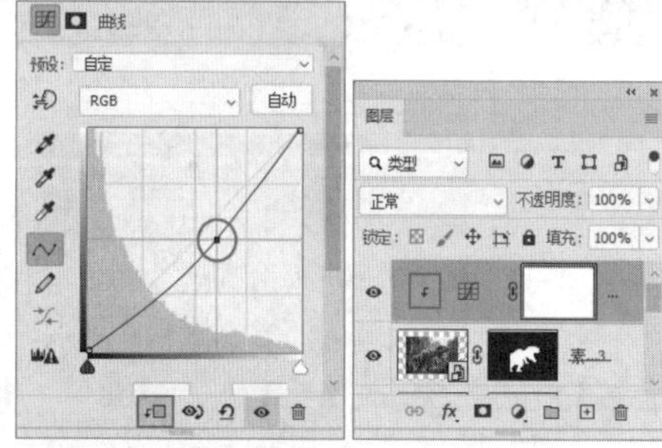

图8-30

图8-31

08 选择“**曲线**”**调整图层**的蒙版，然后用**黑色**的“**柔边圆**”画笔涂抹恐龙的**头部**和**背部**，如图8-32所示。

图8-32

09 在“**素材01-3.jpg**”图层的下方新建图层，然后用**深棕色(R:34,G:25,B:25)**的“**柔边圆**”画笔画出**恐龙**的**阴影**，接着设置**混合模式**为“**正片叠底**”，“**不透明度**”为**88%**，如图8-33所示。效果如图8-34所示。

图8-33

图8-34

8.1.2 剪贴蒙版

使用剪贴蒙版可以用一个图层中的内容来控制多个图层的显示区域，剪贴蒙版是以组的形式出现的。在剪贴蒙版组中，位于最下面的图层称为基底图层（其名称带有下画线），它上方的图层统称为内容图层（其左侧有 图标并指向基底图层）。此外，可以将一个或多个调整图层创建为基底图层的剪贴蒙版，使其只针对基底图层进行调整，如图8-35所示。

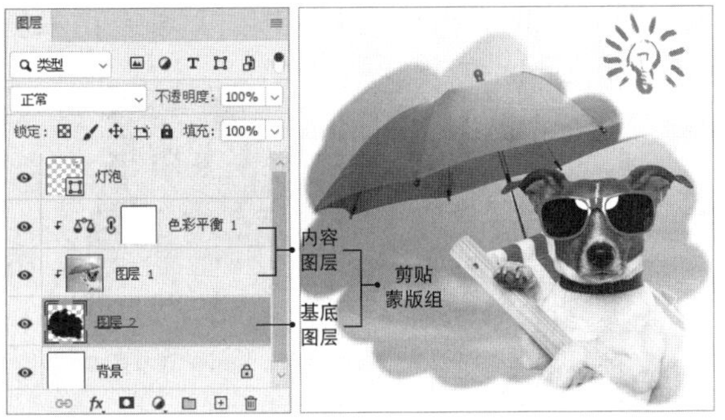

图8-35

内容图层的显示完全依靠基底图层。关闭基底图层，整个剪贴蒙版组将全部隐藏。改变基底图层的位置、大小，内容图层的显示区域会随之改变，如图8-36所示。改变基底图层的混合模式和“不透明度”值，内容图层会呈现出透明效果，如图8-37所示。

图8-36

图8-37

技巧与提示

内容图层必须与基底图层相邻，对一个内容图层进行操作不会影响基底图层和其他内容图层。当对内容图层进行移动、变换等操作时，其显示范围也会随之发生改变。当内容图层中的图像小于基底图层中的图像时，没填满的区域将显示基底图层的内容，如图8-38所示。

图8-38

1.创建剪贴蒙版

在一个包含3个图层的文档中，如图8-39所示，选择“抽象”图层，执行“图层”>“创建剪贴蒙版”菜单命令（快捷键为Alt+Ctrl+G），或者在“抽象”图层上单击鼠标右键，在弹出的菜单中选择“创建剪贴蒙版”命令，可以“矩形”图层为基底图层创建剪贴蒙版，如图8-40所示。

图8-39

图8-40

技巧与提示

按住Alt键，将鼠标指针置于“抽象”图层和“矩形”图层之间的分隔线上，鼠标指针变成↲□状时单击，可以快速创建剪贴蒙版，如图8-41所示。

图8-41

2.释放剪贴蒙版

创建剪贴蒙版以后，如果要释放剪贴蒙版，可以执行“图层”>“释放剪贴蒙版”菜单命令（快捷键为Alt+Ctrl+G），或者按住Alt键，将鼠标指针置于两个图层之间的分隔线上，鼠标指针变成↲□状时单击，如图8-42所示。

图8-42

课堂案例

制作瓶中景色

素材文件	素材文件>CH08>素材02-1.jpg、素材02-2.jpg、素材02-3.jpg
实例文件	实例文件>CH08>制作瓶中景色.psd
视频名称	制作瓶中景色.mp4
学习目标	掌握使用图层蒙版和剪贴蒙版修改图像的方法

本例将使用**图层蒙版**和**剪贴蒙版**制作**瓶中景色**，效果如图8-43所示。

图8-43

01 按快捷键**Ctrl+O**打开本书学习资源文件夹中的"**素材文件**">"**CH08**">"**素材02-1.jpg**"文件，然后执行"**选择**">"**主体**"菜单命令，为主体创建选区，如图8-44所示。选择"**对象选择工具**"，并设置为"**套索**"模式，按住**Alt**键将**瓶塞和阴影区域**从选区中减去，如图8-45所示。

图8-44

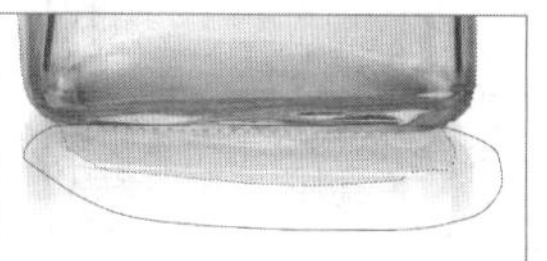

图8-45

02 得到**瓶身**的选区，如图8-46所示。按快捷键**Ctrl+J**复制瓶身，并将"**素材02-2.jpg**"文件拖曳至文档窗口中，调整其大小和位置，使其盖住瓶身，如图8-47所示。

图8-46

图8-47

03 按快捷键**Alt+Ctrl+G**创建**剪贴蒙版**，图像会按照瓶身区域显示，如图8-48所示。

图8-48

04 选择"**素材02-2**"图层，单击"**添加图层蒙版**"按钮，为其添加图层蒙版。选择"**画笔工具**"，设置**前景色**为**黑色**，在选项栏中选择"**柔边圆**"笔尖，设置"**不透明度**"和"**流量**"为**20%**左右，涂抹瓶身边缘，使景色**自然地融入瓶中**，效果如图8-49所示。

图8-49

05 将"**素材02-3.jpg**"文件拖曳至文档窗口中，调整其大小与位置，使其**盖住瓶身**，如图8-50所示。按快捷键**Alt+Ctrl+G**创建**剪贴蒙版**，效果如图8-51所示。

图8-50

图8-51

06 **按住Alt键**，将"**素材02-2**"图层的**图层蒙版**拖曳至"**素材02-3**"图层**上**，复制图层蒙版。设置"**素材02-3**"图层的**混合模式**为"**叠加**"，"**不透明度**"为**50%**，如图8-52所示。

图8-52

07 按住Shift键，单击“图层1”“素材02-2”“素材02-3”图层，将它们选中，然后按快捷键Alt+Ctrl+E将这3个图层盖印到一个**新的图层**中，并将其置于“**图层1**”的下方，如图8-53所示。按快捷键Ctrl+T显示定界框，然后单击鼠标**右键**，在弹出的菜单中选择“**垂直翻转**”命令，将其拖曳至瓶子**下方**作为**倒影**，效果如图8-54所示。

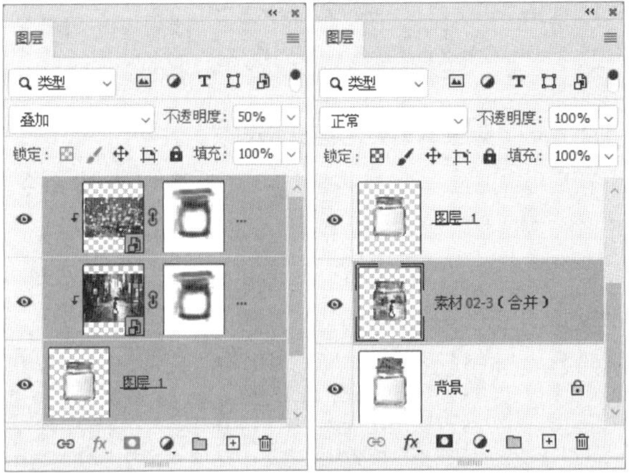

图8-53

图8-54

08 设置**倒影**所在图层的“**不透明度**”为30%，然后单击“**添加图层蒙版**”按钮，为其添加图层蒙版，接着选择“**渐变工具**”，再用“**黑色→透明**”的渐变在图层蒙版中**自下而上**地绘制**线性渐变**（如果效果不理想，可以进行多次绘制），“**图层**”面板如图8-55所示。这样便隐藏了倒影下方的区域，效果如图8-56所示。

图8-55

图8-56

课堂练习

制作线上促销海报

素材文件	素材文件>CH08>素材03-1.jpg、素材03-2.jpg、素材03-3.psd
实例文件	实例文件>CH08>制作线上促销海报.psd
视频名称	制作线上促销海报.mp4
学习目标	掌握使用图层蒙版和剪贴蒙版修改图像的方法

本练习的目标是使用**图层蒙版**、**剪贴蒙版**修改衣服颜色，并制作线上促销海报，效果如图8-57所示。

图8-57

8.1.3 矢量蒙版

矢量蒙版通过矢量图形控制图像的显示范围，进行的相关操作是非破坏性的。可以用“钢笔工具”和形状类工具创建矢量图形。

1.创建/删除矢量蒙版

当画布中存在路径时，如图8-58所示，选择“图层1”图层，执行“图层”>“矢量蒙版”>“当前路径”菜单命令，或者按住Ctrl键并单击“添加图层蒙版”按钮，可以为当前图层创建矢量蒙版，如图8-59所示。

图8-58

图8-59

当画布中没有路径或路径隐藏时，执行“图层”>“矢量蒙版”>“显示全部”菜单命令，或者按住Ctrl键并单击“添加图层蒙版”按钮，可以为当前图层创建一个空白的矢量蒙版，如图8-60所示。当画布中没有路径或路径隐藏时，执行“图层”>“矢量蒙版”>“隐藏全部”菜单命令，或者按住Ctrl+Alt键并单击“添加图层蒙版”按钮，可以为当前图层创建一个灰色的矢量蒙版（相当于黑色的图层蒙版），如图8-61所示。

图8-60

图8-61

技巧与提示

如果一个图层有图层蒙版，那么单击“添加图层蒙版”按钮，可以直接为其添加矢量蒙版。

执行“图层”>“矢量蒙版”>“删除”菜单命令，或者在矢量蒙版缩览图上单击鼠标右键，在弹出的菜单中选择“删除矢量蒙版”命令，如图8-62所示，可以删除矢量蒙版。此外，将矢量蒙版拖曳至“图层”面板底部的“删除图层”按钮上，也可将其删除。

图8-62

2.编辑矢量蒙版

在创建矢量蒙版后，还可以在矢量蒙版中添加形状。选择“钢笔工具”或形状类工具，在其选项栏中设置绘图模式为“路径”并设置路径运算方式，即可在原矢量蒙版中添加或减去形状。例如，选择“三角形工具”，设置绘图模式为“路径”，运算方式为“合并形状”，绘制一个三角形，即可将其添加到矢量蒙版中，如图8-63所示。

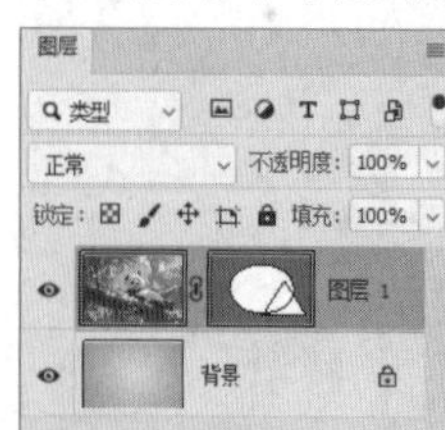

图8-63

使用“路径选择工具”和“直接选择工具”可以改变矢量蒙版中形状的位置，以及锚点或路径段的位置。如果要删除形状，可在选中形状后按Delete键。

技巧与提示

在默认状况下，图层与矢量蒙版处于链接状态。当移动或变换图层时，矢量蒙版会随之发生改变。单击图层与矢量蒙版之间的图标，或者执行“图层”>“矢量蒙版”>“取消链接”菜单命令，可以取消它们之间的链接。

3.将矢量蒙版转换为图层蒙版

执行“图层”>“栅格化”>“矢量蒙版”菜单命令，或者在矢量蒙版缩览图上单击鼠标右键，在弹出的菜单中选择“栅格化矢量蒙版”命令，可以将矢量蒙版转换为图层蒙版，如图8-64所示。

图8-64

4.为矢量蒙版添加效果

为带有矢量蒙版的图层添加图层样式，将只对显示区域起作用，对隐藏区域没有影响，如图8-65所示。

图8-65

在“属性”面板中可以控制矢量蒙版的遮挡强度及其边缘的柔化程度。减小“密度”值，矢量蒙版就变得透明了；减小“羽化”值，矢量蒙版边缘就变得模糊了，呈现出柔和的过渡效果，如图8-66所示。

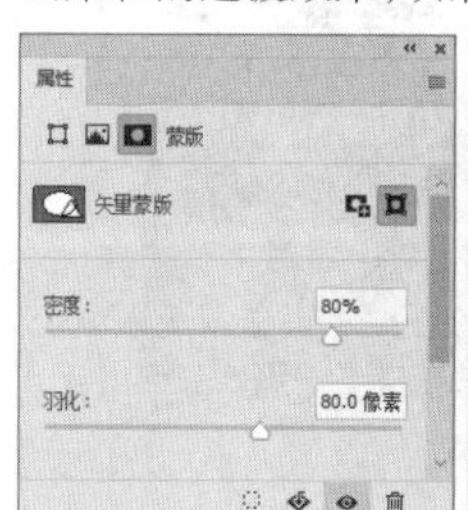

图8-66

8.1.4 快速蒙版

快速蒙版是一种临时蒙版，在其中可以使用绘画类工具创建选区，然后对选区进行编辑。单击工具箱底部的“以快速蒙版模式编辑”按钮 (快捷键为Q)，可以进入快速蒙版编辑模式。使用“画笔工具” 在图像上绘制，绘制的区域将显示为红色，如图8-67所示。红色区域表示未选中的区域，非红色区域表示选中的区域。单击“以快速蒙版模式编辑”按钮 退出快速蒙版编辑模式，可以得到选区，按快捷键Ctrl+J可以复制出选区内的图像，如图8-68所示。

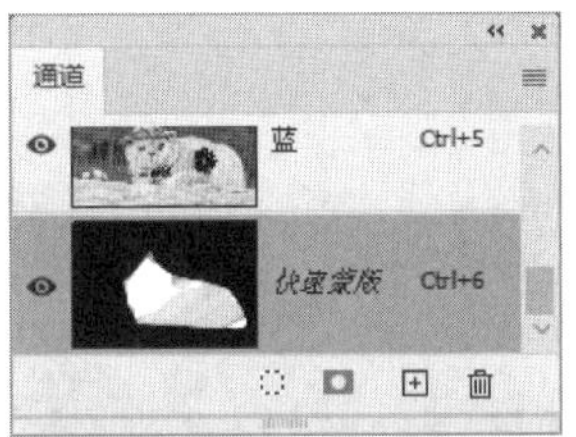

图8-67

图8-68

如果使用灰色或者带有透明度的黑色笔尖绘制，绘制区域的红色会更浅，如图8-69所示。退出快速蒙版编辑模式，得到选区，并按快捷键Ctrl+J可以复制出带有透明度的图像，如图8-70所示。

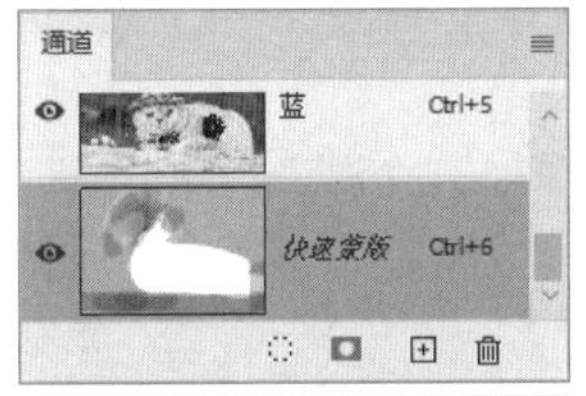

图8-69

图8-70

8.2 通道的操作方法

通道是用于存储图像颜色和选区等不同类型信息的灰度图像。使用通道可以快速创建部分图像的选区，还可以制作一些特殊效果。

本节重点内容

重点内容	说明
应用图像	将通道进行混合，形成特殊的色彩效果
计算	混合一个或多个图像中的通道
通道混合器	混合图像的颜色通道

8.2.1 “通道”面板

在“通道”面板中，可以创建、存储、编辑和管理通道。打开一个图像，执行“窗口”>“通道”菜单命令，打开“通道”面板，如图8-71所示。在其中，可以执行“新建通道”“删除通道”“新建专色通道”等命令。单击 按钮打开面板菜单。

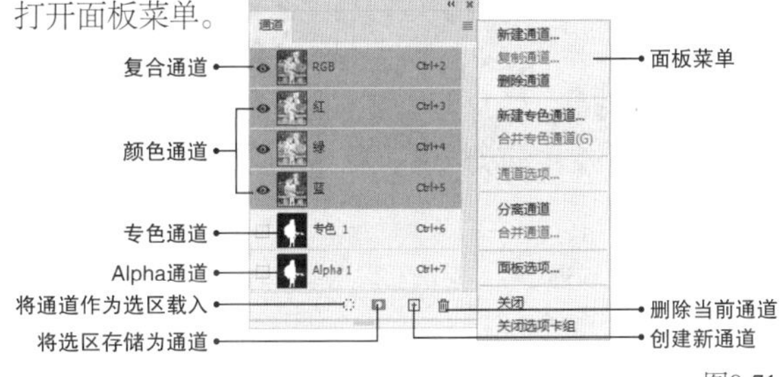

图8-71

重要参数介绍

◇ **颜色通道：** 记录了图像的内容及颜色信息，可用于调色。当修改图像内容时，颜色通道中的灰度图像也会随之改变。不同颜色模式的图像，其颜色通道也是不同的。RGB颜色模式的图像包含红、绿、蓝和一个复合通道。CMYK颜色模式的图像包含青色、洋红、黄色、黑色和一个复合通道。Lab颜色模式的图像包含明度、a、b和一个复合通道。位图模式、灰度模式、双色调模式和索引颜色模式的图像中只有一个通道。

◇ **Alpha通道：** 主要用来存储选区，并可以将通道中的选区载入图像中。在Alpha通道中，白色区域代表被选中的区域；灰色区域代表被选中的区域存在羽化；黑色区域代表选区之外的区域。默认情况下，单击Alpha通道将显示黑白图像，如图8-72所示。

图8-72

◇ **专色通道：** 主要用来存储印刷用的专色，每个专色通道只能存储一种专色信息。在专色通道中，黑色区域表示使用了专色的区域，白色区域表示无专色的区域。

技巧与提示

专色油墨是指一种预先混合好的特定彩色油墨，用于替代或者补充印刷色（CMYK）油墨，如荧光色、金色、银色油墨等。如果要为印刷品的局部应用印刷工艺，那么需要使用专色通道存储相关信息。印刷工艺在平面设计中的应用十分广泛，可以为设计作品带来多种视觉效果。常见的印刷工艺有印金、印银、烫金、烫银、起凸、压凹、UV和模切等。

◇ **将通道作为选区载入：** 单击该按钮，可以载入所选通道图像的选区。

◇ **将选区存储为通道：** 单击该按钮，可以将图像中存在的选区存储到通道中。

◇ **创建新通道：** 单击该按钮，可以创建一个Alpha通道。将某个通道拖曳至该按钮上，可对其进行复制，如图8-73所示。

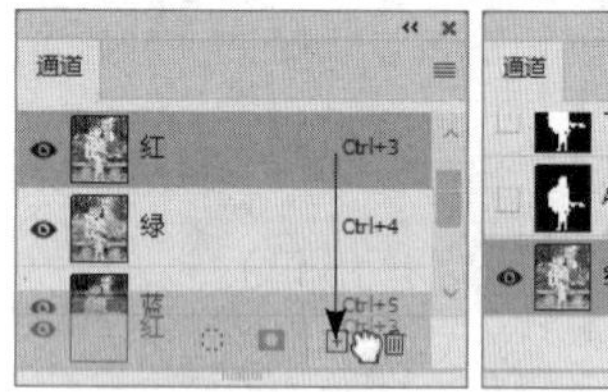

图8-73

◇ **删除当前通道：** 单击该按钮或者将通道拖曳至该按钮上，可以删除所选通道。

单击通道缩览图左侧的图标，可以控制通道的显示或隐藏。单击某一通道，可以选择该通道，如图8-74所示。按住Shift键并单击需要的通道，即可同时选择多个通道，如图8-75所示。每个通道的右侧都标有快捷键，按对应的快捷键可快速选择通道。例如，当图像为RGB颜色模式时，按快捷键Ctrl+3、快捷键Ctrl+4、快捷键Ctrl+5可以分别选择红、绿、蓝通道。

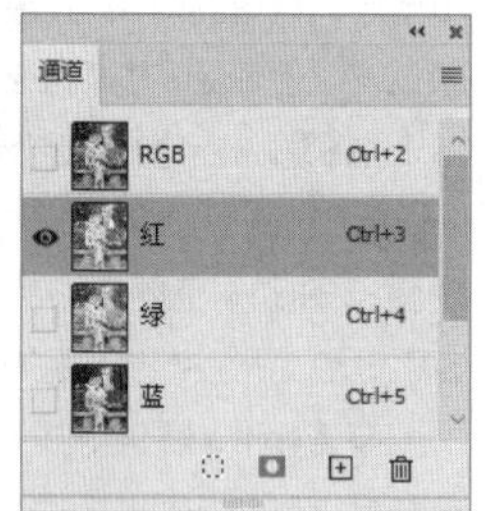

图8-74

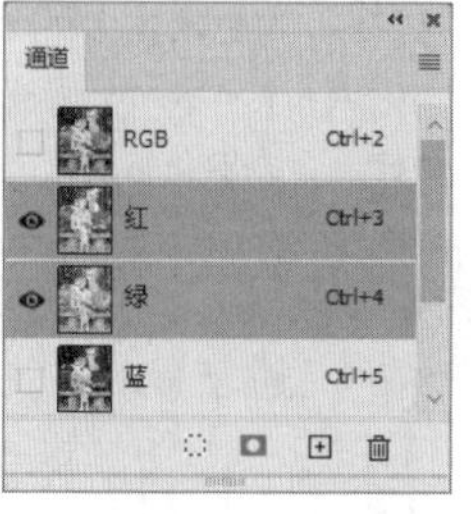

图8-75

课堂案例

调出蓝调和橙调

素材文件	素材文件>CH08>素材04.jpg
实例文件	实例文件>CH08>调出蓝调和橙调.psd
视频名称	调出蓝调和橙调.mp4
学习目标	掌握使用通道制作特殊效果的方法

本例将用**Lab通道**快速调出**蓝调**和**橙调**，如图8-76所示。

图8-76

01 按快捷键**Ctrl+O**打开本书学习资源文件夹中的"**素材文件**">"**CH08**">"**素材04.jpg**"文件，然后按快捷键**Ctrl+J**将其复制一层，接着执行"**图像**">"**模式**">"**Lab颜色**"菜单命令，将图像转换为**Lab颜色模式**，如图8-77所示。

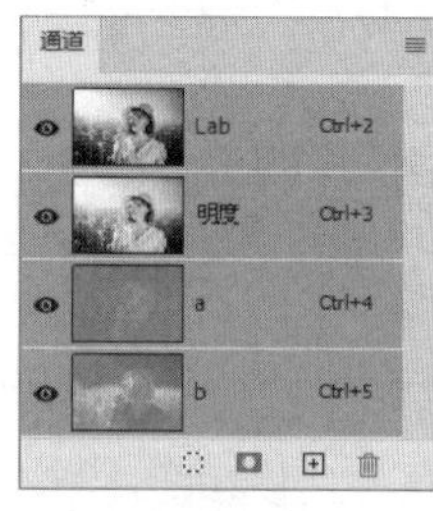

图8-77

02 选择**a通道**，按快捷键**Ctrl+A**全选，然后按快捷键**Ctrl+C**复制，接着选择**b通道**，再按快捷键**Ctrl+V**将**a通道复制到b通道**中，如图8-78所示。这样便制作出了**蓝调**图像，按快捷键**Ctrl+2**显示彩色图像，蓝调的最终效果如图8-79所示。

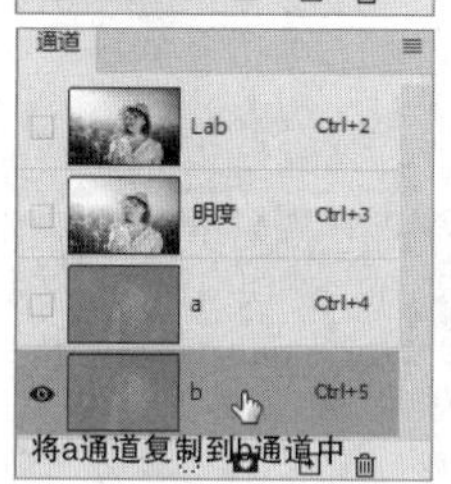

图8-78

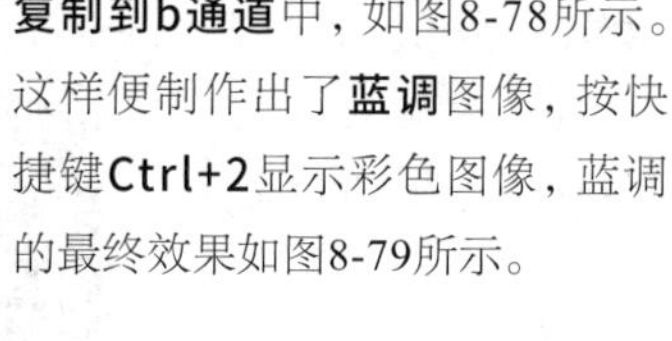

图8-79

03 复制“**背景**”图层，然后选择**b通道**，按快捷键**Ctrl+A**将**b通道**全选并按快捷键**Ctrl+C**进行复制，接着选择**a通道**，再按快捷键**Ctrl+V**将**b通道复制到a通道**中，如图8-80所示。这样便制作出了**橙调**图像，按快捷键**Ctrl+2**显示彩色图像，如图8-81所示。

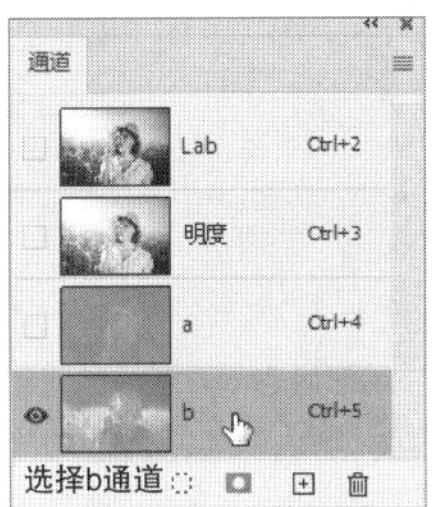

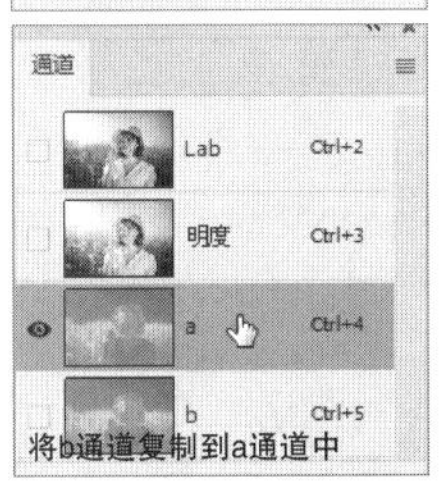

图8-80

图8-81

04 可以看到**人物的皮肤**受到一定影响，为图层添加**图层蒙版**，将人物皮肤进行**还原**，橙调的最终效果如图8-82所示。

图8-82

8.2.2 应用图像

设置图层的混合模式，可以让其与下方图层混合。通道之间的混合可以使用“应用图像”命令实现。例如，选择“红”通道，执行“图像”>“应用图像”菜单命令，在打开的“应用图像”对话框中设置“混合”为“颜色减淡”，“不透明度”为50%，如图8-83所示，可以对通道进行混合，得到特殊的色彩效果，如图8-84所示。

图8-83

图8-84

重要参数介绍

◇ **源**：用于设置混合通道的文件。

◇ **图层**：用于设置参与混合的图层。

◇ **通道**：用于设置参与混合的通道。

◇ **反相**：勾选该选项，可以使通道先反相，再混合。

◇ **目标**：显示被混合的对象，即执行“图像”>“应用图像”菜单命令前选择的通道。

◇ **混合**：用于控制“源”对象与“目标”对象的混合方式。

◇ **不透明度**：用于控制混合的程度，其值越大，混合程度越大。

◇ **保留透明区域**：勾选该选项，可以将混合效果限制在图层的不透明区域内。

◇ **蒙版**：勾选该选项，会显示“蒙版”的相关选项，可以选择任何颜色通道和Alpha通道作为蒙版，如图8-85所示。

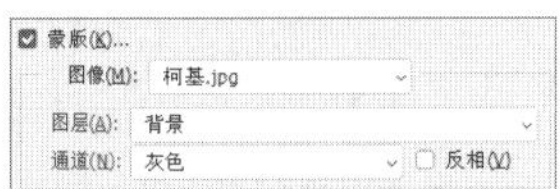

图8-85

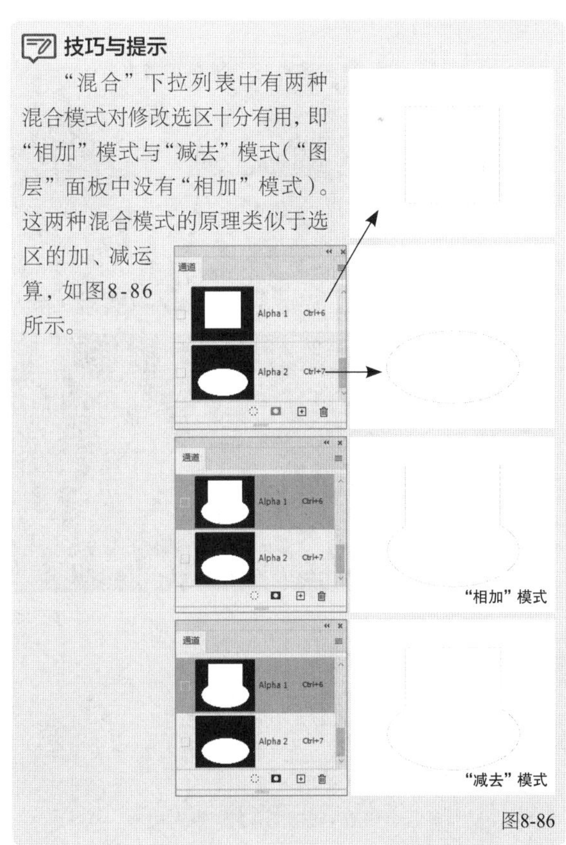

技巧与提示

“混合”下拉列表中有两种混合模式对修改选区十分有用，即“相加”模式与“减去”模式（“图层”面板中没有“相加”模式）。这两种混合模式的原理类似于选区的加、减运算，如图8-86所示。

图8-86

8.2.3 计算

“计算”命令既可以用于混合一个图像中的通道，又可以用于混合多个图像中的通道，并生成一个新的通道、选区或灰度图像。执行“图像”>“计算”菜单命令，打开“计算”对话框，如图8-87所示。

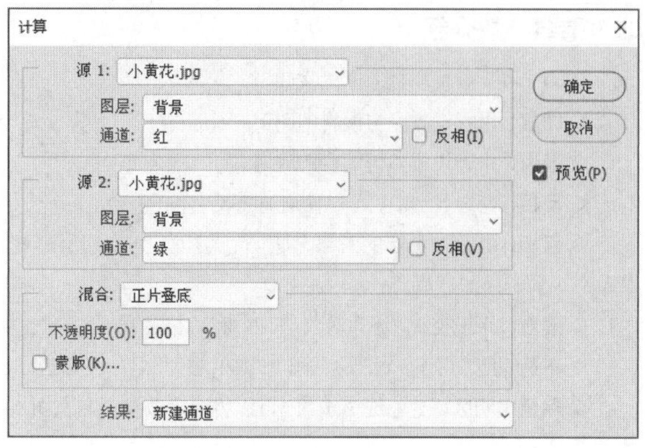

图8-87

重要参数介绍

◇ **源1/源2：**用于设置参与计算的两个源图像。

◇ **结果：**用于设置计算完成后生成的对象。选择“新建文档”选项，可以创建一个灰度图像；选择“新建通道”选项，可以根据计算结果创建一个新的通道；选择“选区”选项，可以创建一个选区，如图8-88所示。

图8-88

知识点：用通道抠图

使用通道可以根据图像的色相差或明度差来创建选区，便于抠取毛发、云朵、烟雾和玻璃制品等。在操作过程中，可以重复使用画笔类工具以及“亮度/对比度”“曲线”“色阶”等命令调整通道，以得到精确的选区。

课堂案例

抠出图中的人物

素材文件	素材文件>CH08>素材05-1.jpg、素材05-2.jpg
实例文件	实例文件>CH08>抠出图中的人物.psd
视频名称	抠出图中的人物.mp4
学习目标	掌握使用通道抠图的方法

本例将使用通道抠出图中的人物，然后将其置于卡通风格的背景中，效果如图8-89所示。

图8-89

01 按快捷键Ctrl+O打开本书学习资源文件夹中的“**素材文件**”>“**CH08**”>“**素材05-1.jpg**”文件，如图8-90所示。

图8-90

02 在工具箱中选择“**钢笔工具**”，在选项栏中设置**绘图模式**为“**路径**”，沿着**人物的轮廓**绘制路径，绘制时需要**避开头纱**，如图8-91所示。单击选项栏中的**按钮**，在弹出的菜单中选择“**减去顶层形状**”命令。沿着人物**肩膀与手臂**的间隙绘制路径，将这部分区域**从路径中去除**，如图8-92所示。打开“**路径**”面板，双击“**工作路径**”路径的缩览图，将**绘制的路径**存储为“**路径1**”，如图8-93所示。

图8-91

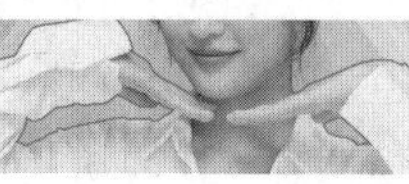

图8-92

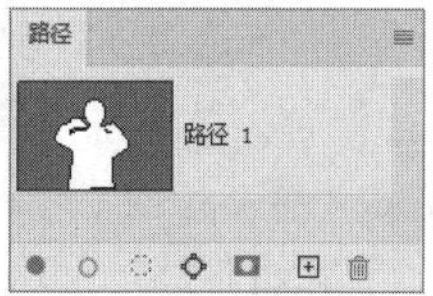

图8-93

03 按快捷键Ctrl+Enter将路径转为选区，如图8-94所示。单击“**通道**”面板底部的“**将选区存储为通道**”按钮，保存选区，如图8-95所示。

图8-94

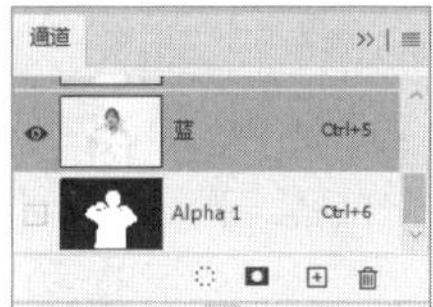

图8-95

04 使用“**对象选择工具**”创建人物选区（包含头纱），效果如图8-96所示。在“**通道**”面板中选择“**红**”通道，将其拖曳至面板底部的“**创建新通道**”按钮上，复制该通道，如图8-97所示。按快捷键Shift+Ctrl+I反选选区，在选区中填充**黑色**，效果如图8-98所示。按快捷键Ctrl+D取消选区。

图8-96

图8-97　　图8-98

05 执行“**图像**”>“**计算**”菜单命令，打开“**计算**”对话框，将Alpha 1通道和“**红 拷贝**”通道以“**相加**”模式混合，如图8-99所示。按Enter键确认操作，可以得到一个**新的通道**，如图8-100所示。

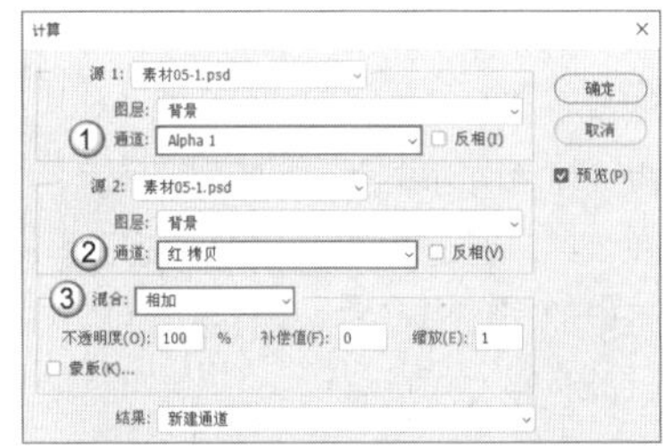

图8-99

图8-100

06 可以看到**人物头部**和头纱的衔接处有**一些头发**没有被涂白，如图8-101所示。选择“**画笔工具**”，用白色的“**柔边圆**”笔尖（“**不透明度**”和“**流量**”为20%左右）涂抹这些区域，使过渡更自然，如图8-102所示。

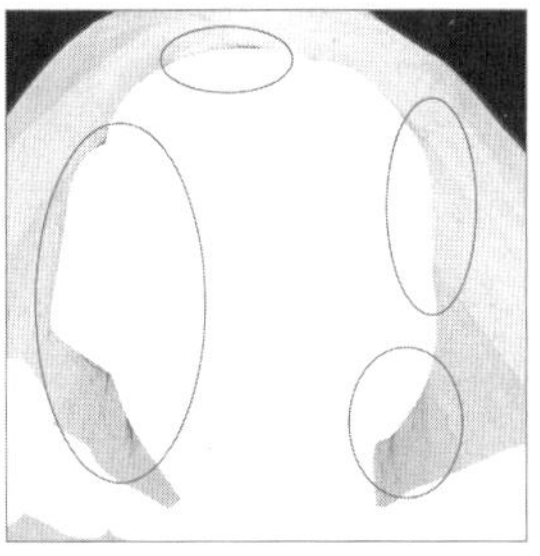

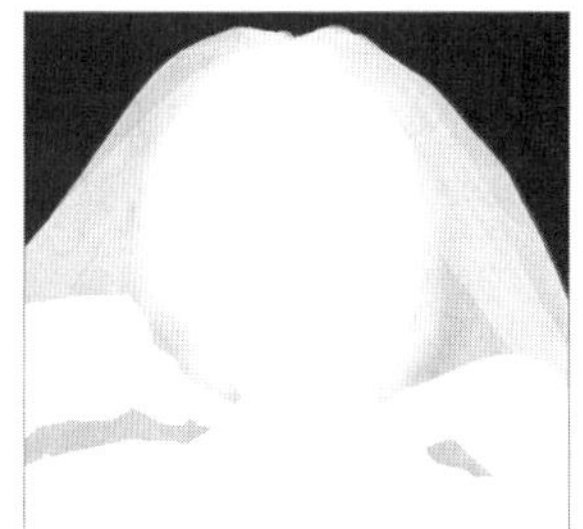

图8-101　　图8-102

07 **按住Ctrl键并单击Alpha2**通道的**缩览图**，将选区载入图像中。选择复合通道，显示图像，按快捷键Ctrl+J复制图层，隐藏“**背景**”图层，效果如图8-103所示。按快捷键Ctrl+Shift+S将文件保存为PSD格式。

图8-103

08 打开“**素材05-2.jpg**”文件，并将**抠出的人物**拖曳至画布中，如图8-104所示。

图8-104

09 头纱的颜色偏暗，因此可以为人物所在的图层添加“**曲线**”调整图层，以**调亮**图像，然后按快捷键Alt+Ctrl+G创建**剪贴蒙版**，使“**曲线**”调整图层**仅对人物**起作用，如图8-105所示。

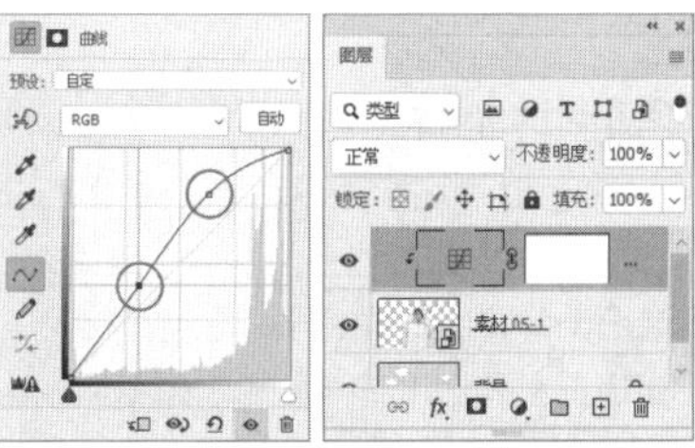

图8-105

10 选择“**曲线**”**调整图层**的图层**蒙版**，为其填充**黑色**。然后选择“**画笔工具**” ，用**白色**的“**柔边圆**”笔尖涂抹头纱，如图8-106所示，使**头纱变亮**，效果如图8-107所示。

图8-106

图8-107

8.2.4 通道混合器

通道混合器用于将当前颜色通道的像素与其他颜色通道的像素进行混合，从而调整图像的颜色。在使用通道混合器的过程中，进行加或减的颜色信息来自本通道或其他通道的同一图像位置，而不会影响其他通道。

执行“图像”>“调整”>“通道混合器”菜单命令，打开“通道混合器”对话框，如图8-108所示。其中的“输出通道”表示目前调整的通道；“源通道”表示参与混合的通道，每个“源通道”的取值范围为-200%~+200%；“常数”用于设置输出通道的灰度值。设置“输出通道”为“红”，默认“源通道”的“红色”为+100%，其余颜色为0%，表示“红”通道为正常状态，没有混合效果。

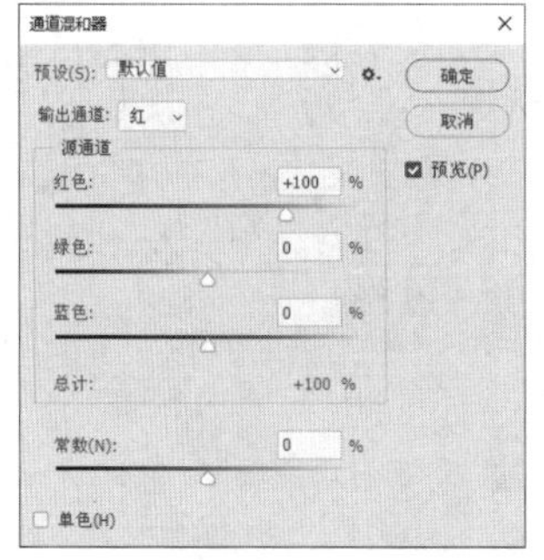

图8-108

技巧与提示

“总计”显示的是源通道的总百分比，如果该值大于100%，则该值旁边会显示一个▲图标以示警告，表示处理后的图像将比原始图像更亮，可能会删除一些高光细节。使用通道混合器调整图像时不要过度调整，以免图像失真。如果想获得更好的效果，最好保持“总计”值为100%。

拖曳“红色”滑块至+200%，则表示在“红”通道中添加红色，但是由于目前红色的色值已经达到了最大值（即R为255），因此红色圆形的颜色没有变化，如图8-109所示。拖曳“红色”滑块至-200%，则表示在“红”通道中减少红色，那么红色圆形的颜色就变成了黑色，如图8-110所示。

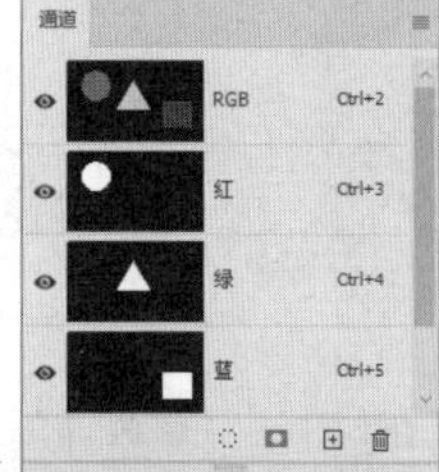

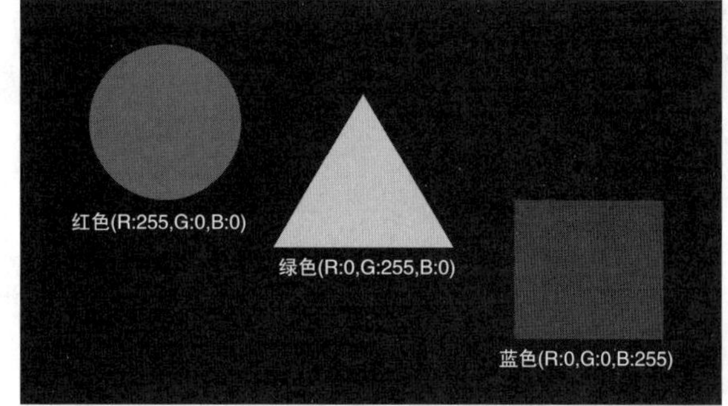

图8-109

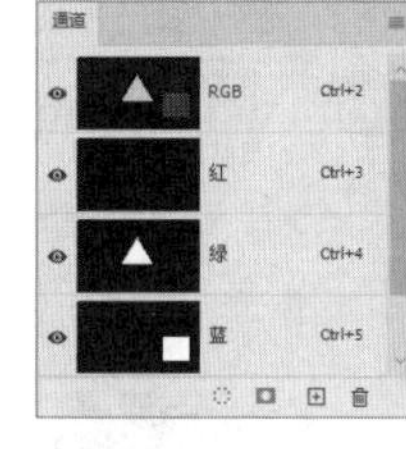

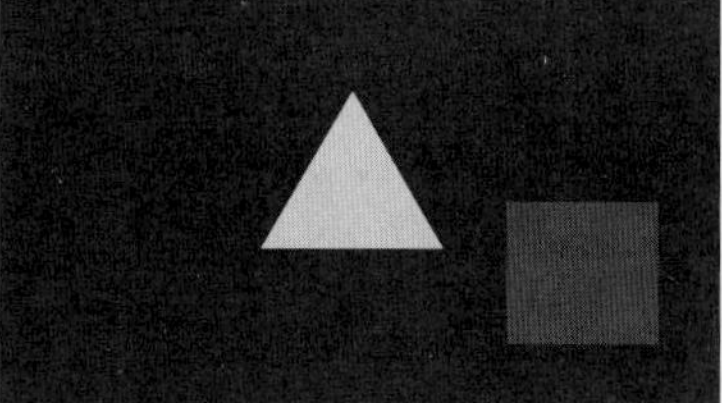

图8-110

拖曳“绿色”滑块至+200%，则表示在“红”通道中添加绿色（三角形区域），通过将“红”通道和“绿”通道的颜色混合，绿色三角形的颜色变成了黄色，如图8-111所示。拖曳“绿色”滑块至-200%，则表示在“红”通道中减少绿色。这张图像的“红”通道中没有绿色，所以颜色没有变化。

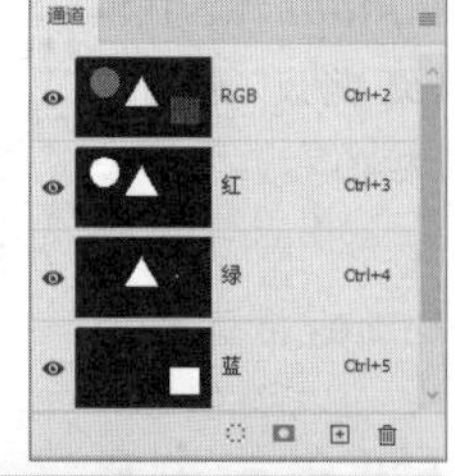

图8-111

拖曳“蓝色”滑块至+200%，则表示在“红”通道中添加蓝色（三角形区域），通过将“红”通道和“蓝”通道的颜色混合，蓝色矩形的颜色变成了洋红色，如图8-112所示。拖曳“蓝色”滑块至-200%，则表示在“红”通道中减少蓝色。这张图像的“红”通道中没有蓝色，所以颜色没有变化。

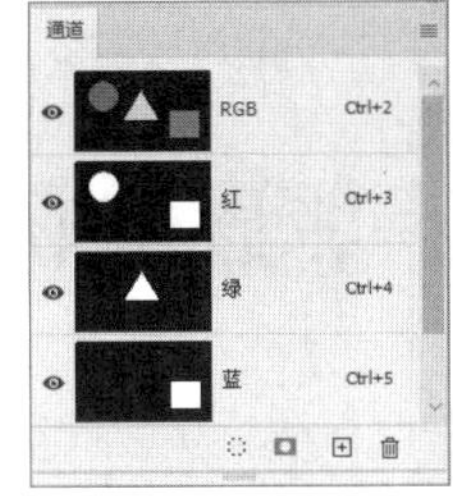

图8-112

8.3 本章小结与评价

本章主要讲解了蒙版与通道的运用，先讲解了图层蒙版、剪贴蒙版、矢量蒙版和快速蒙版的使用技巧，然后讲解了通道的类型及操作方法。读者可通过图8-113所示的思维导图梳理知识脉络，并结合表8-1进行自测，查找学习的薄弱环节，从而更好地掌握本章的知识点。

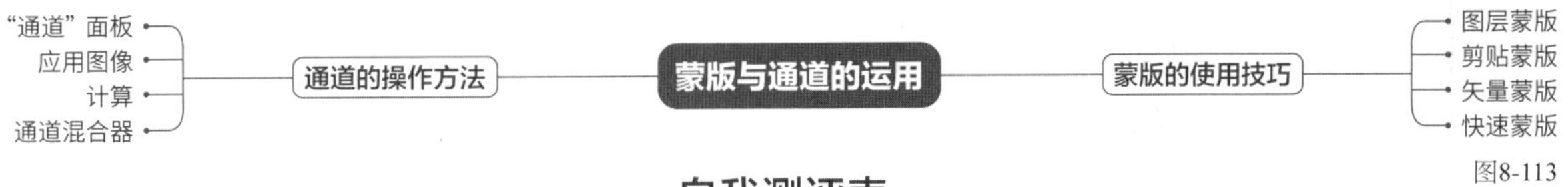

图8-113

表8-1

自我测评表

评价内容	评价标准	掌握程度	自我总结
蒙版的使用技巧	能够叙述图层蒙版的原理		
	能够编辑图层蒙版		
	能够链接图层蒙版		
	能够添加/删除图层蒙版		
	能够停用/启用图层蒙版		
	能够复制/转移图层蒙版		
	能够使用“应用图层蒙版”命令删除图层蒙版，并将效果应用到图层中		
	能够创建剪贴蒙版		
	能够释放剪贴蒙版		
	能够创建/删除矢量蒙版		
	能够编辑矢量蒙版		
	能够将矢量蒙版转换为图层蒙版		
	能够为矢量蒙版添加效果		
	能够使用快速蒙版对选区进行编辑		
通道的操作方法	能够使用“通道”面板创建、存储、编辑和管理通道		
	能够使用“应用图像”命令对通道进行混合		
	能够使用“计算”命令对一个或多个图像的通道进行混合		
	能够使用通道抠图		
	能够使用通道混合器调整图像的颜色		

8.4 课后习题

根据本章的内容，本节共安排了3个课后习题供读者练习，以帮助读者对本章的知识进行综合运用。

课后习题：制作多重曝光效果

素材文件	素材文件>CH08>素材06-1.jpg、素材06-2.jpg、素材06-3.jpg
实例文件	实例文件>CH08>制作多重曝光效果.psd
视频名称	制作多重曝光效果.mp4
学习目标	掌握使用图层蒙版修改图像的方法

本习题主要要求读者对**图层蒙版**的使用进行练习，效果如图8-114所示。

图8-114

课后习题：制作剪纸效果

素材文件	无
实例文件	实例文件>CH08>制作剪纸效果.psd
视频名称	制作剪纸效果.mp4
学习目标	掌握使用矢量蒙版修改图像的方法

本习题主要要求读者对**矢量蒙版**的使用进行练习，效果如图8-115所示。

图8-115

课后习题：抠出图中的水杯和冰块

素材文件	素材文件>CH08>素材07.jpg
实例文件	实例文件>CH08>抠出图中的水杯和冰块.psd
视频名称	抠出图中的水杯和冰块.mp4
学习目标	掌握使用通道抠图的方法

本习题主要要求读者用**通道抠图**，并将抠出的图像置于**深色**背景中，如图8-116所示。

原图

效果图

图8-116

第 9 章

文字与批处理

本章主要介绍文字类工具的使用方法及批处理文件的方法。使用文字类工具可以创建多种类型的文字，对文字进行编辑可以制作出多种效果。使用批处理功能可以自动处理文件，提高工作效率。

课堂学习目标

◇ 掌握文字类工具的使用方法
◇ 掌握创建点文字的方法
◇ 掌握创建段落文字的方法
◇ 掌握创建路径文字的方法
◇ 掌握创建变形文字的方法
◇ 掌握编辑文字与段落的方法
◇ 掌握栅格化文字的方法
◇ 掌握将文字转换为形状或图框的方法
◇ 掌握创建与编辑图框的方法
◇ 了解查找和替换指定文本的方法
◇ 掌握记录、播放、编辑和删除动作的方法
◇ 掌握批处理文件的方法

9.1 创建文字

文字在各类设计作品中是必不可少的，Photoshop中的文字是由形状组成的矢量对象。以点开始，可以创建点文字；以文本框为边界，可以创建段落文字；在路径上输入文字，可以创建路径文字。在创建文字后，还可以对其进行缩放和变形等操作。

本节重点内容

重点内容	说明
横排文字工具/直排文字工具	创建点文字、段落文字、路径文字、变形文字
横排文字蒙版工具/直排文字蒙版工具	创建文字选区

9.1.1 文字类工具

Photoshop中有两类用于创建文字的工具：一类是“横排文字工具”T和“直排文字工具”IT，使用这两个工具可以分别创建横排文字或直排文字，如图9-1所示；另一类是“横排文字蒙版工具”T和“直排文字蒙版工具”IT，使用这两个工具可以分别创建横排文字选区或纵排文字选区，如图9-2所示。在文字选区中，可以填充前景色、背景色和渐变颜色等。

图9-1

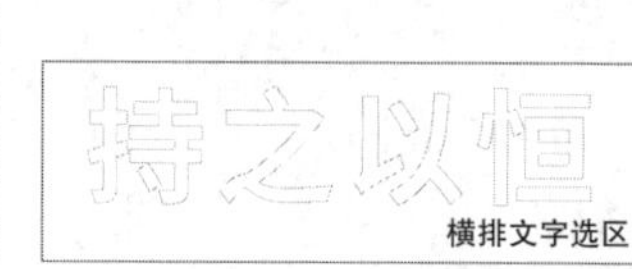

图9-2

技巧与提示

使用“横排文字工具”T和“直排文字工具”IT创建文字后，按住Ctrl键并单击文字图层，即可创建文字选区，而且可以根据需求随时修改文字内容及大小。文字蒙版类工具的主要用途是在图层蒙版和Alpha通道中创建文字，如图9-3所示。

图9-3

文字类工具的选项栏十分相似，这里只介绍“横排文字工具”T的选项栏。选择“横排文字工具”T，其选项栏如图9-4所示。

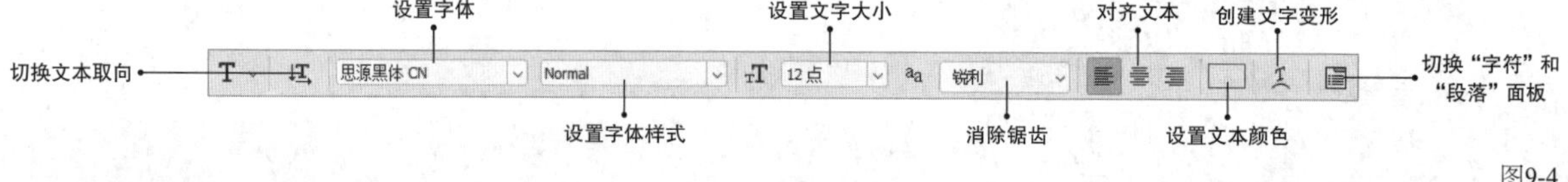

图9-4

重要参数介绍

◇ **切换文本取向**：单击该按钮，或者执行“文字”>“文本排列方向”子菜单中的命令，可以使横排文字与直排文字相互转换。

◇ **设置字体**：在文本框中输入需要的字体，或者单击按钮，在打开的下拉列表中选择一种字体，可以为文字设置字体。

◇ **设置字体样式**：如果设置的字体包含变体，可以在该下拉列表中设置字体样式，一般有Regular（常规的）、Italic（斜体）、Bold（粗体）和Bold Italic（粗斜体）等样式，对应的效果如图9-5所示。

PS
Regular
PS
Italic
PS
Bold
PS
Bold Italic

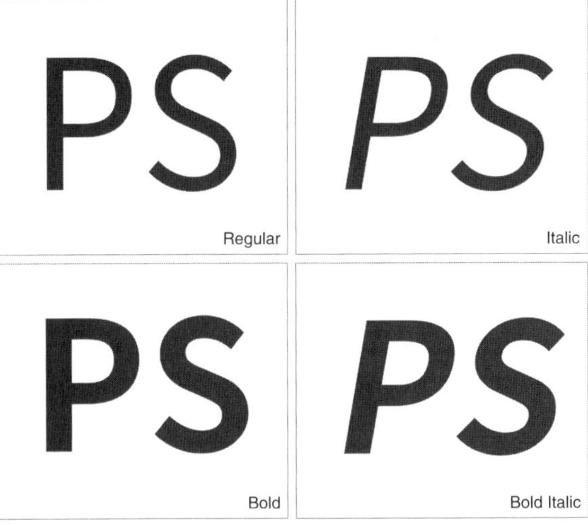

图9-5

◇ **设置文字大小：** 在文本框中输入需要的字号，或者单击按钮，在打开的下拉列表中选择一种预设字号，可以设置文字大小。

◇ **消除锯齿：** 用于消除文字边缘的锯齿。选择“无”选项，则不会消除锯齿；选择“锐利”选项，文字边缘会变得锐利；选择“犀利”选项，文字边缘会更锐利；选择“浑厚”选项，文字会变得粗一些；选择“平滑”选项，文字边缘会变得柔和，对应的效果如图9-6所示。

无
锐利
犀利
浑厚
平滑

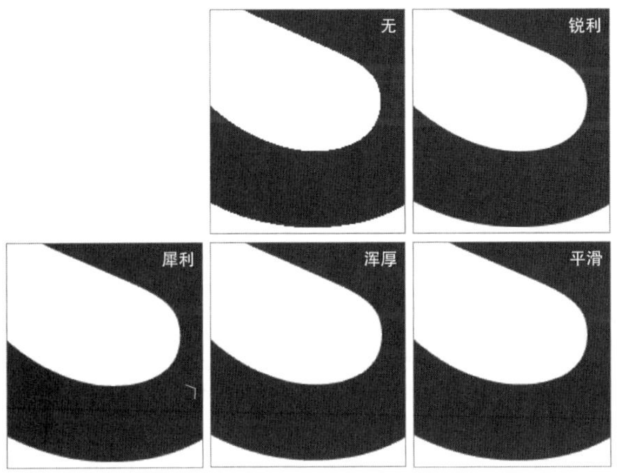

图9-6

◇ **对齐文本：** 单击按钮，将左对齐文本；单击按钮，将居中对齐文本；单击按钮，将右对齐文本。当文字为直排时，按钮会变为（顶对齐文本）、（居中对齐文本）和（底对齐文本）。

◇ **设置文本颜色：** 在输入文字时，文字颜色默认为前景色。单击选项栏中的色块，可以在打开的“拾色器（文本颜色）”对话框中进行设置。

◇ **创建文字变形：** 单击该按钮，在打开的“变形文字”对话框中可以为文字添加变形样式。

◇ **切换“字符”和“段落”面板：** 单击该按钮，可以打开或关闭“字符”面板和“段落”面板。

9.1.2 创建点文字

点文字指水平或垂直的文字行，每行文字都是独立的。随着文字的输入，文字行的长度会不断增加，并且不会换行。选择“横排文字工具” T，在选项栏中设置字体和大小等参数，然后在需要创建文字的地方单击，画布中会出现一个闪烁的光标，接着输入所需的文字，如图9-7所示。如果输入的文字有误，按Delete键可以删除文字。

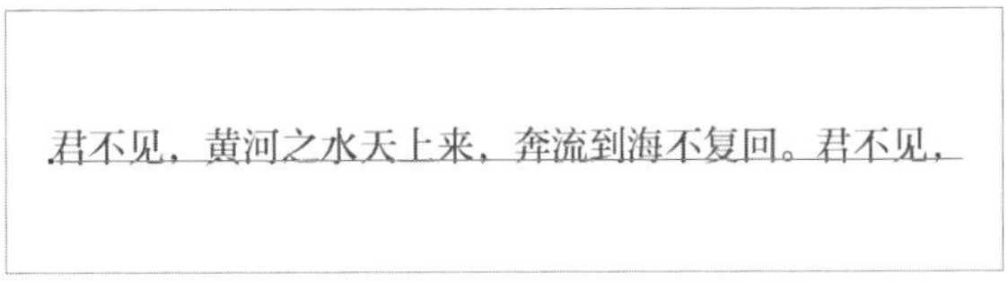

君不见，黄河之水天上来，奔流到海不复回。君不见，

图9-7

在输入时或输入后，在需要换行的位置单击，光标会显示在该处，按Enter键可以手动换行，如图9-8所示。输入文字后单击选项栏中的✓按钮，或者选择其他工具即可完成创建点文字操作，如图9-9所示。

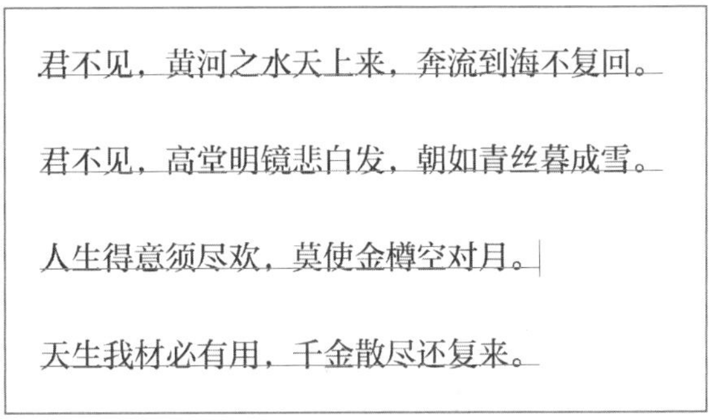

君不见，黄河之水天上来，奔流到海不复回。
君不见，高堂明镜悲白发，朝如青丝暮成雪。
人生得意须尽欢，莫使金樽空对月。
天生我材必有用，千金散尽还复来。

图9-8

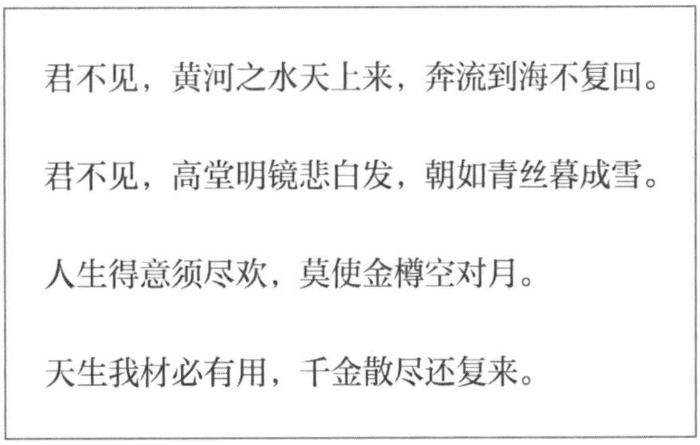

君不见，黄河之水天上来，奔流到海不复回。
君不见，高堂明镜悲白发，朝如青丝暮成雪。
人生得意须尽欢，莫使金樽空对月。
天生我材必有用，千金散尽还复来。

图9-9

知识点：修改文字大小和颜色

在创建文字后，可以随时修改文字。单击文字图层缩览图，或者选择“横排文字工具” T并单击文字，然后按快捷键Ctrl+A选取全部文字，如图9-10所示。此时，在选项栏中可以修改全部文字的字体、大小和颜色等，单击选项栏中的✓按钮确认设置，效果如图9-11所示。

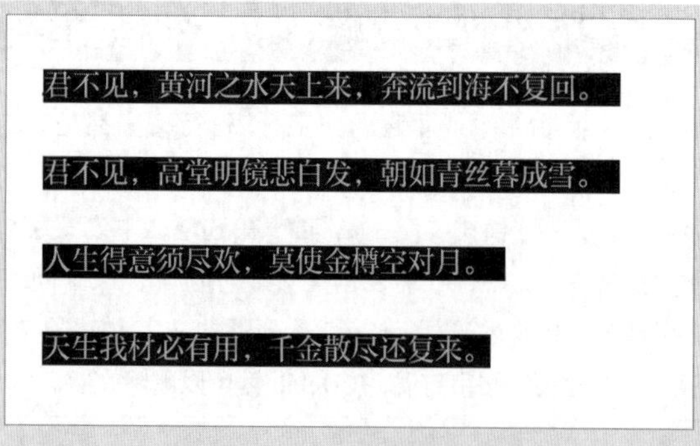
君不见，黄河之水天上来，奔流到海不复回。
君不见，高堂明镜悲白发，朝如青丝暮成雪。
人生得意须尽欢，莫使金樽空对月。
天生我材必有用，千金散尽还复来。

图9-10

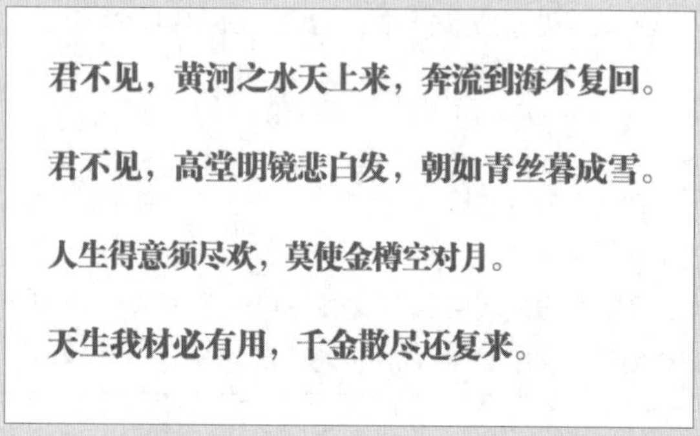
君不见，黄河之水天上来，奔流到海不复回。
君不见，高堂明镜悲白发，朝如青丝暮成雪。
人生得意须尽欢，莫使金樽空对月。
天生我材必有用，千金散尽还复来。

图9-11

选择“横排文字工具”T并单击文字，将出现一个闪烁的光标，拖曳鼠标，即可选取部分文字，如图9-12所示。此时，在选项栏中可以修改选取文字的字体、大小和颜色等，单击选项栏中的✓按钮确认设置，效果如图9-13所示。按Delete键可以删除所选文字。

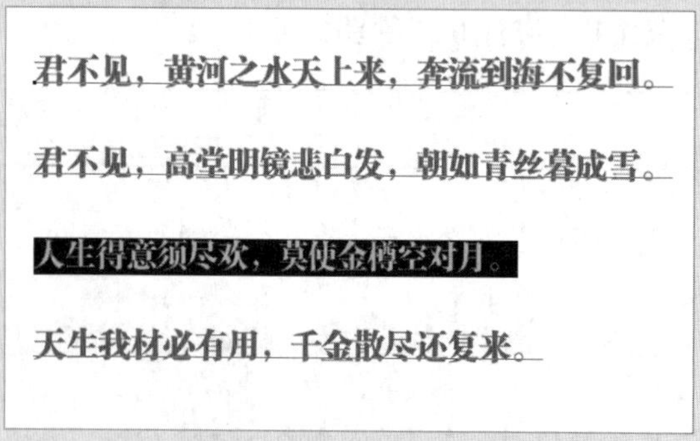
君不见，黄河之水天上来，奔流到海不复回。
君不见，高堂明镜悲白发，朝如青丝暮成雪。
人生得意须尽欢，莫使金樽空对月。
天生我材必有用，千金散尽还复来。

图9-12

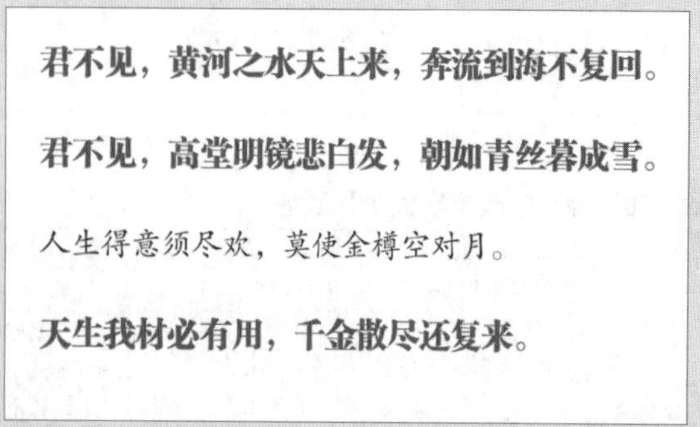
君不见，黄河之水天上来，奔流到海不复回。
君不见，高堂明镜悲白发，朝如青丝暮成雪。
人生得意须尽欢，莫使金樽空对月。
天生我材必有用，千金散尽还复来。

图9-13

9.1.3 创建段落文字

段落文字指在文本框内输入的文字，文字根据文本框的范围自动换行。选择“横排文字工具”T，在画布中拖曳出一个文本框，接着输入所需的文字，效果如图9-14所示。

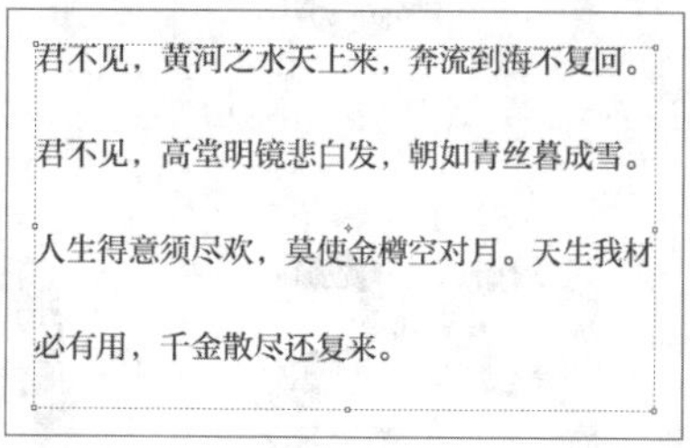
君不见，黄河之水天上来，奔流到海不复回。
君不见，高堂明镜悲白发，朝如青丝暮成雪。
人生得意须尽欢，莫使金樽空对月。天生我材
必有用，千金散尽还复来。

图9-14

拖曳文本框，可以调整文本框的大小，如图9-15所示。此外，还可以对文本框进行自由变换。按快捷键Ctrl+T显示定界框，可以缩放或旋转文本框，但是不会影响文本框内文字的字体和大小，如图9-16所示。

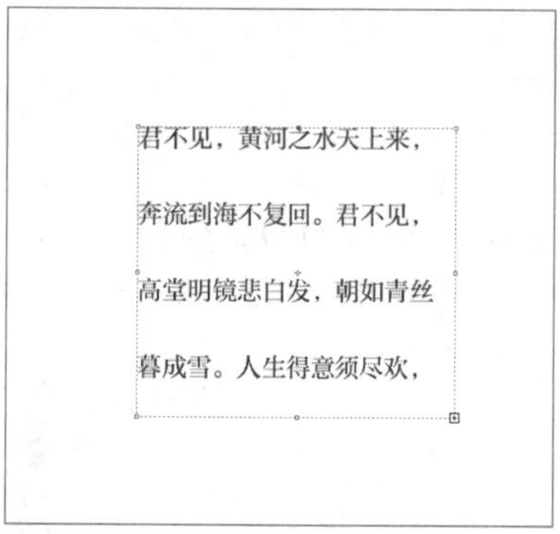
君不见，黄河之水天上来，
奔流到海不复回。君不见，
高堂明镜悲白发，朝如青丝
暮成雪。人生得意须尽欢，

图9-15

君不见，黄河之水天上来，奔流
到海不复回。君不见，高堂明镜
悲白发，朝如青丝暮成雪。人生
得意须尽欢，莫使金樽空对月。

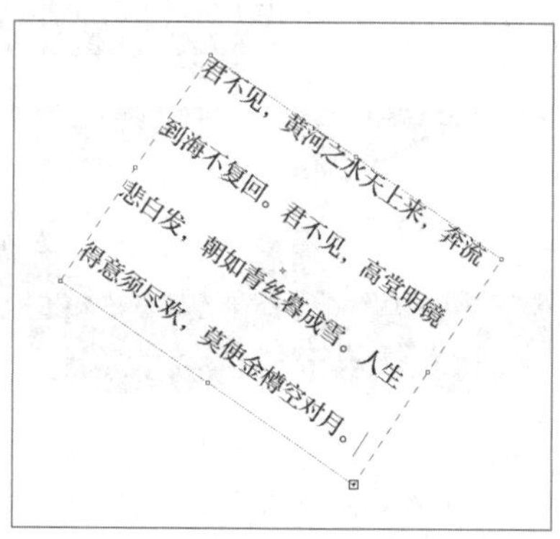

图9-16

技巧与提示

使用“横排文字工具”T和“直排文字工具”IT创建文字的方法是相同的。其中，点文字适用于文字量较少时，如标题等；段落文字适用于文字量较多时，如正文等。点文字和段落文字是可以相互转换的。如果当前是点文字，执行“文字”>“转换为段落文本”菜单命令，可以将其转换为段落文字；如果当前是段落文字，执行“文字”>“转换为点文本”菜单命令，可以将其转换为点文字。

9.1.4 创建路径文字

路径文字指在路径上创建的文字，文字会沿着路径的形状排列。当改变路径形状时，文字的排列方式也会随之发生改变。使用矢量工具创建一个路径，如图9-17所示。选择“横排文字工具”T，将鼠标指针置于路径上的合适位置，当鼠标指针变为⌶形状时，单击路径可以定位文字的起点，输入的文字会沿着路径排列，如图9-18所示。

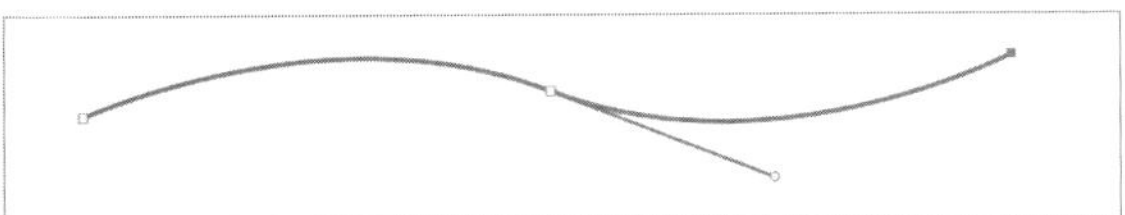

图9-17

图9-18

使用“直接选择工具”单击路径，将显示锚点，如图9-19所示。拖曳锚点或方向线可以修改路径的形状，文字会沿着调整后的路径排列，如图9-20所示。

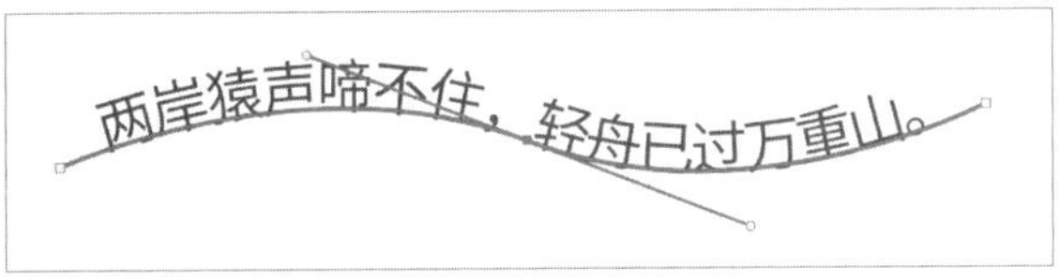

图9-19

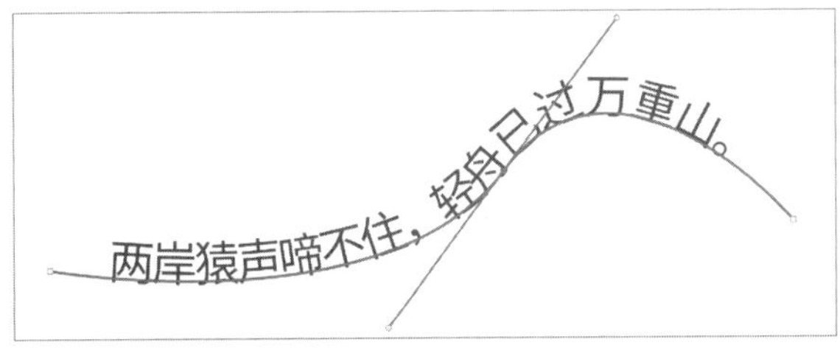

图9-20

此外，还可以调整文字的起点、朝向和形状。单击文字的起点，按住Ctrl键并向左或向右拖曳鼠标，可以使文字的起点位置发生改变，如图9-21所示。按住Ctrl键并向下拖曳鼠标，可以调整文字的朝向，如图9-22所示。按住Ctrl键并拖曳定界框上的控制点，可以对路径进行变形等操作，如图9-23所示。

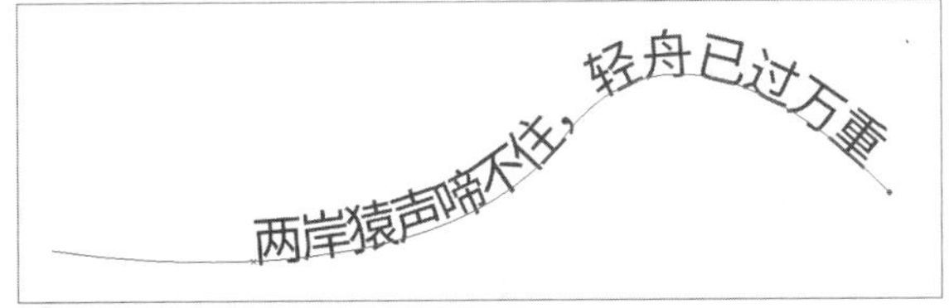

图9-21

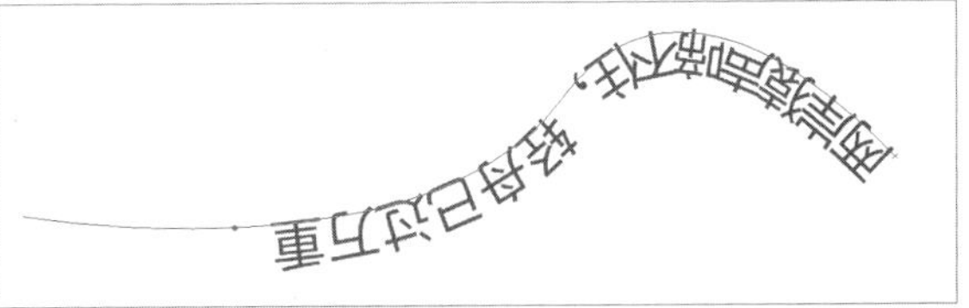

图9-22

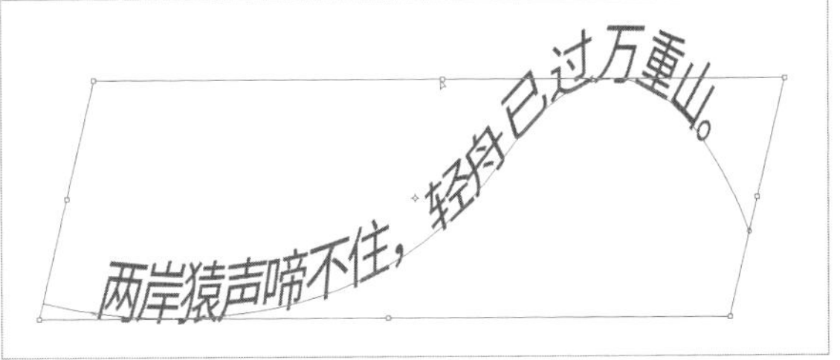

图9-23

当路径为封闭路径时，如图9-24所示，在路径上单击，可以创建路径文字。将鼠标指针置于路径内，当鼠标指针变为⦶形状时，单击可以创建段落文字，如图9-25所示。需要注意的是，在创建路径时，需在选项栏中选择“合并形状”选项。

图9-24

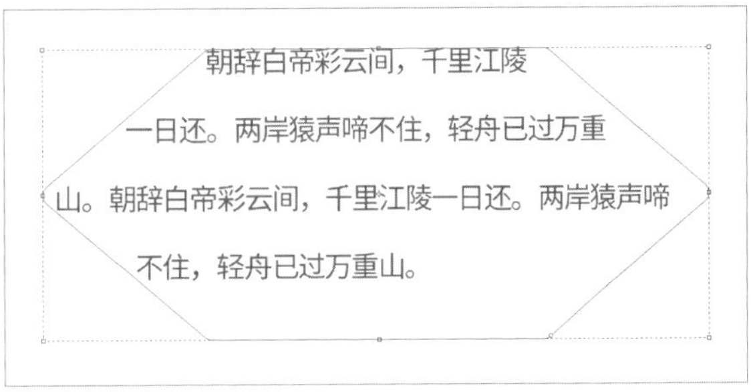

朝辞白帝彩云间，千里江陵

一日还。两岸猿声啼不住，轻舟已过万重

山。朝辞白帝彩云间，千里江陵一日还。两岸猿声啼

不住，轻舟已过万重山。

图9-25

知识点：实现文本绕排效果

先创建封闭路径，然后在路径内创建段落文字，可以实现文本绕排效果，如图9-26所示。

图9-26

对于较为复杂的图像，可以先创建主体选区，然后执行“选择”>“修改”>“扩展”菜单命令，向外扩展选区，接着按快捷键Shift+Ctrl+I反选选区，如图9-27所示。单击“路径”面板下方的“将路径作为选区载入”按钮⸬，

将选区转换为路径，如图9-28所示。调整路径边缘，并在路径内输入文字，即可形成文本绕排效果，如图9-29所示。

图9-27

图9-28

图9-29

9.1.5 创建变形文字

在输入文字后，单击选项栏中的按钮，或者执行“文字”>“文字变形”菜单命令，在打开的“变形文字”对话框中可以为文字添加变形样式，如图9-30所示，还可以调整变形的方向、弯曲程度和扭曲程度，如图9-31所示。

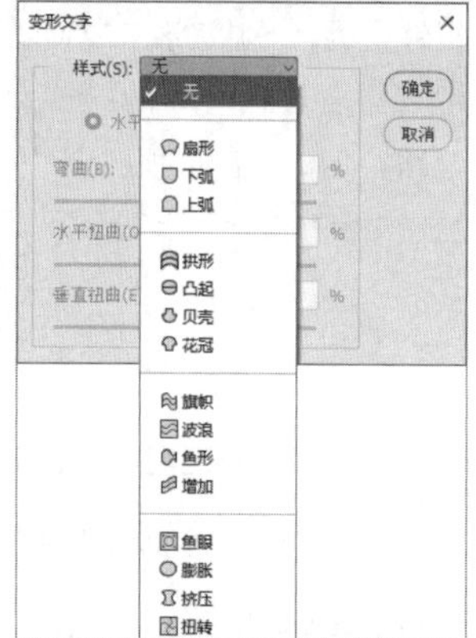

图9-30

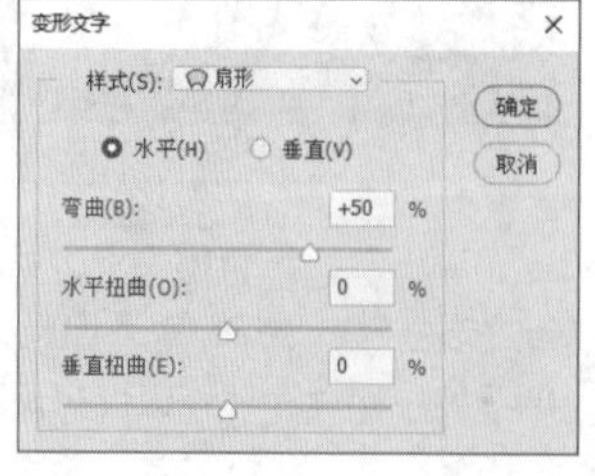

图9-31

课堂案例

制作踏青出游公众号首图

素材文件	素材文件>CH09>素材01.jpg
实例文件	实例文件>CH09>制作踏青出游公众号首图.psd
视频名称	制作踏青出游公众号首图.mp4
学习目标	掌握图层样式的使用方法

本例将使用多种图层样式制作公众号首图，效果如图9-32所示。

图9-32

01 按快捷键**Ctrl+N**新建一个尺寸为**900像素×383像素**，“**分辨率**”为**72像素/英寸**，“**颜色模式**”为“**RGB颜色**”，“**背景内容**”为**白色**的画布。将本书学习资源文件夹中的“**素材文件**”>“**CH09**”>“**素材03-1.jpg**”文件拖曳至画布中，然后将其**等比放大**，按**Enter键**确认，如图9-33所示。

图9-33

02 选择“**画笔工具**”，用**蓝色(R:119,G:164,B:255)**的**硬边圆**画笔画一些**色块**作为标题的**底色**，如图9-34所示。

图9-34

03 选择“**横排文字工具**”T，在选项栏中设置字体为“**庞门正道标题体3.0**”，文字大小为**112点**，文字颜色为**白色**。在画布中单击并输入“**踏青出游**”，如图9-35所示。按快捷键**Ctrl+T**进入自由变换模式，然后将文字**倾斜并拖曳**到合适的位置，如图9-36所示。

图9-35

图9-36

04 双击“**踏青出游**”图层，打开“**图层样式**”对话框，为其添加“**斜面和浮雕**”和“**投影**”样式，各选项的设置如图9-37所示。按**Enter键**确认操作，得到图9-38所示的效果。

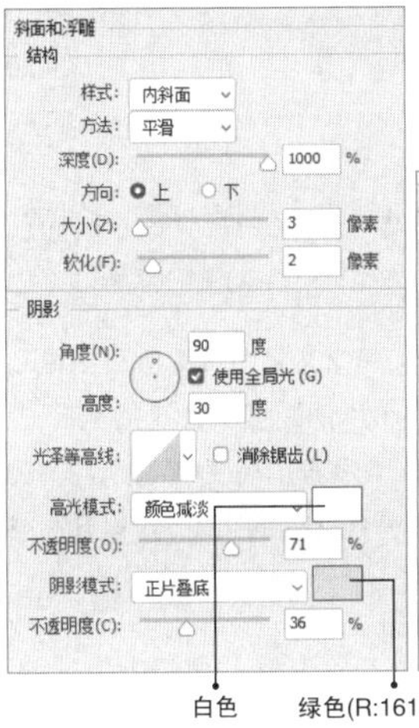

浅蓝色(R:188,G:245,B:255)

白色　绿色(R:161,G:255,B:60)

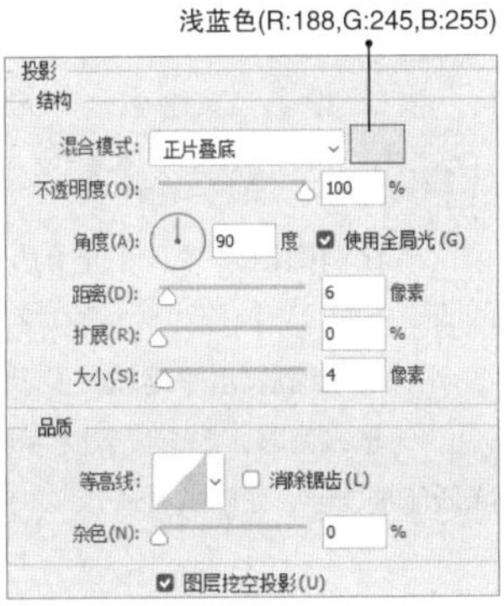

图9-37

图9-38

05 选择“**钢笔工具**”，设置**绘图模式**为“**形状**”，“**描边**”为**白色**，**描边宽度**为**5像素**，然后绘制曲线，将其命名为“**线条**”并置于“**踏青出游**”图层下方，效果如图9-39所示。

图9-39

06 选择“**钢笔工具**”，在选项栏中设置**绘图模式**为“**路径**”，在标题上方绘制**曲线**，如图9-40所示。选择“**横排文字工具**”T，将鼠标指针置于**路径上**的合适位置，**单击路径**定位文字的**起点并输入文字**，然后在选项栏中设置字体为“**思源黑体 CN**”，字体样式为**Bold**，文字大小为**20点**，文字颜色为**黄色**(R:253,G:255,B:47)，如图9-41所示。

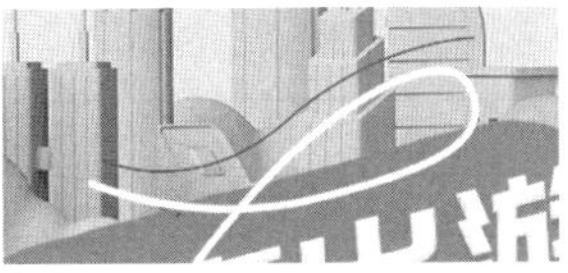
图9-40

图9-41

07 选择“**自定形状工具**”，然后在选项栏的“**形状**”中选择一个**花朵的形状**，如图9-42所示，接着绘制一个**黄色**(R:253,G:255,B:47)的花朵，如图9-43所示。

08 选择“**横排文字工具**”T，然后在选项栏中设置字体为“**思源黑体 CN**”，字体样式为**Heavy**，文字大小为**36点**，文字颜色为**黄色**(R:253,G:255,B:47)，在**标题下方**输入**英文**并适当**倾斜**，如图9-44所示。

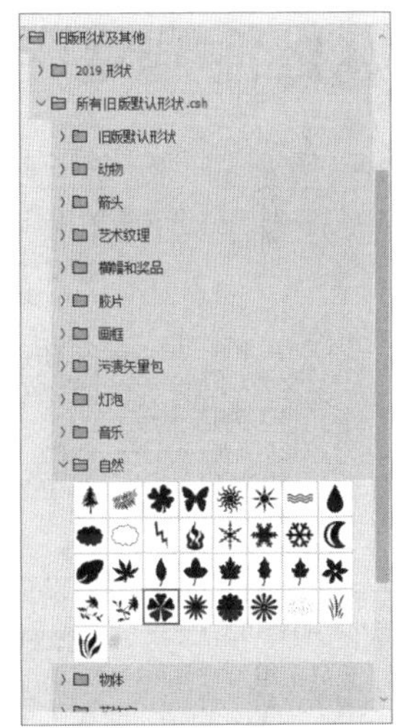

图9-42

图9-43

图9-44

09 选择“**线条**”图层，并添加**图层蒙版**，然后用**黑色**的画笔将**文字下方的线条**擦除，效果如图9-45所示。

图9-45

9.2 编辑文字与段落

创建文字后，可以在“字符”面板与“段落”面板中设置文字颜色、大小、字体和对齐方式等，还可以将其栅格化，或者转换为路径、形状和图框等。

本节重点内容

重点内容	说明
栅格化文字图层	将文字像素化
创建工作路径	基于文字创建工作路径
转换为形状	将文字图层转换为形状图层
转换为图框	将文字图层转换为图框图层
图框工具	隐藏图框外的图像并将其转换为智能对象
查找和替换文本	查找或替换指定文本

9.2.1 “字符”面板

“字符”面板中的字体、字体样式和文字大小等选项与文字类工具选项栏中的选项相同，如图9-46所示。

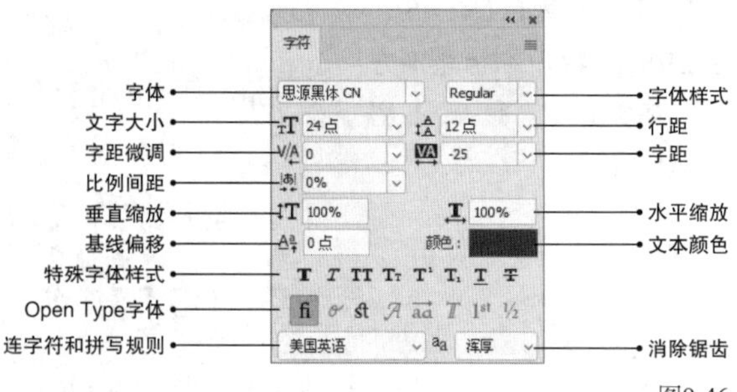

图9-46

重要参数介绍

◇ **行距：** 用于设置各行文字之间的垂直距离。图9-47所示为不同行距的效果。

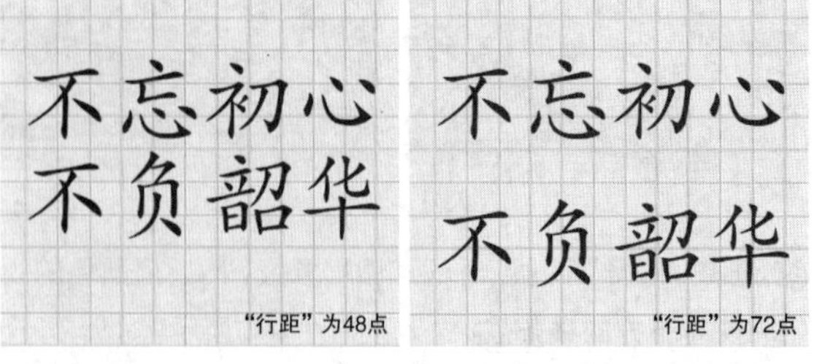

图9-47

技巧与提示

在选取多行文字后，按住Alt键并连续按↑键，可以减小行距；按住Alt键并连续按↓键，可以增大行距。

◇ **字距微调：** 用于设置两个字符之间的距离。在两个字符间单击，出现闪烁的光标后设置数值可以增大或减小间距，如图9-48所示。

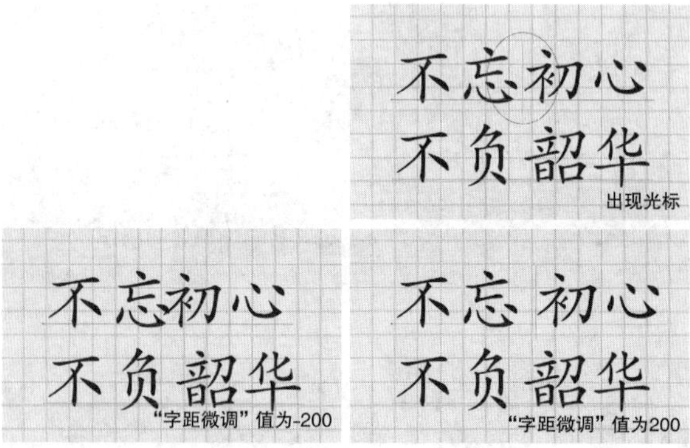

图9-48

◇ **字距：** 用于设置所选文字之间的距离，如图9-49所示。如果选择的是文字图层，那么将对所有文字的字距进行调整，如图9-50所示。

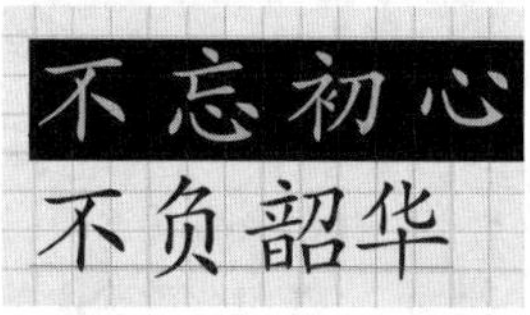

图9-49 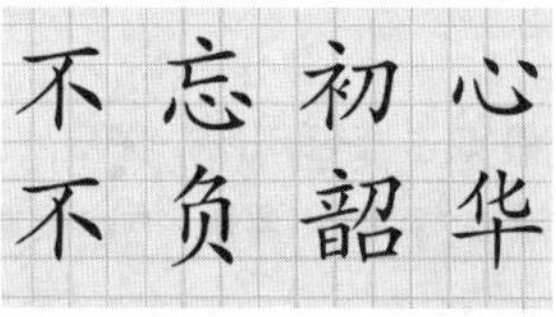　　图9-50

技巧与提示

在选取多行文字后，按住Alt键并连续按→键，可以增大字距。按住Alt键并连续按←键，可以减小字距。

◇ **比例间距：** 用于设置所选文字或文字图层中所有字符之间的距离。设置该值为50%时，字符的间距会变为原来的一半。

◇ **垂直缩放/水平缩放：** 用于设置字符的高度和宽度。

◇ **基线偏移：** 用于设置文字与基线之间的距离，可以升高或降低所选文字，如图9-51所示。

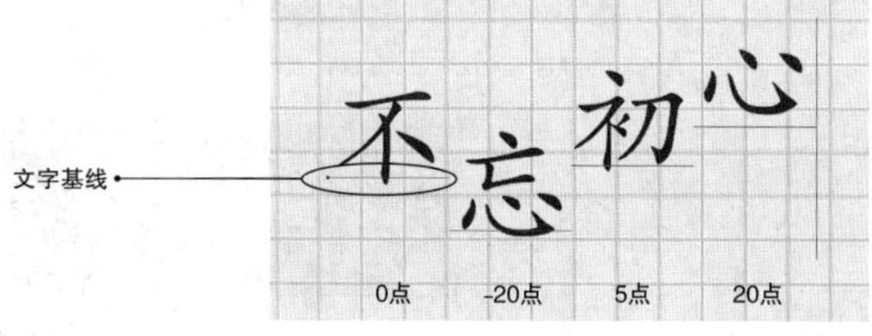

图9-51

◇ **特殊字体样式：** 用于设置文字的特殊效果，包括“仿粗体”“仿斜体”“上标”“下标”“删除线”等。

9.2.2 “段落”面板

使用文字类工具选择需要编辑的段落，在“段落”面板中设置相关参数即可。如果需要编辑全部段落，可以选择文字图层。在“段落”面板中只能编辑段落，不能编辑单个或多个字符，如图9-52所示。

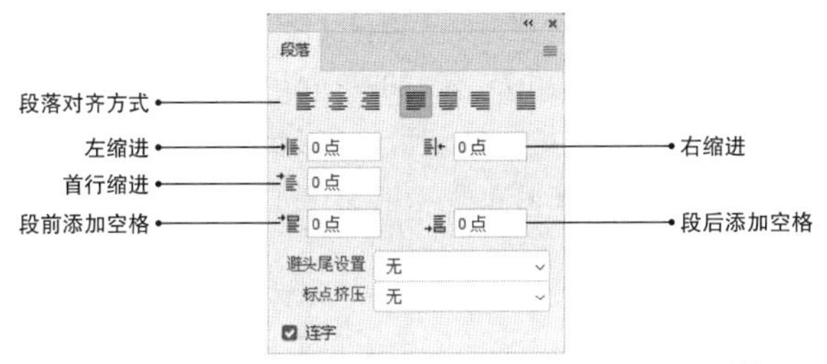

图9-52

重要参数介绍

◇ **段落对齐方式：** 用于设置段落文字的对齐方式，包括“左对齐文本”、“居中对齐文本”、“右对齐文本”、“最后一行左对齐”、“最后一行居中对齐”、“最后一行右对齐”、“全部对齐”7种对齐方式。其中，较为常用的有“居中对齐文本”和“最后一行左对齐”，如图9-53所示。

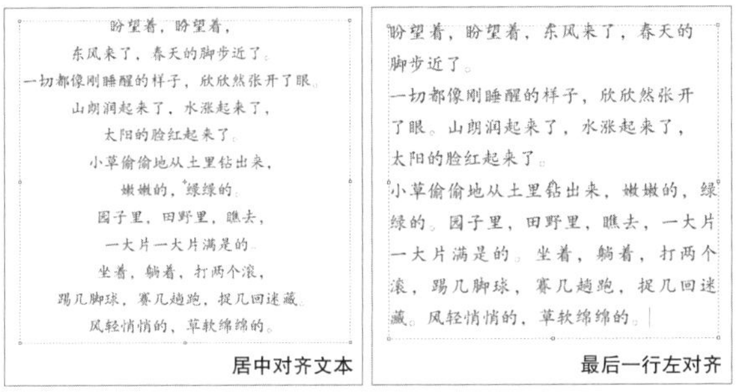

居中对齐文本　　最后一行左对齐

图9-53

◇ **左缩进：** 用于设置段落文字向右（横排文字）或向下（直排文字）的缩进量，如图9-54所示。

◇ **右缩进：** 用于设置段落文字向左（横排文字）或向上（直排文字）的缩进量，如图9-55所示。

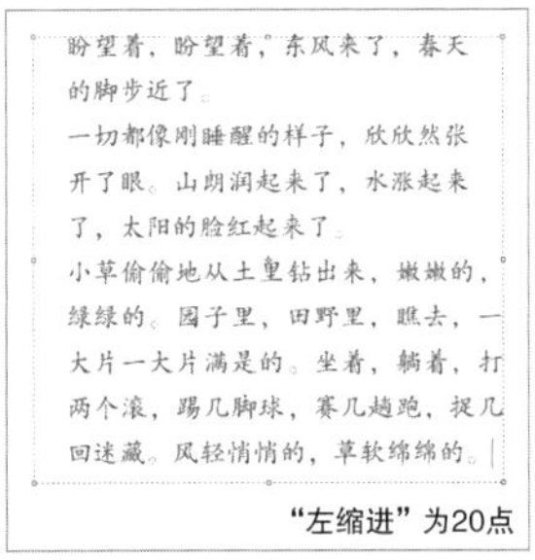

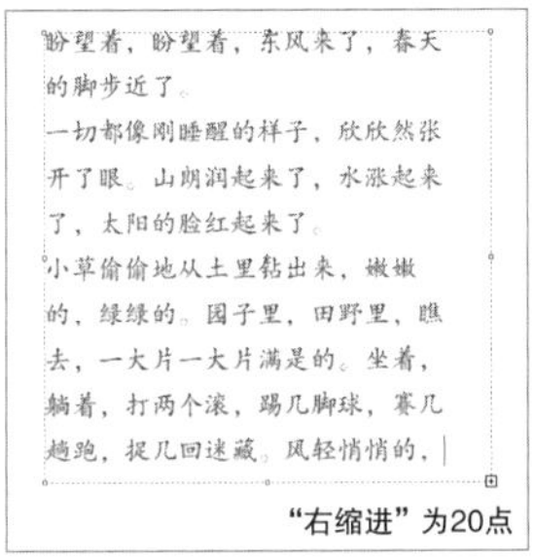

“左缩进”为20点　　“右缩进”为20点

图9-54　　图9-55

◇ **首行缩进：** 用于设置段落文字中每个段落的第1行文字向右（横排文字）或第1列文字向下（直排文字）的缩进量。通常会设置“首行缩进”为字号的2倍，如图9-56所示。

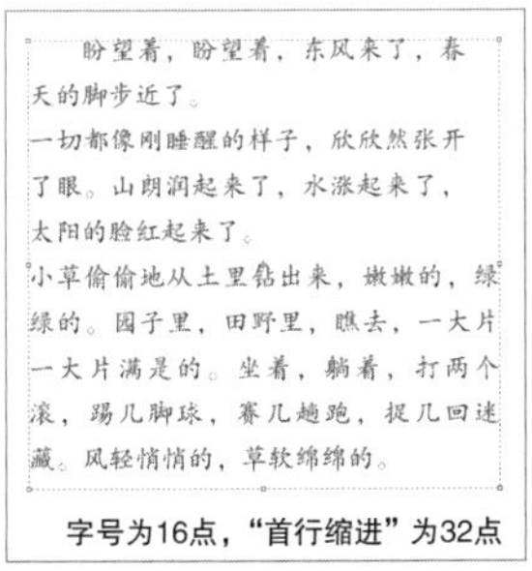

字号为16点，“首行缩进”为32点

图9-56

◇ **段前添加空格：** 用于设置光标所在段落或所选段落与前一个段落之间的距离，如图9-57所示。

◇ **段后添加空格：** 用于设置光标所在段落或所选段落与后一个段落之间的距离，如图9-58所示。

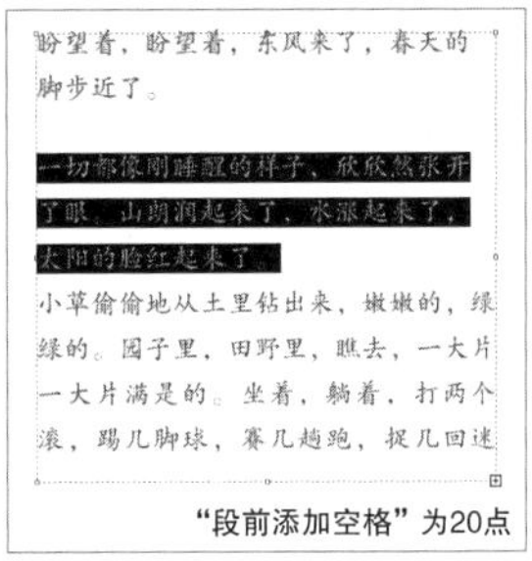

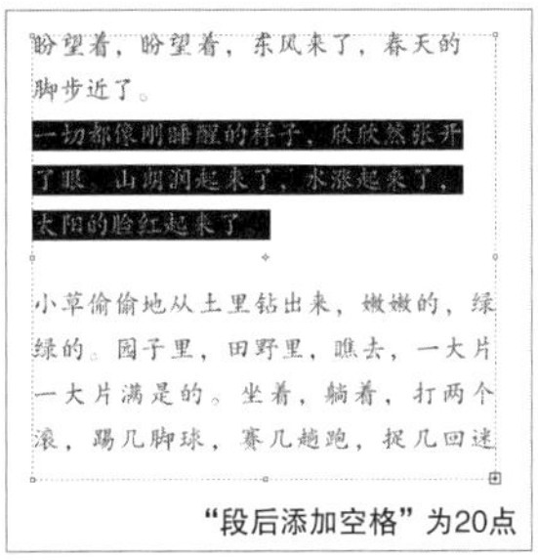

“段前添加空格”为20点　　“段后添加空格”为20点

图9-57　　图9-58

◇ **避头尾设置：** 不能出现在一行的开头或结尾的字符（多为标点符号）称为避头尾字符，包含“无”“JIS宽松”“JIS严格”3个选项。

技巧与提示

在排版时，一般都需要进行避头尾设置，常选择“JIS严格”选项。此外，一个文字是不能单独成行的，如图9-59所示。可以通过调整字间距将文字调整至上一行，或者将本行调整为两个文字及以上，如图9-60所示。

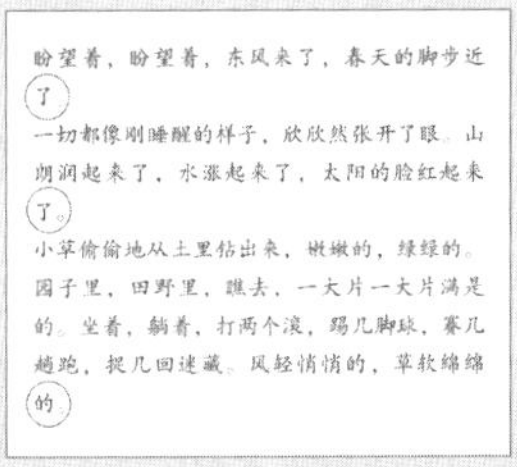

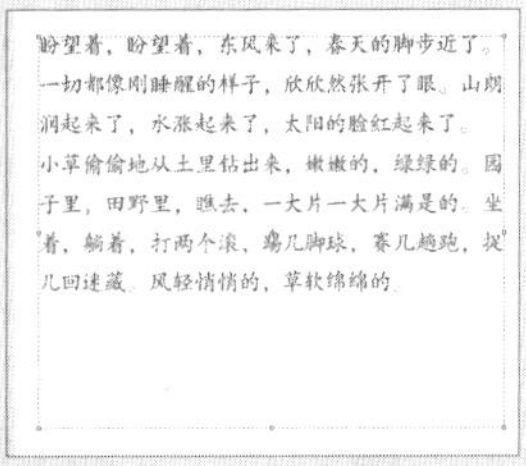

图9-59　　图9-60

◇ **连字：** 勾选该选项，如果段落文本框的宽度不够，英文单词将自动换行，并用连字符连接起来。

课堂案例

制作画册内页

素材文件	素材文件>CH09>素材02-1.jpg、素材02-2.jpg、素材02-3.jpg、素材02-4.psd
实例文件	实例文件>CH09>制作画册内页.psd、制作画册内页展示图.psd
视频名称	制作画册内页.mp4
学习目标	掌握文字类工具和样机的使用方法

本例将使用“**横排文字工具**”**T**制作**画册内页**，并用**样机**制作成品，效果如图9-61所示。

图9-61

01 按快捷键Ctrl+N创建一个"**宽度**"为**420毫米**，"**高度**"为**285毫米**，"**分辨率**"为**300像素/英寸**，"**颜色模式**"为"**CMYK颜色**"，"**背景内容**"为**白色的画布**。执行"**视图**">"**新建参考线**"菜单命令，在打开的"新建参考线"对话框中设置"**取向**"为"**垂直**"，"**位置**"为**210mm**，如图9-62所示。按快捷键**Ctrl+R**打开标尺，并在任意位置按住**鼠标左键并拖曳**出参考线，使参考线处于**画布四周**，效果如图9-63所示。

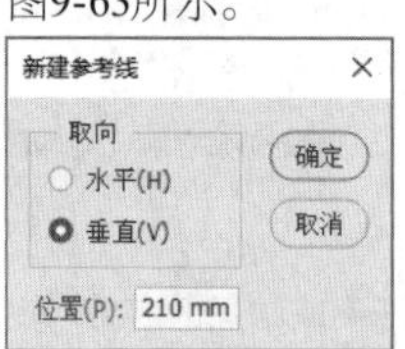

图9-62

图9-63

技巧与提示

画册的尺寸一般为210mm×285mm（大度16开）和185mm×260mm（正度16开）。此外，方形画册常用的尺寸为250mm×250mm和285mm×285mm。

02 执行"**图像**">"**画布大小**"菜单命令，打开"**画布大小**"对话框，勾选"**相对**"选项，设置"**宽度**"和"**高度**"为**6毫米**，"**画布扩展颜色**"为**白色**，单击"**确定**"按钮（确定），如图9-64所示。为画册内页添加出血位，效果如图9-65所示。

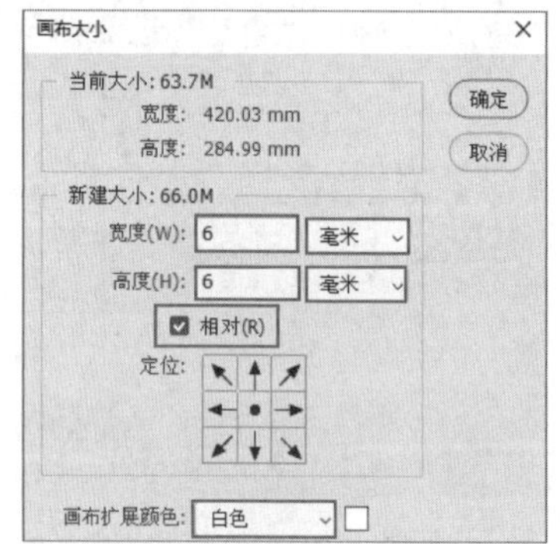

图9-64

图9-65

技巧与提示

出血位（简称"出血"）是印刷术语，指的是为保留画面有效内容而预留出的便于裁切的部位。对于一些有底色或图片的印刷制品，如果没有预留出血位，裁切后可能会产生白边，因此制作时的尺寸都会大于成品尺寸。大多数印刷制品的出血尺寸为3mm，名片为2mm。

03 将学习资源文件夹中的"**素材文件**">"**CH09**">"**素材02-1.jpg、素材02-2.jpg、素材02-3.jpg**"文件拖曳至画布中。选择"**矩形工具**"，设置为"**形状**"模式，绘制**两个黄色(C:6,M:15,Y:86,K:0)**的色块，效果如图9-66所示。

图9-66

04 选择"**横排文字工具**"T，分别输入**序号**、**中文标题**和**英文标题**，然后设置文字的**字体**、**颜色**和**字号**等参数，如图9-67所示。

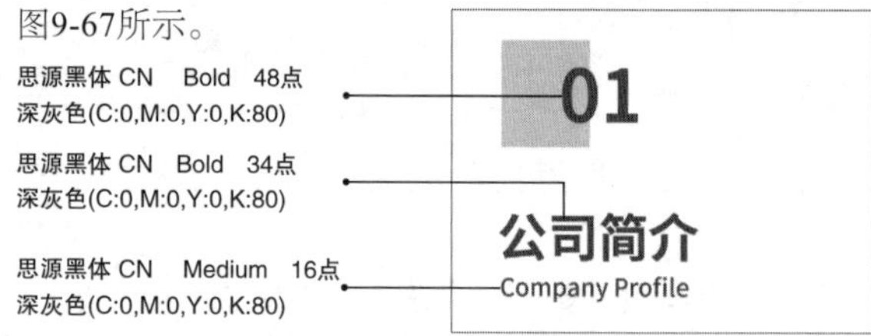

图9-67

05 使用"**横排文字工具**"T拖曳出一个**文本框**，输入正文，其**字体**、**颜色**与**标题相同**，字号为**10点**，如图9-68所示。打开"**段落**"面板，设置段落对齐方式为"**最后一行左对齐**"，"**避头尾设置**"为"**JIS严格**"，按**Enter**键确认操作，效果如图9-69所示。

图9-68

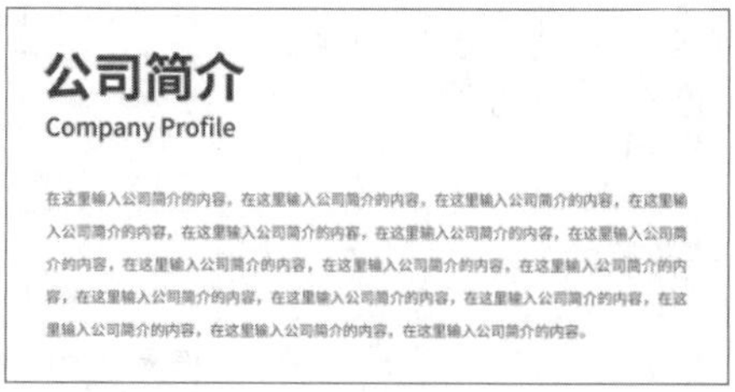

公司简介

Company Profile

在这里输入公司简介的内容，在这里输入公司简介的内容，在这里输入公司简介的内容，在这里输入公司简介的内容，在这里输入公司简介的内容，在这里输入公司简介的内容，在这里输入公司简介的内容，在这里输入公司简介的内容，在这里输入公司简介的内容，在这里输入公司简介的内容，在这里输入公司简介的内容，在这里输入公司简介的内容，在这里输入公司简介的内容，在这里输入公司简介的内容，在这里输入公司简介的内容，在这里输入公司简介的内容。

图9-69

06 用同样的方法**创建标题**和**段落文字**，将它们排版在画册的右侧，效果如图9-70所示。执行“**文件**”>“**导出**”>“**快速导出为PNG**”菜单命令，将制作的画册内页保存。

图9-70

07 打开“**素材02-4.psd**”文件，选择“**左页面**”图层，如图9-71所示。**双击**图层**缩览图**，打开新的文档窗口，将保存的画册内页拖曳至画布中，仅**保留左侧页面**，如图9-72所示。按快捷键**Ctrl+S**保存设置，单击“**素材02-4**”的文档窗口，效果如图9-73所示。

图9-71

图9-72

图9-73

08 选择“**右页面**”图层，并**双击**图层**缩览图**，打开新的文档窗口，将保存的画册内页拖曳至画布中，仅**保留右侧页面**，如图9-74所示。按快捷键**Ctrl+S**保存设置，单击“**素材02-4**”文档窗口，效果如图9-75所示。

图9-74

图9-75

课堂练习

制作画册封面

素材文件	素材文件>CH09>素材03-1.jpg、素材03-2.psd
实例文件	实例文件>CH09>制作画册封面.psd、制作画册封面展示图.psd
视频名称	制作画册封面.mp4
学习目标	掌握文字类工具和样机的使用方法

本练习的目标是使用“**横排文字工具**”T制作**画册封面**，并用**样机**制作成品，效果如图9-76所示。

图9-76

9.2.3 栅格化文字

文字在栅格化之前属于矢量对象，无法对其进行绘制、调色或添加滤镜等操作。栅格化是指让矢量对象像素化，执行“文字>栅格化文字图层”菜单命令，或者执行“图层”>“栅格化”>“文字”菜单命令，即可栅格化文字图层，如图9-77所示。原文字图层不会保留，因此最好在栅格化前复制一个文字图层留作备份。

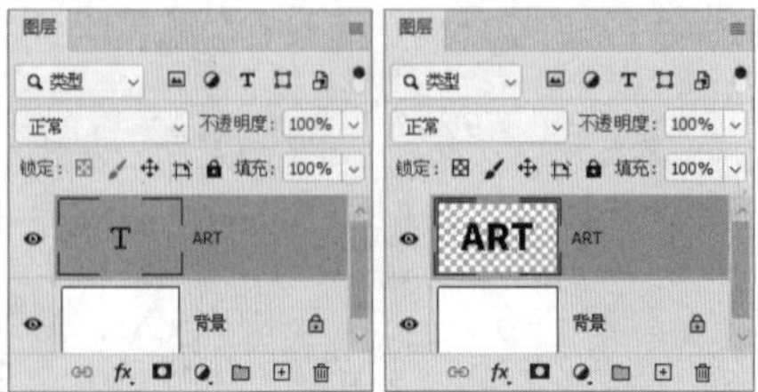

图9-77

9.2.4 创建文字路径

选择一个文字图层，执行“文字”>“创建工作路径”菜单命令，即可基于文字创建工作路径，如图9-78所示。原文字图层保持不变，使用“直接选择工具”可以调整文字路径。

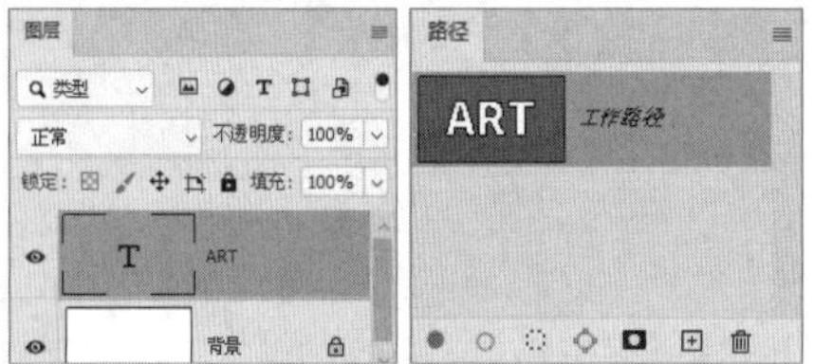

图9-78

9.2.5 转换文字为形状

选择一个文字图层，执行“文字”>“转换为形状”菜单命令，即可将文字图层转换为形状图层，如图9-79所示。原文字图层不会保留，因此最好在转换前复制一个文字图层留作备份。

图9-79

9.2.6 转换文字为图框

选择一个文字图层，执行“图层”>“新建”>“转换为图框”菜单命令，在弹出的对话框中设置图框的宽度和高度（一般使用默认参数）。按Enter键确认，即可将文字转换为图框，如图9-80所示。

图9-80

图框类似于蒙版，可以遮盖图像，将图像拖曳至图框中，将按图框范围显示图像，如图9-81所示。

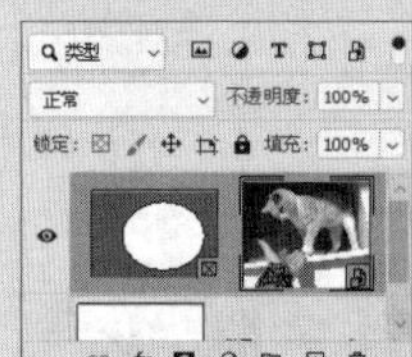

图9-81

知识点：图框的创建与编辑

使用“图框工具”（快捷键为K），或者执行“图层”>“新建”>“来自图层的画框”菜单命令，创建椭圆形或矩形的图框，可以隐藏图框外的图像并将其转换为智能对象，如图9-82所示。

图9-82

使用“移动工具”选择图框并拖曳控制点，可以改变图框的大小，如图9-83所示。

图9-83

使用矢量工具创建形状，执行“图层”>“新建”>“转换为图框”菜单命令，可以将形状转换为图框，如图9-84所示。

图9-84

图框换图是十分方便的，将图像拖曳至画布的图框中，即可替换图框中的内容，如图9-85所示。

图9-85

课堂案例

制作限时福利海报

素材文件	素材文件>CH09>素材04-1.jpg、素材04-2.jpg、素材04-3.jpg、素材04-4.psd
实例文件	实例文件>CH09>制作限时福利海报.psd
视频名称	制作限时福利海报.mp4
学习目标	掌握文字类工具的使用方法

本例将使用"**横排文字工具**"T制作限时福利**海报**，效果如图9-86所示。

图9-86

01 按快捷键**Ctrl+N**打开"**新建文档**"对话框，双击"**移动设备**"选项卡下的**iPhone 8/7/6 plus**模板，创建一个**1242像素×2208像素**的画板，然后创建"**渐变**"调整图层，添加"**青绿色→黄色**"的渐变色，如图9-87所示。效果如图9-88所示。

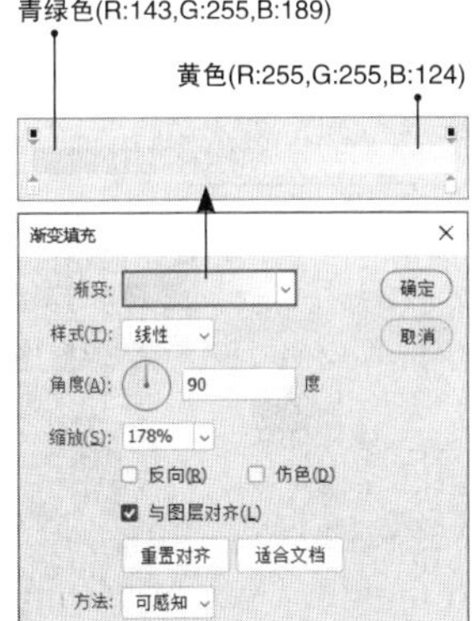

图9-87

图9-88

02 选择"**横排文字工具**"T，分别输入**中文标题**、**英文标题**和**活动时间**，然后设置文字的**字体**、**颜色**和**字号**等**参数**，并使用"**矩形工具**"在活动时间的位置绘制一个尺寸为**590像素×80像素**、圆角半径为**40像素**的**绿色(R:204,G:225,B:65)圆角矩形**，如图9-89所示。

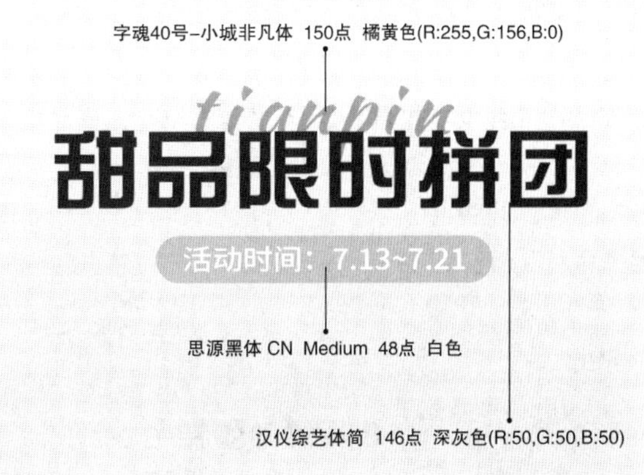

图9-89

03 使用"**矩形工具**"绘制一个尺寸为**1088像素×415像素**，圆角半径为**48像素**的白色**圆角矩形**，如图9-90所示。**双击**该图层，打开"**图层样式**"对话框，为其添加"**投影**"样式，各选项的设置如图9-90所示。按**Enter键**确认操作，得到图9-91所示的效果。

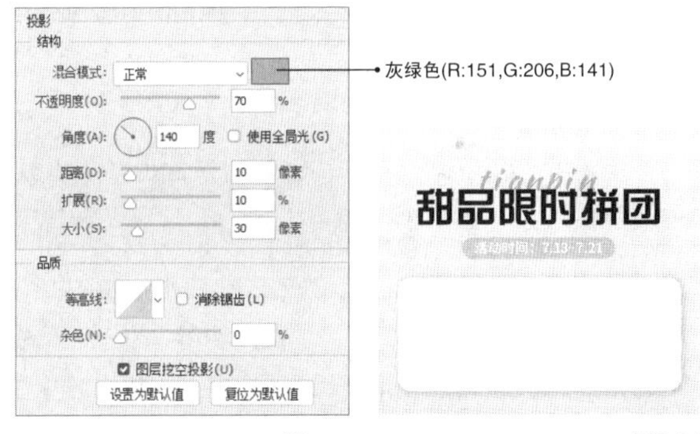

图9-90 图9-91

04 选择"**图框工具**"，在圆角矩形左侧创建一个**矩形图框**，如图9-92所示。将本书学习资源文件夹中的"**素材文件**">"**CH09**">"**素材04-1.jpg**"文件拖曳至图框中，并调整其位置，效果如图9-93所示。

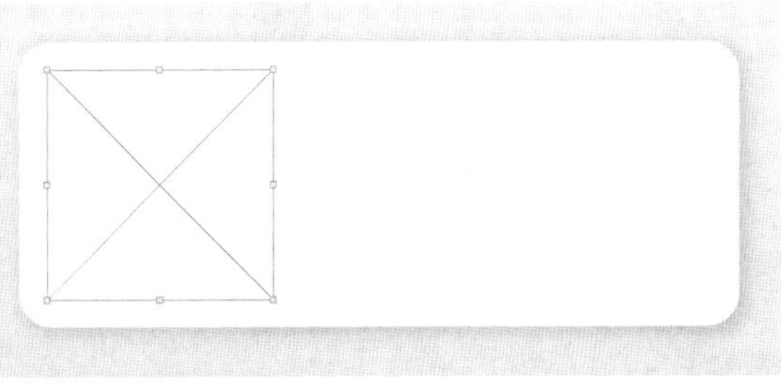

图9-92

图9-93

05 选择“**横排文字工具**”T，在图像右侧输入**商品相关信息**，并使用“**矩形工具**”□和“**直线工具**”/绘制一些装饰元素，如图9-94所示。制作完成后，将这部分内容**编组**并命名为“**商品**”。

图9-94

> **技巧与提示**
>
> 案例中的文字内容、字体、字号和排版方式等仅为参考，读者可自行进行创意设计。

06 复制**两个**“**商品**”图层组，然后依次向下拖曳，如图9-95所示，接着将下方两组商品的**图片删除**，并将“**素材04-2.jpg**”和“**素材04-3.jpg**”文件拖曳至**图框**中，再调整**相应文案**，如图9-96所示。

图9-95　　图9-96

07 打开“**素材04-4.psd**”文件，将文件中的**Logo**、**二维码**和**装饰形状**拖曳到画布中，并摆放到合适的位置，效果如图9-97所示。

图9-97

9.2.7 查找和替换文本

执行“编辑”>“查找和替换文本”菜单命令，打开“查找和替换文本”对话框，在该对话框中可以查找或替换指定文本，如图9-98所示。

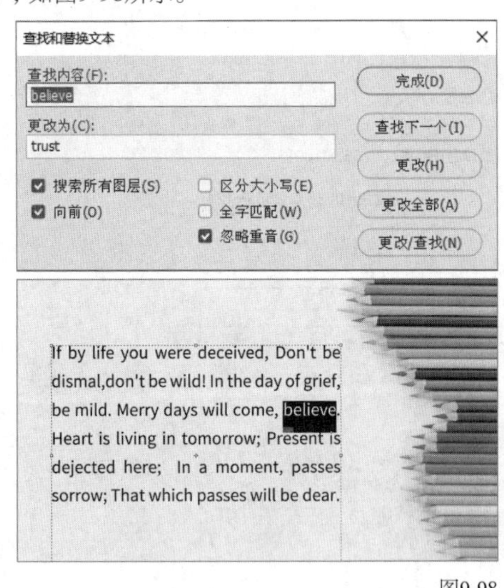

图9-98

9.3 动作与批处理

动作与批处理是Photoshop中的自动化功能，可用于自动处理图像，使编辑图像变得更简单、高效。例如，记录一个添加水印的动作，然后执行该动作就可以自动为其他图像添加水印。

本节重点内容

重点内容	说明
插入停止	自动暂停动作
批处理	对一个文件夹中的所有文件执行动作

9.3.1 “动作”面板

“动作”面板主要用于记录、播放、编辑和删除动作，如图9-99所示。

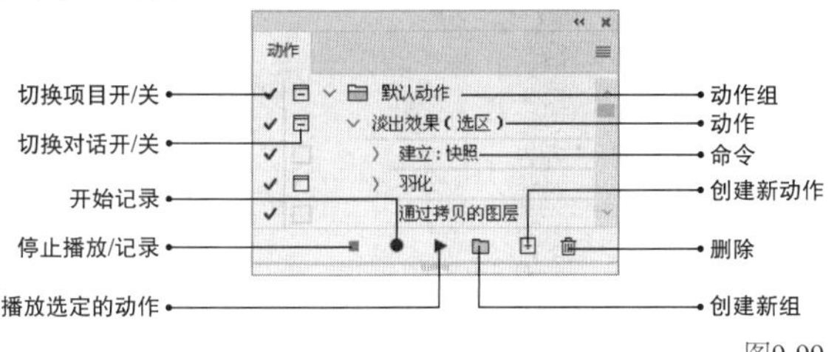

图9-99

重要参数介绍

◇ **切换项目开/关**：如果项目左侧有该图标，表示可以执行这个动作组、动作和命令。

◇ **切换对话开/关**：如果项目左侧有该图标，表示执行到该命令时会暂停，并打开相应对话框，此时可以修改命令的参数。

◇ **动作组/动作/命令**：动作组是一系列动作的集合，动作是一系列操作命令的集合。

◇ **停止播放/记录**：单击该按钮，停止播放动作或者停止记录动作。

◇ **开始记录**：单击该按钮，开始记录动作。

◇ **播放选定的动作**：单击该按钮，播放所选动作。

◇ **创建新组**：单击该按钮，创建一个新的动作组。

◇ **创建新动作**：单击该按钮，创建一个新的动作。

◇ **删除**：单击该按钮，删除所选动作。

9.3.2 在动作中插入项目

选择“动作”面板中的一个命令，如图9-100所示。单击“开始记录”按钮，再执行其他命令，例如执行“高斯模糊”命令，相应的对话框如图9-101所示。单击“停止播放/记录”按钮，即可将命令插入动作中，如图9-102所示。

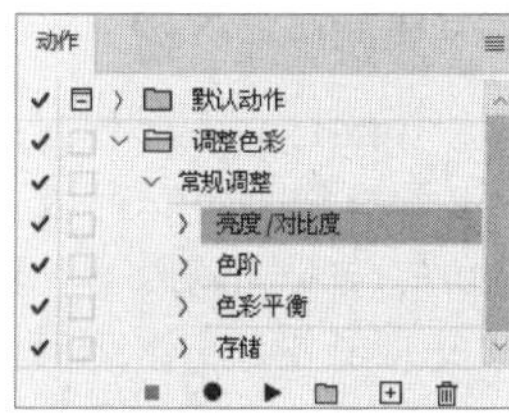

图9-100

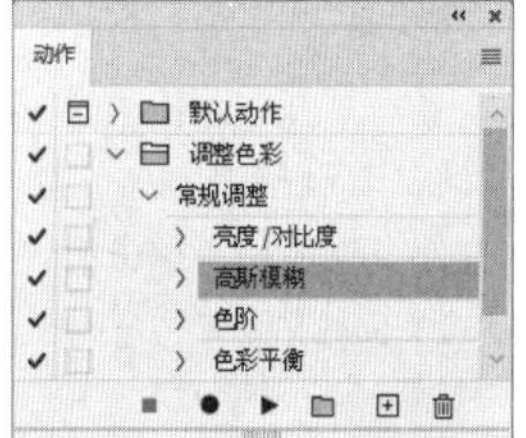

图9-101　图9-102

如果需要到某一步自动暂停动作，可以单击这一步，如图9-103所示。执行面板菜单中的“插入停止”命令，在打开的“记录停止”对话框中输入相关信息，并勾选“允许继续”选项，如图9-104所示。确认操作后，动作中插入了“停止”命令，如图9-105所示。

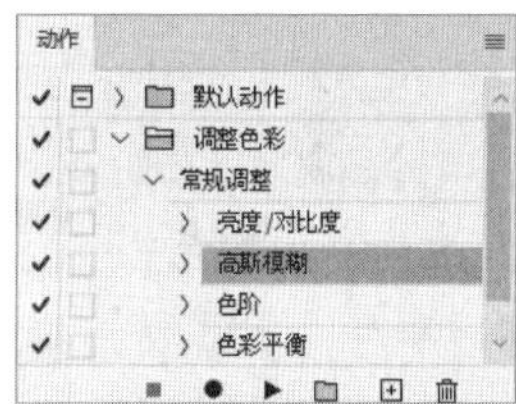

图9-103

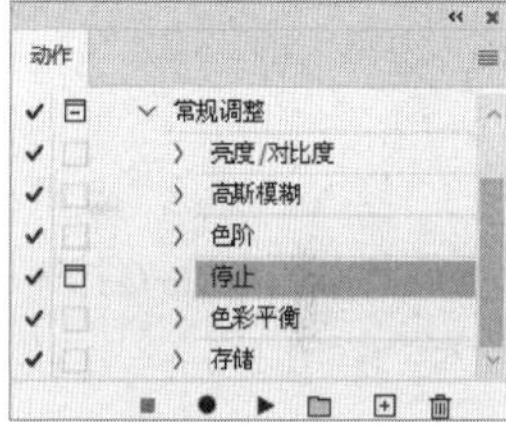

图9-104　图9-105

9.3.3 批处理

“批处理”命令用于对一个文件夹中的所有文件执行动作，通过该命令可以完成大量相同的、重复的操作，以节省时间，提高工作效率。执行“文件”>“自动”>“批处理”菜单命令，打开“批处理”对话框，如图9-106所示。

图9-106

重要参数介绍

◇ **播放**：选择用来处理文件的动作。

◇ **源**：选择要处理的文件。选择“文件夹”选项，并单击其下方的“选择”按钮，可以在弹出的对话框中选择目标文件夹；选择“导入”选项，可以处理来自扫描仪、数码相机和PDF文档的图像；选择“打开的文件”选项，可以处理当前打开的所有文件；选择Bridge选项，可以处理Adobe Bridge中选定的文件。

◇ **目标**：选择完成批处理后文件的保存位置。选择“无”选项，表示不保存文件，使文件处于打开状态；选择“存储并关闭”选项，可以将文件存储于原始文件夹中，并覆盖原始文件；选择“文件夹”选项，并单击其下方的“选择”按钮，可以指定保存文件的文件夹。

课堂案例

通过批处理改变图像颜色模式

素材文件	素材文件>CH09>待处理
实例文件	无
视频名称	通过批处理改变图像颜色模式.mp4
学习目标	掌握记录动作和批处理图像的方法

本例将通过**批处理**改变图像**颜色模式**，处理后的图像可以**保存在指定的文件夹**中，如图9-107所示。

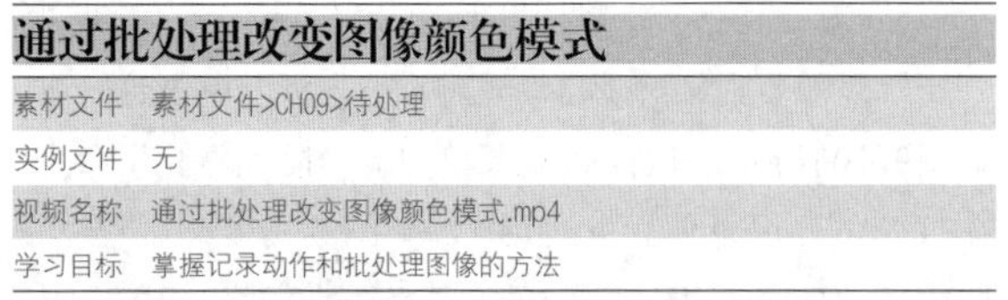

图9-107

01 按快捷键Ctrl+O打开本书学习资源文件夹中的“**素材文件**”>“**CH09**”>“**待处理**”文件夹，其中为需要处理的图片，如图9-108所示。打开“1.jpg”图片，如图9-109所示。

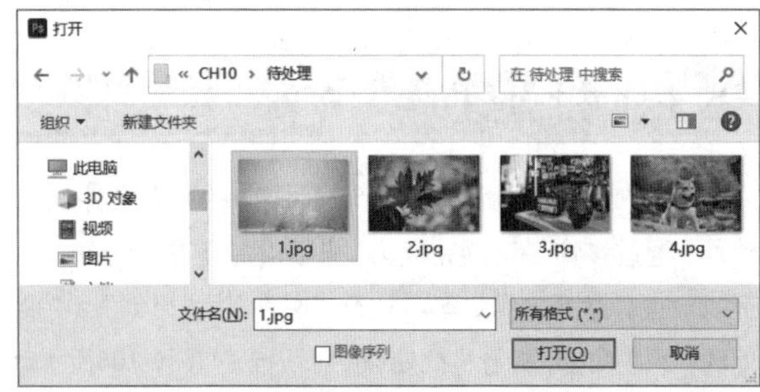

图9-108

图9-109

02 执行“**窗口**”>“**动作**”菜单命令，打开“**动作**”面板，单击面板下方的“**创建新组**”按钮，创建一个新组；单击“创建新动作”按钮，在弹出的“新建动作”对话框中设置动作的“**组**”和“**名称**”，然后单击“**记录**”按钮，如图9-110所示，创建一个新动作。执行“**图像**”>“**模式**”>“**灰度**”菜单命令，在弹出的提示对话框中单击“**扔掉**”按钮，如图9-111所示。

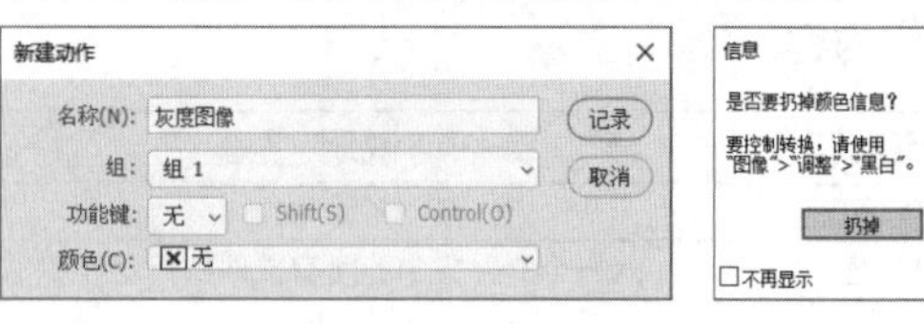

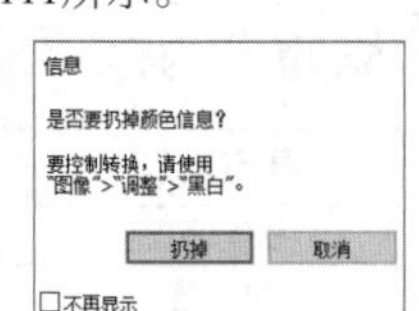

图9-110　　图9-111

03 单击“**动作**”面板下方的“**停止播放/记录**”按钮，如图9-112所示。此时，图像已变为灰度模式，如图9-113所示。

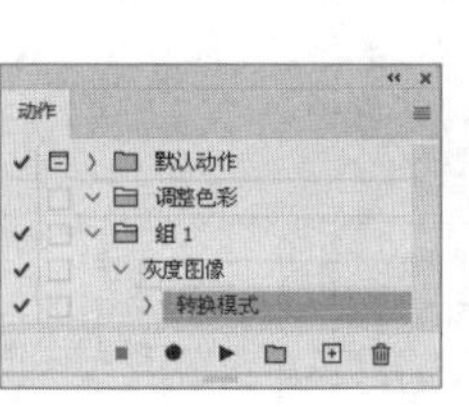

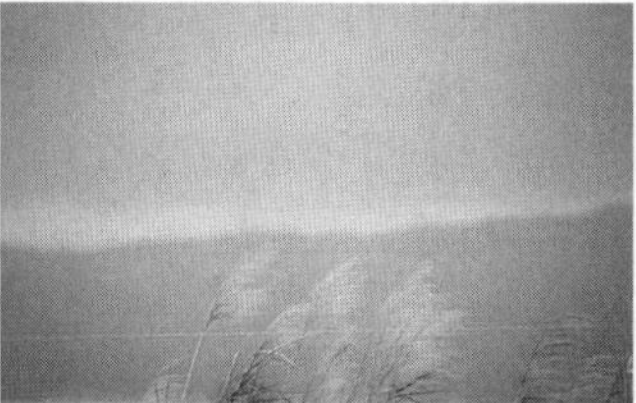

图9-112　　图9-113

04 执行“**文件**”>“**自动**”>“**批处理**”菜单命令，打开“**批处理**”对话框。设置“**动作**”为“**灰度图像**”，“**源**”为“**文件夹**”，并单击其下方的“**选择**”按钮，在打开的对话框中选择“**待处理**”文件夹；接着设置“目标”为“**文件夹**”，并单击其下方的“**选择**”按钮，在打开的对话框中选择“**已处理**”文件夹，单击“**确定**”按钮，如图9-114所示，即可让目标文件夹中的文件执行所选动作。

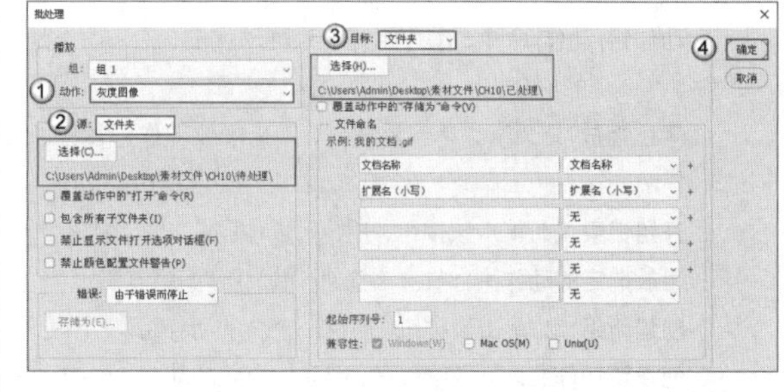

图9-114

05 执行动作后，打开“**已处理**”文件夹，可以看到处理后的图片，如图9-115所示。

图9-115

9.4 本章小结与评价

本章主要讲解了文字类工具的使用方法与批处理文件的方法，文字类工具的应用领域十分广泛，使用批处理功能则可以有效提高工作效率。读者可通过图9-116所示的思维导图梳理知识脉络，并结合表9-1进行自测，查找学习的薄弱环节，从而更好地掌握本章的知识点。

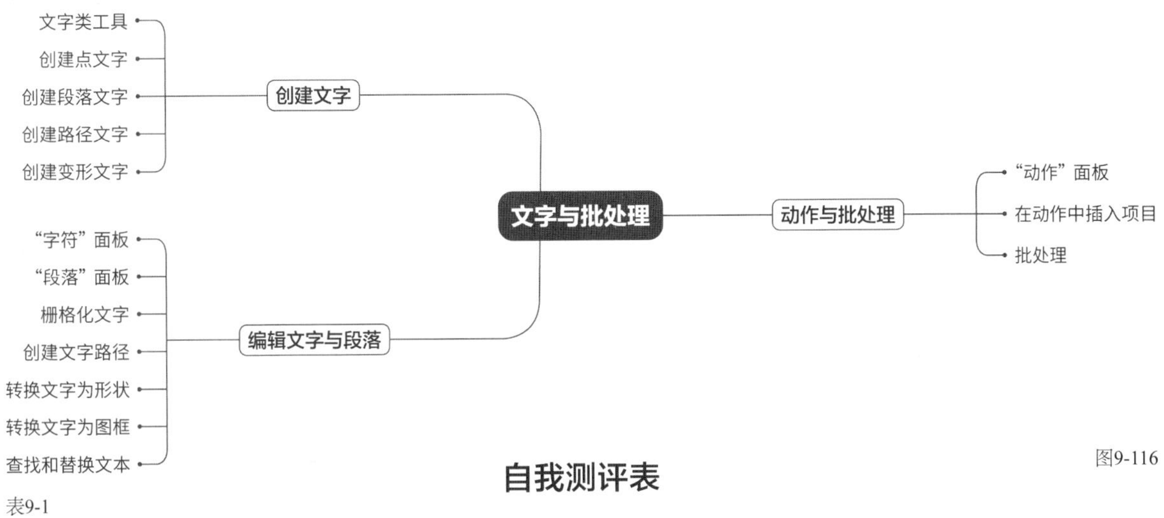

图9-116

自我测评表

表9-1

评价内容	评价标准	掌握程度	自我总结
创建文字	能够使用“横排文字工具”和“直排文字工具”分别创建横排文字或直排文字		
	能够使用“横排文字工具”创建点文字		
	能够使用“横排文字工具”创建段落文字		
	能够使用“横排文字工具”创建路径文字		
	能够使用“文字变形”命令为文字添加变形样式		
编辑文字与段落	能够使用“字符”面板设置文字的字体、字体样式和文字大小等参数		
	能够使用“段落”面板设置段落文字的对齐方式、缩进量和避头尾设置等参数		
	能够使用“栅格化文字图层”命令栅格化文字		
	能够使用“创建工作路径”命令创建文字路径		
	能够使用“转换为形状”命令将文字转换为形状		
	能够使用“转换为图框”命令将文字转换为图框		
	能够创建与编辑图框		
	能够使用“查找和替换文本”命令查找或替换指定文本		
动作与批处理	能够使用“动作”面板记录、播放、编辑和删除动作		
	能够在动作中插入项目		
	能够使用“批处理”命令完成大量相同的、重复的操作		

9.5 课后习题

根据本章的内容，本节共安排了3个课后习题供读者练习，以帮助读者对本章的知识进行综合运用。

课后习题：制作名片

素材文件	素材文件>CH09>素材05.psd
实例文件	实例文件>CH09>制作名片.psd
视频名称	制作名片.mp4
学习目标	掌握文字类工具的使用方法

本习题主要要求读者对“**横排文字工具**”T的使用进行练习，效果如图9-117所示。

图9-117

技巧与提示

名片常用的尺寸为90mm×54mm、90mm×50mm和90mm×45mm，出血尺寸一般设置为2mm即可。

课后习题：制作年中促销Banner

素材文件	素材文件>CH09>素材06-1.jpg、素材06-2.png
实例文件	实例文件>CH09>制作年中促销Banner.psd
视频名称	制作年中促销Banner.mp4
学习目标	掌握文字类工具的使用方法

本习题主要要求读者对“**横排文字工具**”T的使用，以及**文字的编辑**进行练习，效果如图9-118所示。

图9-118

课后习题：制作具有金属质感的文字

素材文件	素材文件>CH09>素材07-1.jpg、素材07-2.jpg、素材07-3.jpg
实例文件	实例文件>CH09>制作具有金属质感的文字.psd
视频名称	制作具有金属质感的文字.mp4
学习目标	掌握文字特效的制作方法

本习题主要要求读者使用“**横排文字工具**”T，以及**图层蒙版和图层样式**等命令制作具有金属质感的文字，效果如图9-119所示。

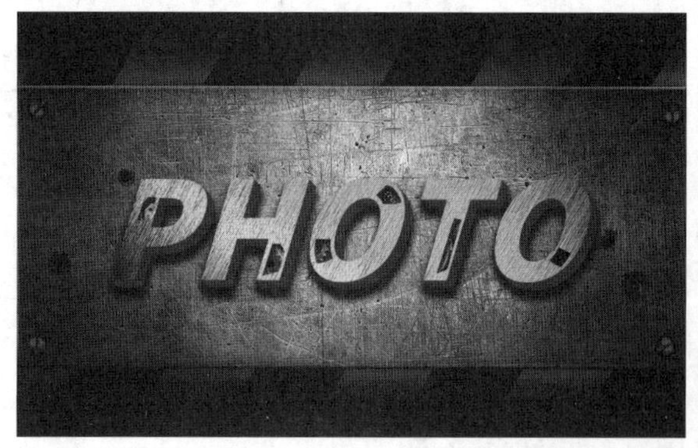

图9-119

第 10 章

滤镜的运用

本章主要介绍滤镜的使用原则和技巧，以及多种滤镜的功能和特点。使用滤镜不仅可以调整照片，还可以制作出精彩纷呈的创意效果。

课堂学习目标

◇ 掌握使用滤镜库添加滤镜的方法
◇ 掌握滤镜的使用原则和技巧
◇ 掌握智能滤镜的使用方法
◇ 了解“自适应广角”滤镜的使用方法
◇ 了解“镜头校正”滤镜的使用方法
◇ 掌握“液化”滤镜的使用方法
◇ 了解“消失点”滤镜的使用方法
◇ 掌握“风格化”滤镜组中滤镜的使用方法
◇ 掌握“模糊”滤镜组中滤镜的使用方法
◇ 掌握“模糊画廊”滤镜组中滤镜的使用方法
◇ 掌握“扭曲”滤镜组中滤镜的使用方法

10.1 滤镜与滤镜库

使用Photoshop中的滤镜可以改变像素的位置和颜色，从而制作出多种特殊效果。“滤镜”菜单中包含特殊滤镜和多个滤镜组，如果安装了外挂滤镜，它将出现在菜单底部。

本节重点内容

重点内容	说明
滤镜库	可以对一个图像应用一个或多个滤镜
转换为智能滤镜	将普通图层转换为智能对象

10.1.1 滤镜库

执行“滤镜”>“滤镜库”菜单命令，打开“滤镜库”对话框，如图10-1所示。“滤镜库”对话框中集合了大部分常用滤镜，可以对一个图像应用一个或多个滤镜。

图10-1

技巧与提示

如果“滤镜库”对话框中部分滤镜没有显示，可以按快捷键Ctrl+K打开“首选项”对话框，在“增效工具”选项卡中勾选“显示滤镜库的所有组和名称”选项。

重要参数介绍

◇ **效果预览窗口：** 用于预览应用滤镜后的效果，拖曳预览窗口中的图像，可以移动图像。

◇ **缩放预览窗口：** 单击⊟按钮，可以缩小预览窗口；单击⊞按钮，可以放大预览窗口。此外，还可以在缩放下拉列表中选择预设的缩放比例。

◇ **显示/隐藏滤镜缩览图**：单击该按钮，可以隐藏滤镜缩览图，以增大预览窗口。

◇ **滤镜库下拉列表：** 在该下拉列表中可以将所选滤镜替换为其他滤镜。

◇ **参数设置区域：** 单击滤镜组中的某个滤镜，可以将该滤镜应用于图像，同时参数设置区域中会显示该滤镜的参数选项。

◇ **当前选择的效果图层：** 单击一个效果图层，可以选择对应的滤镜，此时单击滤镜组中的其他滤镜，可以更改所选滤镜。拖曳效果图层，可以改变其位置，不同的图层顺序会产生不同的效果。

◇ **新建效果图层**⊞：单击该按钮，可以新建一个效果图层。

◇ **删除效果图层**：单击该按钮，可以删除所选的效果图层。

知识点：滤镜的使用原则和技巧

在使用滤镜前，要选择需要处理的图层（只能是一个图层），并使其处于可见状态。如果创建了选区，那么滤镜只应用于选区内的图像，如图10-2所示。此外，滤镜还可以用来处理图层蒙版和通道等。

图10-2

在CMYK颜色模式下，“滤镜”菜单中的滤镜显示为灰色，无法使用。执行“图像”>“模式”>“RGB颜色”菜单命令，将图像转换为RGB颜色模式后，可应用滤镜。滤镜的处理效果以像素为单位进行计算，所以用同样的参数处理不同分辨率的图像会产生不同的效果，如图10-3所示。

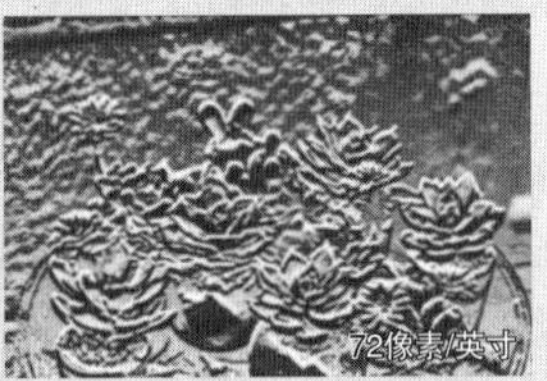

图10-3

当应用一个滤镜后，“滤镜”菜单中的第1行会出现该滤镜的名称，单击可再次应用该滤镜。在应用滤镜的过程中如果要终止操作，可以按Esc键。在任何一个滤镜的对话框中按住Alt键，“取消”按钮（取消）都会变成“复位”按钮（复位），单击该按钮即可将滤镜参数恢复为默认设置。

课堂案例

制作水墨画效果

素材文件	素材文件>CH10>素材01-1.jpg、素材01-2.png、素材01-3.jpg
实例文件	实例文件>CH10>制作水墨画效果.psd
视频名称	制作水墨画效果.mp4
学习目标	掌握使用滤镜库添加滤镜的方法

本例将使用滤镜库制作水墨画效果，如图10-4所示。

图10-4

01 按快捷键Ctrl+O打开本书学习资源文件夹中的“**素材文件**”>“**CH10**”>“**素材01-1.jpg**”文件，然后按快捷键**Ctrl+J**复制图层，接着执行“**滤镜**”>“**Camera Raw滤镜**”菜单命令，设置“**曝光**”为**+0.20**，“**高光**”为**-38**，“**阴影**”为**+4**，“**白色**”为**+40**，“**饱和度**”为**-100**，如图10-5所示。效果如图10-6所示。

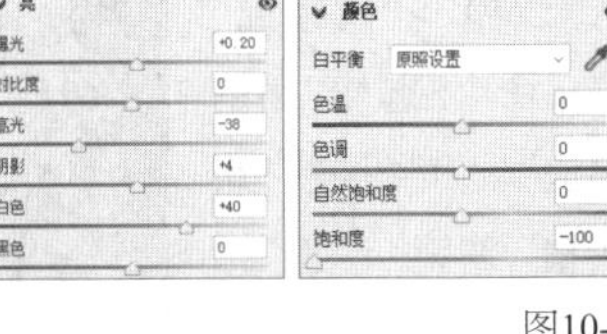

图10-5

图10-6

02 按快捷键**Ctrl+J**复制图层，然后执行“**滤镜**”>“**风格化**”>“**查找边缘**”菜单命令，效果如图10-7所示。设置这个图层的混合模式为“**正片叠底**”，“**不透明度**”为**40%**，效果如图10-8所示。

图10-7

图10-8

03 按快捷键**Ctrl+Shift+Alt+E**盖印可见图层，然后执行“**滤镜**”>“**滤镜库**”菜单命令，选择“**艺术效果**”滤镜组中的“**干画笔**”滤镜，设置“**画笔大小**”为**1**，“**画笔细节**”为**10**，“**纹理**”为**2**，如图10-9所示。

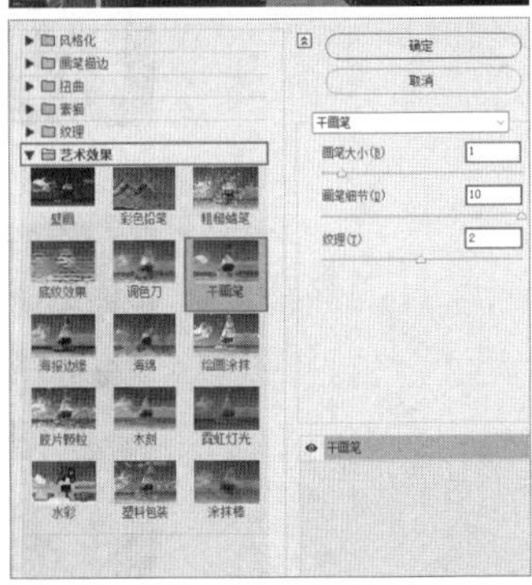

图10-9

04 复制图层，再次执行“**滤镜**”>“**滤镜库**”菜单命令，选择“**画笔描边**”滤镜组中的“**烟灰墨**”滤镜，设置“**描边宽度**”为3，“**描边压力**”为0，“**对比度**”为2，如图10-10所示。确认操作后，调整图层的“**不透明度**”为40%，效果如图10-11所示。

图10-10

图10-11

05 将“**素材01-2.png**”文件拖曳到画布中并调整到合适的位置，如图10-12所示，然后将“**素材01-3.jpg**”文件拖曳到画布中，设置混合模式为“**正片叠底**”，“**不透明度**”为40%，效果如图10-13所示。

图10-12

图10-13

06 **盖印**可见图层，执行“**滤镜**”>“**Camera Raw滤镜**”菜单命令，设置“**曝光**”为+0.20，“**对比度**”为-14，“**高光**”为-100，“**阴影**”为+100，如图10-14所示。效果如图10-15所示。

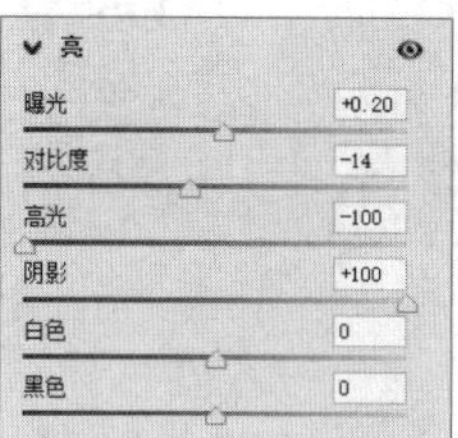

图10-14

图10-15

10.1.2 智能滤镜

应用于智能对象的滤镜为智能滤镜，其与普通滤镜产生的效果相同，但是不会破坏原始图像。执行“滤镜”>“转换为智能滤镜”菜单命令，将图层转换为智能对象，然后为其添加滤镜即可。智能滤镜将作为图层效果出现在“图层”面板中，可以随时修改其参数或者将其删除。例如，为图像添加一个“查找边缘”滤镜，如图10-16所示。

图10-16

在智能滤镜上单击鼠标右键，在弹出的菜单中可以停用、删除和清除滤镜，如图10-17所示。单击滤镜左侧的图标，可以隐藏滤镜，恢复为原始图像效果，如图10-18所示。

图10-17

图10-18

修改滤镜效果蒙版，可以控制滤镜的影响区域，如图10-19所示。选择"图层0"图层，继续执行"滤镜"菜单中的命令，可以为其添加多种滤镜，如图10-20所示。拖曳滤镜名称，可以改变滤镜的堆叠顺序，此时会产生不同的效果，如图10-21所示。

图10-19

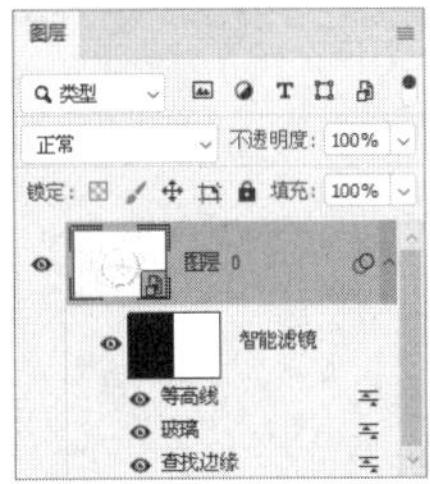

图10-20

图10-21

双击滤镜名称，可以打开设置该滤镜的对话框以便修改其参数，如图10-22所示。双击 图标，可以打开"混合选项"对话框，在其中可以修改滤镜的混合模式和不透明度，如图10-23所示。

图10-22

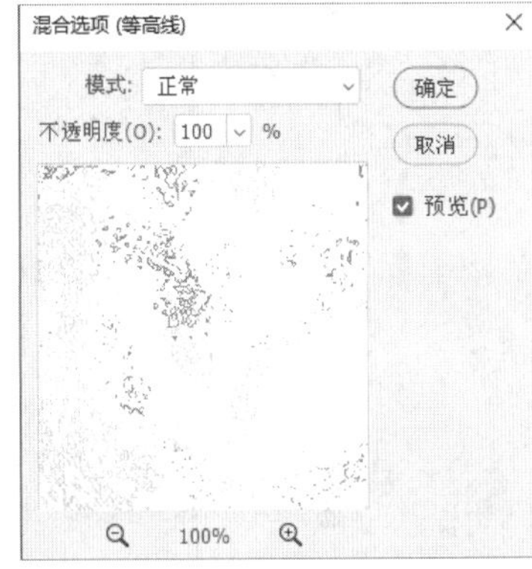

图10-23

技巧与提示

除了"消失点"和"镜头模糊"等少数滤镜，其余滤镜均可作为智能滤镜使用。此外，执行"图像">"调整"子菜单中的多个命令也可以创建智能滤镜，如"曲线"命令和"阴影/高光"命令等。

10.2 特殊滤镜

特殊滤镜包括"自适应广角"滤镜、"镜头校正"滤镜、"液化"滤镜和"消失点"滤镜。在添加这些滤镜时，会出现对应的对话框，在其中可以对滤镜效果进行调整。

本节重点内容

重点内容	说明
自适应广角	拉直全景图或弯曲对象
镜头校正	修复镜头瑕疵和改善图像透视问题
液化	对图像进行推拉、旋转、扭曲和收缩等变形操作
消失点	在包含透视平面的图像中校正透视

10.2.1 自适应广角

使用“自适应广角”滤镜可以拉直全景图，以及使用广角镜头或鱼眼镜头拍摄产生的弯曲对象。打开一个图像，如图10-24所示。执行“滤镜”>“自适应广角”菜单命令，打开“自适应广角”对话框，如图10-25所示。

图10-24

图10-25

Photoshop会自动校正图像，不过效果差一些，还需要手动调整。在“校正”下拉列表中选择“透视”选项，然后选择“约束工具”，将鼠标指针放在出现弯曲的对象上，拖曳鼠标，即可将弯曲的对象拉直，多次操作后，效果如图10-26所示。单击“确定”按钮，使用“裁剪工具”裁去多余像素，效果如图10-27所示。

图10-26

图10-27

10.2.2 镜头校正

使用“镜头校正”滤镜不仅可以修复常见的镜头瑕疵，如桶形失真、枕形失真、晕影和色差等，还可以改善由相机在垂直或水平方向上倾斜而导致的图像透视问题。执行“滤镜”>“镜头校正”菜单命令，打开“镜头校正”对话框，如图10-28所示。在“自动校正”选项卡中，可以设置相机的制造商、相机型号和镜头型号。打开“自定”选项卡，设置相关参数可以校正图像，还可以制作出特殊的图像效果。

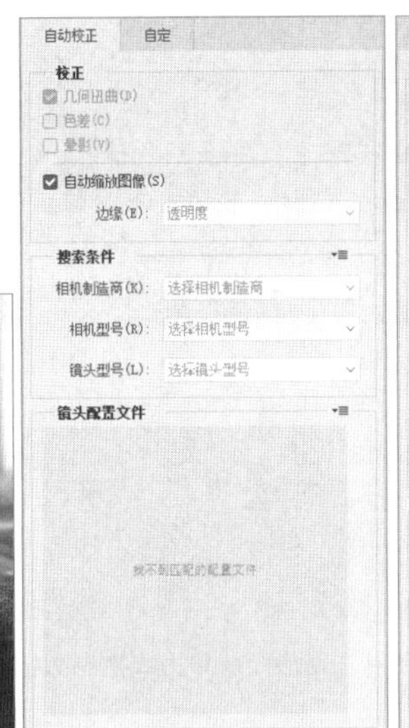

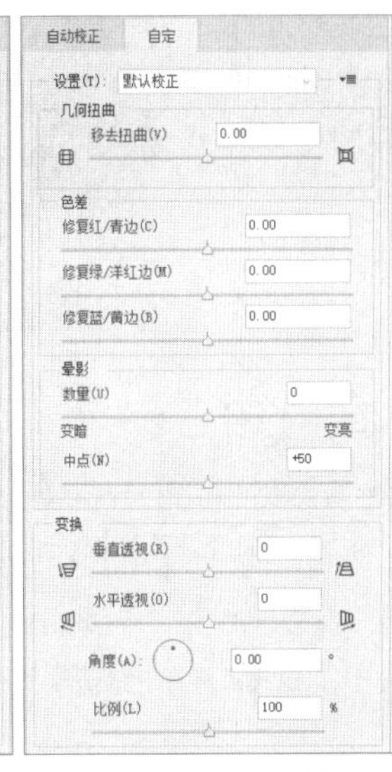

图10-28

“移去扭曲”选项主要用来校正桶形失真或枕形失真。当数值为正时，图像将向内扭曲；当数值为负时，图像将向外扭曲，如图10-29所示。“色差”选项组用于校正色边。“晕影”选项组用于校正由镜头缺陷或者镜头遮光处理不当而导致边缘较暗的图像。“变换”选项组用于设置镜头的透视，以及图像的角度和缩放比例。

“移去扭曲”为+100

“移去扭曲”为-80

图10-29

10.2.3 液化

“液化”滤镜用于使图像“融化”，使用该滤镜可以对图像进行推拉、旋转、扭曲和收缩等变形操作。“液化”滤镜不仅可以用于修饰人物身材、面部，还可以用于制作多种艺术效果。执行“滤镜”>“液化”菜单命令，打开“液化”对话框，如图10-30所示。

图10-30

重要参数介绍

◇ **向前变形工具**：用于推动像素，如图10-31所示。

图10-31

技巧与提示

选择"液化"对话框中的"向前变形工具"，在图像上拖曳，即可对其进行变形操作，变形的部位集中在画笔的中心。

◇ **重建工具**：使用该工具在变形区域单击或拖曳涂抹，可以使其恢复原状。

◇ **平滑工具**：用于对变形区域进行平滑处理。

◇ **顺时针旋转扭曲工具**：用于顺时针旋转像素，如图10-32所示。按住Alt键，可以逆时针旋转像素。

图10-32

◇ **褶皱工具**：用于使像素向笔迹中心移动，使图像产生收缩效果，如图10-33所示。

图10-33

◇ **膨胀工具**：用于使像素向笔迹中心的反方向移动，使图像产生膨胀效果，如图10-34所示。

图10-34

◇ **左推工具**：当向上拖曳鼠标时，像素会向左移动，如图10-35所示。当向下拖曳鼠标时，像素会向右移动，如图10-36所示。按住Alt键，可以反转像素移动的方向。

图10-35

图10-36

◇ **冻结蒙版工具**：用于绘制冻结区域，该区域将受到保护而不会发生形变。

◇ **解冻蒙版工具**：涂抹冻结区域，可以将其解冻。

◇ **脸部工具**：用于调整人物的五官。

◇ **画笔工具选项**：用于设置画笔的参数。"大小"选项用于控制画笔的大小，"密度"选项用于控制笔迹边缘的羽化范围，"压力"选项用于控制笔迹在图像上产生扭曲的程度，"速率"选项用于设置在按住鼠标左键不放时应用工具（如"重建工具"）的速度。

知识点：冻结图像

在使用"液化"滤镜时，如果希望某处像素不被修改，可以使用"冻结蒙版工具"涂抹该区域，将其冻结，被冻结的区域上会覆盖一层带有透明度的红色，如图10-37所示。再使用"向前变形工具"处理图像，被冻结的像素不会发生形变，如图10-38所示。

图10-37

图10-38

在"蒙版选项"选项组中，单击"全部蒙住"按钮 全部蒙住 ，可以将图像全部冻结。如果只需编辑很小的区域，可以先单击该按钮，然后使用"解冻蒙版工具"将需要编辑的区域解冻。单击"全部反相"按钮 全部反相 ，可以将未冻结区域冻结、将冻结区域解冻。单击"无"按钮 无 ，可以将所有区域解冻。"蒙版选项"选项组中还有5个按钮，当图像中有选区、图层蒙版或透明区域时，它们可以发挥作用。

课堂案例

调整人物的脸型

素材文件　素材文件>CH10>素材02.jpg

实例文件　实例文件>CH10>调整人物的脸型.psd

视频名称　调整人物的脸型.mp4

学习目标　掌握“液化”滤镜的使用方法

本例将使用“**液化**”滤镜调整人物的脸型，如图10-39所示。

图10-39

01 按快捷键Ctrl+O打开本书学习资源文件夹中的“**素材文件**”>“CH10”>“**素材02.jpg**”文件，按快捷键Ctrl+J复制图层。执行“**滤镜**”>“**转换为智能滤镜**”菜单命令，将其转换为智能对象。执行“**滤镜**”>“**液化**”菜单命令，打开“**液化**”对话框，如图10-40所示。

图10-40

02 按快捷键**Ctrl++**放大视图，然后选择“**向前变形工具**”，接着按照图10-41所示的参数调整该工具的属性，在人物的**脸颊上拖曳鼠标**，调整脸型，如图10-42所示。

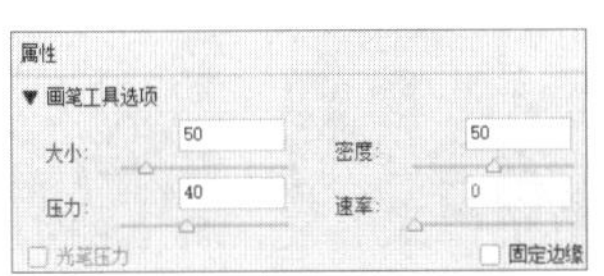

图10-41

调整前

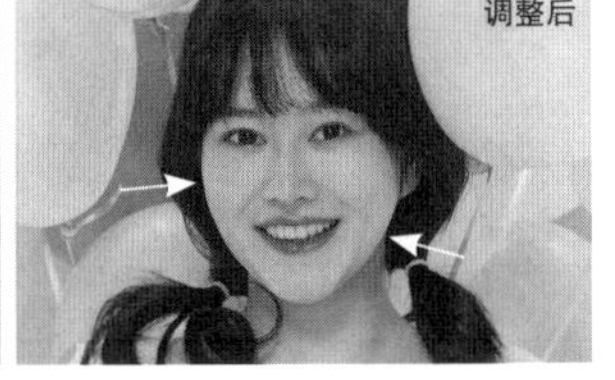

图10-42

03 在对话框右侧的“**人脸识别液化**”中调整人物的**眼睛**、**鼻子**、**嘴唇**和**脸部形状**，参数如图10-43所示。按**Enter键**确认操作，调整后的效果如图10-44所示。

图10-43

图10-44

技巧与提示

如果照片中有多个人物，可以在“选择脸部”下拉列表中选择要编辑的人物。

课堂练习

制作运动健身手机海报

素材文件　素材文件>CH10>素材03-1.jpg、素材03-2.png
实例文件　实例文件>CH10>制作运动健身手机海报.psd
视频名称　制作运动健身手机海报.mp4
学习目标　掌握“液化”滤镜的使用方法

本练习的目标是使用“**液化**”滤镜制作**粒子分散**效果，从而制作运动健身手机海报，如图10-45所示。

图10-45

10.2.4 消失点

使用“消失点”滤镜可以在包含透视平面（如建筑物的侧面、地面或任何矩形对象）的图像中校正透视。在复制、粘贴或移去图像内容时，Photoshop可以准确地确定这些操作的方向。执行“滤镜”>“消失点”菜单命令，打开“消失点”对话框，如图10-46所示。使用“创建平面工具”在图像中创建透视平面，如图10-47所示。

图10-46

图10-47

技巧与提示

使用“编辑平面工具”可以移动角点、选择和移动透视平面。按BackSpace键可以删除已创建的透视平面。

使用“选框工具”在透视平面中创建选区，如图10-48所示。按住Alt键并拖曳选区，系统会自动匹配透视关系以替换原有图像，如图10-49所示。

图10-48

图10-49

10.3 “风格化”滤镜组

“风格化”滤镜组中的滤镜主要用于移动和置换图像中的像素，以及增加图像像素的对比度来产生多种风格化效果。

本节重点内容

重点内容	说明
查找边缘	将高反差区变亮、将低反差区变暗，同时将硬边变成线条、将柔边变粗，从而形成一个清晰的轮廓
等高线	查找主要亮度区域，并为每个颜色通道勾勒主要亮度区域
风	生成一些细小的水平线条来模拟风吹效果
浮雕效果	通过勾勒图像或选区的轮廓，生成凹陷或凸起的浮雕效果
扩散	使图像中相邻的像素按指定的方式移动
拼贴	将图像分为多块，使其产生不规则拼贴的图像效果
曝光过度	混合负片和正片图像
凸出	将图像分解成立方体或锥体，以生成特殊的3D效果
油画	将图像转换为油画

10.3.1 查找边缘

使用“查找边缘”滤镜可以自动查找图像中像素对比强烈的边界，将高反差区变亮、将低反差区变暗，同时将硬边变成线条、将柔边变粗，从而形成一个清晰的轮廓，如图10-50所示。

图10-50

10.3.2 等高线

使用“等高线”滤镜可以查找主要亮度区域，并为每个颜色通道勾勒主要亮度区域，以获得与等高线图中的线条类似的效果，如图10-51所示。执行“滤镜”>“风格化”>“等高线”菜单命令，打开“等高线”对话框，在其中可以设置等高线的色阶和边缘，如图10-52所示。

图10-51

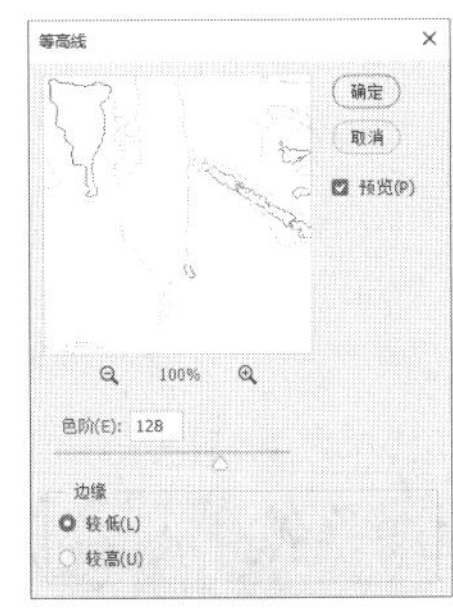

图10-52

10.3.3 风

使用“风”滤镜可以生成一些细小的水平线条来模拟风吹效果，如图10-53所示。执行“滤镜”>“风格化”>“风”菜单命令，打开“风”对话框，在其中可以设置风的等级（即“方法”）和方向，如图10-54所示。

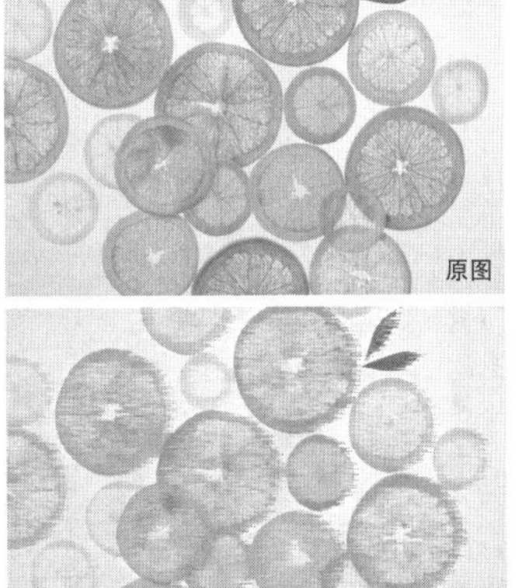

图10-53

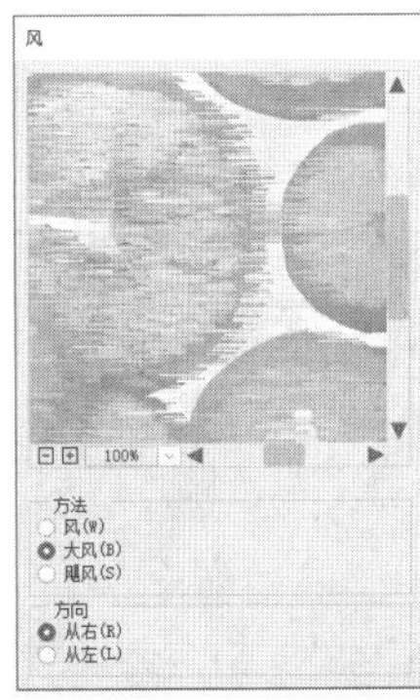

图10-54

技巧与提示

使用“风”滤镜只能制作出水平方向上的风吹效果，如果要在垂直方向上制作风吹效果，可以先旋转画布，应用“风”滤镜后，将画布旋转到原始位置。

课堂案例

制作故障风效果

素材文件　素材文件>CH10>素材04.jpg
实例文件　实例文件>CH10>制作故障风效果.psd
视频名称　制作故障风效果.mp4
学习目标　掌握"风"滤镜的使用方法

本例将使用**"风"**滤镜制作**故障风**效果，效果如图10-55所示。

图10-55

01 按快捷键**Ctrl+O**打开本书学习资源文件夹中的**"素材文件">"CH10">"素材04.jpg"**文件，如图10-56所示。按快捷键**Ctrl+J**复制图层。执行**"窗口">"通道"**菜单命令，打开**"通道"**面板，如图10-57所示。

图10-56

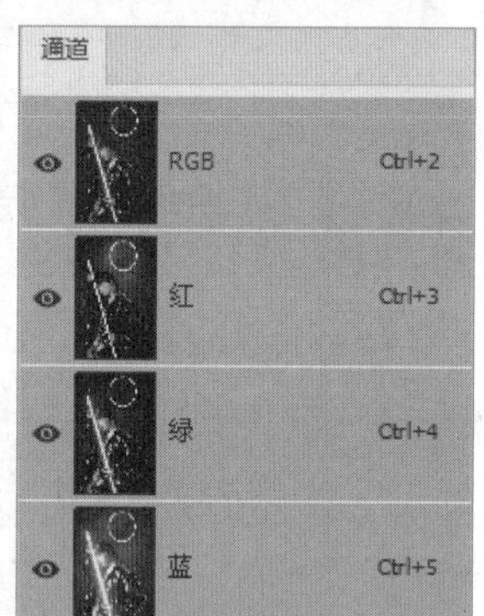

图10-57

02 在**"通道"**面板中选择**"红"**通道，按快捷键**Ctrl+A**全选该通道中的图像，如图10-58所示。选择**"移动工具"**，然后按住**Shift**键，分别按**4次↑**键和**←**键，使其**向上**和**向左**各**移动40像素**，再按快捷键**Ctrl+D**取消选区，如图10-59所示。

图10-58

图10-59

03 选择**"绿"**通道，按快捷键**Ctrl+A**全选该通道中的图像。选择**"移动工具"**，然后按住**Shift**键，分别按**4次↓**键和**→**键，使其**向下**和**向右**各**移动40像素**，再按快捷键**Ctrl+D**取消选区，如图10-60所示。

图10-60

04 选择**复合通道**，显示所有通道，如图10-61所示。使用**"裁剪工具"**裁去图像边缘的**绿色条**和**红色条**，如图10-62所示。

图10-61

图10-62

05 用**"矩形选框工具"**在人物身上及周围**绘制多个**矩形选区，如图10-63所示。按快捷键**Ctrl+J**复制出包括所有矩形选区内图像的图层，然后用**"移动工具"**将复制的图像**向右移动**一段距离，如图10-64所示。

图10-63

图10-64

06 执行"**滤镜**" > "**风格化**" > "**风**"菜单命令，打开"**风**"对话框，设置"**方法**"为"**大风**"，"**方向**"为"**从左**"，即将风**从左向右**吹，如图10-65所示。现在风吹的效果还不够强烈，按快捷键**Alt+Ctrl+F**再应用一次**同样参数**的"**风**"滤镜，如图10-66所示。

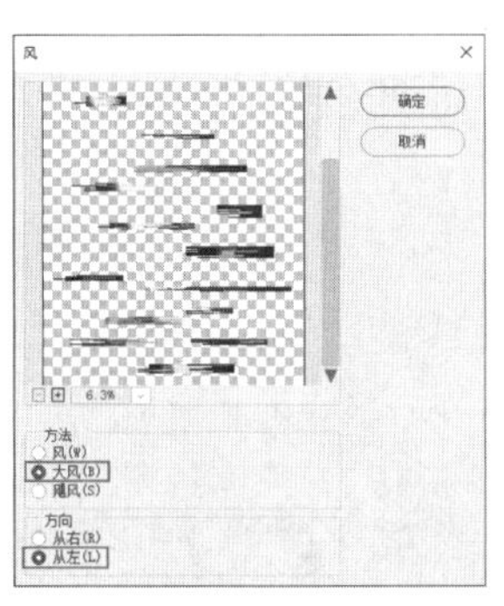

图10-65

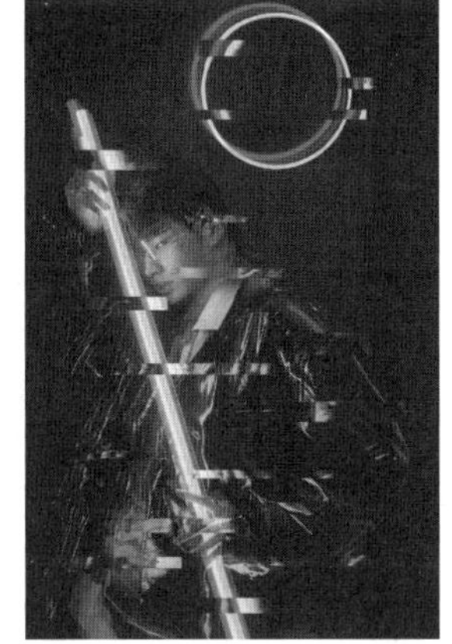

图10-66

07 选择"**横排文字工具**" T，然后输入英文Dance并将文字**旋转**一定的角度，接着设置文字的**字体**、**颜色**和**字号**等参数，参数如图10-67所示。效果如图10-68所示。

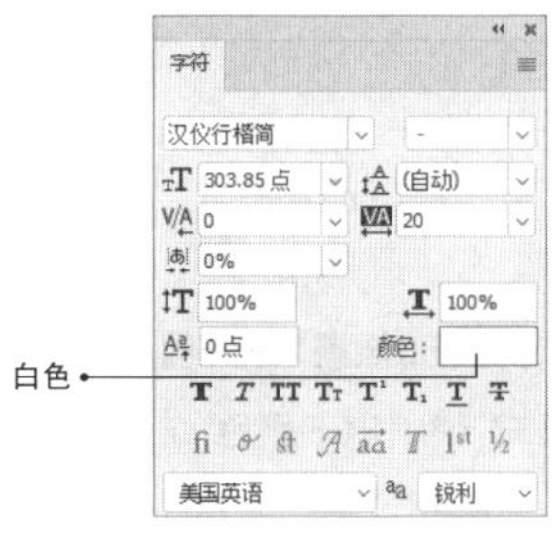

图10-67

图10-68

08 连续按**3次**快捷键**Ctrl+J**将文字图层**复制两层**，**从下至上**分别命名为**R**、**G**、**B**。双击**R**图层，打开"**图层样式**"对话框，只保留**R通道**，如图10-69所示。用同样的方式调整**G图层**和**B图层**的"**混合选项**"，**G图层**只保留**G通道**，**B图层**只保留**B通道**，如图10-70所示。

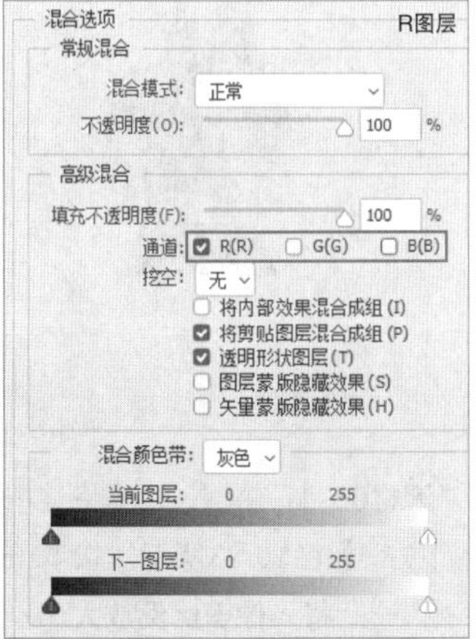

图10-69

G图层
通道: R(R) G(G) B(B)
B图层
通道: R(R) G(G) B(B)

图10-70

09 选择**R**图层，按住**Shift**键并按两次**←键**，将其**向左移动20像素**，然后选择**G**图层，按住**Shift**键并按**两次→键**，将其**向右**移动**20像素**，效果如图10-71所示。

图10-71

10.3.4 浮雕效果

使用"浮雕效果"滤镜可以通过勾勒图像或选区的轮廓，以及减小周围颜色值来生成凹陷或凸起的浮雕效果，如图10-72所示。执行"滤镜" > "风格化" > "浮雕效果"菜单命令，打开"浮雕效果"对话框，在其中可以设置浮雕效果的角度、高度和数量，如图10-73所示。

图10-72

浮雕效果
确定
取消
预览(P)
50%
角度(A): 134 度
高度(H): 9 像素
数量(M): 78 %

图10-73

10.3.5 扩散

使用"扩散"滤镜可以使图像中相邻的像素按指定的方式移动，从而形成一种类似于透过磨砂玻璃观察物体时的分离模糊效果，如图10-74所示。执行"滤镜" > "风格化" > "扩散"菜单命令，打开"扩散"对话框，在其中可以设置扩散的模式，如图10-75所示。

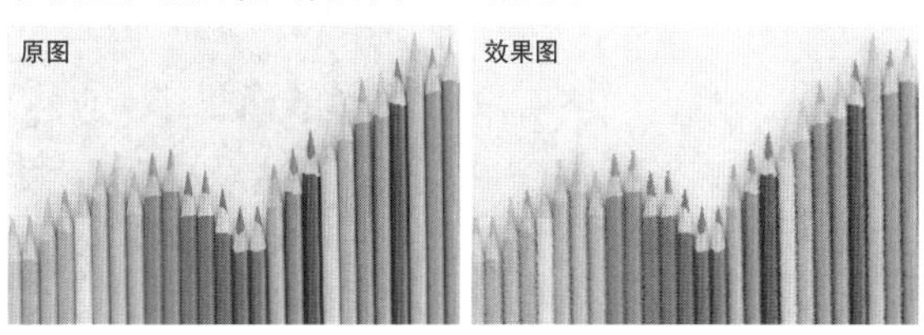

图10-74

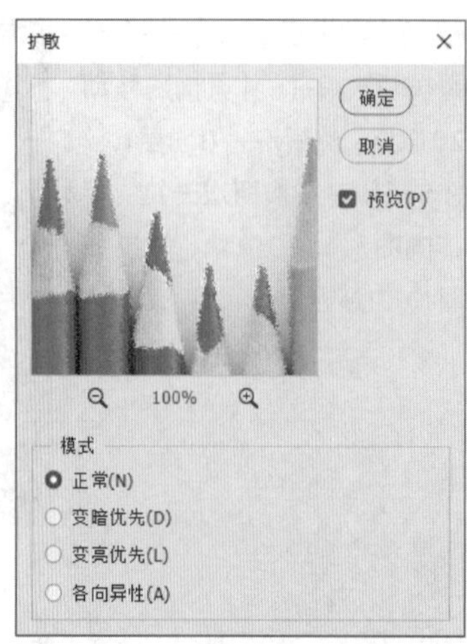

图10-75

10.3.6 拼贴

使用“拼贴”滤镜可以将图像分为多块，并使其偏离原来的位置，以产生不规则拼贴的图像效果，如图10-76所示。执行“滤镜”>“风格化”>“拼贴”菜单命令，打开“拼贴”对话框，在其中可以设置每行或每列中显示的最大图像块的数量（即“拼贴数”）和拼贴偏移的最大距离（即“最大位移”），如图10-77所示。

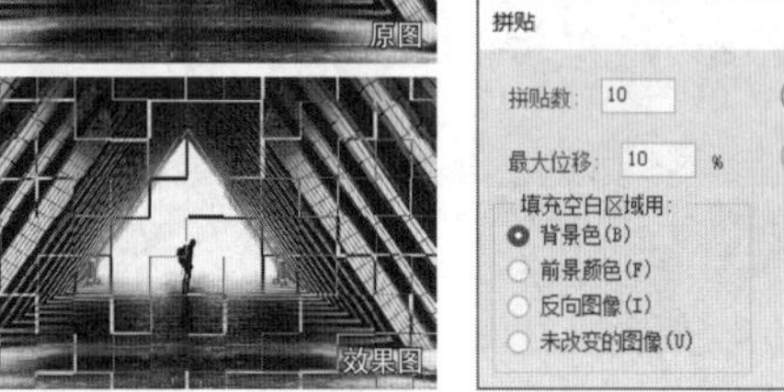

图10-76　图10-77

10.3.7 曝光过度

使用“曝光过度”滤镜可以混合负片和正片图像，类似于显影过程中将摄影照片短暂曝光的效果，如图10-78所示。

图10-78

10.3.8 凸出

使用“凸出”滤镜可以将图像分解成一系列大小相同且有序重叠放置的立方体或锥体，以生成特殊的3D效果，如图10-79所示。执行“滤镜”>“风格化”>“凸出”菜单命令，打开“凸出”对话框，在其中可以设置凸出效果的类型、大小和深度等，如图10-80所示。

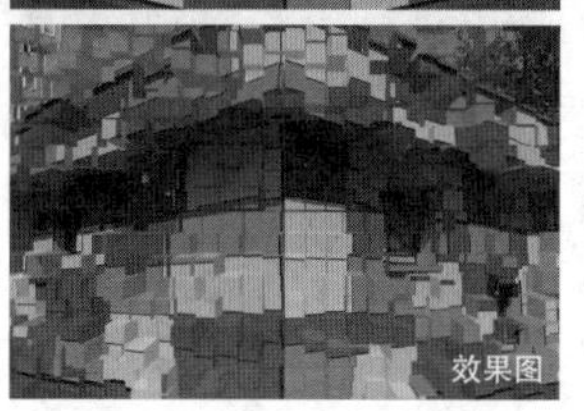

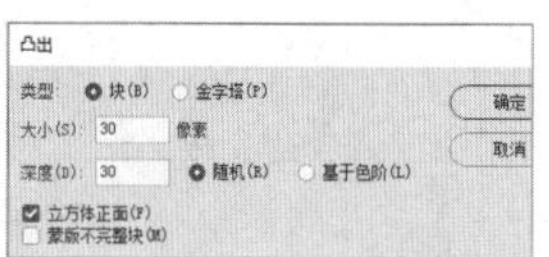

图10-79　图10-80

课堂案例

制作背景凸出效果

素材文件	素材文件>CH10>素材05-1.png、素材05-2.psd
实例文件	实例文件>CH10>制作背景凸出效果.psd
视频名称	制作背景凸出效果.mp4
学习目标	掌握“凸出”滤镜的使用方法

本例将使用“**凸出**”滤镜制作**背景凸出**效果，效果如图10-81所示。

01 按快捷键**Ctrl+N**新建一个尺寸为**750像素×950像素**，“分辨率”为**72像素/英寸**，“颜色模式”为“**RGB颜色**”的**白色**画布。将学习资源文件夹中的“**素材文件**”>“**CH10**”>“**素材05-1.png**”文件拖曳至画布中，如图10-82所示。

图10-81　图10-82

02 按快捷键**Ctrl+J**复制“**素材05-1**”图层，然后将其拖曳至“**素材05-1**”图层的**下方**，如图10-83所示。接着按快捷键**Ctrl+T**进入自由变换模式，将**人像等比例放大**一些（按**Enter键**完成变换操作），如图10-84所示。

图10-83

图10-84

03 按快捷键Ctrl+J复制“**背景**”图层，然后选择“**素材05-1 拷贝**”图层和复制的背景图层，接着按快捷键Ctrl+E合并图层，再执行“**图层**”>“**智能对象**”>“**转换为智能对象**”菜单命令，如图10-85所示。

图10-85

04 执行“**滤镜**”>“**模糊**”>“**高斯模糊**”菜单命令，在弹出的“**高斯模糊**”对话框中设置“半径”为**6.0像素**，如图10-86所示。效果如图10-87所示。

图10-86

图10-87

05 执行“**滤镜**”>“**风格化**”>“**凸出**”菜单命令，在弹出的“**凸出**”对话框中设置“**类型**”为“**块**”，“**大小**”为**4像素**，“**深度**”为**20**，并勾选“**立方体正面**”选项，如图10-88所示。效果如图10-89所示。

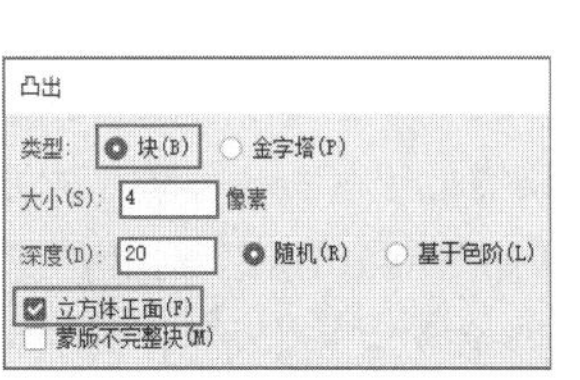
图10-88

图10-89

06 按快捷键**Ctrl+M**打开“**曲线**”对话框，**向上拖曳**曲线，将**画面调亮**一些，如图10-90所示。效果如图10-91所示。

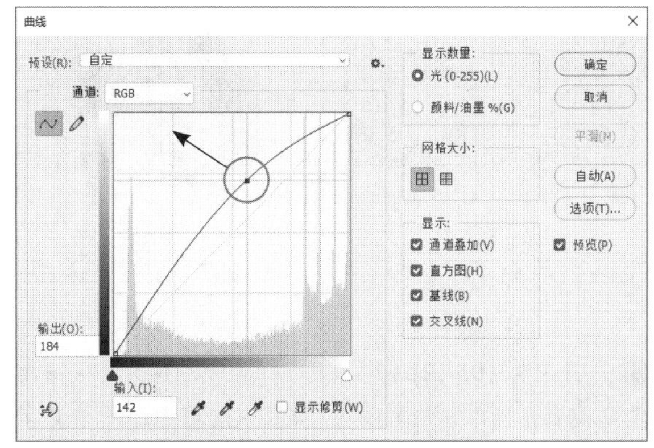
图10-90

图10-91

07 用**黑色**画笔涂抹**智能滤镜的蒙版**，使**背景四周**的凸出效果**弱**一些，如图10-92所示。

图10-92

08 在画面下方**创建一个矩形**，并将其填充为**粉色**(**R:255,G:200,B:212**)，然后为**矩形**添加**投影**效果，参数如图10-93所示。接着**微调**一下**人物**的位置，效果如图10-94所示。

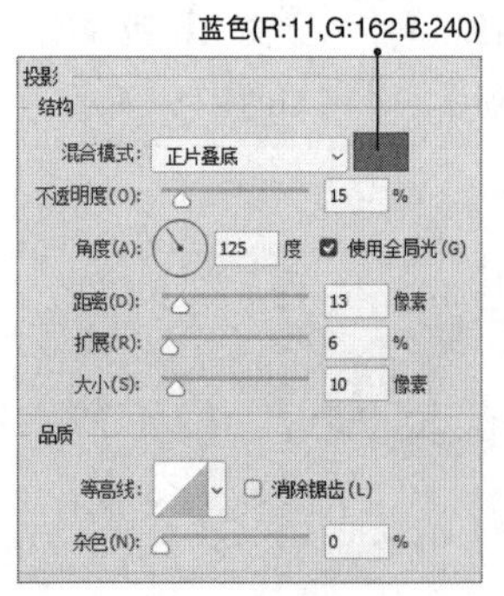

图10-93　　图10-94

09 打开“**素材05-2.psd**”文件，将其中的**英文**和**装饰元素**拖曳到画面中，如图10-95所示。接着添加一些**文字**（读者可以任意设置文字的字体、颜色和字号），效果如图10-96所示。

图10-95　　图10-96

10.3.9 油画

使用“油画”滤镜可以将图像转换为油画，如图10-97所示。执行“滤镜”>“风格化”>“油画”菜单命令，打开“油画”对话框，在其中可以设置油画的笔迹效果及光照效果等，如图10-98所示。

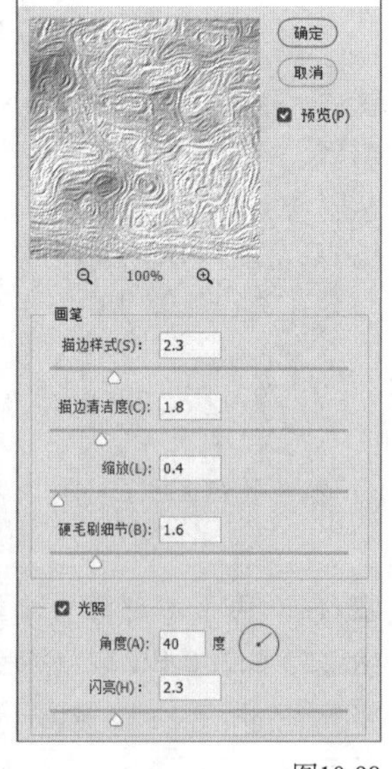

图10-97　　图10-98

10.4 “模糊”滤镜组

使用“模糊”滤镜组中的滤镜可以削弱图像中相邻像素的对比度，使其平滑过渡，从而产生边缘柔和、模糊的效果。

本节重点内容

重点内容	说明
表面模糊	在保留边缘的同时模糊图像
动感模糊	沿指定的方向和指定的距离进行模糊
方框模糊	基于相邻像素的平均颜色值来模糊图像
高斯模糊	在图像中添加低频细节，使图像产生朦胧的模糊效果
径向模糊	模拟缩放或旋转相机时所产生的模糊
镜头模糊	改变景深范围
特殊模糊	精确模糊图像
形状模糊	用设置的形状来创建特殊模糊效果

10.4.1 表面模糊

使用“表面模糊”滤镜可以在保留边缘的同时模糊图像，从而创建特殊效果并消除杂色或颗粒，如图10-99所示。执行“滤镜”>“模糊”>“表面模糊”菜单命令，打开“表面模糊”对话框，在其中可以设置模糊的半径和阈值，如图10-100所示。

表面模糊 100% 半径(R): 50 像素 阈值(T): 50 色阶

图10-99　　图10-100

10.4.2 动感模糊

使用“动感模糊”滤镜可以沿指定的方向和指定的距离进行模糊，所产生的效果类似于在固定的曝光时间内拍摄一个高速运动的对象，如图10-101所示。执行“滤镜”>“模糊”>“动感模糊”菜单命令，打开“动感模糊”对话框，在其中可以设置模糊的角度和距离，如图10-102所示。

图10-101

图10-102

10.4.3 方框模糊

使用“方框模糊”滤镜可以基于相邻像素的平均颜色值来模糊图像，如图10-103所示。执行“滤镜”>“模糊”>“方框模糊”菜单命令，打开“方框模糊”对话框，在其中可以设置模糊的半径，如图10-104所示。“半径”值越大，图像越模糊。

图10-103

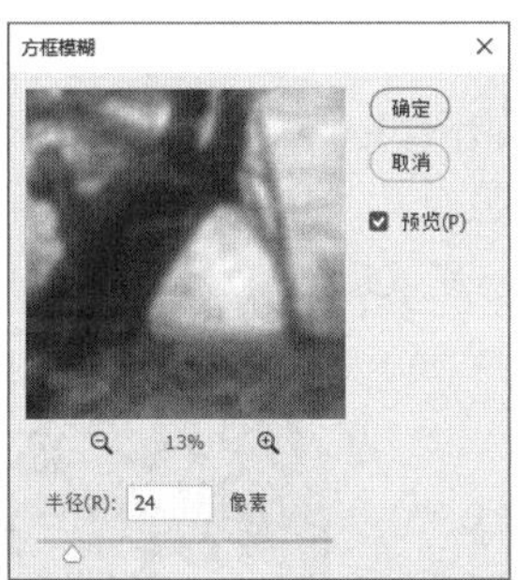

图10-104

10.4.4 高斯模糊

使用“高斯模糊”滤镜可以在图像中添加低频细节，使图像产生朦胧的模糊效果，如图10-105所示。执行“滤镜”>“模糊”>“高斯模糊”菜单命令，打开“高斯模糊”对话框，在其中可以设置模糊的半径，如图10-106所示。

图10-105

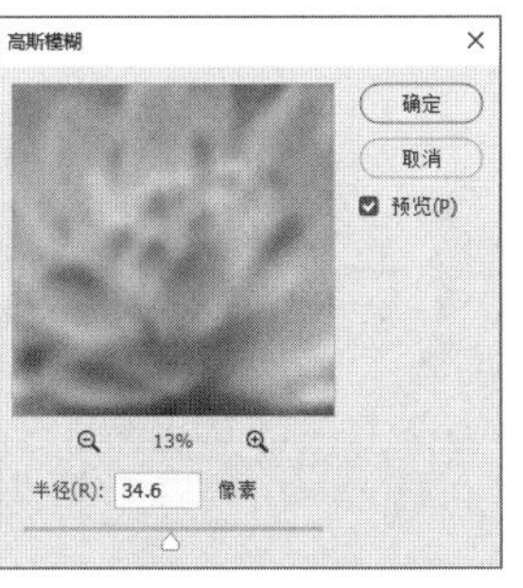

图10-106

技巧与提示

使用“方框模糊”滤镜和“高斯模糊”滤镜都可以使图像整体变得模糊，它们的区别是应用“方框模糊”滤镜的图像边界更清晰；而应用“高斯模糊”滤镜的图像更为柔和，过渡更均匀。

10.4.5 径向模糊

“径向模糊”滤镜用于模拟缩放镜头或旋转相机时产生的一种柔化的模糊效果，如图10-107所示。执行“滤镜”>“模糊”>“径向模糊”菜单命令，打开“径向模糊”对话框，在其中可以设置模糊方法与品质等，拖曳“中心模糊”调整框，可以更改模糊的中心位置，如图10-108所示。

图10-107

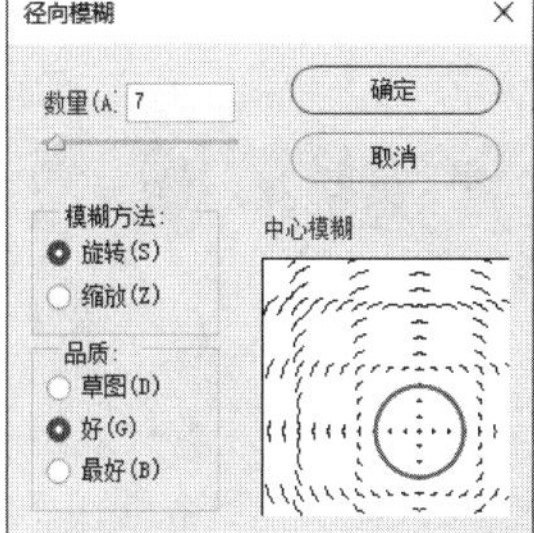

图10-108

10.4.6 镜头模糊

“镜头模糊”滤镜的模糊效果取决于模糊的“源”设置，该滤镜可以用于改变景深范围。如果图像中存在Alpha通道或图层蒙版，如图10-109所示，“镜头模糊”滤镜可以使对象在焦点区域内保持清晰，让其他区域变模糊，如图10-110所示。执行“滤镜”>“模糊”>“镜头模糊”菜单命令，打开“镜头模糊”对话框，在其中可以设置源和模糊焦距等，如图10-111所示。

图10-109

图10-110

技巧与提示

在创建主体选区后，可以执行“选择”>“修改”>“羽化”菜单命令，将主体边缘变得柔和一些。

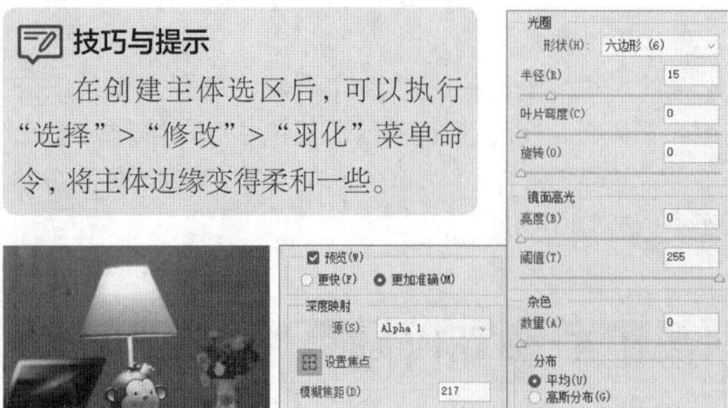

图10-111

10.4.7 特殊模糊

使用“特殊模糊”滤镜不仅可以精确地模糊图像，还可以生成特殊效果，如图10-112所示。执行“滤镜”>“模糊”>“特殊模糊”菜单命令，打开“特殊模糊”对话框，在其中可以设置模糊的半径、阈值和模式等，如图10-113所示。

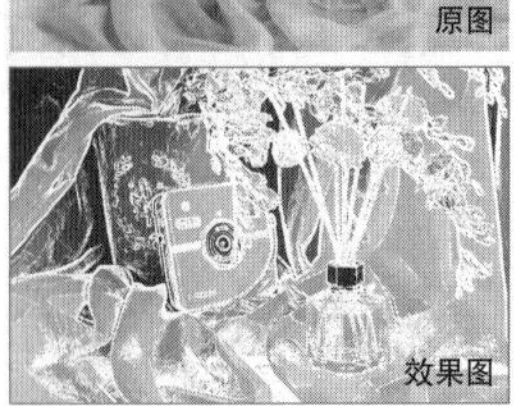

图10-112

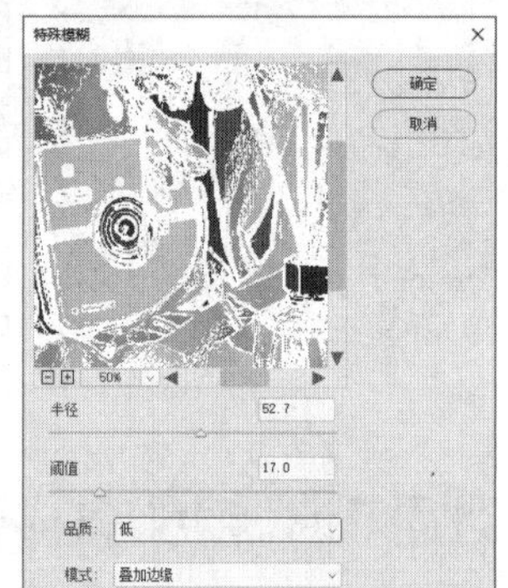

图10-113

10.4.8 形状模糊

“形状模糊”滤镜可以用设置的形状来创建特殊模糊效果，如图10-114所示。执行“滤镜”>“模糊”>“形状模糊”菜单命令，打开“形状模糊”对话框，在其中可以选择一种形状来模糊对象，如图10-115所示。

图10-114

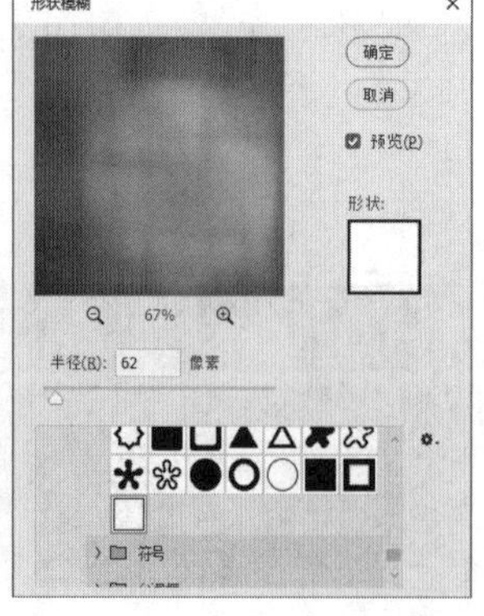

图10-115

10.5 “模糊画廊”滤镜组

“模糊画廊”滤镜组提供了用于处理照片的滤镜，可以模拟出镜头特效。

本节重点内容

重点内容	说明
场景模糊	用一个或多个图钉在图像的不同区域应用模糊效果
光圈模糊	在图像上创建一个圆形的焦点范围，使焦点范围外的图像模糊
移轴模糊	模拟出类似于用移轴摄影技术拍摄的照片效果
路径模糊	得到适应路径形状的模糊效果
旋转模糊	创建一个椭圆形的旋转模糊效果

10.5.1 场景模糊

使用“场景模糊”滤镜可以用一个或多个图钉在图像的不同区域应用模糊效果，并可以调整每一个模糊点的范围和模糊量，如图10-116所示。执行“滤镜”>“模糊画廊”>“场景模糊”菜单命令，图像中央会出现一个图钉，如图10-117所示。将图钉拖曳至食物上，并设置“模糊”为0，如图10-118所示。单击图像可以继续添加图钉，并分别调整“模糊”值，如图10-119所示。

图10-116

图10-117

图10-118

图10-119

技巧与提示

在添加图钉之后，拖曳图钉可以将其移动。如果要删除图钉，可以在选中图钉后按Delete键。在“效果”面板中，可以设置“光源散景”“散景颜色”“光照范围”，如图10-120所示。在“杂色”面板中，可以为画面添加杂色，如图10-121所示。

图10-120

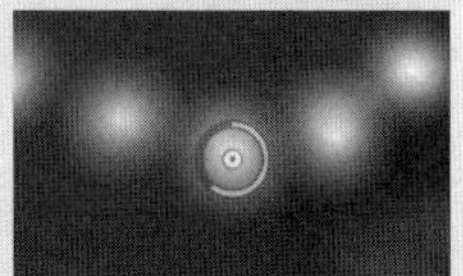

图10-121

10.5.2 光圈模糊

使用“光圈模糊”滤镜可以在图像上创建一个椭圆形的焦点范围，处于焦点范围内的图像保持清晰，而焦点范围外的图像模糊，效果如图10-122所示。执行“滤镜”>“模糊画廊”>“光圈模糊”菜单命令，图像上会出现一个变换框，可以对其进行缩放和旋转操作，变换框内的4个点用于控制模糊效果离变换框中心的距离，效果如图10-123所示。

图10-122

图10-123

10.5.3 移轴模糊

使用“移轴模糊”滤镜可以模拟出类似于用移轴摄影技术拍摄的照片效果，如图10-124所示。执行“滤镜”>“模糊画廊”>“移轴模糊”菜单命令，图像上会出现一个多线条的矩形变换框，效果如图10-125所示。调整线条的角度、距离，可以调整图像的模糊范围和方向，效果如图10-126所示。

图10-124

图10-125

图10-126

10.5.4 路径模糊

使用“路径模糊”滤镜可以在图像中添加图钉，继续添加图钉可以绘制路径，设置相关参数后可以得到适应路径形状的模糊效果，如图10-127所示。执行“滤镜”>“模糊画廊”>“路径模糊”菜单命令，在图像中绘制任意路径，将根据路径形状生成模糊效果，如图10-128所示。

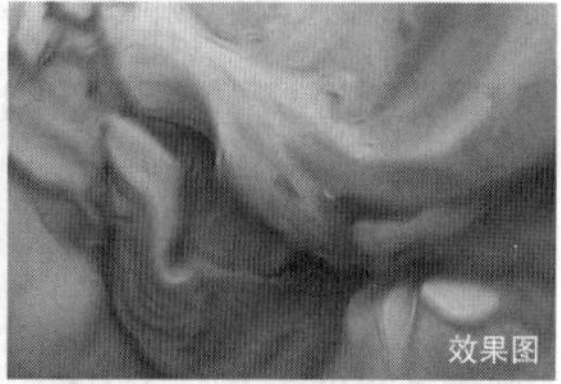

图10-127

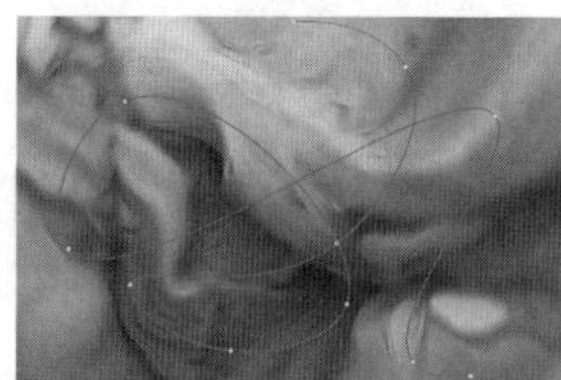

图10-128

10.5.5 旋转模糊

使用“旋转模糊”滤镜可以在图像中创建一个椭圆形的旋转模糊效果，如图10-129所示。执行“滤镜”>“模糊画廊”>“旋转模糊”菜单命令，图像中会出现一个焦点范围变换框，移动或缩放这个变换框，可以得到不同的模糊效果，如图10-130所示。

图10-129

图10-130

10.6 “扭曲”滤镜组

使用“扭曲”滤镜组中的滤镜可以对图像进行几何扭曲，还可以创建3D效果或其他变形效果。在处理图像时，应用这些滤镜可能会占用大量内存。

本节重点内容

重点内容	说明
波浪	创建类似于波浪起伏的效果
波纹	创建类似于波纹的效果
极坐标	将图像在直角坐标系和极坐标系之间转换
挤压	将选区内的图像或整个图像向外或向内挤压
切变	沿一条曲线扭曲图像
球面化	将选区内的图像或整个图像扭曲为球面
水波	生成较为真实的水波效果
旋转扭曲	顺时针或逆时针旋转图像
置换	用其他图像的亮度值重新排列当前图像的像素

10.6.1 波浪

使用“波浪”滤镜可以创建类似于波浪起伏的效果，如图10-131所示。执行“滤镜”>“扭曲”>“波浪”菜单命令，打开“波浪”对话框，在其中可以设置波浪的强度（即“生成器数”）和波长等，如图10-132所示。

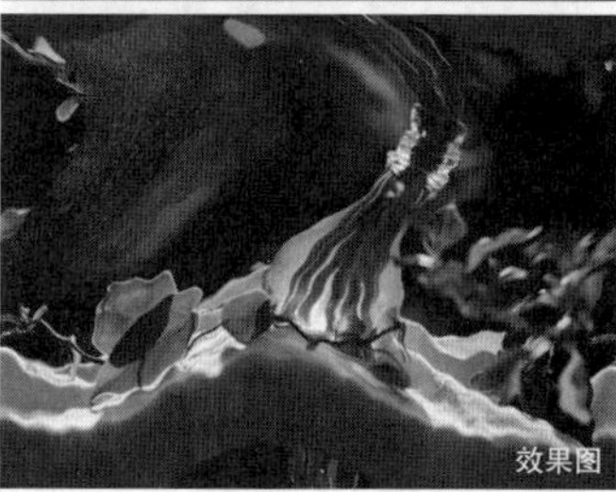

图10-131

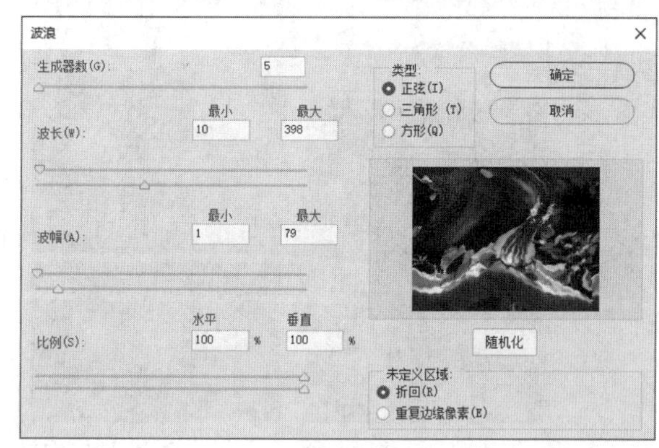

图10-132

10.6.2 波纹

“波纹”滤镜与“波浪”滤镜类似，用于单独为河面添加波纹的效果，如图10-133所示。执行“滤镜”>“扭曲”>“波纹”菜单命令，打开“波纹”对话框，在其中可以设置波纹的数量和大小，如图10-134所示。

图10-133

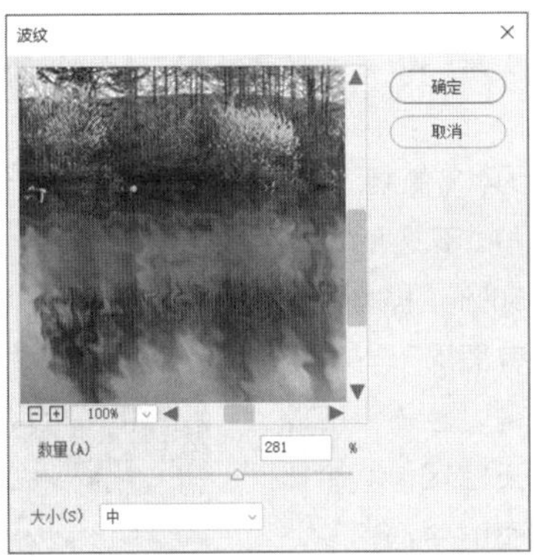

图10-134

10.6.3 极坐标

使用“极坐标”滤镜可以将图像从直角坐标系转换到极坐标系，或者从极坐标系转换到直角坐标系，如图10-135所示。

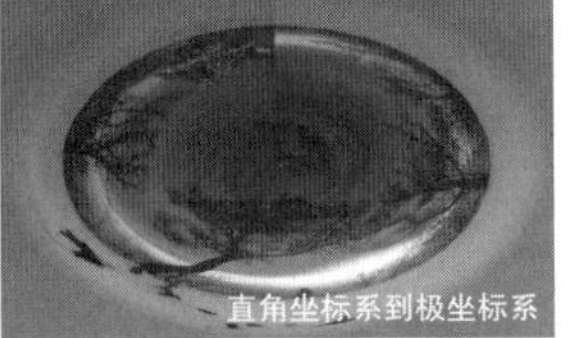

图10-135

10.6.4 挤压

使用“挤压”滤镜可以将图像向内或向外挤压，效果如图10-136所示。

图10-136

10.6.5 切变

使用“切变”滤镜可以沿一条曲线扭曲图像，效果如图10-137所示。执行“滤镜”>“扭曲”>“切变”菜单命令，打开“切变”对话框，调整曲线的形状就可以控制图像的变形效果，如图10-138所示。

图10-137

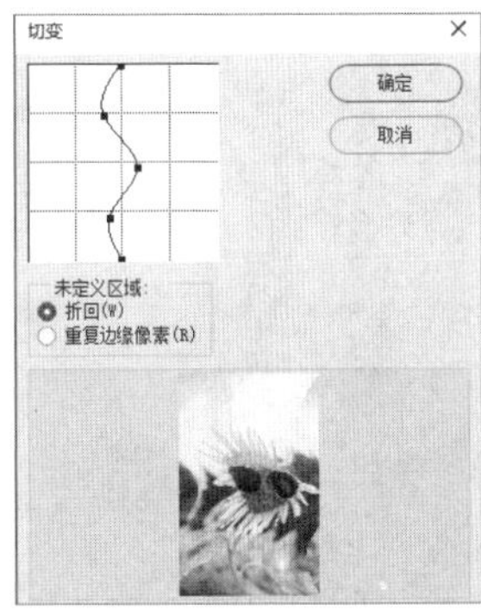

图10-138

课堂案例

制作立体星球

素材文件　素材文件>CH10>素材06.jpg
实例文件　实例文件>CH10>制作立体星球.psd
视频名称　制作立体星球.mp4
学习目标　掌握“切变”滤镜和“极坐标”滤镜的使用方法

本例将使用“**切变**”滤镜和“**极坐标**”滤镜制作立体星球，效果如图10-139所示。

图10-139

01 按快捷键**Ctrl+O**打开本书学习资源文件夹中的“**素材文件**”>“**CH10**”>“**素材06.jpg**”文件，如图10-140所示。按快捷键**Ctrl+J**复制图层。

图10-140

02 执行“**滤镜**”>“**扭曲**”>“**切变**”菜单命令，打开“**切变**”对话框，**向右拖曳**调整框中线段的**端点**，如图10-141所示。按**Enter键**确认操作。

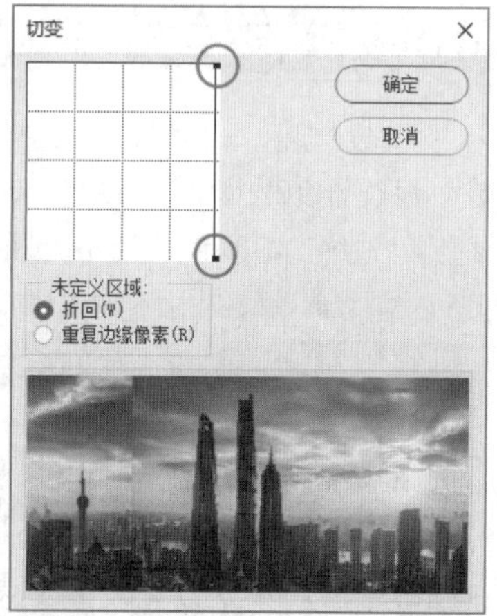

图10-141

03 选择“**仿制图章工具**”，在选项栏中设置笔尖“**大小**”为**400像素**，“**流量**”和“**不透明度**”为**50%**，“**样本**”为“**所有图层**”。按住**Alt键**，定义仿制源为**天空区域**，涂抹画面的**中心**区域，使其**过渡均匀**，效果如图10-142所示。

图10-142

04 使用“**矩形选框工具**”在画面下方创建选区，按快捷键**Ctrl+J**复制选区内容，如图10-143所示。然后执行“**滤镜**”>“**模糊**”>“**高斯模糊**”菜单命令，设置“**半径**”为**50.0像素**，效果如图10-144所示。

图10-143

图10-144

05 按快捷键Ctrl+T使模糊的范围**变大**一些，并**向下**拖曳，如图10-145所示。用同样的方法在**画面上方**也添加一些**模糊**效果，如图10-146所示。

图10-145

图10-146

06 按快捷键Ctrl+Shift+Alt+E盖印可见图层，然后选择“**裁剪工具**”，设置裁剪的**比例**为“**1：1(方形)**”，并**取消**勾选“**删除裁剪的像素**”选项，如图10-147所示。

图10-147

07 按快捷键Ctrl+T将图像整体**压缩为画布大小**，如图10-148所示，然后将图像**垂直翻转**，如图10-149所示。

图10-148

图10-149

08 执行“**滤镜**”>“**扭曲**”>“**极坐标**”菜单命令，选择“**平面坐标到极坐标**”选项，如图10-150所示。效果如图10-151所示。

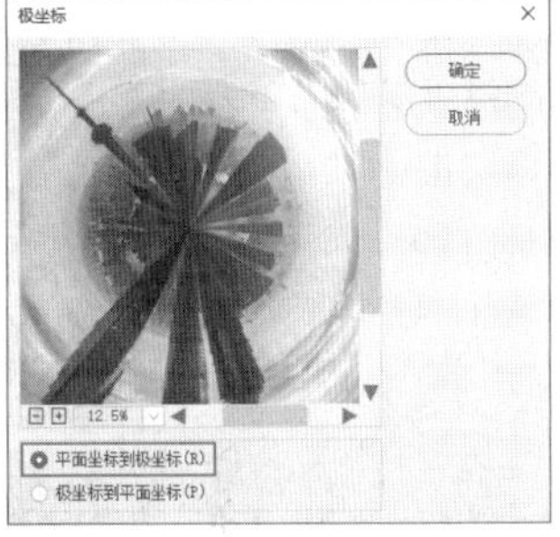

图10-150

图10-151

10.6.6 球面化

使用“球面化”滤镜可以将图像向内或向外扭曲为球面，如图10-152所示。

图10-152

10.6.7 水波

使用“水波”滤镜可以生成较为真实的水波效果，如图10-153所示。执行“滤镜”>“扭曲”>“水波”菜单命令，打开“水波”对话框，在其中可以设置波纹的数量、起伏和样式，如图10-154所示。

图10-153

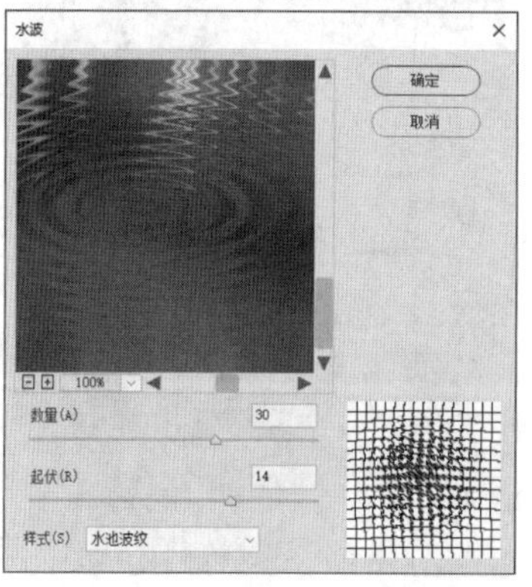

图10-154

10.6.8 旋转扭曲

使用“旋转扭曲”滤镜可以顺时针或逆时针旋转扭曲图像，旋转会围绕图像的中心进行，如图10-155所示。

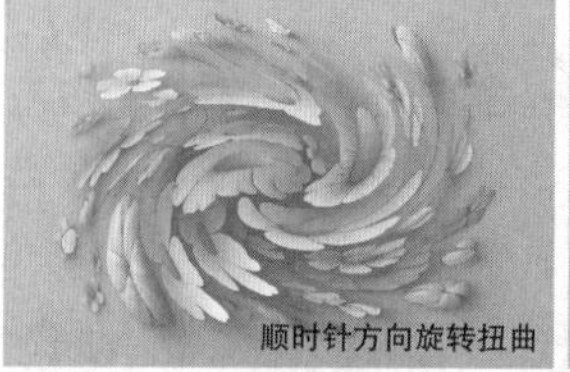

图10-155

10.6.9 置换

使用“置换”滤镜可以用其他图像（PSD格式）的亮度值重新排列当前图像的像素，使其产生位移效果，如图10-156所示。执行“滤镜”>“扭曲”>“置换”菜单命令，打开“置换”对话框，如图10-157所示，在其中可以设置在水平和垂直方向上移动的距离以及置换方式。确认操作后，打开一个PSD格式的图像，如图10-158所示。置换后的效果就是按照这个PSD格式的图像的亮度值重新排列的。

图10-156

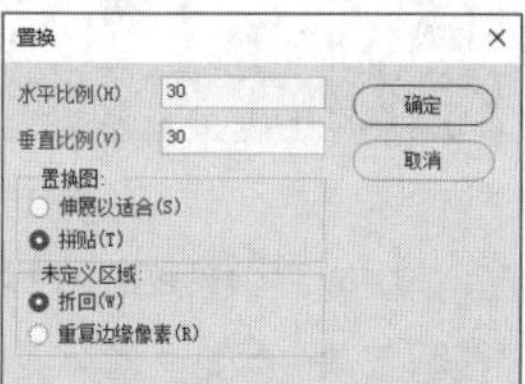

图10-157

图10-158

10.7 本章小结与评价

本章主要讲解了滤镜的运用方法和各种滤镜的应用效果。读者可通过图10-159所示的思维导图梳理知识脉络，并结合表10-1进行自测，查找学习的薄弱环节，从而更好地掌握本章的知识点。

图10-159

自我测评表

表10-1

评价内容	评价标准	掌握程度	自我总结
滤镜与滤镜库	能够使用滤镜库对一个图像应用一个或多个滤镜		
	能够掌握滤镜的使用原则和技巧		
	能够掌握智能滤镜的使用方法		
特殊滤镜	能够使用“自适应广角”滤镜拉直弯曲对象		
	能够使用“镜头校正”滤镜修复常见的镜头瑕疵		
	能够使用“液化”滤镜对图像进行推拉、旋转、扭曲和收缩等变形操作		
	能够使用“消失点”滤镜在包含透视平面的图像中校正透视		
“风格化”滤镜组	能够使用“风格化”滤镜组中的滤镜添加多种风格化效果		
“模糊”滤镜组	能够使用“模糊”滤镜组中的滤镜添加多种模糊效果		
“模糊画廊”滤镜组	能够使用“场景模糊”滤镜在图像的不同区域应用模糊效果		
	能够使用“光圈模糊”滤镜在图像上创建一个椭圆形的焦点范围，焦点范围外的图像会被模糊		
	能够使用“移轴模糊”滤镜模拟出类似于用移轴摄影技术拍摄的照片效果		
	能够使用“路径模糊”滤镜得到适应路径形状的模糊效果		
	能够使用“旋转模糊”滤镜创建一个椭圆形的旋转模糊效果		
“扭曲”滤镜组	能够使用“扭曲”滤镜组中的滤镜为图像创建几何扭曲效果、3D效果或其他变形效果		

10.8 课后习题

根据本章的内容，本节共安排了3个课后习题供读者练习，以帮助读者对本章的知识进行综合运用。

课后习题：制作插画效果

素材文件	素材文件>CH10>素材07.jpg
实例文件	实例文件>CH10>制作插画效果.psd
视频名称	制作插画效果.mp4
学习目标	掌握使用滤镜库添加滤镜的方法

本习题主要要求读者对**滤镜库**的使用进行练习，效果如图10-160所示。

图10-160

课后习题：调整面部表情

素材文件	素材文件>CH10>素材08.jpg
实例文件	实例文件>CH10>调整面部表情.psd
视频名称	调整面部表情.mp4
学习目标	掌握“液化”滤镜的使用方法

本习题主要要求读者对“**液化**”滤镜的使用进行练习，效果如图10-161所示。

图10-161

课后习题：为布料添加褶皱

素材文件	素材文件>CH10>素材09-1.jpg、素材09-2.psd
实例文件	实例文件>CH10>为布料添加褶皱.psd
视频名称	为布料添加褶皱.mp4
学习目标	掌握“置换”滤镜的使用方法

本习题主要要求读者对“**置换**”滤镜的使用进行练习，效果如图10-162所示。

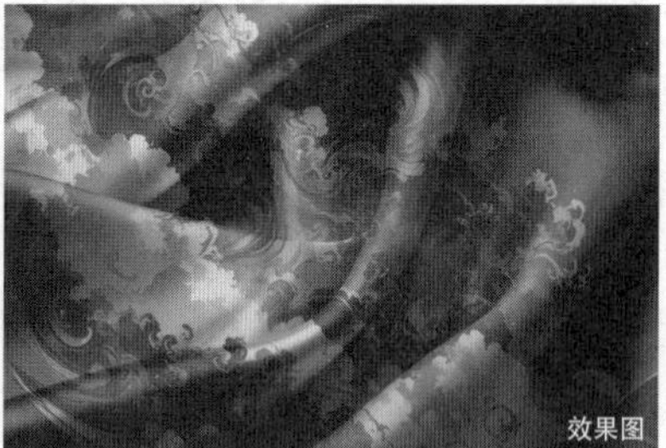

图10-162

第 11 章

AI辅助设计

本章主要介绍 Firefly 和文心一格的主要功能，以及使用 AI 辅助设计的方法。AI 可为画师和设计师提供更多的灵感，辅助他们制作出创意十足的作品。

课堂学习目标

◇ 了解AIGC技术与Firefly
◇ 了解文字生成图像功能
◇ 了解生成式填充（预览）功能
◇ 了解文心一格及其功能
◇ 掌握文生图功能的使用方法
◇ 掌握图生图功能的使用方法
◇ 掌握商品图功能的使用方法
◇ 掌握艺术字功能的使用方法
◇ 掌握海报功能的使用方法
◇ 掌握使用AI辅助设计的方法

11.1 Adobe Firefly

Adobe Firefly（简称Firefly）是Adobe公司推出的一款基于人工智能（Artificial Intelligence，AI）的图像生成工具，其功能通过独立的网页进行呈现。使用Firefly，设计师和创意工作者能够快速地创建出各种精美的、高质量的图像，并且不需要进行复杂的手动操作。

11.1.1 AIGC技术与Firefly

AIGC即人工智能生成内容（Artificial Intelligence Generated Content），该技术的核心是大数据分析和人工智能技术，能够通过对大量数据的学习和分析来自动生成各种形式的内容，例如文章、图像、音频和视频等。Firefly是AIGC在图像生成领域的应用之一，将把由AIGC驱动的“创意元素”直接带入工作流中，提高创作者的创作表达能力和生产力。

进入Adobe Firefly官网并登录Adobe账户，就可以开始使用Firefly了。Firefly首页如图11-1所示，单击对应的模块即可进入相应的页面。随着Firefly的更新迭代，读者在打开网页时显示的内容可能会和本书有差别。

图11-1

11.1.2 文字生成图像

使用Firefly的文字生成图像功能可以通过提示词生成图像。进入该功能的页面，其中的图像都是用提示词生成的，如图11-2所示。将鼠标指针放到图像上，会出现生成该图像的提示词，如图11-3所示。单击图像会进入生成该图像的操作页面，其中包括生成这张图像的提示词与相关参数，如图11-4所示，这些内容可供我们参考和学习。

图11-2

图11-3

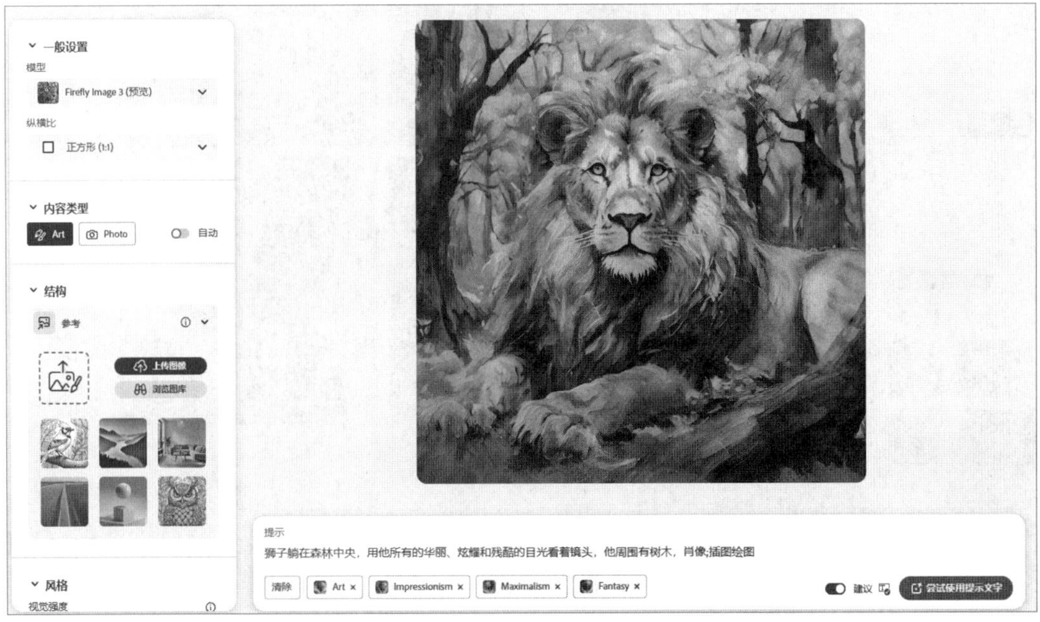

图11-4

如果想自己进行创作，可在页面下方的输入框中输入提示词。例如，输入提示词“一只可爱的小猫和一朵小雏菊”，单击“生成”按钮，即可按生成上述图像的参数来生成类似的图像，如图11-5所示。也可以去掉原有风格的标签，生成其他风格的图像，如图11-6所示。此外，还可以调整生成图像的宽高比、样式、色彩和灯光等。

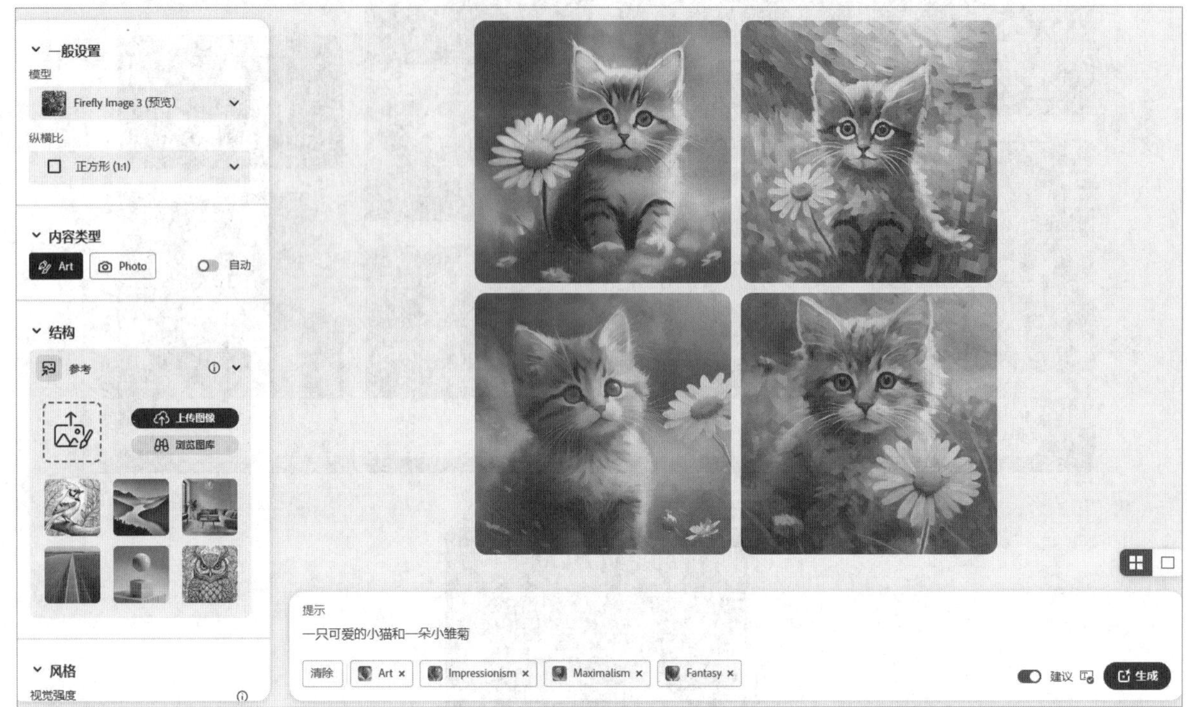

图11-5

图11-6

11.1.3 生成式填充（预览）

使用生成式填充（预览）功能可以扩展图像并使用画笔删除对象，或者根据提示词的描述生成新的图像，新的图像由叠加原始图像生成，而不是用传统形式提取现有图像的各个部分进行生成。进入该功能的操作页面，如图11-7所示，可以将需要修改的本地图像拖曳到页面中，也可以单击演示图像进入修改图像的页面，如图11-8所示。

图11-7

图11-8

在页面中可以加入、去除或更换图像中的内容。例如，涂抹部分海洋背景，如图11-9所示，然后输入提示词“漂浮的水母”，单击“产生”按钮，即可根据提示词生成新的图像，如图11-10所示。

图11-9

图11-10

单击“保持”按钮，即可保持生成的图像。选择“扩张”选项，即可拖曳裁剪框，如图11-11所示。单击“产生”按钮，即可扩展图像，如图11-12所示。

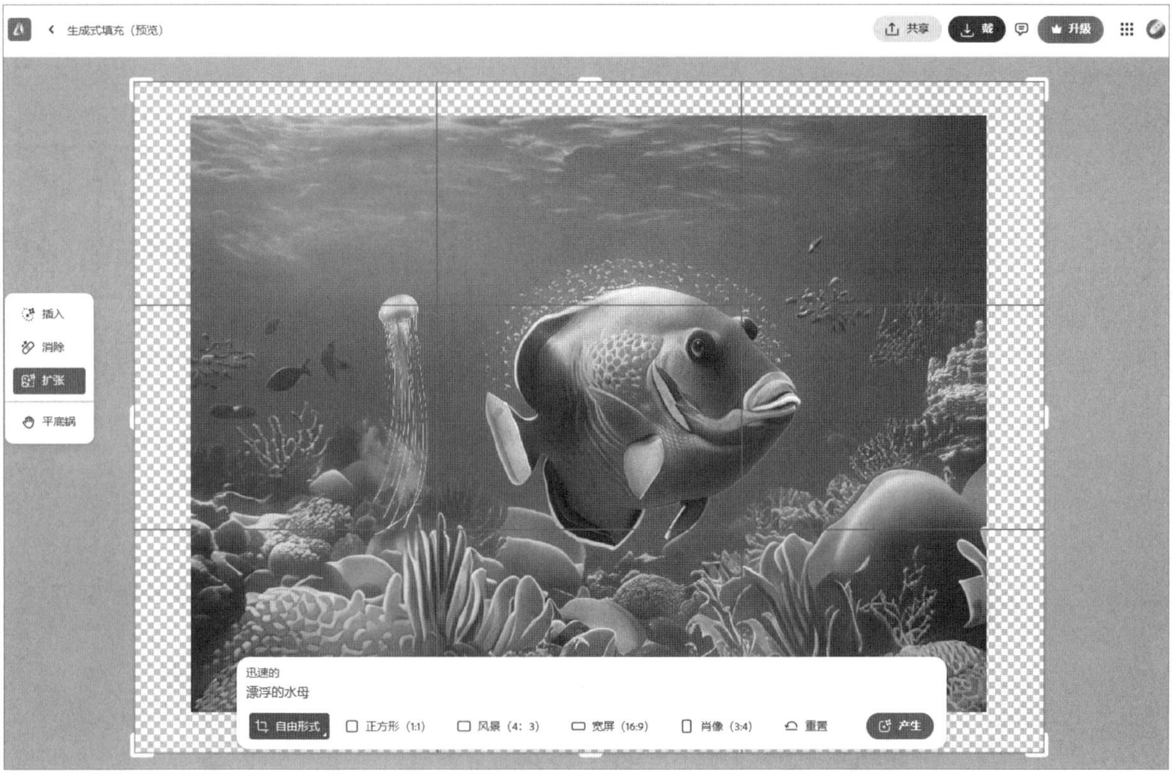

图11-11

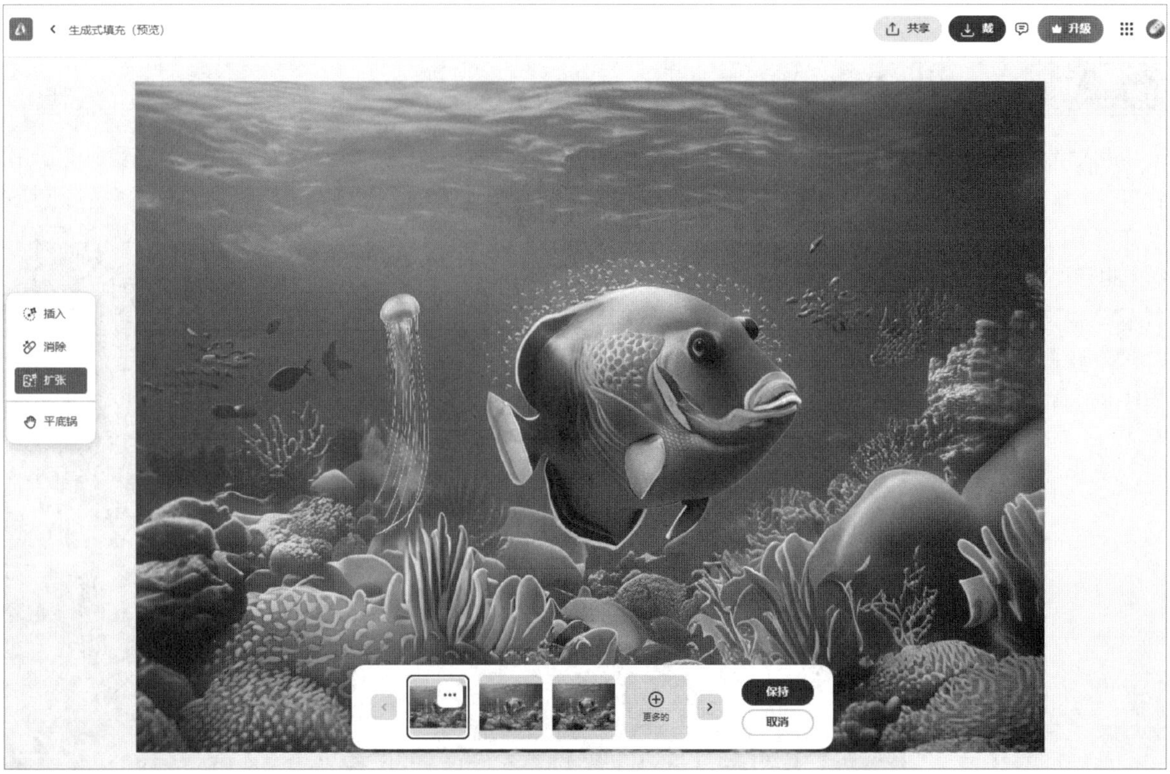

图11-12

11.2 文心一格

文心一格是百度依托飞桨、文心大模型的技术创新推出的AI作画产品，只需用户输入文字描述（提示词），该产品就能根据输入的内容快速地生成各种风格的精美画作，由此给画师、设计师等创作者提供灵感，辅助设计与艺术创作。进入文心一格官网并登录账户，就可以开始使用文心一格了。文心一格的首页如图11-13所示，随着文心一格的更新迭代，读者在打开网页时显示的内容可能会有差别。在文心一格首页单击"AI创作"或右下角的图标即可进入操作页面。

图11-13

11.2.1 文生图

进入"AI创作"页面，如图11-14所示。在左侧的文本框中可以输入描述的提示词，然后在其下方设置图像的风格、比例等，生成的图像会出现在页面的右侧。例如输入提示词"海洋日落与行人"，然后单击"立即生成"按钮，结果如图11-15所示。

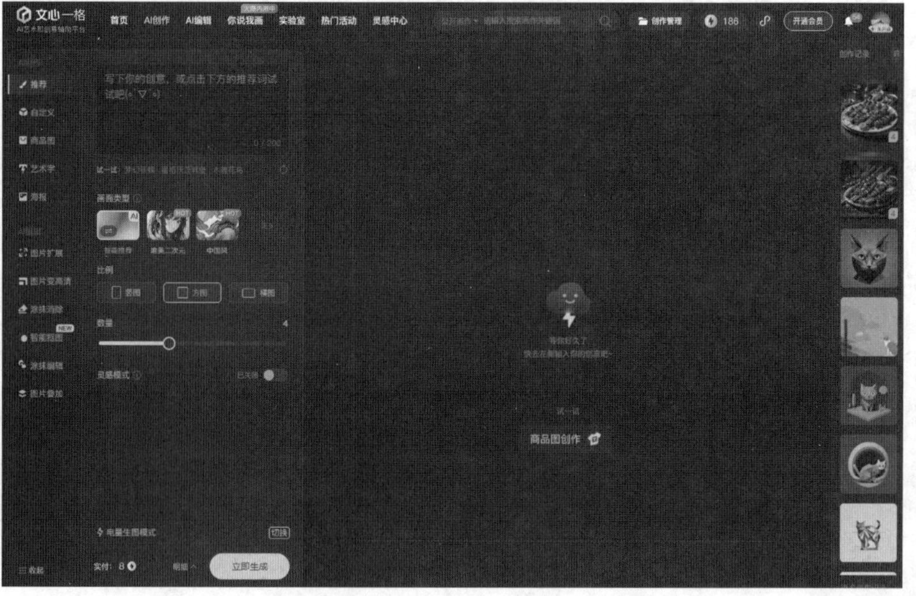

图11-14

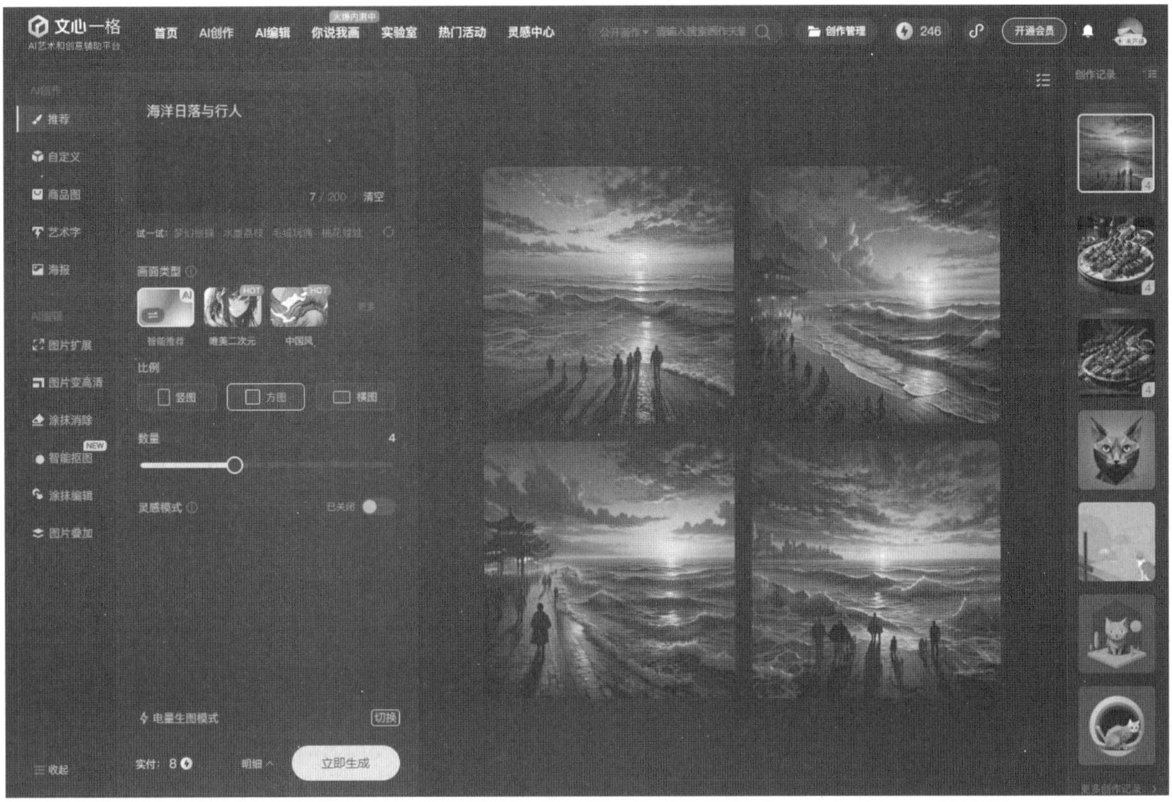

图11-15

在页面左侧可以设置绘画的风格，单击“更多”按钮会显示全部风格，如图11-16所示。在不改变提示词的情况下，选择“中国风”选项，生成的效果如图11-17所示；选择“超现实主义”选项，生成的效果如图11-18所示。可以进行多种风格的尝试，以得到预期效果。

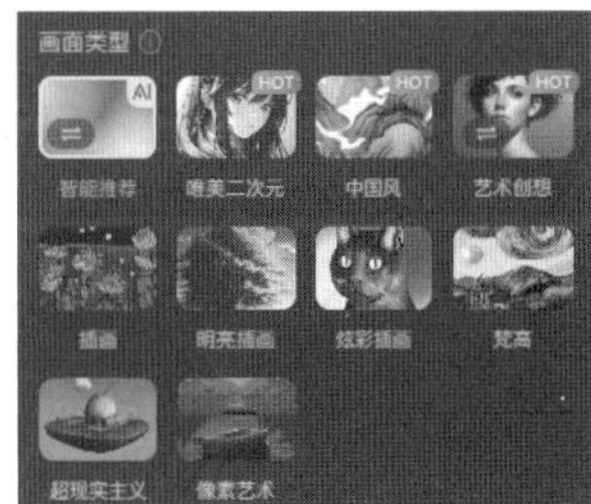

图11-16

图11-17

图11-18

知识点：提示词的优化

除了选择合适的绘画风格，还可以通过优化提示词来获得更好的绘画效果。一般可以将提示词的描述方式概括为“画面主体+细节词+风格修饰词”，下面提供一些常用的提示词。

图像类型： 古风、二次元、写实照片、油画、水彩画、油墨画、水墨画、黑白雕版画、雕塑、3D模型、手绘草图、炭笔画、极简线条画、浮世绘、电影质感、机械感。

图像构图： 中心构图、水平线构图、纵深、渐次式、三分构图法、框架构图、引导线构图、视点构图、散点式构图、超广角、黄金分割构图、错视构图、抽象构图。

艺术流派： 现实主义、印象派、野兽派、新艺术、表现主义、立体主义、抽象主义、至上主义、超现实主义、行动画派、波普艺术、极简主义。

插画风格： 扁平风格、渐变风格、矢量插画、2.5D风格插画、涂鸦白描风格、森系风格、治愈系风格、水彩风格、暗黑风格、绘本风格、噪点肌理风格、MBE风格、轻拟物风格、等距视角风格。

个性风格： 赛博朋克、概念艺术、蒸汽波艺术、Low Poly（低多边形）、像素风格、极光风格、宫崎骏风格、吉卜力风格、幻象之城风格、苔藓微景观、新浪潮风格。

人像增强： 精致面容、五官精致、毛发细节、少年感、蓝眼睛、超细腻、比例正确、妆容华丽、厚涂风格、虹膜增强。

摄影图像： 舞台灯光、环境光照、体积照明、电影效果、氛围光、丁达尔效应、暗色调、动态模糊、长曝光、颗粒图像、浅景深、微距摄影、逆光、抽象微距镜头、仰拍、软焦点。

图像细节： 纹理清晰、层次感、物理细节、高反差、光圈晕染、轮廓光、立体感、空间感、锐化、色阶、低饱和度、cg渲染、局部特写。

还可以通过创作者分享的优秀画作积累提示词。在文心一格首页，将鼠标指针放到示例画作上，会显示相关的提示词，如图11-19所示。

图11-19

此外，还可以设置绘画的比例，包含“竖图”“方图”“横图”3种比例，如图11-20所示，默认生成的效果为“方图”。在“比例”的下方还可以调整生成图像的数量，默认为4，如图11-21所示。目前，最多可以调整为一次生成9张图像。

图11-20

图11-21

技巧与提示

生成不同数量的图像会消耗不同的“电量”。目前，生成一张图像会消耗2电量，默认生成4张图像就会消耗8电量，以此类推。电量是文心一格为创作者提供的类似“金币”的东西，用于支付、兑换文心一格的图像生成服务和其他增值服务等。通过签到或充值等方式可以获取电量。

课堂案例

制作科技海报

素材文件	素材文件>CH11>素材01.png
实例文件	实例文件>CH11>制作科技海报.psd
视频名称	制作科技海报.mp4
学习目标	掌握使用AI辅助设计海报的方法

本例将使用**文心一格**生成创意图像并制作**科技海报**，效果如图11-22所示。

图11-22

01 进入**文心一格**官网并登录账户。选择“**AI创作**”，然后在左侧的**文本框**中输入提示词“**蓝色全息投影，虚拟城市，金融属性，科技蓝，科幻数据**”，接着设置“**比例**”为“**竖图**”，“**数量**”为**4**，生成的效果如图11-23所示。

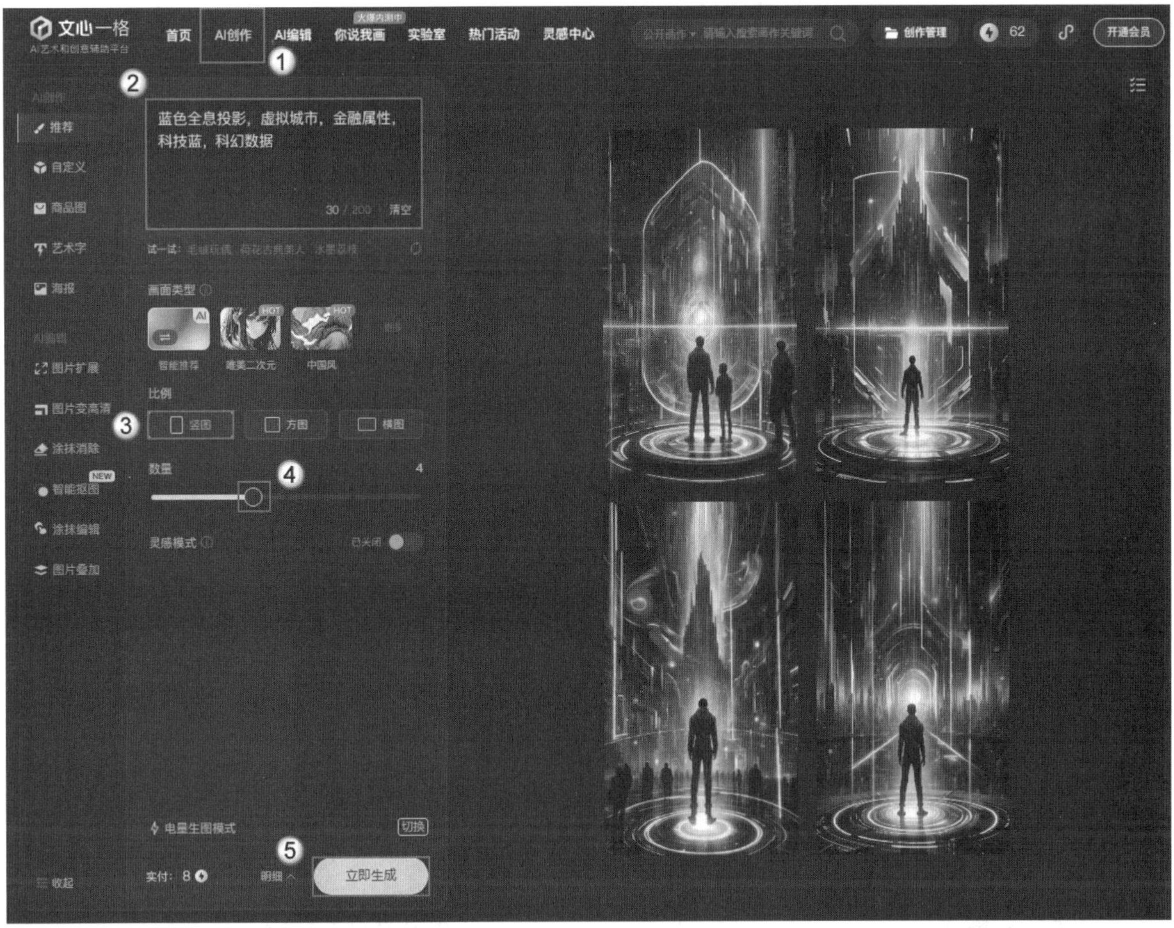

图11-23

02 在生成的图像中选择**合适**的图像，然后单击图像右侧的“**下载**”按钮下载图像，如图11-24所示。

图11-24

技巧与提示

使用AI生成图像有很大的随机性，即使是相同的提示词，生成的效果也可能会有很大差距。读者可以多次调整提示词以生成更好的效果。本案例生成的图像位于本案例实例文件所在的文件夹中。

03 打开Photoshop，按快捷键**Ctrl+N**打开“**新建文档**”对话框，双击“**移动设备**”选项卡下的**iPhone 8/7/6 plus**模板，创建一个**1242像素× 2208像素**的画布，然后将**上一步下载的图像**拖曳到画布中，如图11-25所示。

图11-25

04 单击“**创建新图层**”按钮⊞，新建一个**空白**图层，然后使用“**吸管工具**”选取一个**较深的蓝色**（不需要很精确），如图11-26所示，接着使用笔尖为“**柔边圆**”的“**画笔工具**”涂抹图像的**四角**，如图11-27所示，再设置这个图层的**混合模式**为“**正片叠底**”，效果如图11-28所示。

图11-26

图11-27

图11-28

05 选择“**横排文字工具**”T，然后输入“**科技领航 智造未来**”作为标题，接着设置字体为“**庞门正道标题体3.0**”，文字大小为**224点**，其余参数如图11-29所示。效果如图11-30所示。

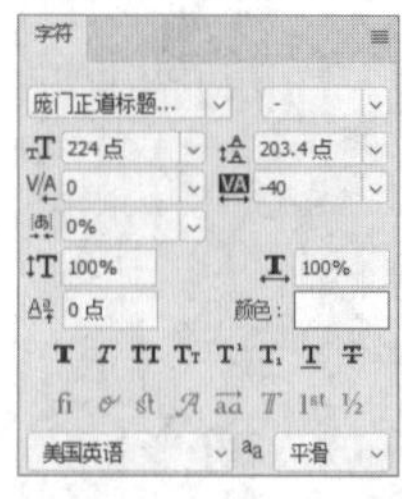

图11-29

图11-30

06 新建图层，然后使用**较深的蓝色**（使用“**吸管工具**”吸取即可）涂抹每个文字的右侧，然后将该图层设置为**文字图层**的**剪贴蒙版**，制作出**阴影效果**，如图11-31所示。

图11-31

07 使用“**矩形工具**”绘制一个尺寸为**640像素×84像素**的**蓝色(R:17,G:212,B:249)矩形**，然后将其置于**标题的下方**，接着设置**混合模式**为“**柔光**”，效果如图11-32所示。双击“**矩形1**”图层，打开“**图层样式**”对话框，为其添加一个**渐变的“描边”**样式，各选项的设置如图11-33所示。效果如图11-34所示。

图11-32

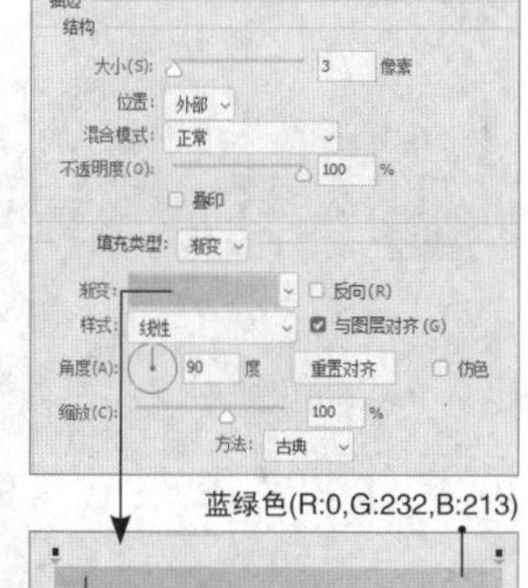

图11-33

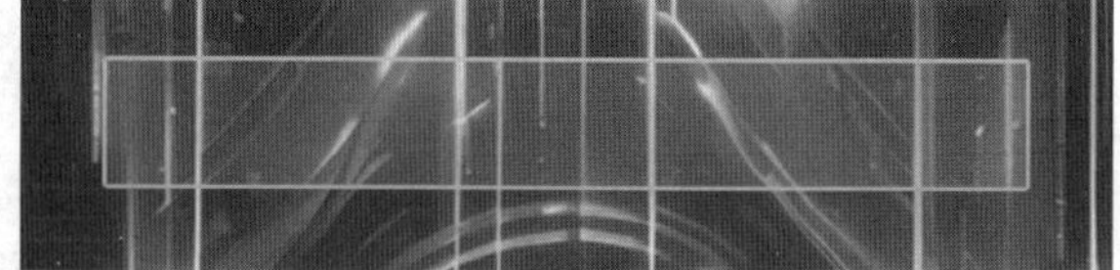

图11-34

08 在画面中**输入文案**，并加入**Logo**和**装饰图形**，效果如图11-35所示。

图11-35

课堂练习

制作艺术日签

素材文件 素材文件>CH11>素材02.psd

实例文件 实例文件>CH11>制作艺术日签.psd

视频名称 制作艺术日签.mp4

学习目标 掌握使用AI辅助设计日签的方法

本练习的目标是使用**文心一格**生成创意图像并制作**艺术日签**，生成图像使用的提示词为“**艺术，绘画，缤纷，生活的调色板**”，效果如图11-36所示。

图11-36

11.2.2 图生图

在文心一格中切换到“自定义”选项卡，可以通过上传一张参考图来生成图像。在其中不仅可以选择绘画风格与绘画尺寸，还可以添加与“画面风格”“修饰词”“艺术家”“不希望出现的内容”相关的提示词，如图11-37所示。

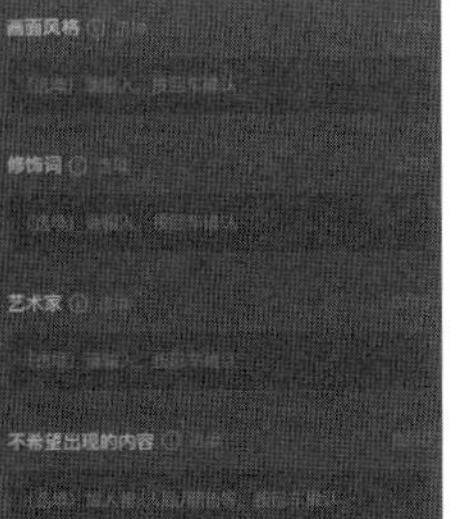

图11-37

上传一张海边日落的图片，然后输入提示词“海洋日落与行人”，如图11-38所示。生成的效果如图11-39所示。

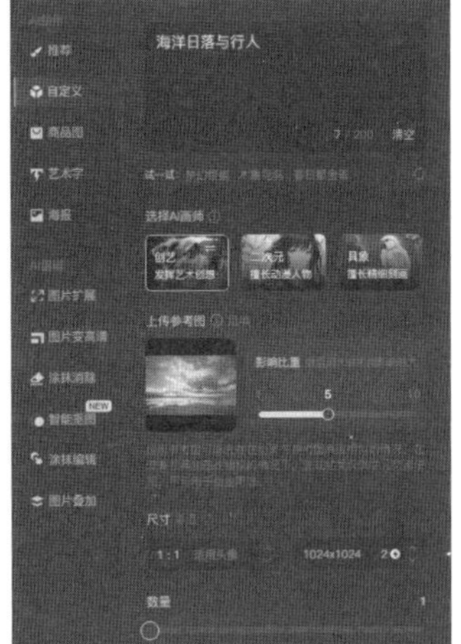

图11-38

图11-39

11.2.3 商品图

切换到“商品图”选项卡，可以上传一张图片或者从“我的作品”及“模板库”中选择一张图像作为商品图，然后使用模板或者自定义生成商品图，如图11-40所示。

图11-40

上传一张商品图，然后选择出商品区域，接着单击下方的“确定”，如图11-41所示。再适当调整商品的大小和位置，如图11-42所示。在界面左侧选择场景的模板或者进行自定义，即可生成商品图。例如，选择“简约白”模板，生成的效果如图11-43所示。

图11-41

图11-42

图11-43

11.2.4 艺术字

切换到“艺术字”选项卡，在其中可以输入需要设计的汉字或字母，然后设置字体布局和比例，如图11-44所示，接着就可以根据提示词生成艺术字效果。

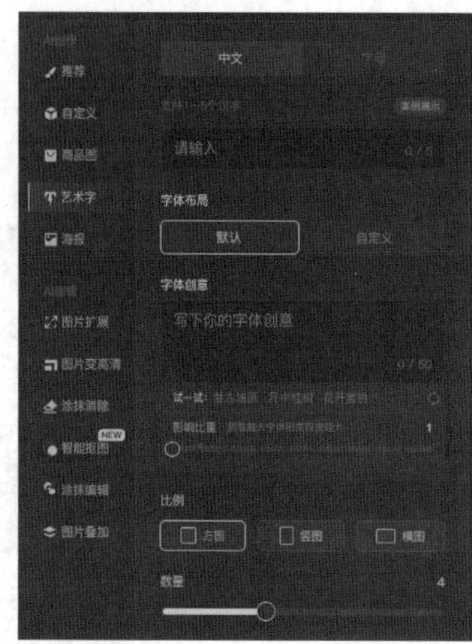
图11-44

在输入框中输入汉字“冬”，然后选择“默认”布局，接着在“字体创意”中输入提示词“冬天，冰雕，冰灯，雪”，如图11-45所示。生成的效果如图11-46所示。

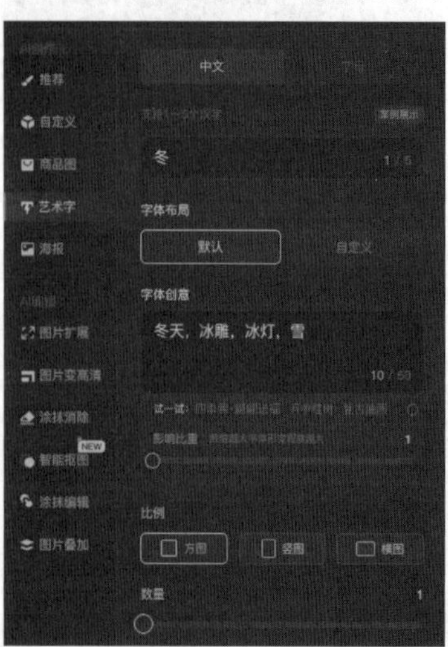
图11-45

图11-46

11.2.5 海报

切换到“海报”选项卡，在其中可以设置海报的“排版布局”，还可以分别输入“海报主体”和“海报背景”的提示词，如图11-47所示。

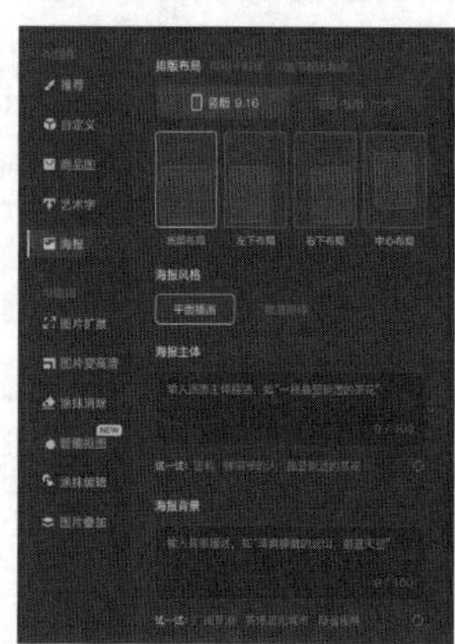
图11-47

选择“横版16：9”中的“底部布局”，然后在“海报主体”中输入提示词“荷花，水彩，清新唯美”，接着在“海报背景”中输入提示词“池塘，虚化”，如图11-48所示。生成的效果如图11-49所示。下载图片后，可以使用Photoshop或Illustrator等软件对其进行编辑、排版，如图11-50所示。

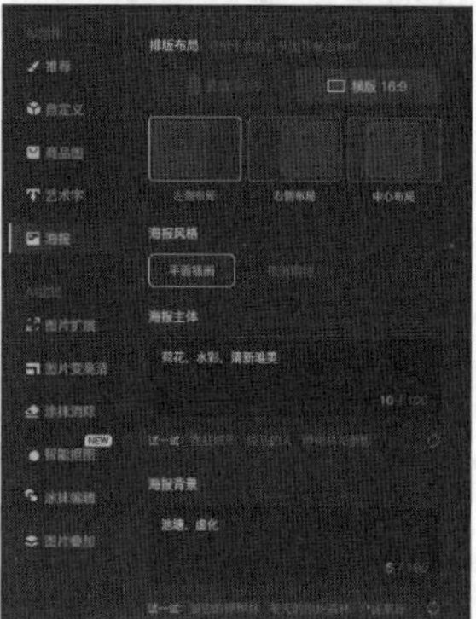
图11-48

图11-49

图11-50

11.3 本章小结与评价

本章主要讲解了Adobe Firefly和文心一格的使用方法，使用此类AI作图工具能够快速、高效地创作出精美的图像。读者可通过图11-51所示的思维导图梳理知识脉络，并结合表11-1进行自测，查找学习的薄弱环节，从而更好地掌握本章的知识点。

图11-51

表11-1

自我测评表

评价内容	评价标准	掌握程度	自我总结
Adobe Firefly	了解AIGC技术与Firefly		
	了解如何使用Firefly的文字生成图像功能		
	了解如何使用Firefly的生成式填充（预览）功能		
文心一格	能够使用文生图功能生成创意图像		
	能够使用图生图功能生成创意图像		
	能够使用商品图功能生成商品图		
	能够使用艺术字功能生成艺术字		
	能够使用海报功能生成创意海报		

11.4 课后习题

根据本章的内容，本节共安排了3个课后习题供读者练习，以帮助读者对本章的知识进行综合运用。

课后习题：制作美食Banner

素材文件	无
实例文件	实例文件>CH11>制作美食Banner.psd
视频名称	制作美食Banner.mp4
学习目标	掌握使用AI辅助设计Banner的方法

本习题主要要求读者使用**文心一格**生成创意图像，并使用生成的图像制作**美食Banner**，效果如图11-52所示。生成图像使用的提示词为“**美食，俯拍，烧烤，高清，细节丰富**”。

图11-52

课后习题：制作艺术展海报

素材文件	素材文件>CH11>素材03.png
实例文件	实例文件>CH11>制作艺术展海报.psd
视频名称	制作艺术展海报.mp4
学习目标	掌握使用AI辅助设计海报的方法

本习题主要要求读者使用**文心一格**生成创意图像，并使用生成的图像制作**艺术展海报**，效果如图11-53所示。生成创意图像使用的提示词是“**时空艺术，错位，幻想，抽象，赛博朋克，超现实主义**”。

图11-53

课后习题：制作耳机详情页头图

素材文件	素材文件>CH11>素材04.png
实例文件	实例文件>CH11>制作耳机详情页头图.psd
视频名称	制作耳机详情页头图.mp4
学习目标	掌握使用AI辅助设计详情页头图的方法

本习题主要要求读者使用**文心一格**生成创意图像，并使用生成的图像制作**耳机详情页头图**，效果如图11-54所示。生成创意图像使用的模板是“**简约黑**”。

图11-54

第 12 章

综合项目实训

本章共有 7 个项目，涉及文字特效、海报、包装等的设计制作，旨在将之前所学的知识进行综合运用。

课堂学习目标

◇ 掌握文字特效的制作方法
◇ 掌握海报的制作方法
◇ 掌握包装的制作方法
◇ 掌握Banner的制作方法
◇ 掌握App首页的制作方法
◇ 掌握H5营销页面的制作方法
◇ 掌握合成的技巧

12.1 文字特效：制作透明质感文字

12.1.1 项目概述

某公司的设计部接到工作任务，要求以“**狂欢倒计时**”为主题设计**海报**，以便在商场的促销活动中进行推广和宣传。经项目组成员讨论确定设计方案。

（1）在海报的制作过程中，准确进行**背景**、**文字质感**和**光影**等内容的制作，确保参数设置准确无误。

（2）海报设计源文件的颜色模式为**RGB**，分辨率为**150像素/英寸**，尺寸为**30厘米×45厘米**。

（3）按照工作时间节点对制作的文件进行整理、输出，并确保提交的文件符合如下要求。

◇ 一份**PSD**格式的海报源文件。

◇ 一份**JPEG**格式的海报展示文件。

12.1.2 任务实施

素材文件	素材文件>CH12>素材01-1.jpg、素材01-2.png、素材01-3.psd
实例文件	实例文件>CH12>文字特效：制作透明质感文字.psd
视频名称	文字特效：制作透明质感文字.mp4
学习目标	掌握文字特效的制作方法

本项目将根据需求运用**文字类工具**、**图层样式**和**剪贴蒙版**等制作**透明质感文字**，并制作倒计时**海报**，效果如图12-1所示。

图12-1

1.制作透明质感文字

01 按快捷键**Ctrl+N**新建一个尺寸为**30厘米×45厘米**、“分辨率”为**150像素/英寸**、“颜色模式”为“**RGB颜色**”的画布，然后将本书学习资源文件夹中的“**素材文件**”>“**CH12**”>“**素材01-1.jpg**”文件拖曳至画布中，并等比放大，如图12-2所示。

02 选择“**横排文字工具**” T，在选项栏中设置字体为“**思源黑体 CN**”，字体样式为**Bold**，文字大小为**680点**，文字颜色为**紫色**(**R:168,G:170,B:255**)。在画布中单击并输入**数字3**，如图12-3所示。

图12-2

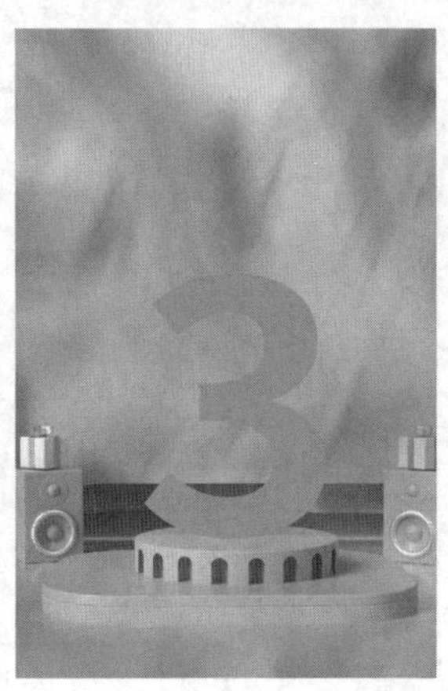

图12-3

03 双击**3图层**，打开“**图层样式**”对话框，为其添加“**内阴影**”“**光泽**”“**渐变叠加**”样式，其中“**内阴影**”样式需添加**3个**，各选项的设置如图12-4所示。按**Enter**键确认操作，得到图12-5所示的效果。

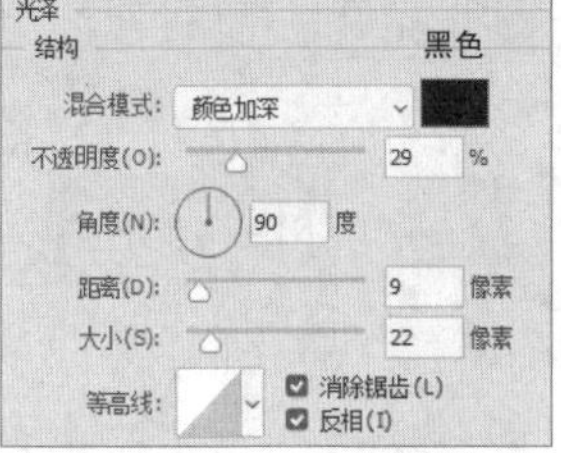

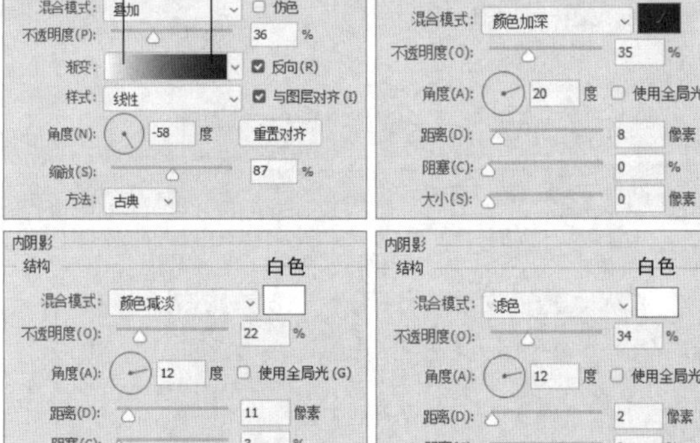

图12-4

图12-5

04 复制“**素材01-1**”图层，然后将其拖曳至**3图层**上方，接着按快捷键**Alt+Ctrl+G**创建**剪贴蒙版**，再设置“**不透明度**”为**15%**，效果如图12-6所示。

图12-6

05 将“**素材01-2.png**”文件拖曳至画布中，将其等比缩小并放到**数字3**的**右上角**，单击鼠标**右键**并选择“**变形**”命令，如图12-7所示。接着拖曳定界框使**光效变形**，使它贴合**数字的边缘**，如图12-8所示。再设置**混合模式**为“**滤色**”，效果如图12-9所示。

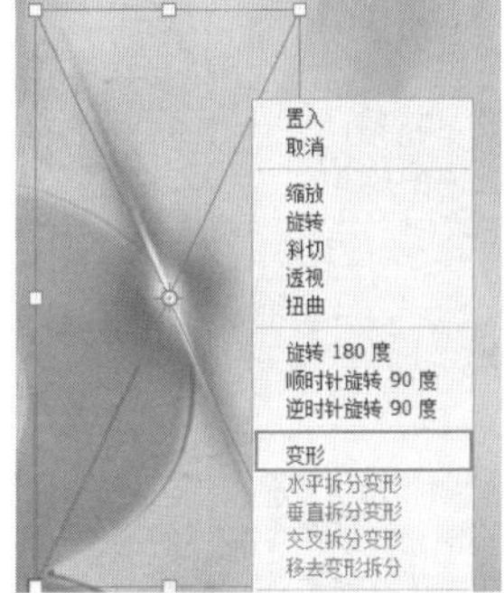

图12-7

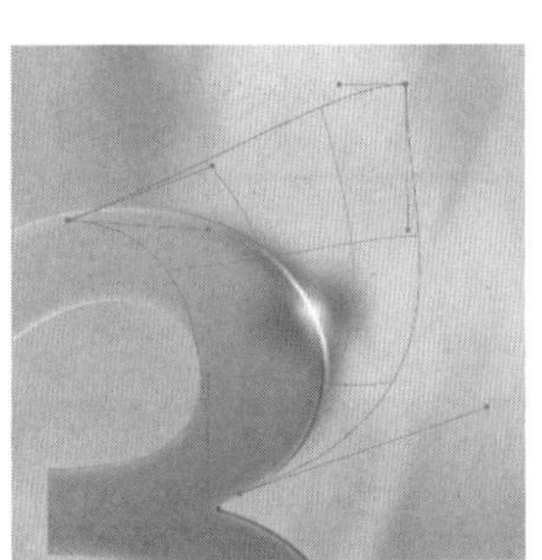

图12-8

图12-9

2.制作标题文字

01 选择“**横排文字工具**” T，在选项栏中设置字体为“**庞门正道标题体3.0**”，文字大小为**152点**，字距为**-40**，文字颜色为**白色**。在画布中单击并输入标题“**狂欢倒计时**”，如图12-10所示。

图12-10

02 双击“**狂欢倒计时**”图层，打开“**图层样式**”对话框，为其添加“**描边**”“**渐变叠加**”“**投影**”样式，各选项的设置如图12-11所示。按**Enter**键确认操作，得到图12-12所示的效果。

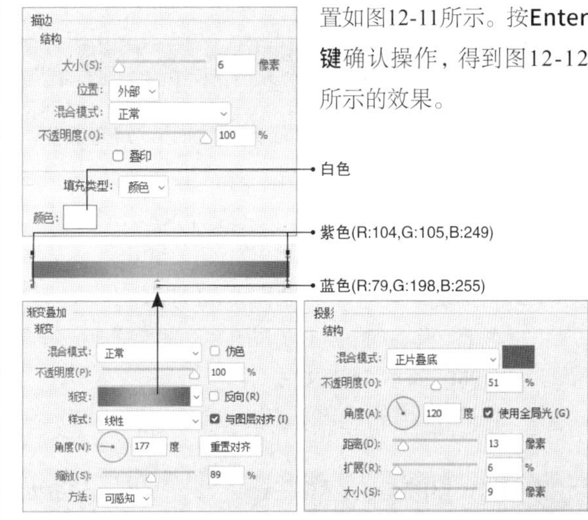

图12-11

图12-12

03 在画面中输入**文案**，并加入**Logo**、**二维码**和**装饰**图形，效果如图12-13所示。

图12-13

技巧与提示

案例中的文字内容、字体、字号和排版方式等仅供参考，读者可按自己的喜好进行设计。

12.2 海报设计：制作美食海报

12.2.1 项目概述

某公司的设计部接到工作任务，要求以“**烧烤盛宴，等你来战！**”为主题设计海报，以便进行推广和宣传。经项目组成员讨论确定设计方案。

（1）在海报的制作过程中，需要使用**文心一格**生成创意图像，并准确进行**背景**和**标题**等内容的制作，确保参数设置准确无误。

（2）海报设计源文件的颜色模式为**CMYK**，分辨率为**300像素/英寸**，尺寸为**210毫米×297毫米**。

（3）按照工作时间节点对制作的文件进行整理、输出，并确保提交的文件符合如下要求。

◇ 一份**PSD**格式的海报源文件。

◇ 一份**JPEG**格式的海报展示文件。

12.2.2 任务实施

素材文件	素材文件>CH12>素材02.psd
实例文件	实例文件>CH12>海报设计：制作美食海报.psd
视频名称	海报设计：制作美食海报.mp4
学习目标	掌握使用AI辅助设计海报的方法

本项目将根据需求使用**文心一格**生成创意图像，并用其制作**美食海报**，效果如图12-14所示。

图12-14

1.制作创意图像

01 进入**文心一格**官网并登录账户。单击“**AI创作**”，然后在左侧的文本框中输入提示词“**烧烤，烤串，有食欲，精美细节**”，接着设置“**比例**”为“**方图**”，“**数量**”为**4**，生成的效果如图12-15所示。

图12-15

02 在生成结果中选择合适的图像，然后单击图像右侧的**按钮**下载图像，如图12-16所示。将下载后的图像用Photoshop打开，然后使用“**快速选择工具**”创建画面中心**盘子的选区**，如图12-17所示。

图12-16

图12-17

03 执行“**选择**”>“**修改**”>“**平滑**”菜单命令，在打开的“**平滑选区**”对话框中设置“**取样半径**”为**10像素**，如图12-18所示。接着执行“**选择**”>“**修改**”>“**收缩**”菜单命令，在打开的“**收缩选区**”对话框中设置“**收缩量**”为**2像素**，如图12-19所示。按快捷键**Ctrl+J**复制选区内容。

图12-18

图12-19

2.制作海报背景与主体

01 按快捷键**Ctrl+N**创建一个尺寸为**210mm×297mm**、“分辨率”为**300像素/英寸**、“颜色模式”为“**CMYK颜色**”的画布，然后将其填充为**黄色(C:0,M:20,Y:82,K:0)**，如图12-20所示。

图12-20

技巧与提示

海报的常见尺寸为420mm × 570mm、500mm × 700mm、570mm × 840mm、600mm × 900mm、700mm × 1000mm和900mm × 1200mm，本案例中的海报尺寸为A4大小，该尺寸对于打印十分方便。

02 使用“**矩形工具**”绘制一些“**填充**”为**白色**、“**描边**”为**黑色的矩形**，并设置**描边宽度**为**20像素**，然后用“**直接选择工具**”调整矩形的锚点，效果如图12-21所示。

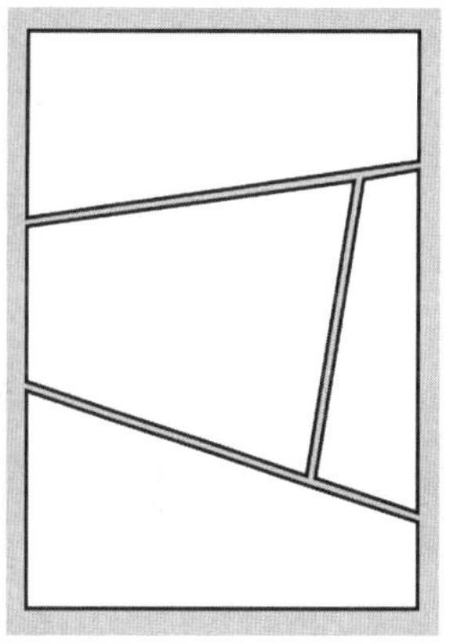

图12-21

03 打开本书学习资源文件夹中的“**素材文件**”>“**CH12**”>“**素材02.psd**”文件，如图12-22所示。然后将其中的“**圆点**”图层和“**线条**”图层拖曳到**海报**所在的文档中，**复制并等比缩小**后分别摆放到**形状中**。接着将它们分别创建为**各形状**的**剪贴蒙版**，效果如图12-23所示。

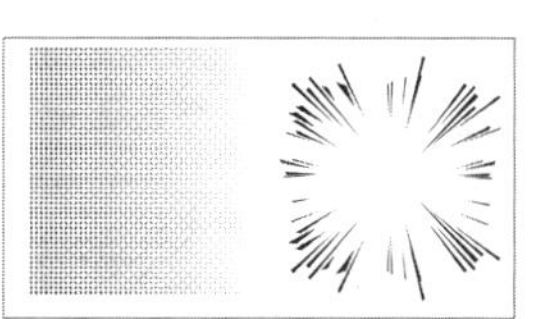

图12-22

图12-23

04 为**圆点**所在图层添加**图层蒙版**，然后用**黑色**的“**柔边圆**”画笔涂抹**圆点的边缘**，如图12-24所示。

图12-24

05 将之前抠出的图像拖曳到画面中，并通过**自由变换**将其摆放至合适的位置，然后沿其边缘绘制一个**黑色**的**椭圆形**，如图12-25所示。创建一个“**色阶**”**调整图层**，分别拖曳黑色滑块和白色滑块，接着将其创建为**下方图层**的**剪贴蒙版**，效果如图12-26所示。

图12-25

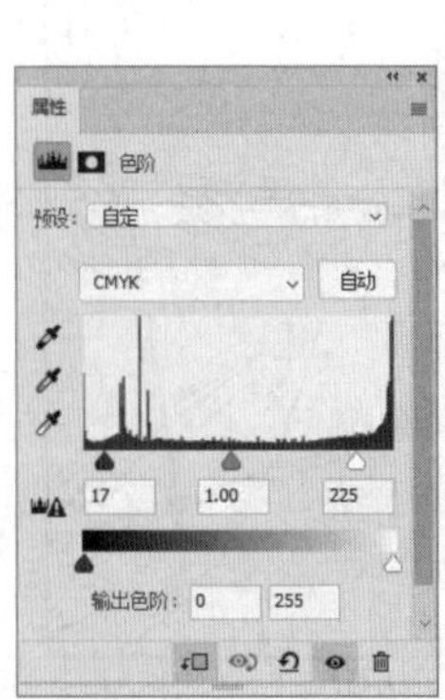

图12-26

3.制作标题文字

01 选择“**横排文字工具**” T，在选项栏中设置字体为“**方正正大黑简体**”，文字大小为**75点**，然后在画布中单击并输入“**烧烤盛宴，等你来战！**”，如图12-27所示。将**文字**适当**倾斜**，如图12-28所示。

图12-27

图12-28

02 **双击**文字图层，打开“**图层样式**”对话框，为其添加“**描边**”“**渐变叠加**”“**投影**”样式，各选项的设置如图12-29所示。按**Enter**键确认操作，得到图12-30所示的效果。

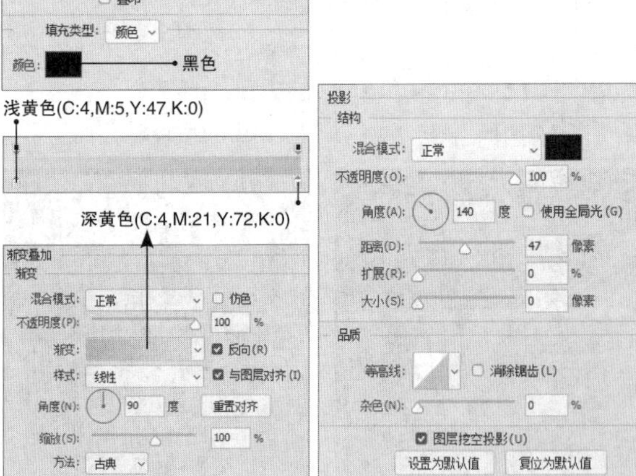

图12-29

图12-30

4.添加装饰元素

01 使用“钢笔工具”绘制一个“填色”为深红色(C:28,M:96,Y:92,K:0)、“描边”为黑色、描边宽度为15.6像素的标题框，如图12-31所示。选择“横排文字工具”，在选项栏中设置字体为“方正华隶_GBK”，文字大小为34点，然后在画布中单击并输入“限时优惠 不容错过”，接着将文字变形并适当倾斜，如图12-32所示。

图12-31

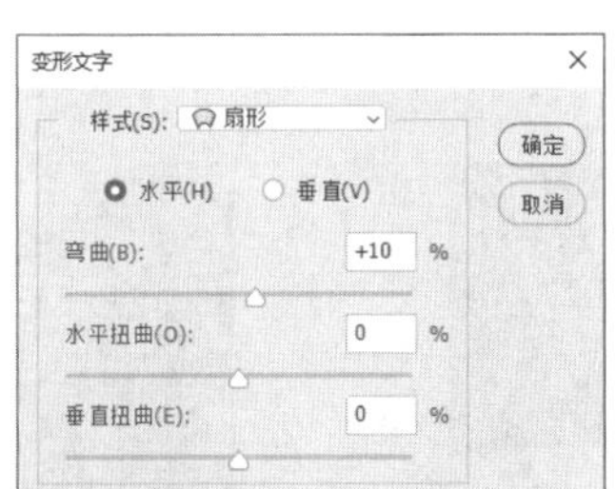

图12-32

02 选择“多边形工具”，然后单击画布，在弹出的“创建多边形”对话框中设置“宽度”和“高度”为44mm，“边数”为12，“圆角半径”为216像素，“星形比例”为70%，并勾选“平滑星形缩进”选项，如图12-33所示。接着设置“填色”为深红色(C:28,M:96,Y:92,K:0)，“描边”为黑色，描边宽度为12像素。将其等比放大一些，并放到盘子的右下角，如图12-34所示。

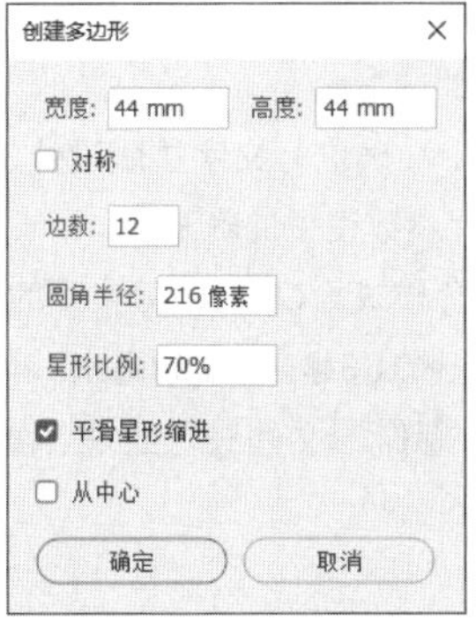

图12-33

图12-34

03 使用“椭圆工具”创建一个圆形，并设置“填色”为无填色，“描边”为深黄色(C:4,M:21,Y:72,K:0)的圆点，描边宽度为12像素，效果如图12-35所示。选择“横排文字工具”，在选项栏中设置字体为“方正华隶_GBK”，文字大小为16点，然后在画布中单击并输入文案，如图12-36所示。

图12-35

图12-36

04 使用“横排文字工具”在画面中输入相应的文字信息，然后使用“多边形工具”、“矩形工具”和“钢笔工具”画一些装饰元素，使整体更有设计感，效果如图12-37所示。

图12-37

12.3 包装设计：制作粽子礼盒包装

12.3.1 项目概述

某公司的设计部接到工作任务，要求设计粽子礼盒**包装**。经项目组成员讨论确定设计方案。

（1）在包装的制作过程中，准确进行**文字排版设计**、**背景**和**装饰**等内容的制作，确保参数设置准确无误。

（2）包装设计源文件的颜色模式为**CMYK**，分辨率为**300像素/英寸**，尺寸为**336毫米×166毫米×258毫米**。

（3）按照工作时间节点对制作的文件进行整理、输出，并确保提交的文件符合如下要求。

◇ 一份**PSD**格式的包装源文件。

◇ 一份**JPEG**格式的包装展示文件。

◇ 一份**PSD**格式的包装刀版图源文件。

◇ 一份**JPEG**格式的包装刀版图展示文件。

◇ 一份**PSD**格式的包装展示图源文件。

◇ 一份**JPEG**格式的包装展示图展示文件。

12.3.2 任务实施

素材文件	素材文件>CH12>素材03-1 ~ 素材03-6
实例文件	实例文件>CH12>包装设计：制作粽子礼盒包装
视频名称	包装设计：制作粽子礼盒包装.mp4
学习目标	掌握包装的制作方法

本项目将根据需求运用**文字类工具**、**剪贴蒙版**、**图层样式**等制作粽子**礼盒包装**，并用**样机制作成品展示图**，效果如图12-38所示。

图12-38

1.制作包装正面

01 按快捷键**Ctrl+N**创建一个尺寸为**336毫米×258毫米**、"分辨率"为**300像素/英寸**、"颜色模式"为"**CMYK颜色**"的画布。将本书学习资源文件夹中的"**素材文件**">"**CH12**">"**素材03-1.jpg**"文件拖曳至画布中，然后将其**等比放大**，按**Enter键**确认操作，效果如图12-39所示。

图12-39

02 使用"**矩形工具**"□绘制一个**白色的矩形**，然后**双击**矩形所在图层，打开"**图层样式**"对话框，为其添加"**投影**"样式，各选项的设置如图12-40所示。按**Enter键**确认操作，效果如图12-41所示。

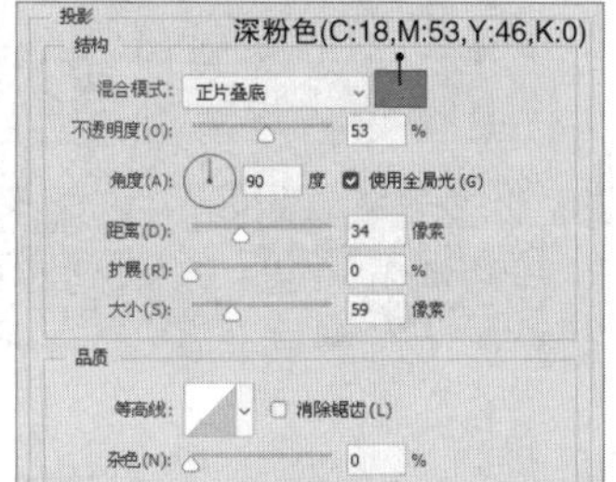

图12-40

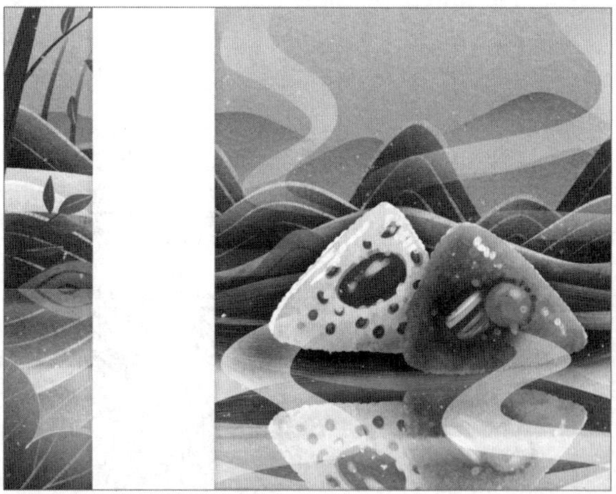

图12-41

03 将“**素材03-2.png**”文件拖曳至矩形中，效果如图12-42所示。按快捷键**Alt+Ctrl+G**创建剪贴蒙版，效果如图12-43所示。

图12-42

图12-43

04 使用“**椭圆工具**”○绘制一个**白色**的**圆形**，如图12-44所示。按快捷键**Ctrl+J**复制圆形，然后按快捷键**Ctrl+T**显示定界框，按住**Alt键并拖曳**控制点将其等比缩小，效果如图12-45所示。按**Enter键**确认操作。

图12-44

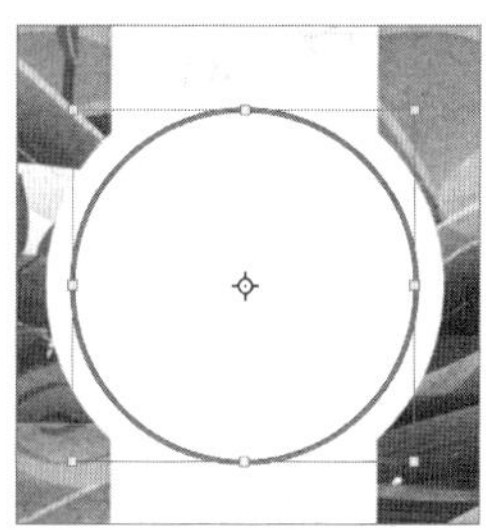

图12-45

05 **双击**“**椭圆1 拷贝**”图层，打开“**图层样式**”对话框，为其添加“**描边**”样式，各选项的设置如图12-46所示。按**Enter键**确认操作，效果如图12-47所示。

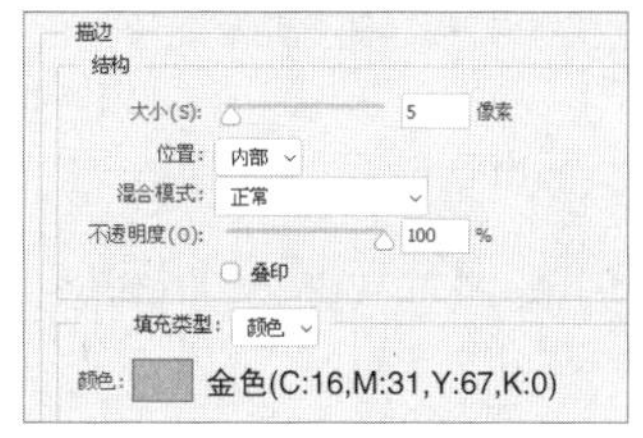

图12-46

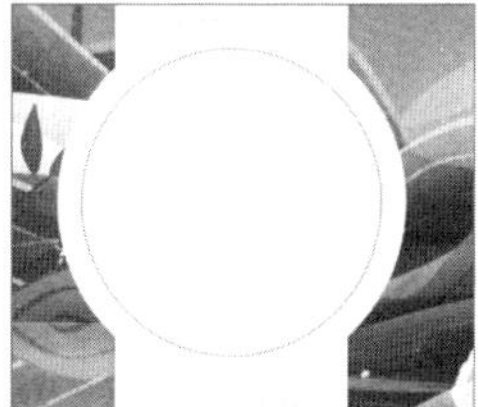

图12-47

06 选择“**横排文字工具**” T，在选项栏中设置字体为“**方正粗倩_GBK**”，文字大小为**160点**，在画布中单击并输入“**粽**”字，如图12-48所示。将“**素材03-3.jpg**”文件拖曳至文字中，按快捷键**Alt+Ctrl+G**创建剪贴蒙版，效果如图12-49所示。

图12-48

图12-49

07 使用“**横排文字工具**” T在画面中输入相应的**文字**信息，如图12-50所示。按快捷键**Shift+Ctrl+Alt+E**将所有可见图层**盖印**到一个**新的图层**中，然后按快捷键**Ctrl+S**保存文件。

图12-50

> **技巧与提示**
> 案例中文字的字体为“思源黑体”，读者可按自己的喜好进行设计。

2.制作包装侧面

01 按快捷键**Ctrl+N**创建一个尺寸为**166毫米×258毫米**、“分辨率”为**300像素/英寸**、“**颜色模式**”为“**CMYK颜色**”的画布。单击“**创建新图层**”按钮新建图层，并将其填充为**粉色(C:0,M:36,Y:28,K:0)**，如图12-51所示。

图12-51

02 将“**素材03-4.png**”文件拖曳至画布中，然后将其**等比放大**并**置于画布下方**，按**Enter**键确认操作，效果如图12-52所示。

图12-52

03 使用“**横排文字工具**”T在画面中**输入**相应的**文字信息**，如图12-53所示。按快捷键**Shift+Ctrl+Alt+E**将所有可见图层**盖印**到一个**新的图层**中，然后按快捷键**Ctrl+S**保存文件。

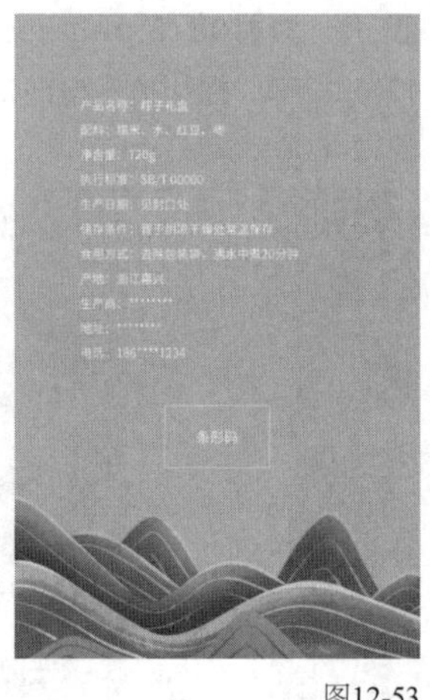

图12-53

3.制作包装顶面

01 按快捷键**Ctrl+N**创建一个尺寸为**336毫米×166毫米**、“分辨率”为**300像素/英寸**、“颜色模式”为“**CMYK颜色**”的画布。单击“**创建新图层**”按钮新建图层，并将其填充为**粉色(C:0,M:36,Y:28,K:0)**，如图12-54所示。

图12-54

02 将“**素材03-1.jpg**”文件拖曳至画布中，然后使用“**快速选择工具**”选出画面**中心的粽子和粽叶**，如图12-55所示。按快捷键**Ctrl+J**复制选区中的内容，并向上拖曳，然后隐藏“**素材03-1**”图层，效果如图12-56所示。按快捷键**Shift+Ctrl+Alt+E**将所有可见图层**盖印**到一个**新的图层**中，然后按快捷键**Ctrl+S**保存文件。

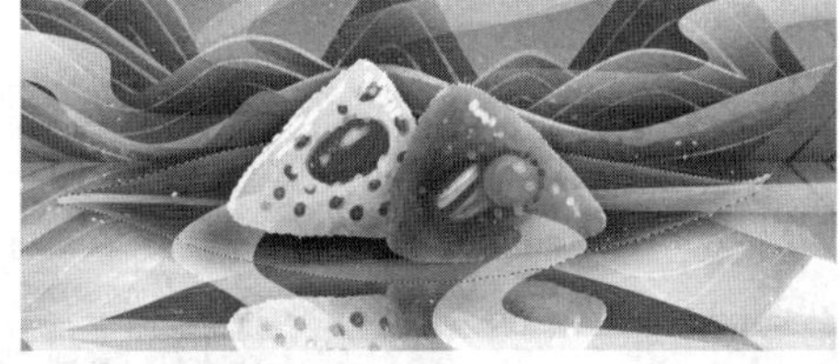

图12-55

图12-56

4.制作刀版图

01 按快捷键**Ctrl+O**打开“**素材03-5.psd**”文件，这是本案例中包装的**刀版图**，如图12-57所示。将之前盖印的包装正面与侧面拖曳至**刀版图**中，并置于**刀版图**所在图层的**下层**，效果如图12-58所示。

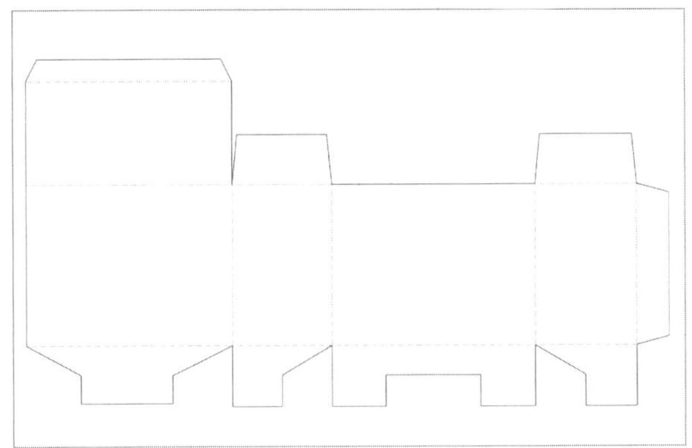

图12-57

图12-58

技巧与提示

刀版图又称包装结构展开图，在包装设计中用来标示裁切和折叠部位等。其中，实线表示裁切部位，虚线表示折叠部位。因为不同厚度的纸盒折叠后会有一定的偏差，而尺寸不准确会影响成品效果，所以一般需要厂家提供刀版图。

02 复制包装**正面**和**侧面**，并拖曳至包装盒的背面和另一个侧面，然后将之前**盖印**的包装顶面拖曳至刀版图中，并置于**刀版图**所在图层的**下层**，效果如图12-59所示。

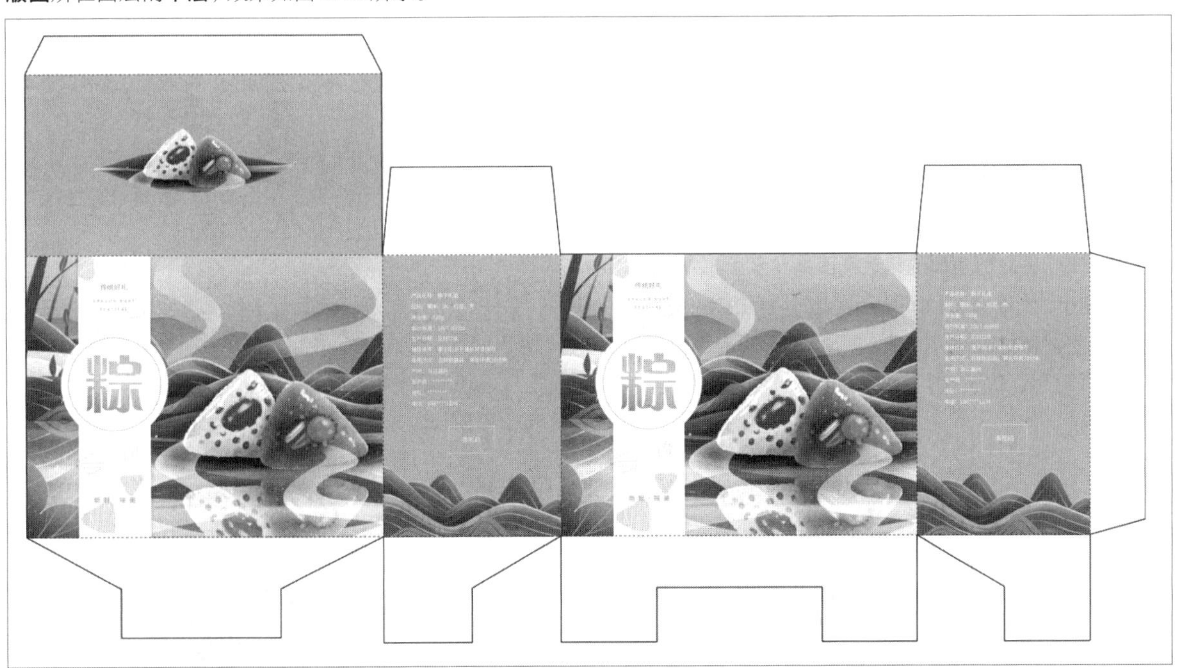

图12-59

技巧与提示

包装盒的背面、另一个侧面和顶面也可根据需求设计成其他样式。将图片置入刀版图后需检查文字信息是否有误，检查完后可以按1：1的比例进行打印处理，以确保折叠后的效果是正确的。

5.制作展示图

01 打开“**素材03-6.psd**”文件，双击“**正面**”图层的**缩览图**，如图12-60所示。打开新的文档窗口，将之前**盖印**的包装**正面**拖曳至画布中，并将其**等比缩小**，效果如图12-61所示。按快捷键**Ctrl+S**保存设置，打开“**素材03-6**”文档窗口，效果如图12-62所示。

图12-60

图12-61

图12-62

02 双击“**侧面**”图层的**缩览图**，如图12-63所示。打开新的文档窗口，将之前**盖印**的包装**侧面**拖曳至画布中，并将其**等比缩小**，效果如图12-64所示。按快捷键**Ctrl+S**保存设置，打开“**素材03-6**”文档窗口，效果如图12-65所示。

图12-63

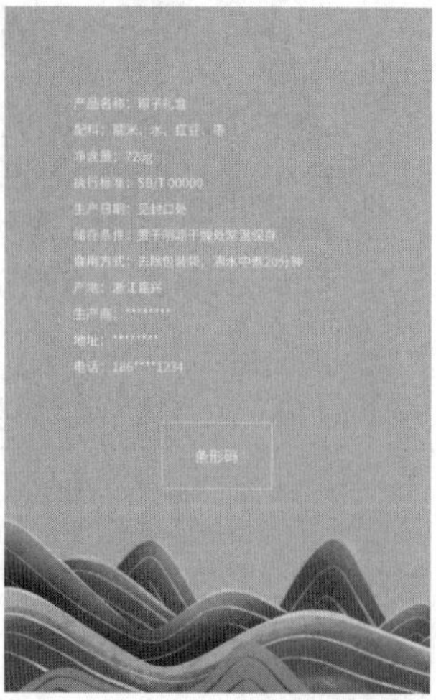

图12-64

图12-65

03 **双击**“**顶面**”图层的**缩览图**，如图12-66所示。打开新的文档窗口，将之前盖印的包装**顶面**拖曳至画布中，并将其**等比缩小**，按快捷键**Ctrl+S**保存设置，打开“**素材03-6**”文档窗口，效果如图12-67所示。

图12-66

图12-67

12.4 电商设计：制作春季上新Banner

12.4.1 项目概述

某公司的设计部接到工作任务，要求以“**绚丽好心情**”为主题设计春季上新**Banner**，以便在互联网中进行推广和宣传。经项目组成员讨论确定设计方案。

（1）在Banner的制作过程中，准确进行**文字排版设计**和**背景**等内容的制作，确保参数设置准确无误。

（2）Banner设计源文件的颜色模式为**RGB**，分辨率为**72像素/英寸**，尺寸为**1920像素×600像素**。

（3）按照工作时间节点对制作的文件进行整理、输出，并确保提交的文件符合如下要求。

◇ 一份**PSD**格式的Banner源文件。

◇ 一份**JPEG**格式的Banner展示文件。

12.4.2 任务实施

素材文件　素材文件>CH12>素材04-1.png、素材04-2.png、素材04-3.png

实例文件　实例文件>CH12>电商设计：制作春季上新Banner.psd

视频名称　电商设计：制作春季上新Banner.mp4

学习目标　掌握Banner的制作方法

本项目将根据需求运用**文字类工具**、**形状类工具**和**选区类工具**等制作春季上新Banner，效果如图12-68所示。

图12-68

1.制作Banner背景

01 按快捷键**Ctrl+N**创建一个尺寸为**1920像素×600像素**、“分辨率”为**72像素/英寸**、“颜色模式”为“**RGB颜色**”的画布。单击“**创建新图层**”按钮新建图层，并将其填充为**浅灰色**(R:238,G:238,B:241)，效果如图12-69所示。

图12-69

02 将本书学习资源文件夹中的“**素材文件**”>“**CH12**”>“**素材04-1.png**”文件拖曳至画布中，然后将其等比缩小，并移至画面左侧，按**Enter键**确认操作，效果如图12-70所示。

图12-70

03 使用“**矩形工具**”创建一个尺寸为**720像素×600像素**的**矩形**，将其填充为**宝蓝色**(R:6,G:0,B:251)并移至**画面左侧**，设置“**不透明度**”为**70%**，效果如图12-71所示。

图12-71

04 使用“**矩形工具**”创建一个尺寸为**1600像素×400像素**的**矩形**，将其填充为**白色**并移至**画面右侧**，效果如图12-72所示。

图12-72

05 将“**素材04-2.png**”文件拖曳至画布中，然后将其移至**画面右侧**，按**Enter键**确认操作，效果如图12-73示。

图12-73

06 使用“**矩形选区工具**”在圆点上创建一个尺寸为**490像素×255像素**的**矩形选区**，如图12-74所示。按快捷键**Shift+Ctrl+I**反选选区，然后选择“**素材04-2**”图层，单击“**添加图层蒙版**”按钮，为其添加图层蒙版，效果如图12-75所示。

图12-74

图12-75

2.添加人物与文字

01 将"**素材04-3.png**"文件拖曳至画布中，并移至画面中心偏右的位置，按**Enter**键确认操作，效果如图12-76所示。

02 选择"**矩形工具**"，创建两个**宝蓝色**(R:6,G:0,B:251)的矩形色块，并分别置于画面两侧，效果如图12-77所示。

图12-76

图12-77

03 选择"**横排文字工具**"，在画面中输入相应的**文字**信息。然后选择**英文文字**图层，执行"**编辑**">"**变换**">"**顺时针旋转90度**"菜单命令，再将**文字**分别拖曳至**宝蓝色矩形色块**中，效果如图12-78所示。

图12-78

04 使用"**横排文字工具**"在画面中输入相应的**文字**信息，然后使用"**矩形工具**"和"**直线工具**"画一些**小方块与线条元素**，使整体更有设计感，效果如图12-79所示。

图12-79

12.5 UI设计：制作旅游App首页

12.5.1 项目概述

某文旅互联网公司计划开发一款**旅游App**，要求设计部设计一个简约而不失大气、凸显旅游景点特色且与企业形象相契合的App首页。经项目组成员讨论确定设计方案。

（1）在App首页的制作过程中，准确进行**搜索栏**、**轮播图**和**标签栏**等内容的制作，确保参数设置准确无误。

（2）App首页设计源文件的颜色模式为**RGB**，分辨率为**72像素/英寸**，尺寸为**750像素×1334像素**。

（3）按照工作时间节点对制作的文件进行整理、输出，并确保提交的文件符合如下要求。

◇ 一份**PSD**格式的App首页源文件。

◇ 一份**JPEG**格式的App首页展示文件。

12.5.2 任务实施

素材文件　素材文件>CH12>素材05-1～素材05-7
实例文件　实例文件>CH12>UI设计：制作旅游App首页.psd
视频名称　UI设计：制作旅游App首页.mp4
学习目标　掌握App首页的制作方法

本项目将根据需求运用**文字类工具**、**形状类工具**和**选区类工具**等制作**旅游App首页**，效果如图12-80所示。

图12-80

1.制作搜索栏与轮播图

01 按快捷键**Ctrl+N**打开“**新建文档**”对话框，然后双击“**移动设备**”选项卡中的**iPhone 8/7/6**模板，创建一个**750像素×1334像素**的**画板**，如图12-81所示。

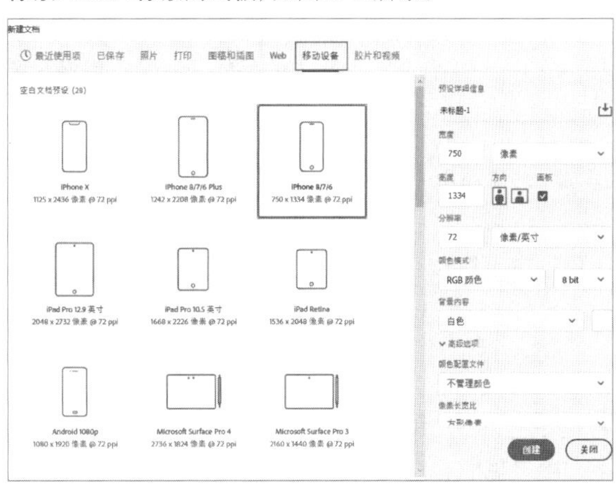

图12-81

> **技巧与提示**
>
> 一般使用画板来制作App界面。在一个文档窗口中建立多个画板，不仅便于制作，还可以同时处理多个界面，从而保证界面的统一。

02 执行“**视图**”>“**参考线**”>“**新建参考线**”菜单命令，按照图12-82所示的数值创建参考线。

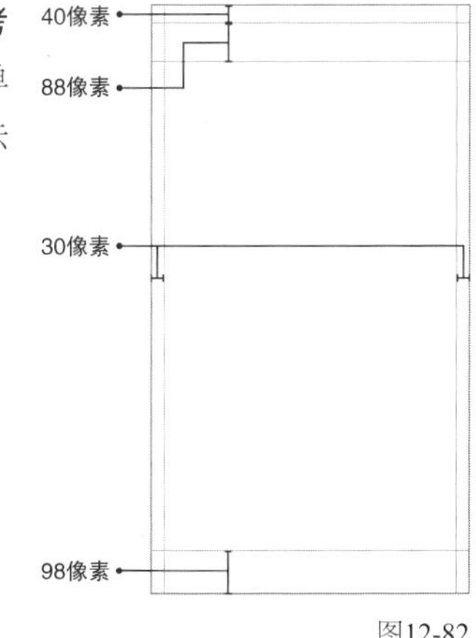

图12-82

> **技巧与提示**
>
> 移动端的两大操作系统是iOS和Android，Android系统的手机品牌多，不同品牌手机的主题和交互方式也大相径庭。而iPhone手机虽然有很多型号，但是有较为统一的规范，通常选择iPhone 6的屏幕分辨率（750像素×1334像素）作为界面的输出尺寸。随着手机版本的更新迭代，有些界面设计也会选择iPhone 6 Plus、iPhone X或iPhone12的屏幕分辨率作为界面的输出尺寸。

03 使用“**矩形工具**”▭创建一个尺寸为**750像素×420像素**的**矩形**，并将其置于界面上方，如图12-83所示。然后将本书学习资源文件夹中的“**素材文件**”>“**CH12**”>“**素材05-1.jpg**”文件拖曳至画布中，并将其创建为**矩形**的**剪贴蒙版**，效果如图12-84所示。

图12-83

图12-84

04 打开“**素材05-2.psd**”文件，然后将“状态栏”图层拖曳至图12-85所示的位置。

图12-85

05 创建一个尺寸为**540像素×56像素**、**圆角半径**为**28像素**的**圆角矩形**，并设置“**不透明度**”为**30%**，将其作为**搜索栏**，如图12-86所示。将“**素材05-2.psd**”文件中的“**搜索**”图标拖曳到画布中并**叠加为白色**，然后为其添加**1像素**的描边。选择“**横排文字工具**”T，在选项栏中设置字体为“**思源黑体CN**”，文字大小为**26点**，在图标的后面输入“**请输入搜索内容**”，如图12-87所示。

图12-86

图12-87

06 将“**素材05-2.psd**”文件中的“**定位**”图标拖曳到画布中并叠加为**白色**，然后选择“**横排文字工具**”T，在选项栏中设置字体为“**思源黑体 CN**”，文字大小为**32点**，接着在图标的后面输入“**成都**”，如图12-88所示。

图12-88

07 选择“**横排文字工具**”T，在选项栏中设置字体为“**思源黑体 CN**”，文字大小为**34点**，然后在**轮播图下方**输入文字，接着使用“**椭圆工具**”○创建**两个14像素×14像素**的**圆形**，使用“**矩形工具**”▭创建一个尺寸为**28像素×14像素**、圆角半径为**7像素**的**圆角矩形**（注意保持它们之间的距离相等），再**降低圆形**的**不透明度**以指示广告图所在位置，如图12-89所示。

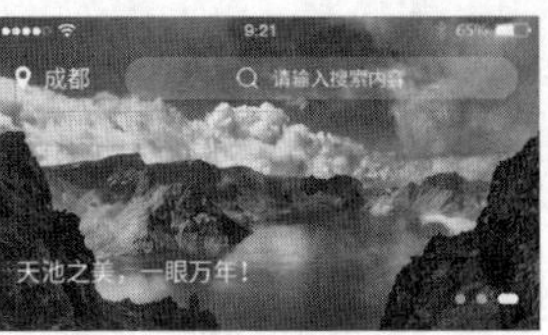

图12-89

2.制作“特价旅游”板块

01 在距离轮播图下方**30像素**的位置创建参考线；然后选择“**横排文字工具**”T，在选项栏中设置字体为“**思源黑体 CN**”，文字大小为**28点**，字体颜色为**深灰色(R:39,G:39,B:39)**；接着输入标题文字“**特价旅游**”，并在距离标题文字下方**20像素**的位置创建参考线；再使用“**矩形工具**”▭创建一个尺寸为**298像素×200像素**、圆角半径为**14像素**的**圆角矩形**，如图12-90所示。

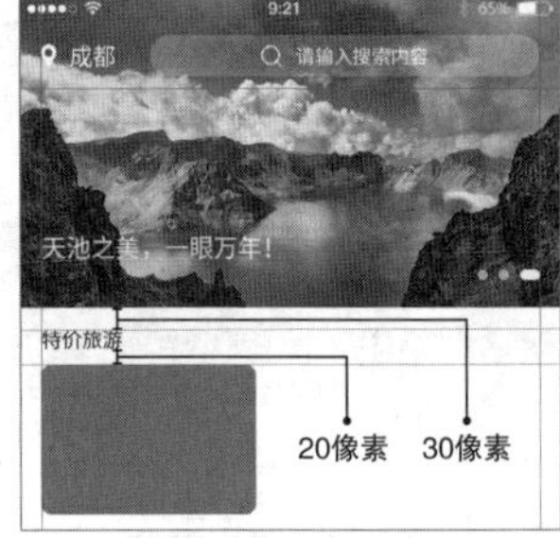

图12-90

02 在**圆角矩形**下方输入文字，文字的参数参考图12-91。将**文字和圆角矩形编组**，然后**复制两组**并调整相应文字，排版后的效果如图12-92所示。

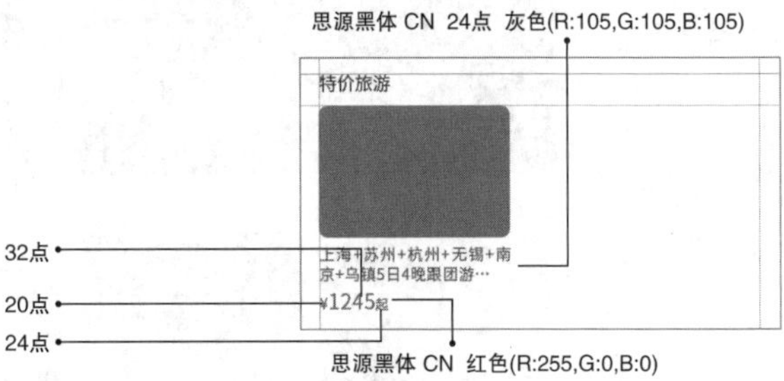

图12-91

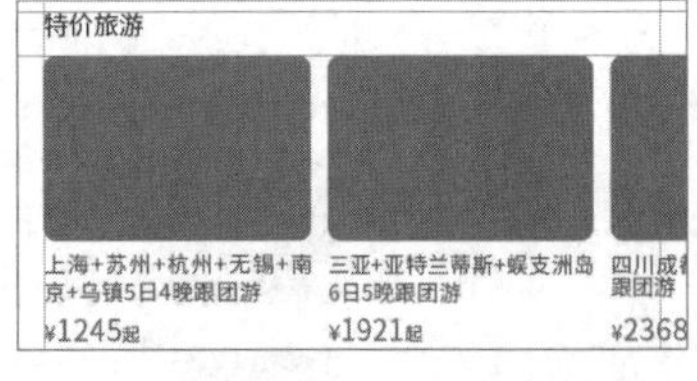

图12-92

03 将“**素材05-3.jpg**”“**素材05-4.jpg**”“**素材05-5.jpg**”文件拖曳至画布中，并将其创建为**圆角矩形**的**剪贴蒙版**。然后使用“**直线工具**”╱在距离文字下方**30像素**的位置绘制一条**直线**，设置“**描边**”为**14像素**，描边颜色为**浅灰色**(R:235,G:235,B:235)，如图12-93所示。

图12-93

3.制作“推荐路线”板块

01 在直线下方**30像素**的位置创建**参考线**；然后选择“**横排文字工具**” T，在选项栏中设置字体为“**思源黑体 CN**”，文字大小为**28点**，字体颜色为**深灰色**(R:39,G:39,B:39)，输入标题文字“**推荐路线**”；接着在距离**标题文字下方20像素**的位置创建参考线，并使用“**矩形工具**”创建一个尺寸为**298像素×200像素**、圆角半径为**14像素**的**圆角矩形**，如图12-94所示。

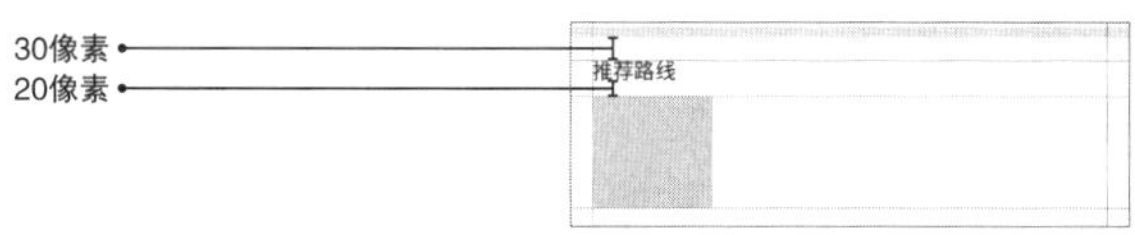

图12-94

02 在**圆角矩形右侧输入文字**，文字的参数参考图12-95。将**文字和圆角矩形编组**，然后**复制**一组并调整相应文字，排版后的效果如图12-96所示。

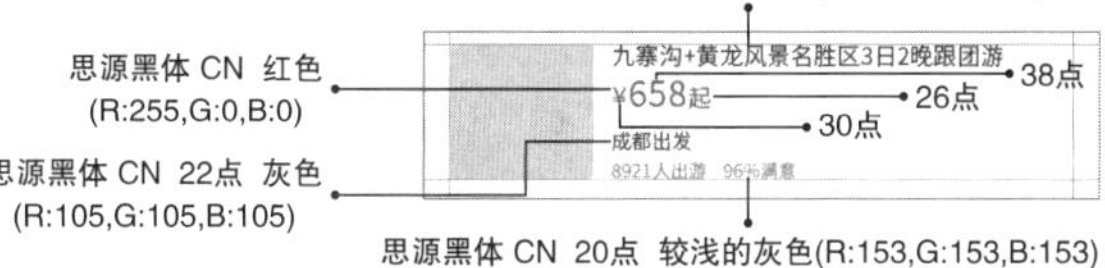

图12-95

技巧与提示

在排版时，可以根据需求创建参考线，确保设计元素之间的对齐和平衡，从而提升整体视觉效果。

图12-96

03 将“**素材05-6.jpg**”和“**素材05-7.jpg**”文件拖曳至画布中，并将其创建为**圆角矩形的剪贴蒙版**。然后使用“**直线工具**”在两个圆角矩形中间绘制**一条直线段**，设置“**描边**”为**2像素**，描边颜色为**浅灰色**(R:235,G:235,B:235)，如图12-97所示。

图12-97

技巧与提示

按快捷键Ctrl+;可以快速显示或隐藏参考线。

4.制作标签栏

01 使用“**矩形工具**”创建一个尺寸为**750像素×98像素**的白色矩形，并将其置于**界面底部**，如图12-98所示。然后为其添加一个“**内阴影**”样式，参数如图12-99所示。效果如图12-100所示。

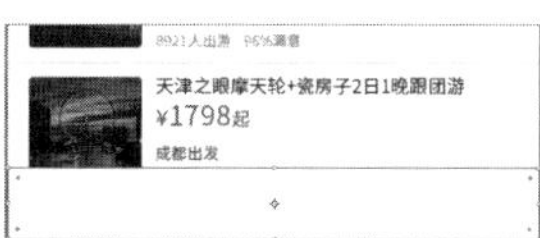

图12-98

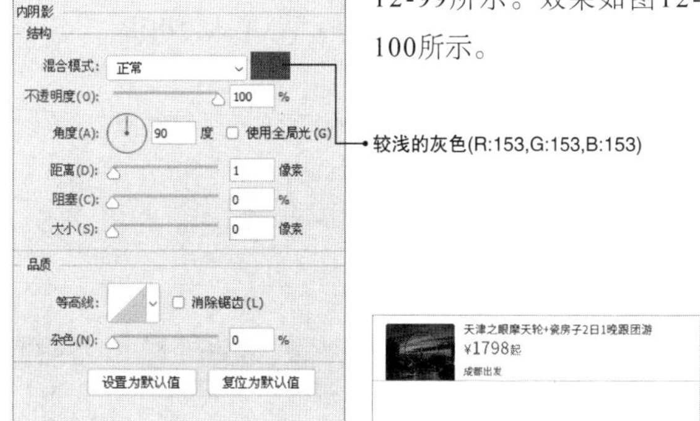

图12-99 图12-100

02 将“**素材05-2.psd**”文件中的“**首页**”图标、“**消息**”图标、“**行程**”图标和“**我的**”图标拖曳至图12-101所示位置，并为其叠加浅一些的**灰色**(R:126,G:126,B:126)。在**图标的下方**输入相应的文字信息，设置字体为“**思源黑体CN**”，文字大小为**20点**，**文字**的颜色与**图标**的颜色**相同**即可，如图12-102所示。

图12-101 图12-102

03 将“**首页**”图标和文字的颜色调整为**蓝色**(R:87,G:186,B:255)，效果如图12-103所示。

图12-103

12.6 H5设计：制作营销页面

12.6.1 项目概述

某文旅互联网公司要求设计部以“**51出游计划**”为主题，制作一个营销页面。经项目组成员讨论确定设计方案。

（1）在营销页面的制作过程中，准确进行**头图**、**标题文字**和**展示板块**等内容的制作，确保参数设置准确无误。

（2）营销页面设计源文件的颜色模式为**RGB**，分辨率为**72像素/英寸**，宽度为**750像素**，高度为**2500像素左右**（可按照需求适当裁剪）。

（3）按照工作时间节点对制作的文件进行整理、输出，并确保提交的文件符合如下要求。

◇ 一份**PSD**格式的营销页面源文件。

◇ 一份**JPEG格**式的营销页面展示文件。

12.6.2 任务实施

素材文件　素材文件>CH12>素材06-1～素材06-4

实例文件　实例文件>CH12>H5设计：制作营销页面.psd

视频名称　H5设计：制作营销页面.mp4

学习目标　掌握营销页面的制作方法

本项目将根据需求运用**文字类工具**、**形状类工具**和**剪贴蒙版**等制作**营销页面**，效果如图12-104所示。

图12-104

1.制作头图

01 按快捷键**Ctrl+N**创建一个尺寸为**750像素×2000像素**、“分辨率”为**72像素/英寸**、“颜色模式”为“**RGB颜色**”的画布，然后将其填充为**天蓝色(R:0,G:176,B:250)**，如图12-105所示。新建图层，然后使用**白色**的“**柔边圆**”画笔在画布上方**画一些白色**，如图12-106所示。

> **技巧与提示**
>
> 营销页面的宽度多为750像素，高度可以根据具体的内容进行调整。

图12-105

图12-106

02 打开本书学习资源文件夹中的“**素材文件**”>“**CH12**”>“**素材06-1.psd**”文件，然后将“**花朵**”图层拖曳到上一步建立的画布中，**等比缩小**后放到画布的**上方**，如图12-107所示。

03 使用“**钢笔工具**”绘制一个**土黄色(R:254,G:188,B:26)**弧形框，然后使用“**钢笔工具**”绘制一个**深蓝色(R:5,G:108,B:247)**弧形框，如图12-108所示。

图12-107

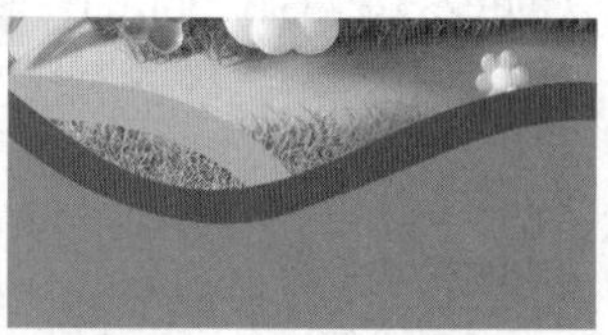

图12-108

04 使用“**钢笔工具**”沿着**弧形框**绘制一个路径，如图12-109所示。然后使用“**横排文字工具**”T在路径上单击以**创建路径文字**。接着**输入文字**，设置“字体”为“**思源黑体 CN**”，字体样式为**Medium**，文字大小为**26点**，文字颜色为**白色**，如图12-110所示。用同样的方法在**黄色的弧形框中输入文字**，如图12-111所示。

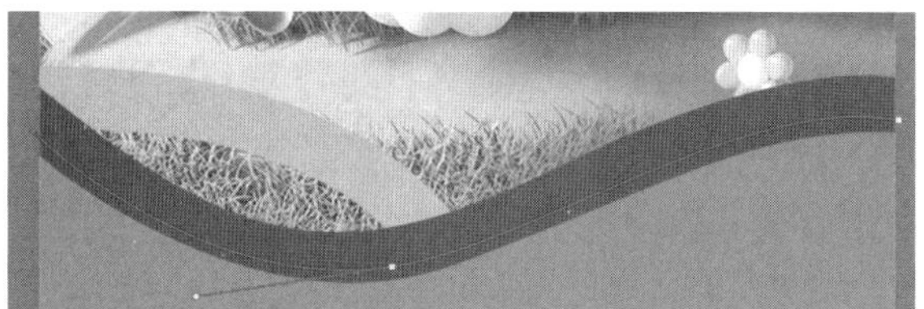
图12-109

图12-110

图12-111

05 将“**素材06-1.psd**”文件中的“**人物**”图层拖曳到画布中，**等比缩小**后摆放至合适位置，如图12-112所示。在“**人物**”图层下方**新建图层**，然后设置**混合模式**为“**正片叠底**”，接着使用**深灰色**(**R:109,G:122,B:123**)画笔画出阴影，如图12-113所示。

图12-112

图12-113

2.制作标题文字

01 选择“**横排文字工具**”T，在选项栏中设置字体为“**庞门正道标题体3.0**”，文字大小为**116点**，文字颜色为**白色**。在画布中单击并输入标题“**51出游计划**”，如图12-114所示。**双击**这个文字图层，打开“**图层样式**”对话框，为其添加“**斜面和浮雕**”样式，参数如图12-115所示。按**Enter键**确认操作，得到图12-116所示的效果。

图12-114

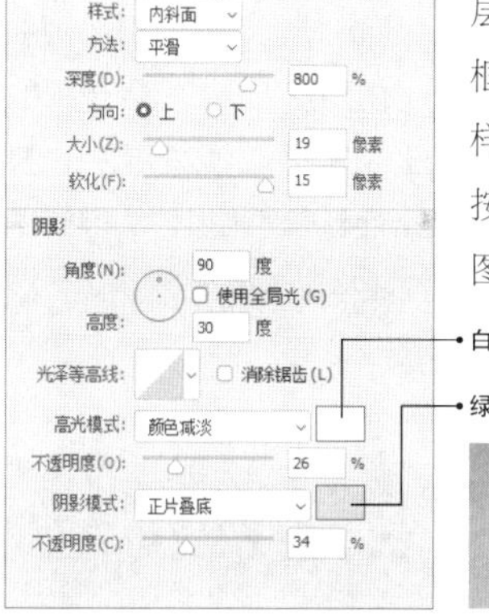

白色

绿色(R:61,G:255,B:193)

图12-115

图12-116

02 复制上一步创建的**文字图层**，为其添加“**描边**”和“**颜色叠加**”样式，各选项的设置如图12-117所示。按**Enter键**确认操作，得到图12-118所示的效果。

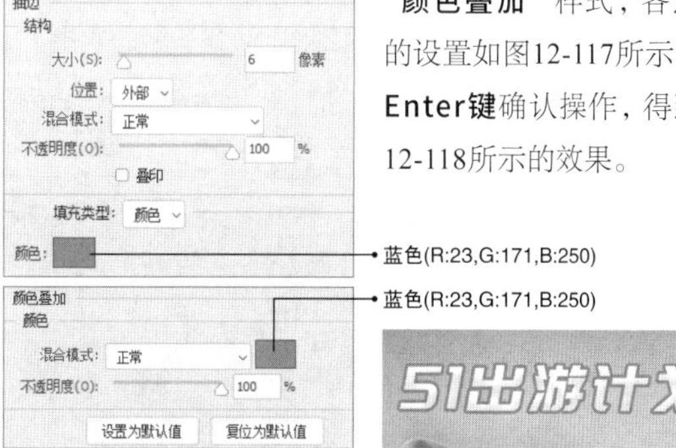

图12-117

图12-118

03 在这个文字图层上单击鼠标右键，在弹出的菜单中选择“**栅格化图层样式**”命令，然后在这个图层上方新建图层并设置为下方图层的**剪贴蒙版**，接着用**青色(R:31,G:247,B:255)**的“**柔边圆**”画笔进行涂抹，如图12-119所示。

图12-119

04 复制**步骤01**创建的**文字图层**，为其添加“**描边**”和“**颜色叠加**”样式，各选项的设置如图12-120所示。按**Enter键**确认操作，得到图12-121所示的效果。将这个图层进行“**栅格化图层样式**”处理，并命名为“**深蓝色描边**”，然后在这个图层上方**新建图层**并设置为下方图层的**剪贴蒙版**，接着用**青色(R:31,G:247,B:255)**的“**柔边圆**”画笔进行涂抹，如图12-122所示。

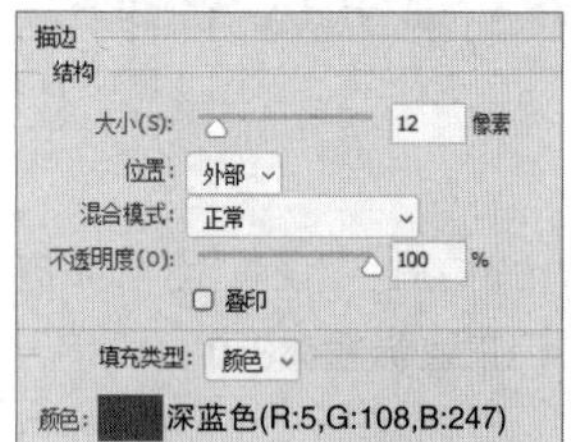

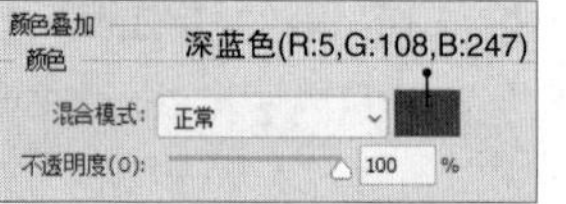

图12-120

图12-121

图12-122

05 为“**深蓝色描边**”图层添加“**内阴影**”样式，各选项的设置如图12-123所示。按**Enter键**确认操作，得到图12-124所示的效果。

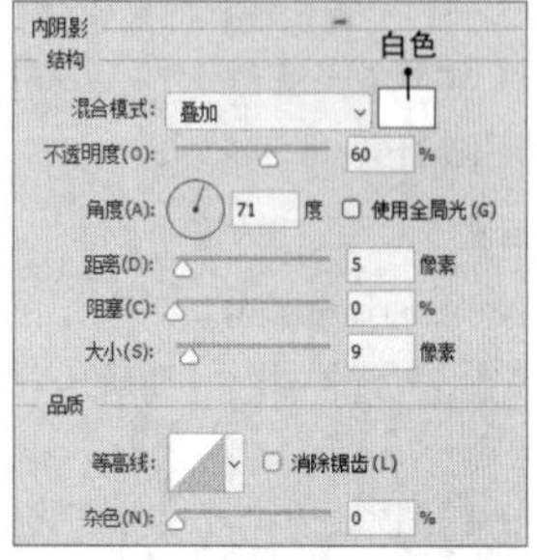

图12-123

图12-124

06 **复制**“**深蓝色描边**”图层，然后**删除**“**内阴影**”样式，并**添加**“**描边**”和“**投影**”样式，各选项的设置如图12-125所示。按**Enter键**确认操作，得到图12-126所示的效果。

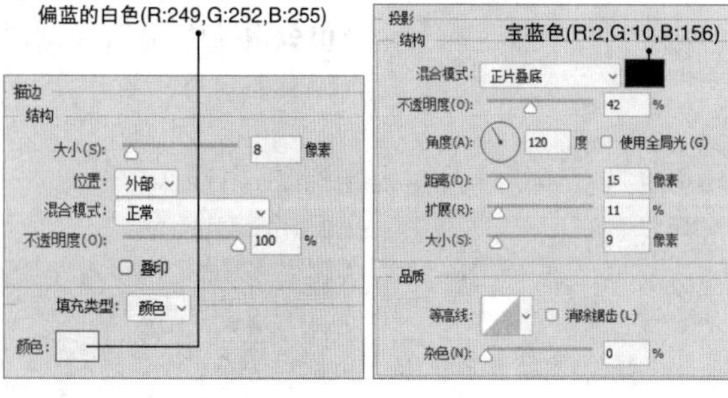

图12-125

图12-126

07 将所有**文字图层编组**并**转换为智能对象**，然后进行“**斜切**”操作，如图12-127所示。将“**素材06-1.psd**”文件中的“**云朵**”图层拖曳到画布中，**复制一层**并进行**水平翻转**，**等比缩小**后摆放到合适位置，如图12-128所示。

图12-127

图12-128

技巧与提示

制作完一部分内容后，可以将其全部选中，然后按快捷键Ctrl+G将其编组，这样便于后期管理。

3.制作展示板块

01 使用“**矩形工具**”在人物下方绘制**两个矩形**，将上方矩形填充为**白色**，下方矩形填充为**浅蓝色(R:60,G:197,B:255)**，并为下方矩形添加“**投影**”样式，各选项的设置如图12-129所示。按**Enter键**确认操作，得到图12-130所示的效果。

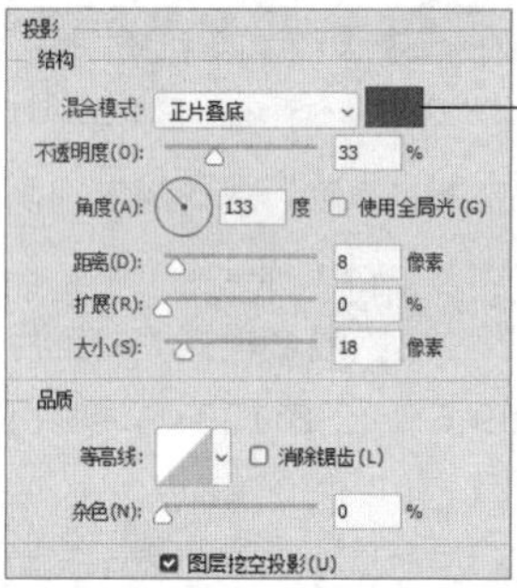

图12-129

图12-130

02 使用“**钢笔工具**”绘制一个**黄色(R:254,G:228,B:83)**的标题框，如图12-131所示。然后为其添加一个“**投影**”样式，各选项的设置如图12-132所示。按**Enter键**确认操作，得到图12-133所示的效果。

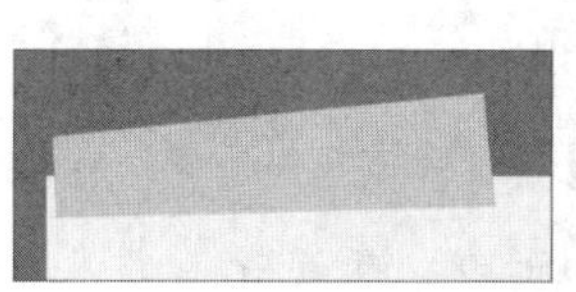

图12-131

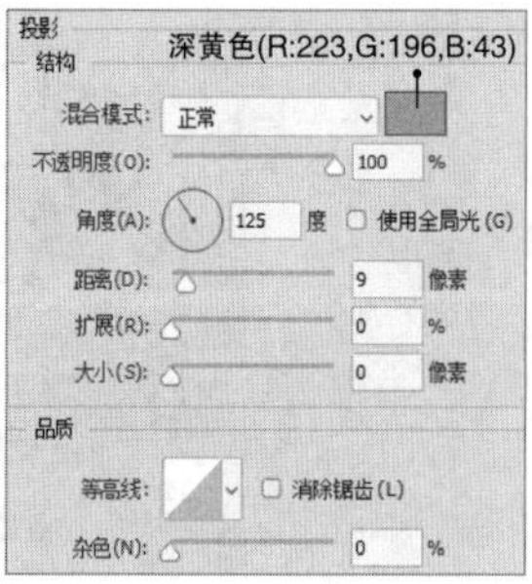

图12-132

图12-133

03 选择“**横排文字工具**” T，在选项栏中设置字体为“**庞门正道标题体3.0**”，文字大小为**46点**，文字颜色为**深蓝色**(R:5,G:108,B:247)。在画布中单击并输入“**露天影院计划**”，如图12-134所示，然后将文字适当**旋转**，如图12-135所示。将文字、标题框与矩形编组，并命名为“计划”。

图12-134　　图12-135

04 设置前景色为**天蓝色**(R:0,G:176,B:250)，然后执行“**图像**”>“**画布大小**”菜单命令，打开“**画布大小**”对话框，设置**定位点**在**顶部中间**，勾选“**相对**”选项，设置“**高度**”为**1000像素**，“**画布扩展颜色**”为“**前景**”，如图12-136所示。按**Enter键**确认操作，然后将“**计划**”图层组复制两组，并**向下拖曳**，放在合适位置，如图12-137所示。

图12-136　　图12-137

> **技巧与提示**
>
> 选择“裁剪工具” 并向下拖曳鼠标也可以扩展画布，扩展的区域是透明的。在“画布大小”对话框中，可以修改“画布扩展颜色”。

05 将中间的**标题框水平翻转**，然后调整标题的**角度**，如图12-138所示。更换标题的文字，然后将“**素材06-2.jpg**”“**素材06-3.jpg**”“**素材06-4.jpg**”依次拖曳到画布中，并分别设置为**白色矩形**的**剪贴蒙版**，如图12-139所示。

图12-138　　图12-139

06 在画面中加入**Logo**、**二维码**和**装饰元素**，然后使用“**裁剪工具**” 裁切**多余画布**，效果如图12-140所示。

图12-140

12.7 创意合成：制作空中小镇

12.7.1 项目概述

某公司的设计部接到工作任务，要求以“**空中小镇**”为主题制作创意背景，以便后续宣传物料的制作。经项目组成员讨论确定设计方案。

（1）在合成背景的过程中，准确进行**图像融合**和**色彩调整**，确保参数设置准确无误。

（2）创意合成源文件的颜色模式为**RGB**，分辨率为**72像素/英寸**，图像可**保留原片尺寸**或根据需求进行**适当裁剪或扩展。**

（3）按照工作时间节点对制作的文件进行整理、输出，并确保提交的文件符合项目的要求。

◇ 一份**PSD**格式的创意合成源文件。

◇ 一份**JPEG**格式的创意合成展示文件。

12.7.2 任务实施

素材文件	素材文件>CH12>素材07-1 ~ 素材07-6
实例文件	实例文件>CH12>创意合成：制作空中小镇.psd
视频名称	创意合成：制作空中小镇.mp4
学习目标	掌握合成的方法

本项目将根据需求运用**图层蒙版**、**剪贴蒙版**、**调整图层**等制作空中小镇，效果如图12-141所示。

图12-141

1.制作岛屿

01 按快捷键**Ctrl+O**打开本书学习资源文件夹中的“**素材文件**”>“**CH12**”>“**素材07-1.jpg**”文件，如图12-142所示。

图12-142

02 将“**素材07-2.png**”文件拖曳至画布中，将其**等比缩小**并置于**画面左侧**，如图12-143所示。将“**素材07-3.png**”文件拖曳至**岛屿上方**，并将其所在**图层**置于**岛屿所在图层下方**，如图12-144所示。

图12-143

图12-144

03 为**岛屿**所在图层添加**图层蒙版**，然后使用**黑色**画笔涂抹岛屿，使其与**上方建筑融合得更自然**，并且在云层中若隐若现。涂抹的区域如图12-145所示，效果如图12-146所示。

图12-145

图12-146

技巧与提示

在本案例中使用“画笔工具”涂抹时，均需使用“柔边圆”笔尖，并调整“流量”和“不透明度”。读者可以根据需求随时调整笔尖大小，以及“流量”和“不透明度”的数值。

04 分别在“**素材07-2**”和“**素材07-3**”图层上方新建图层，并分别按快捷键**Alt+Ctrl+G**将新建图层设置为下方图层的**剪贴蒙版**，然后使用**黑色**画笔涂抹**建筑**和**岛屿**，使其**整体变暗**，如图12-147所示。设置“**图层1**”和“**图层2**”图层的**混合模式**为“**柔光**”，“**不透明度**”为**40%**，效果如图12-148所示。

图12-147

图12-148

05 选择“**素材07-3**”图层，单击“**图层**”面板底部的按钮，添加“**自然饱和度**”“**色彩平衡**”“**曲线**”调整图层，并将其设置为“**素材07-3**”图层的剪贴蒙版，各选项的设置如图12-149所示。添加调整图层后的效果如图12-150所示。

图12-149

图12-150

06 选择“**曲线**”**调整图层**的图层**蒙版**，并使用**黑色**画笔涂抹**建筑**，使其**变亮**一些，涂抹区域如图12-151所示，涂抹后的效果如图12-152所示。

图12-151

图12-152

07 选择“**素材07-2**”图层，单击“**图层**”面板底部的 按钮，添加“**自然饱和度**”“**色彩平衡**”“**曲线**”调整图层，并将其设置为“**素材07-2**”图层的**剪贴蒙版**，各选项的设置如图12-153所示。添加调整图层后的效果如图12-154所示。

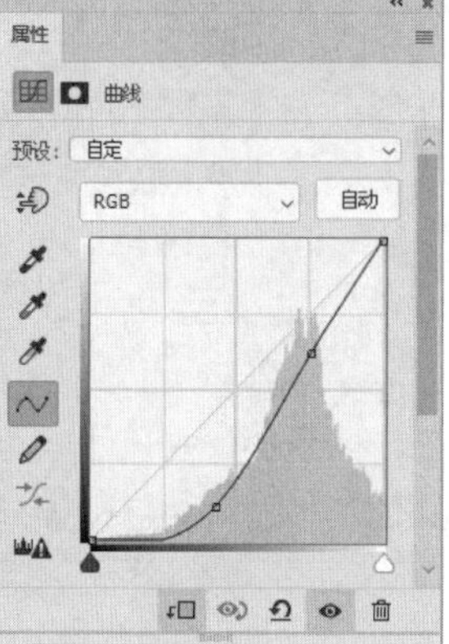

图12-153

图12-154

08 选择“**曲线**”调整图层的图层蒙版，并使用**黑色**画笔涂抹**草地**，使其**变亮**一些，涂抹区域如图12-155所示，涂抹后的效果如图12-156所示。

图12-155

图12-156

2.制作鲲与人物

01 将“**素材07-4.png**”文件拖曳至画布中，将其**等比缩小**并置于画面右侧，如图12-157所示。为其所在图层添加**图层蒙版**，然后使用**黑色**画笔进行涂抹，使其在**云层**中**若隐若现**。涂抹的区域如图12-158所示，涂抹后的效果如图12-159所示。

图12-157

图12-158

图12-159

02 选择“**素材07-4**”图层，单击“**图层**”面板底部的 按钮，添加**两个**“**曲线**”调整图层，并将其设置为“**素材07-4**”图层的**剪贴蒙版**，各选项的设置如图12-160所示。添加调整图层后的效果如图12-161所示。

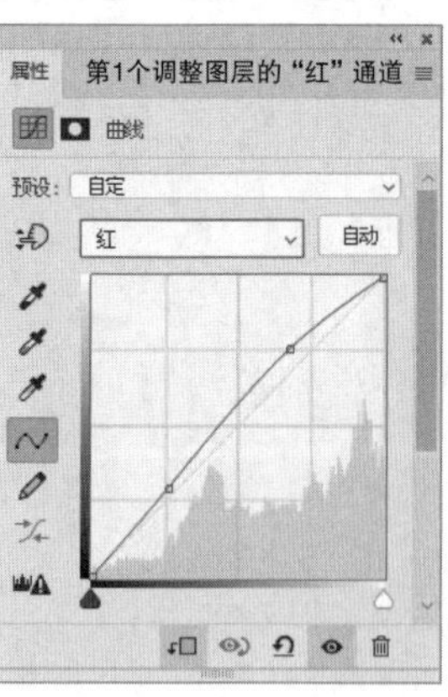

图12-160

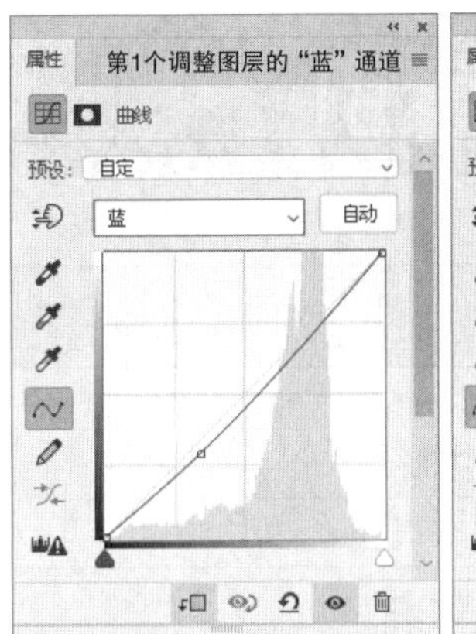

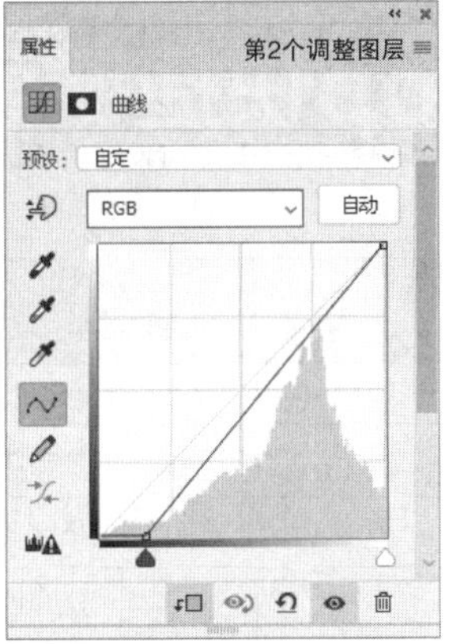

图12-160（续）

图12-161

03 选择**第2个“曲线”调整图层**的**图层蒙版**，并使用**黑色**画笔涂抹**鲲的背部**和**头部**，使其**变亮**一些，涂抹区域如图12-162所示，涂抹后的效果如图12-163所示。

图12-162

图12-163

04 将“**素材07-5.png**”文件拖曳至画布中，将其等比缩小并置于**鲲的头部**，如图12-164所示。在其下方新建图层，然后使用**黑色**画笔画出**阴影**，效果如图12-165所示。

图12-164

图12-165

05 单击“**图层**”面板底部的 按钮，添加“**色彩平衡**”**调整图层**，各选项的设置如图12-166所示。添加调整图层后的效果如图12-167所示。

图12-166

图12-167

06 将“**素材07-6.jpg**”文件拖曳至画布中，将其**等比放大**以覆盖画面，如图12-168所示。设置其**混合模式**为“**滤色**”，“**不透明度**”为**65%**，效果如图12-169所示。

图12-168

图12-169

附录 Photoshop快捷键索引

工具与快捷键索引

工具	快捷键	主要功能
移动工具	V	选择/移动图层
画板工具	V	创建/修改画板
矩形选框工具	M	创建矩形选区
椭圆选框工具	M	创建椭圆选区
单行选框工具	/	创建高度为1像素的选区
单列选框工具	/	创建宽度为1像素的选区
套索工具	L	创建不规则形状的选区
多边形套索工具	L	创建由直线段相连接的选区
磁性套索工具	L	自动识别对象的边缘并创建选区
对象选择工具	W	自动选择对象并生成选区
快速选择工具	W	通过向外扩展与查找边缘创建选区
魔棒工具	W	选取图像中和取样处颜色相似的区域
裁剪工具	C	裁剪图像
透视裁剪工具	C	裁切图像，并校正透视导致的扭曲
图框工具	K	隐藏图框外的图像并将其转换为智能对象
吸管工具	I	拾取颜色
污点修复画笔工具	J	通过自动识别快速地去除图片中的瑕疵
移除工具	J	通过涂抹快速、轻松地移除路人、杂物或瑕疵
修复画笔工具	J	通过取样修复图片中的瑕疵
修补工具	J	使用图像中的像素替换选区内容
内容感知移动工具	J	移动或复制图像中的内容
红眼工具	J	消除红眼
画笔工具	B	绘制各种线条、修改蒙版和通道等
铅笔工具	B	绘制硬边线条
颜色替换工具	B	替换图像中的颜色
混合器画笔工具	B	混合图像和画笔颜色
仿制图章工具	S	复制局部图像
图案图章工具	S	绘制预设图案或自定义图案
历史记录画笔工具	Y	将图像恢复到编辑过程的某一步状态
历史记录艺术画笔工具	Y	将图像恢复到编辑过程的某一步状态，并为其创建多种样式与风格
橡皮擦工具	E	擦除图像

续表

工具	快捷键	主要功能
背景橡皮擦工具	E	擦除取样颜色的像素
魔术橡皮擦工具	E	在画布中单击即可擦除色彩相似的区域
渐变工具	G	在画布或选区中填充渐变色
油漆桶工具	G	填充前景色或图案
模糊工具	/	使图像中的某区域变模糊
锐化工具	/	使图像中的某区域变清晰
涂抹工具	/	混合图像中的颜色
减淡工具	O	使图像中的某区域变亮
加深工具	O	使图像中的某区域变暗
海绵工具	O	改变图像某区域的颜色饱和度
钢笔工具	P	绘制任意形状的直线或曲线
自由钢笔工具	P	绘制任意形状并自动生成锚点
弯度钢笔工具	P	根据绘制锚点的位置自动生成平滑的曲线
添加锚点工具	/	在路径中添加锚点
删除锚点工具	/	删除路径中的锚点
转换点工具	/	转换锚点的类型
横排文字工具	T	创建横排点文字、段落文字、路径文字、变形文字
直排文字工具	T	创建直排点文字、段落文字、路径文字、变形文字
横排文字蒙版工具	T	创建横排文字选区
直排文字蒙版工具	T	创建直排文字选区
路径选择工具	A	选择一个或多个路径
直接选择工具	A	选择路径段和锚点
矩形工具	U	创建长方形、正方形和圆角矩形
椭圆工具	U	创建椭圆形和圆形
三角形工具	U	创建三角形
多边形工具	U	创建多边形
直线工具	U	创建直线或者带有箭头的线段
自定形状工具	U	创建出多种形状
抓手工具	H	平移画面
旋转视图工具	R	旋转画布
缩放工具	Z	放大或缩小视图
切换前景色与背景色	X	互换前景色和背景色
默认前景色和背景色	D	将前景色和背景色恢复为默认设置
以快速蒙版模式编辑	Q	进入快速蒙版编辑模式
更改屏幕模式	F	切换屏幕的显示模式

命令与快捷键索引

“文件”菜单

命令	快捷键
新建	Ctrl+N
打开	Ctrl+O
在Bridge中浏览	Alt+Ctrl+O
打开为	Alt+Shift+Ctrl+O
关闭	Ctrl+W
关闭全部	Alt+Ctrl+W
关闭其他	Alt+Ctrl+P
存储	Ctrl+S
存储为	Shift+Ctrl+S
存储副本	Alt+Ctrl+S
恢复	F12
打印	Ctrl+P
打印一份	Alt+Shift+Ctrl+P
退出	Ctrl+Q

“编辑”菜单

命令	快捷键
还原	Ctrl+Z
重做	Shift+Ctrl+Z
切换最终状态	Alt+Ctrl+Z
渐隐	Shift+Ctrl+F
剪切	Ctrl+X
拷贝	Ctrl+C
合并拷贝	Shift+Ctrl+C
粘贴	Ctrl+V
选择性粘贴>原位粘贴	Shift+Ctrl+V
选择性粘贴>贴入	Alt+Shift+Ctrl+V
内容识别缩放	Alt+Shift+Ctrl+C
自由变换	Ctrl+T
变换>再次	Shift+Ctrl+T
颜色设置	Shift+Ctrl+K
键盘快捷键	Alt+Shift+Ctrl+K
菜单	Alt+Shift+Ctrl+M
首选项>常规	Ctrl+K